普通高等教育高职高专土建类“十二五”规划教材

建筑识图与民用建筑构造

主　编　张威琪
副主编　杨晓东　谢桂英　于　燕
　　　　王雪莹
主　审　孙百鸣　夏云涛　王桂英

中国水利水电出版社
www.waterpub.com.cn

内 容 提 要

本教材严格遵循高职院校《建筑识图与民用建筑构造》教学大纲，按照高职高专建筑工程技术专业人才培养目标和定位的要求，依据现行标准规范编写而成。

本教材分两篇十一章：第一篇，投影基础与建筑识图；第二篇，民用建筑构造。主要内容包括：投影原理、识读建筑施工图、识读结构施工图、民用建筑构造认知、基础与地下室构造、墙体的构造、楼板与地面的构造、楼梯的构造、屋面的构造、门与窗的构造、变形缝构造。

本教材以实用为主，理论联系实际，突出新规范、新标准、新材料、新技术和新构造在建筑工程上的应用，可作为高职高专建筑工程技术、建筑工程设计、工程造价、工程监理、建筑装饰技术、房地产经营与管理、物业管理等相关专业的教学用书，也可作为土建类专业群及相关工程技术人员培训教材。

图书在版编目（CIP）数据

建筑识图与民用建筑构造 / 张威琪主编. -- 北京 : 中国水利水电出版社, 2014.6
普通高等教育高职高专土建类“十二五”规划教材
ISBN 978-7-5170-2224-4

Ⅰ. ①建… Ⅱ. ①张… Ⅲ. ①建筑制图－识别－高等职业教育－教材②民用建筑－建筑构造－高等职业教育－教材 Ⅳ. ①TU2

中国版本图书馆CIP数据核字(2014)第142268号

书　名	普通高等教育高职高专土建类“十二五”规划教材 **建筑识图与民用建筑构造**
作　者	主编　张威琪　主审　孙百鸣　夏云涛　王桂英
出版发行	中国水利水电出版社 （北京市海淀区玉渊潭南路1号D座　100038） 网址：www.waterpub.com.cn E-mail：sales@waterpub.com.cn 电话：（010）68367658（发行部）
经　售	北京科水图书销售中心（零售） 电话：（010）88383994、63202643、68545874 全国各地新华书店和相关出版物销售网点
排　版	中国水利水电出版社微机排版中心
印　刷	北京嘉恒彩色印刷有限责任公司
规　格	184mm×260mm　16开本　13.5印张　410千字　15插页
版　次	2014年6月第1版　2014年6月第1次印刷
印　数	0001—3000册
定　价	**32.00**元

凡购买我社图书，如有缺页、倒页、脱页的，本社发行部负责调换

编 写 委 员 会

主　编： 张威琪（哈尔滨职业技术学院）

副主编： 杨晓东（哈尔滨职业技术学院）

谢桂英（哈尔滨职业技术学院）

于　燕（哈尔滨铁道职业技术学院）

王雪莹（黑龙江农垦职业学院）

主　审： 孙百鸣（哈尔滨职业技术学院）

夏云涛（哈尔滨市建设工程质量监督总站）

王桂英（黑龙江时和工程建设监理有限责任公司）

前言

"建筑识图与民用建筑构造"是研究建筑结构施工图的识读、民用建筑构造组成、构造原理与构造方法的课程，本教材依据高职教育培养目标和学生职业能力的需要而确定内容，严格依据现行国家标准规范，注重基础理论知识的阐述，教学内容循序渐进、衔接紧密，具有直观性和实用性的特点。

本教材遵循科学的认知规律，根据职业岗位对学生知识、素质、能力的要求和高职院校学生的学习特点，以及学历证书和职业资格证书的岗位要求，来架构课程内容体系，以实现培养职业能力的目标。

本教材由哈尔滨职业技术学院张威琪、哈尔滨铁道职业技术学院于燕、黑龙江农垦职业学院王雪莹、哈尔滨职业技术学院杨晓东、哈尔滨职业技术学院谢桂英编写，张威琪担任主编并负责全书统稿，杨晓东、谢桂英、于燕、王雪莹担任副主编。具体编写分工如下：张威琪编写第二、第三、第六章和附录，杨晓东编写第七、第十章，谢桂英编写第五、第八、第十一章，于燕编写第四、第九章，王雪莹编写第一章。

教材编写过程中，哈尔滨职业技术学院教务处处长孙百鸣教授、哈尔滨市建设工程质量监督总站夏云涛高级工程师、黑龙江时和工程建设监理有限责任公司经理王桂英给予指导、支持和帮助，孙百鸣教授、夏云涛高级工程师、王桂英经理还担任了教材的主审，哈尔滨职业技术学院谢桂英教师对全书作了校对，在此一并表示诚挚的感谢。

黑龙江中美建筑设计有限责任公司和黑龙江时和工程建设监理有限责任公司为教材提供了建筑设计图纸和相关技术资料，为教材编写的顺利完成提供了有力的技术保障，在此表示衷心的感谢。

由于作者水平有限，加之时间仓促，书中难免出现疏漏和错误，恳请读者批评指正，提出宝贵的意见和建议以便修改。

编者

2014年3月

目　　录

第一篇　投影基础与建筑识图

第一章　投影原理

学习目标

• 了解建筑物正投影的重要性，掌握正投影的特性，使学生对建筑物形体有空间想象力。

• 学会确定点、线、面在三面投影体系中投影特性，绘制空间点的投影体系中三面投影图。

• 学会直线、平面在三面投影体系中的投影图。

• 理解三面投影体系中“长对正，高平齐，宽相等”的含义。

• 学会识读简单的建筑形体三视图。

第一节　投影基础知识

一、投影的概念

生活中，人们知道物体在阳光或灯光的照射下，会在墙面或地面上出现影子，但这个影子不能真实反映这个物体的真实大小，如图 1-1 所示。从这种现象中，我们得到启示：假设光线能穿透形体而将这形体上的各点和线在承接影子的投影平面上得到点、线的影像，就构成了能反映形体的图形。这个图形称为投影图，如图 1-2 所示；将日光或灯光

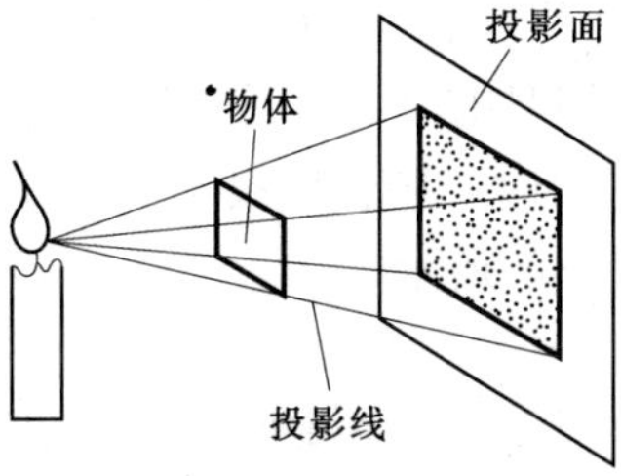

图 1-1　烛光照射的影子

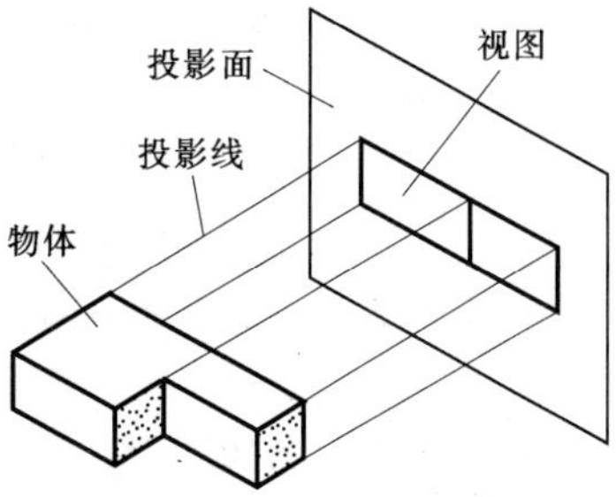

图 1-2　形体的投影图

称为光源或投影中心；光线称为投影线；墙面或地面称为投影面。这种用光线照射物体在投影面上得到投影的方法称为投影法。

投影必须具备 3 个基本要素：物体、投影面、投影线。视图又称为投影图。

二、投影的分类

投影分为中心投影和平行投影两类。

1. 中心投影

投影中心 S 与 H 面在有限的距离内，由一点 S 发射的投影线 SA、SB、SC 所产生的投影，称为中心投影，如图 1－3 所示。

2. 平行投影

将投影中心 S 移到离投影面 H 无限远，则投影线 $Aa /\!/ Bb /\!/ Cc$ 可视为都互相平行，形体由此得到的投影，称为平行投影法，如图 1－4、图 1－5 所示。

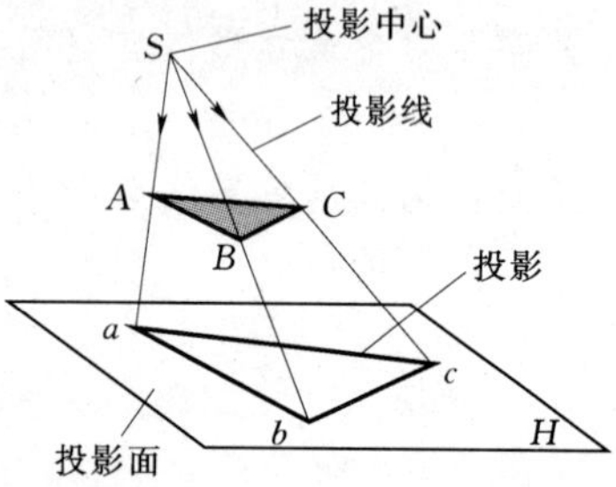

图 1－3　中心投影

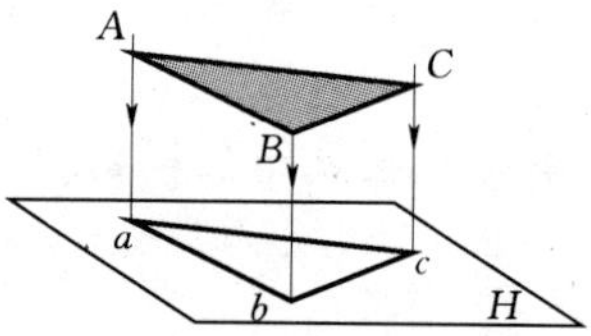

图 1－4　正投影

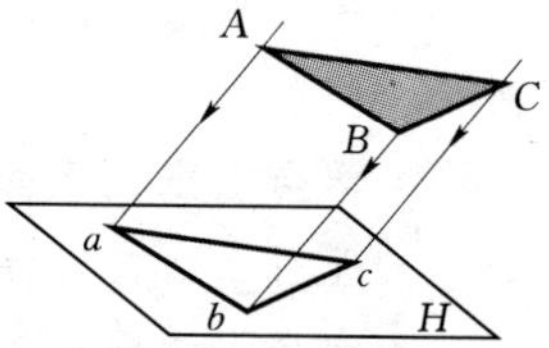

图 1－5　斜投影

根据投影线和投影面是否平行或垂直，又可将投影分为正投影和斜投影。

（1）正投影。投影线 Aa、Bb、Cc 分别垂直于 H 投影面，所得到形体的平行投影，称为正投影或直角投影，如图 1－4 所示。

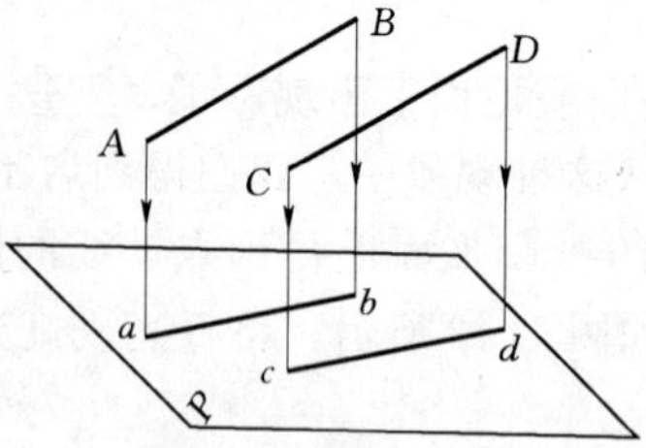

图 1－6　平行性

（2）斜投影。投影线 Aa、Bb、Cc 分别倾斜于 H 投影面，所得到形体的平行投影，称为斜投影，如图 1－5 所示。

三、正投影的基本特征

1. 真实性

空间两直线 $AB /\!/ CD$，则在 P 投影面上的投影仍相互平行即 $ab /\!/ cd$，即具有平行性，如图 1－6 所示。

空间线段 AB 或四边形 $ABCD$ 都平行于 P 投影面时，则在该投影面 P 上反映线段实长 ab 或四边形 $abcd$ 的实形，即具有度量性，如图 1－7 所示。

2. 积聚性

空间直线 AB 或四边形 $ABCD$ 都垂直投影面 P 时，则在投影面 P 上直线的投影积聚成点，四边形平面的投影积聚成一直线，如图 1－8 所示。

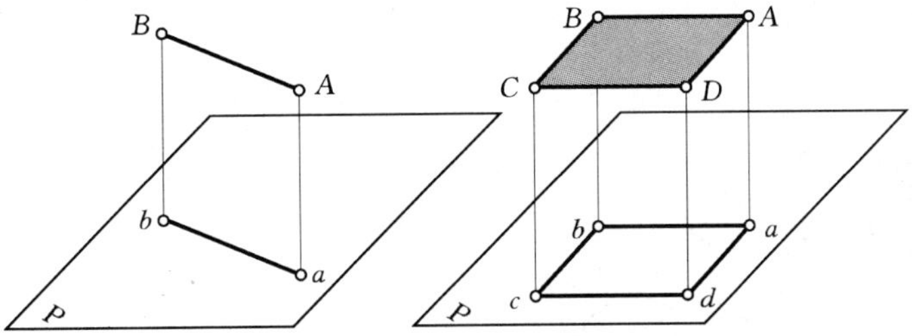

(a) (b)

图 1-7 度量性（真实性）
(a) 直线投影；(b) 面投影

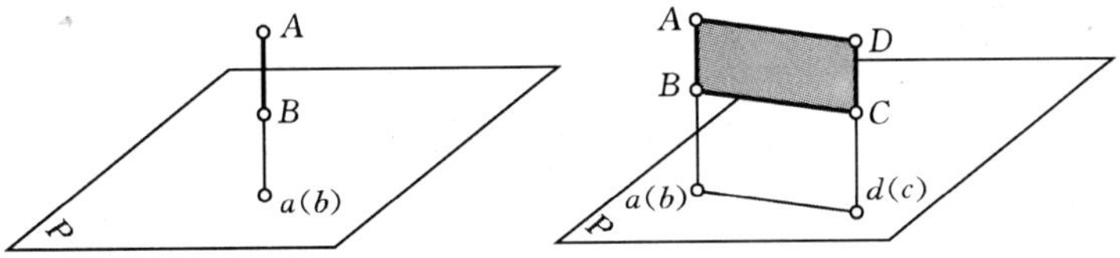

(a) (b)

图 1-8 积聚性
(a) 直线投影；(b) 面投影

3. 类似性

空间线段 AB 或△ABC 都不平行于各投影面 P 时，即与 P 投影面成夹角，其投影仍然是线段 ab 和△abc，但不反映线段和三角形图形的实长和实形，具有类似性，如图 1-9 所示。

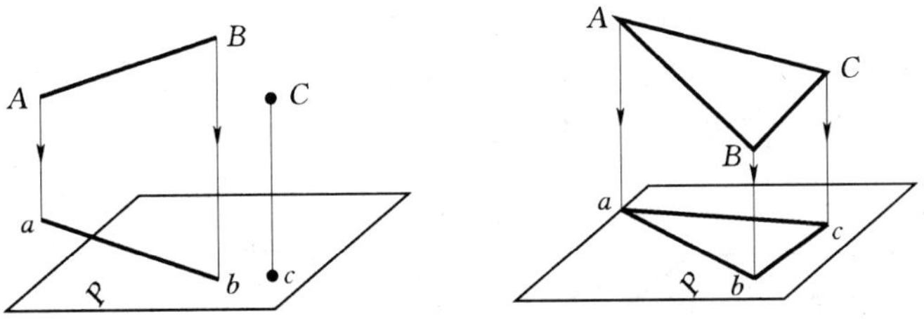

(a) (b)

图 1-9 类似性
(a) 点的投影；(b) 直线投影

第二节 建筑形体的三面投影图

任何一个建筑形体都有多个面，要想确定形体唯一的空间形状和大小，只靠一个投影面的投影是不能准确全面地表达其形状和位置的，通常多采用三面投影，如图 1-10 所示。

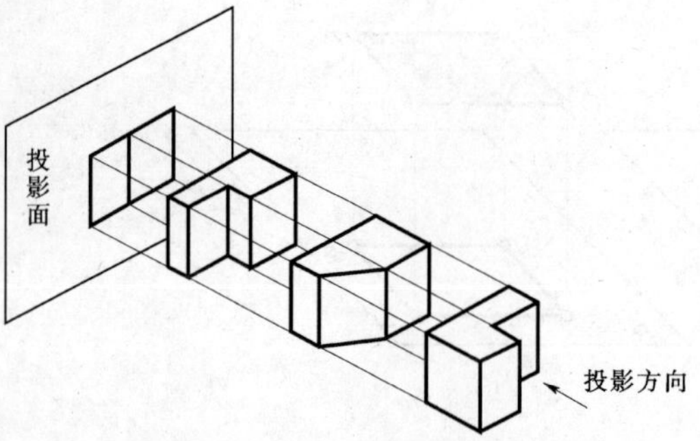

图 1-10　形体的单面投影

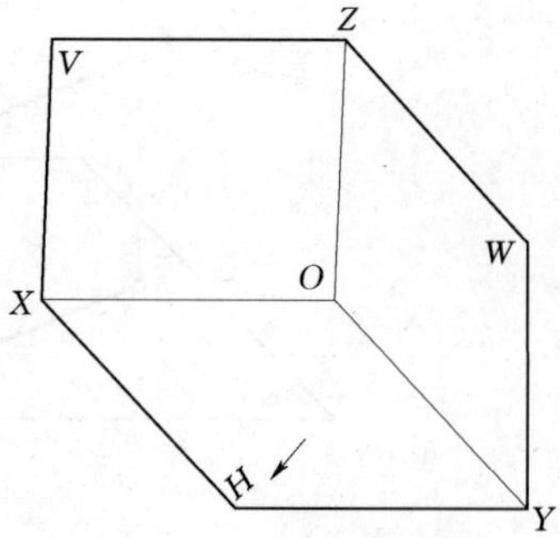

图 1-11　三投影面体系

一、三面投影图的形成

1. 三投影面体系

三面体系是由三个互相垂直的投影面组成的一个投影面体系，如图 1-11 所示。

三投影面体系有三个投影面，呈正立位置的称正立投影面，简称正面，用“*V*”表示；呈水平位置的称水平投影面，简称水平面，用“*H*”表示；呈侧立位置的称侧立投影面，简称侧面，用“*W*”表示。

三条投影轴分别是 *OX* 、*OZ*、*OY*，由两两投影面相交形成：*OX* 轴表示长度方向，是 *V* 面与 *H* 面的交线，简称 *X* 轴；*OY* 轴表示宽度方向，是 *H* 面与 *W* 面的交线，简称 *Y* 轴；*OZ* 轴表示高度方向，是 *V* 面与 *W* 面的交线，简称 *Z* 轴，三投影轴的交点称为原点 *O*。

2. 形体三投影面的投影规律

形体的三面投影图也称为三视图，如图 1-12 所示。在三面投影体系中将形体由前向后投影，在 *V* 面上得到的投影图称为正立面投影图，简称正面图；形体由上向下投影，在 *H* 面上得到的投影图称为水平面投影图，简称平面图；形体由左向右（或右向左）投影，在 *W* 面上得到的投影图称为侧立面投影图，简称侧面图。

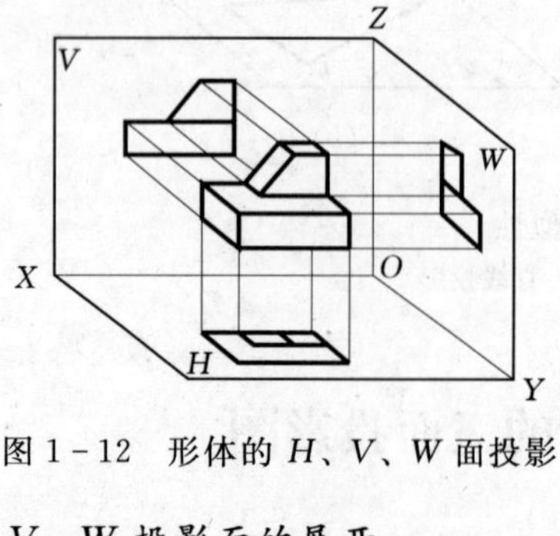

图 1-12　形体的 *H*、*V*、*W* 面投影

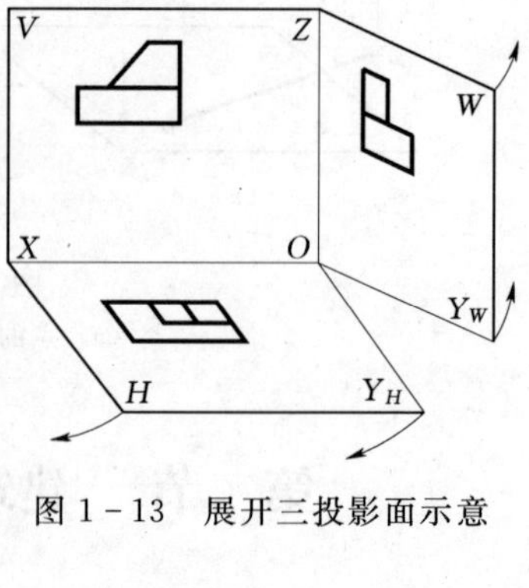

图 1-13　展开三投影面示意

3. *H*、*V*、*W* 投影面的展开

为了把 *H*、*V*、*W* 空间投影图画在同一张图纸上，需将三个投影面展开。展开时正立面 *V* 面不动，将水平面 *H* 面绕 *OX* 轴向下旋转 90°，将侧立面 *W* 面绕 *OZ* 轴向右旋转 90°，此时 *H*、*V*、*W* 三投影图展开在了一个平面（图纸）上，如图 1-13 所示。

二、三面投影图的投影原理

1. 三面投影图的三等关系

在三个平面投影图中，每个投影图都能反映形体的二维尺寸，即长、宽、高三个尺寸的其中两个，由此可得出：同一物体的三个投影图之间具有“三等”关系。即正立投影与水平投影等长——长对正；正立投影与侧立投影等高——高平齐；水平投影与侧立投影等宽——宽相等，如图 1-14 所示。

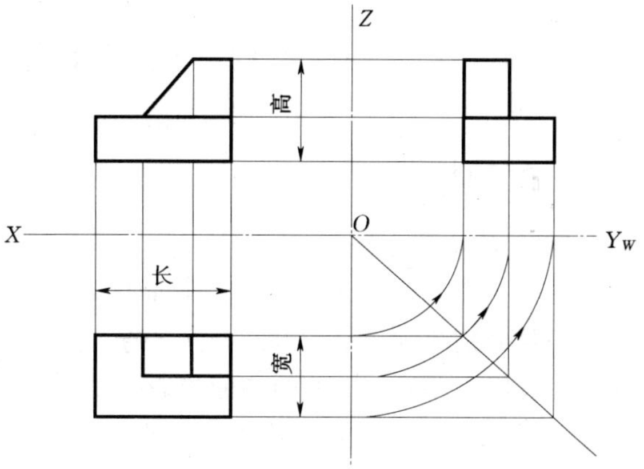

图 1-14　三面投影图的三等关系

2. 视图与形体的方位关系

任何建筑形体有上、下、左、右、前、后 6 个方位，如图 1-15 所示，正面图反映形体的上下和左右；平面图反映形体的左右和前后；侧面图反映物体的上下和前后。

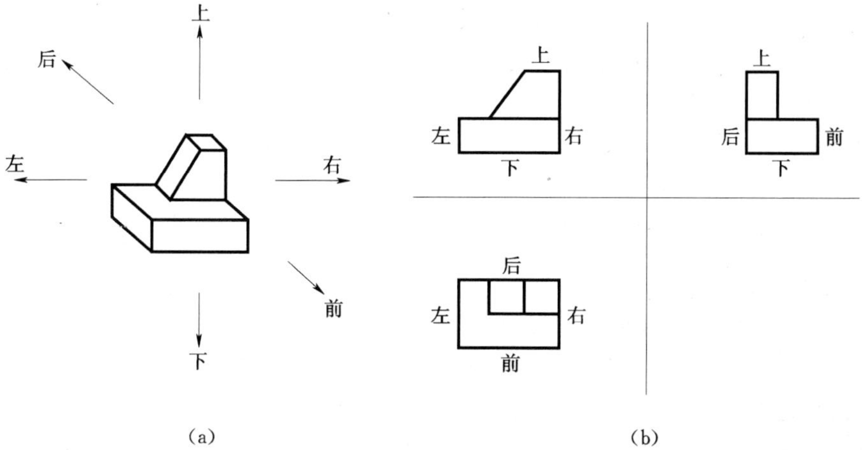

图 1-15　形体与视图的方位关系

(a) 直观图；(b) 投影图

因此将建筑形体的长、宽、高定义如下：

长：是指形体在 X 轴上，水平投影面 H 和正立投影面 V 中的左右之间的距离。

宽：是指形体在 Y 轴上，水平投影面 H 和侧立投影面 W 中的前后之间的距离。

高：是指形体在 Z 轴上，正立投影面 V 和侧立投影面 W 中的上下之间的距离。

形体的“前后”方位在 H、W 面不够直观，分析 H 面和 W 面的投影可以知，“与正立 V 面远的一侧即是形体的前面”，“上下、左右”方位可见易懂。

在识读形体的投影图中，只有准确掌握空间形体的“三等关系”和“方位关系”才能正确读懂建筑、结构施工图。

第三节　点、直线、平面的投影

一、点的投影

1. 点三面投影的形成

如图 1－16（a）所示，在三投影面体系中，过空间点 A 分别向 H、V、W 投影面作垂线，垂足分别为 a'、a、a''即为点 A 的三面投影，a 称为点 A 的水平面投影；a'称为点 A 的正面投影；a''称为点 A 的侧面投影。

如图 1－16（b）所示，移去空间点 A，将 H、V、W 投影面展平在一个平面上，便得到空间点 A 的三面投影图。

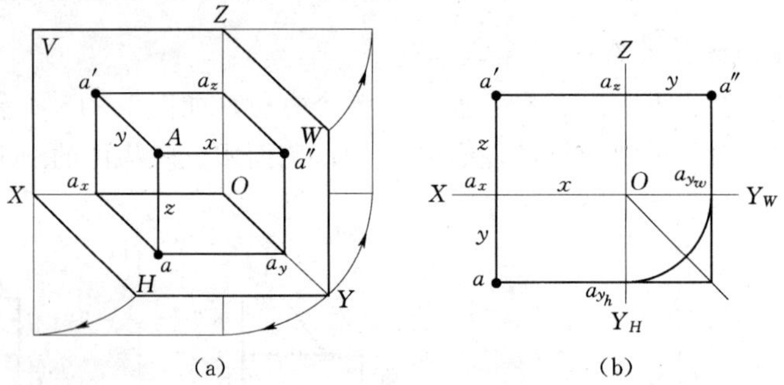

图 1－16　A 点的三面投影
（a）直观图；（b）投影图

2. 点的投影特性

从图 1－16（a）中可以看到，过 A 点的两条投射线 Aa 和 Aa'所决定的平面 $Aa'a_xa$ 与 V 面和 H 面同时垂直相交，交线分别是 aa_x 和 $a'a_x$，因此 OX 轴必然垂直于平面 $Aa a_x a'$，也就是垂直于 aa_x 和 $a'a_x$。而 aa_x 和 $a'a_x$ 是互相垂直的两条直线，当 H 面绕 X 轴旋转至与 V 面成为同一平面时，aa_x 和 $a'a_x$ 就成为一条垂直于 OX 轴的直线，即 $aa' \perp OX$，如图 1－16（b）所示。同理 $a'a'' \perp OZ$。a_y 在投影面展平之后，被分为 a_{y_h} 和 a_{y_w} 两个点，所以 $aa_{y_h} \perp OY_H$，$a'' a_{y_w} \perp OY_W$，即 $aa_x = a''a_z$。

由此分析总结得出空间点的投影特性有以下三点。

（1）点的水平投影和正面投影的连线必定垂直于 OX 轴，即：$aa' \perp OX$。

（2）点的侧面投影和正面投影的连线必定垂直于 OZ 轴，即：$a'a'' \perp OZ$。

（3）点的水平投影到 X 轴的距离等于侧面投影到 Z 轴的距离，即：$aa_x = a''a_z$。

“长对正、高平齐、宽相等”三等关系正是验证了这三个投影特性。

3. 点的空间坐标

在三面投影体系中，将 H 、V、W 面当作坐标面，三条投影轴当作三条坐标轴 OX 、OY、OZ，三轴的交点为坐标原点 O。空间点的投影就反映了点的坐标值，即空间点到三个投影面的距离就等于它的坐标，如图 1－17 所示，空间点的投影与坐标值之间存在着如下的对应关系。

（1）A 点到 W 的距离 Aa'' 为 A 点的横坐标，用 X 坐标表示，即 $X=Aa''$。

（2）A 点到 V 的距离 Aa' 为 A 点的纵坐标，用 Y 坐标表示，即 $Y=Aa'$。

（3）A 点到 H 的距离 Aa，为 A 点的垂直高度上的坐标，即 $Z=Aa$。

空间点的位置可用 $A(X, Y, Z)$ 形式表示。点的水平投影 a 的坐标（X，Y，O）；正面投影 a' 的坐标（X，O，Z）；侧面投影 a'' 的坐标（O，Y，Z）。

二、直线的投影

直线的投影是指空间直线与 H 投影面平行或成夹角，则空间直线上的任意两点分别向水平投影面 H 作投影，其投影为一直线，如图 1-17（a）所示，特殊情况下，空间直线垂直 H 投影面时的投影为一点，如图 1-17（b）所示。

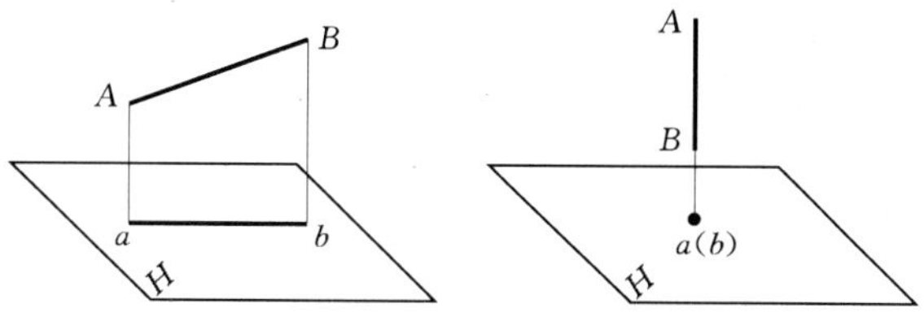

（a）　　（b）

图 1-17　空间直线的投影

（a）投影为一直线；（b）投影为一点

1. 各种位置的直线三面投影

直线与投影面的相对位置，在三投影面体系中可分为 3 种情况：投影面平行线（见图 1-18 中的 $EB // H$ 面）、投影面垂直线（见图 1-18 中的 $CD \perp H$ 面、$CF \perp V$ 面、$CJ \perp W$ 面等）和一般位置直线（见图 1-18 中的 BC、HJ 等）。平行于某一投影面的直线称为投影面平行线；垂直于某一投影面的直线称为投影面垂直线；倾斜于三个投影面的直线称为一般位置的直线。

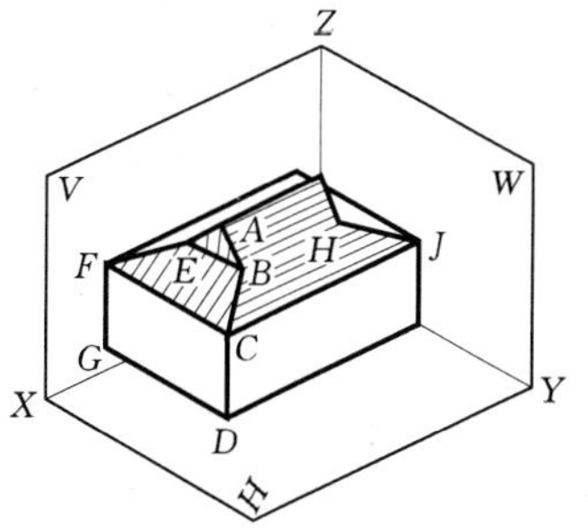

图 1-18　直线在三面投影体系中的位置

2. 投影面平行线

只与一个投影面平行，同时与另两个投影面倾斜的直线称为投影面平行线，可分为水平线、正平线、侧平线。

水平线：平行于 H 投影面的直线，倾斜 V、W 面。

正平线：平行于 V 投影面的直线，倾斜 H、W 面。

侧平线：平行于 W 投影面的直线，倾斜 V、H 面。

投影面平行线的直观图、投影图、投影特性见表 1-1。

（1）在与直线平行的投影面上的投影反映实长及对另外两个投影面的真实倾角。

（2）另外两投影面上的投影均小于实长，且分别平行于相应的两投影轴。

表 1-1　　　　　　　　　　　投影面平行线

名称	直观图	投影图	投影特性
水平线	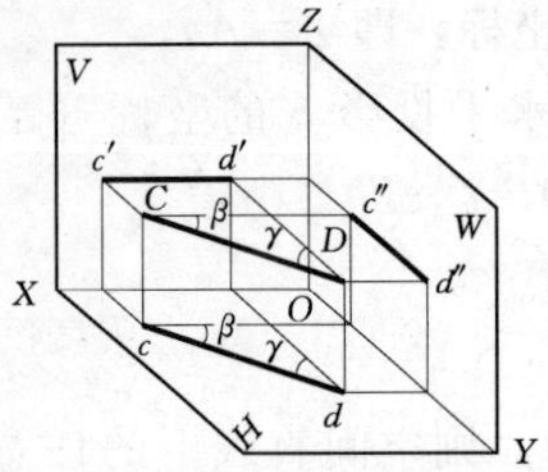	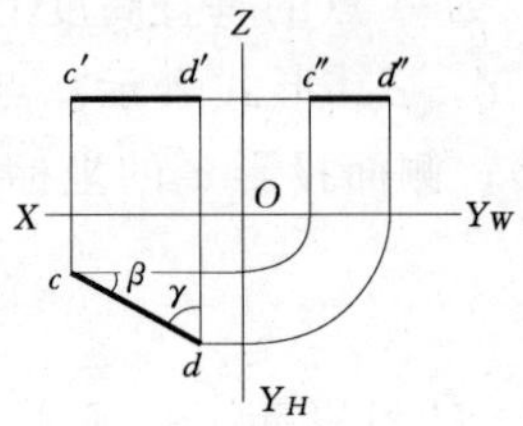	(1) 在 H 面上的投影反映实长、β角和 γ 角，即：$cd=CD$；cd 与 OX 轴夹角等于β；cd 与 OY_H 轴夹角等于γ； (2) 在 V 面和 W 面上的投影分别平行投影轴，但不反映实长，即：$c'd' /\!/ OX$ 轴；$c''d'' /\!/ OY_W$ 轴；$c'd' < CD$，$c''d'' < CD$
正平线	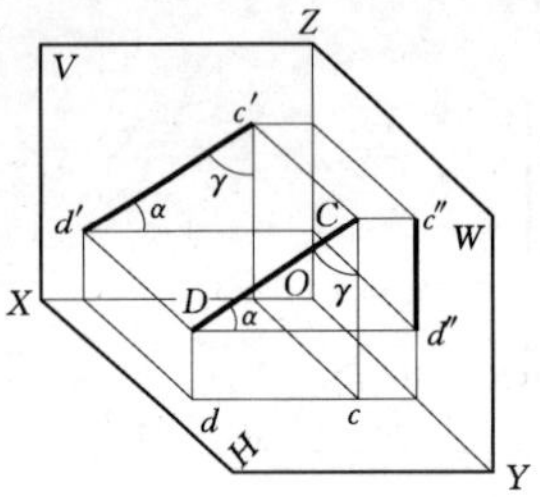	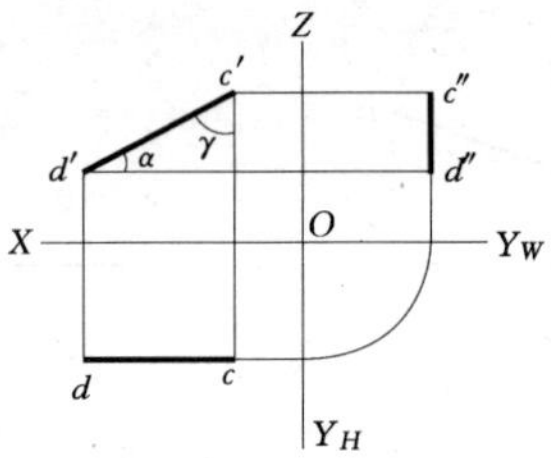	(1) 在 V 面上的投影反应实长、α角和 γ 角，即：$c'd'=CD$；$c'd'$ 与 OX 轴夹角等于α；$c'd'$ 与 OZ 轴夹角等于 γ； (2) 在 H 面和 W 面上的投影分别平行投影轴，但不反映实长，即：$cd /\!/ OX$ 轴；$c''d'' /\!/ OZ$ 轴；$cd < CD$，$c''d'' < CD$
侧平线	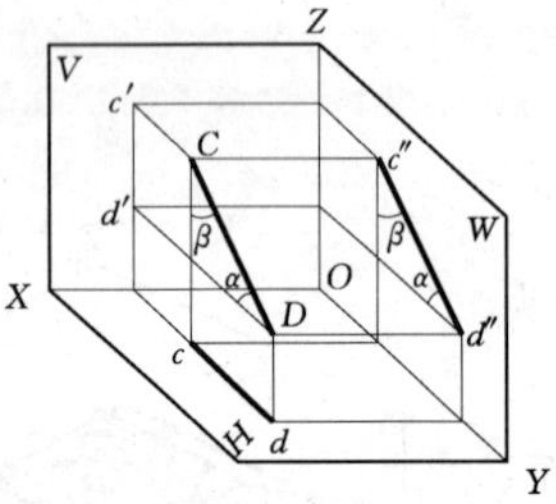	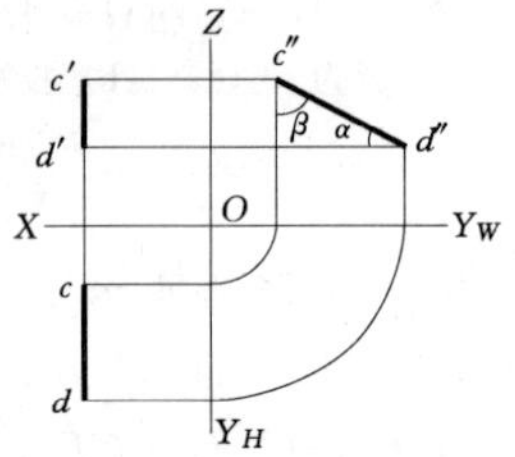	(1) 在 W 面上的投影反应实长、α角和β角，即：$c''d''=CD$；$c''d''$与 OY_W 轴夹角等于α；$c''d''$与 OZ 轴夹角等于β； (2) 在 H 面和 V 面上的投影分别平行投影轴，但不反映实长，即：$cd /\!/ OY_H$ 轴；$c'd' /\!/ OZ$ 轴；$cd < CD$，$c'd' < CD$

3. 投影面垂直线

与一个投影面垂直（必与另两个投影面平行）的直线称为投影面垂直线。投影面垂直线可分为正垂线、铅垂线、侧垂线。

正垂线：垂直于 V 投影面的直线，平行 H、W 面。

铅垂线：垂直于 H 投影面的直线，平行 V、W 面。

侧垂线：垂直于 W 投影面的直线，平行 V、H 面。

投影面垂直线的直观图、投影图、投影特性见表 1-2。

(1) 在与直线垂直的投影面上的投影积聚为一点。

(2) 另外两投影面上的投影均反映实长，且分别垂直于决定它所垂直的投影面的两轴。

4. 一般位置直线

与三个投影面都倾斜的直线，为一般位置直线，如图 1-19 所示，对三个投影面的夹角分别为α、β、γ。

表 1－2　　**投 影 面 垂 直 线**

名称	直　观　图	投　影　图	投影特性
铅垂线	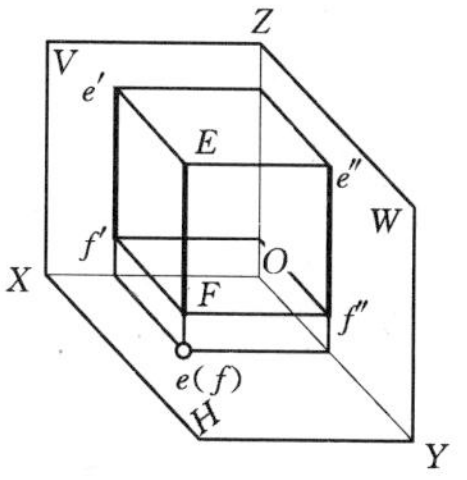 	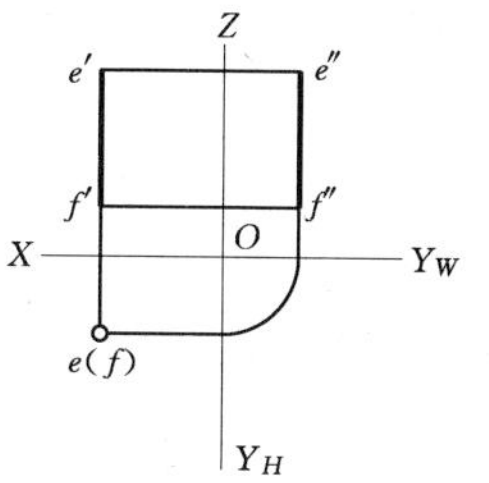 	（1）在 H 面上的投影 e、f 重影为一点，即该投影具有积聚性； （2）在 V 面和 W 面上的投影反映实长，即：$e'f'=e''f''=EF$，且 $e'f'\perp OX$ 轴，$e''f''\perp OY_W$ 轴
正垂线	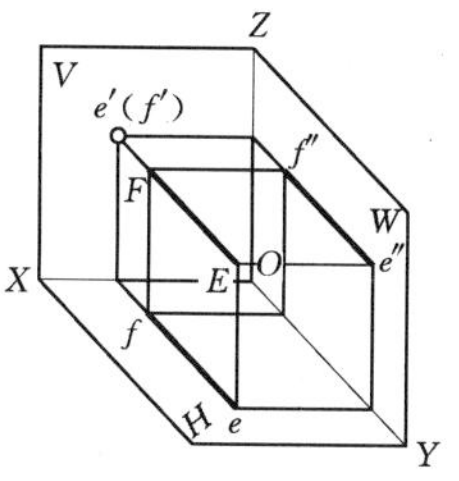 	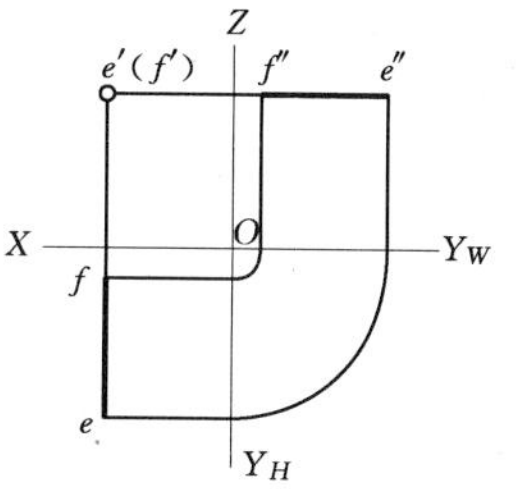 	（1）在 V 面上的投影 e'、f' 重影为一点，即该投影具有积聚性； （2）在 H 面和 W 面上的投影反映实长，即：$ef=e''f''=EF$，且 $ef\perp OX$ 轴，$e''f''\perp OZ$ 轴
侧垂线	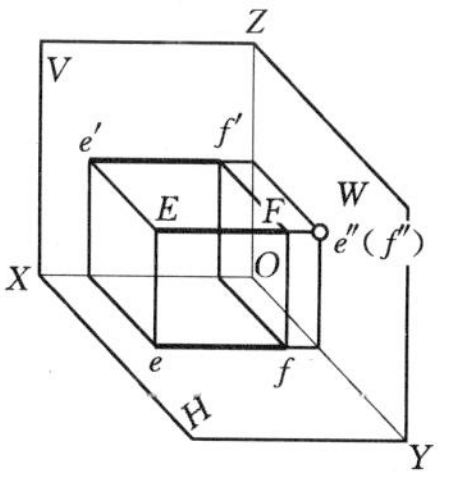 	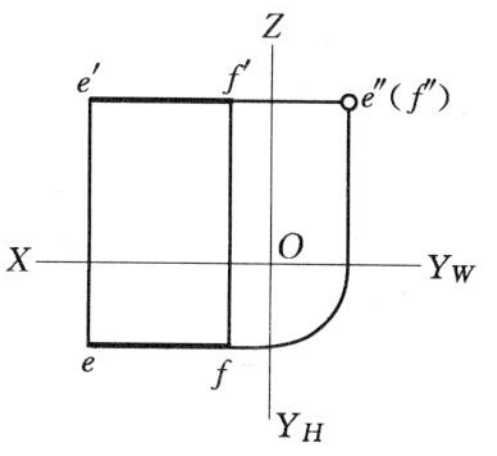 	（1）在 W 面上的投影 e''、f'' 重影为一点，即该投影具有积聚性； （2）在 H 面和 V 面上的投影反映实长，即：$ef=e'f'=EF$，且 $ef\perp OY_H$ 轴，$e'f'\perp OZ$ 轴

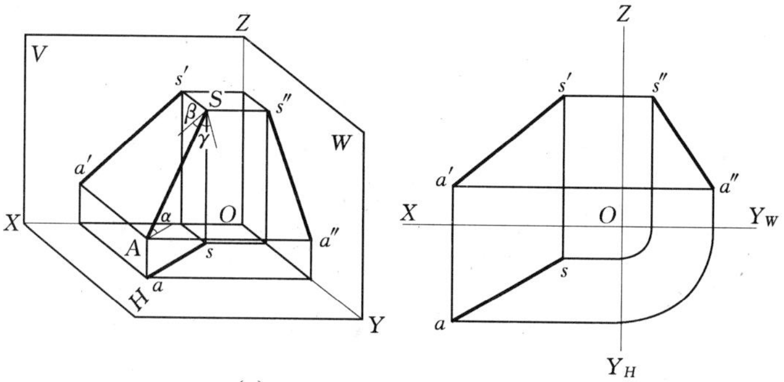

（a）　　　　　　　　（b）

图 1－19　一般位置直线的投影

（a）直观图；（b）投影图

一般位置直线的投影特性为：

（1）三面上的投影均为斜线与投影轴倾斜，且小于实长。

（2）各面上的投影均不反映对各投影面的真实倾角。

三、平面的投影

1. 投影面平行面

与一个投影面平行，而与另两个投影面垂直的平面为投影面平行面。投影面平行面分为：

水平面：平行于 H 投影面的平面，垂直于 V、W 面。

正平面：平行于 V 投影面的平面，垂直于 H、W 面。

侧平面：平行于 W 投影面的平面，垂直于 V、H 面。

投影面平行面的直观图、投影图、投影特性为“一框两线”，见表 1－3。

（1）在平面平行的投影面上的投影反映实形。

（2）另外两投影均积聚为一直线，且分别平行于它所平行的投影面上的两轴。

表 1－3　　投影面平行面的投影

名　称	直　观　图	投　影　图	投影特性
水平面	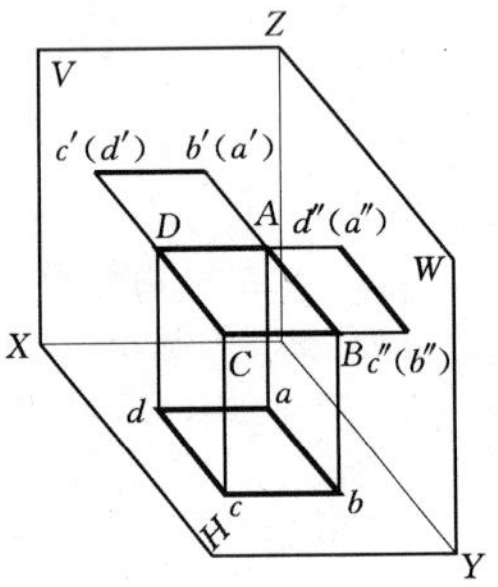	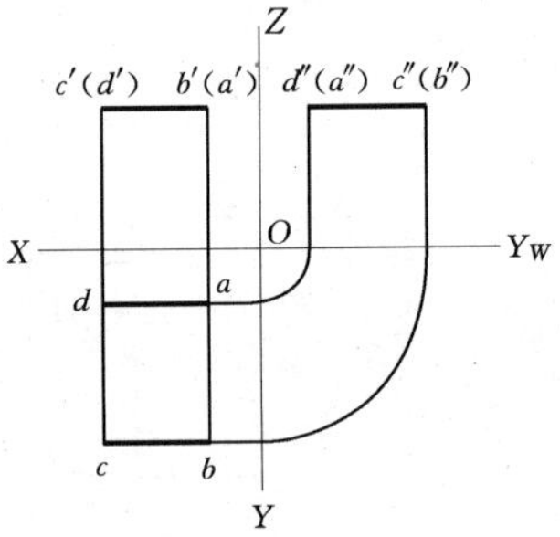	（1）在 H 面上的投影反映实形；（2）在 V、W 面上的投影积聚为一直线，且分别平行于 OX 轴和 OY_W 轴
正平面	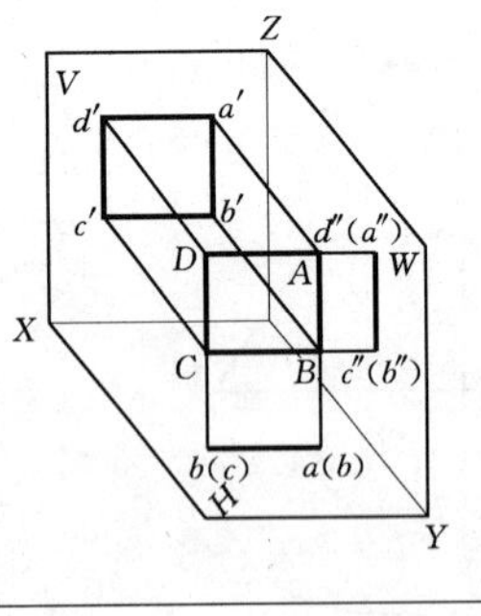	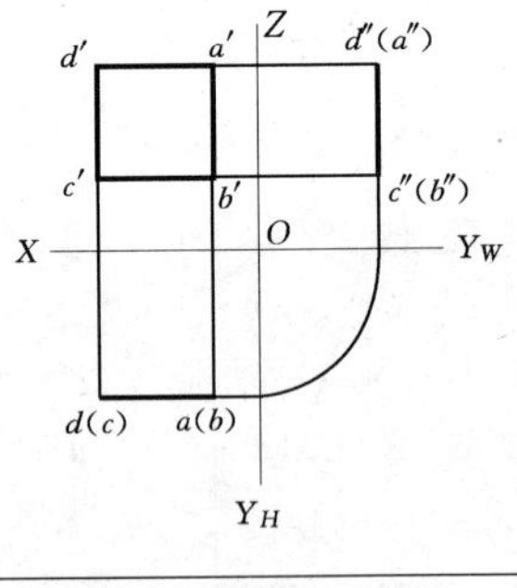	（1）在 V 面上的投影反映实形；（2）在 H、W 面上的投影积聚为一直线，且分别平行于 OX 轴和 OZ 轴
侧平面	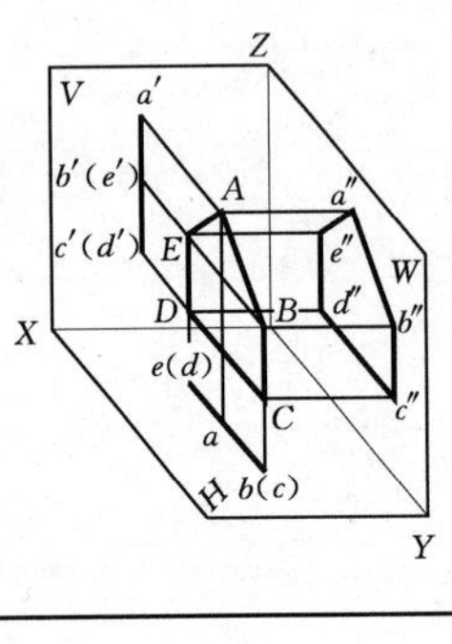	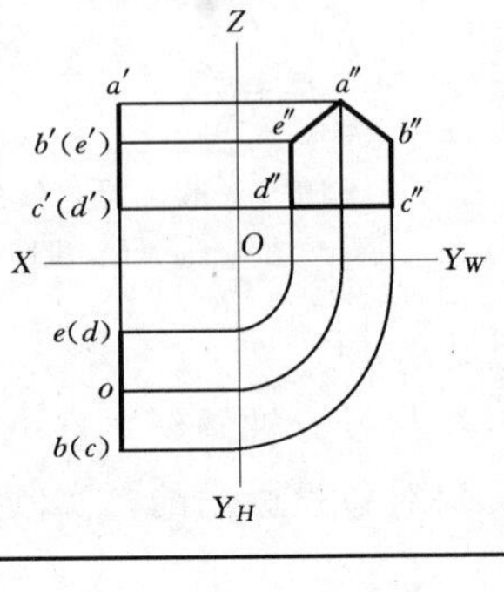	（1）在 W 面上的投影反映实形；（2）在 V、H 面上的投影积聚为一直线，且分别平行于 OZ 轴和 OY_H 轴

2. 投影面垂直面

与一个投影面垂直，而与另两个投影面倾斜的平面为投影面垂直面。投影面垂直面可分为：

铅垂面：垂直于 H 投影面的平面，倾斜于 V、W 面。

正垂面：垂直于 V 投影面的平面，倾斜于 H、W 面。

侧垂面：垂直于 W 投影面的平面，倾斜于 H、V 面。

投影面垂直面的直观图、投影图、投影特性为“一线两框”，见表 1－4。

表 1－4　　投影面垂直面的投影

名　称	直　观　图	投　影　图	投影特性
铅垂面	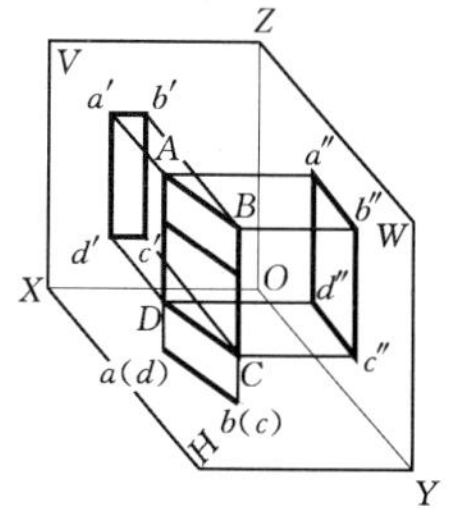	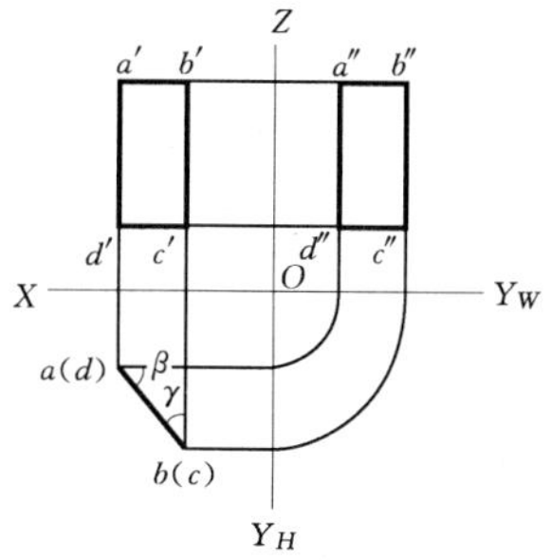	(1) 在 H 面上的投影积聚为一条与投影轴倾斜的直线； (2) β、γ 反映平面与 V、W 面的倾角； (3) 在 V、W 面上的投影均为小于实形的类似形
正垂面	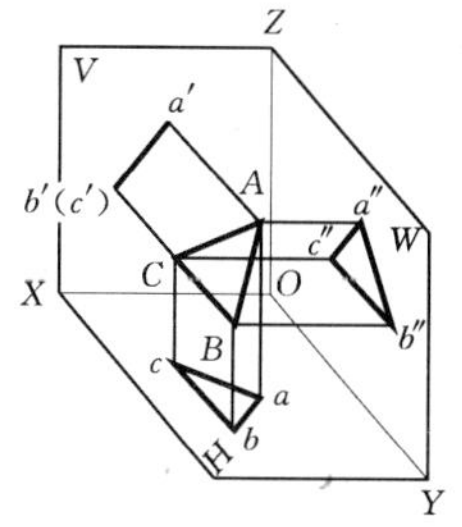	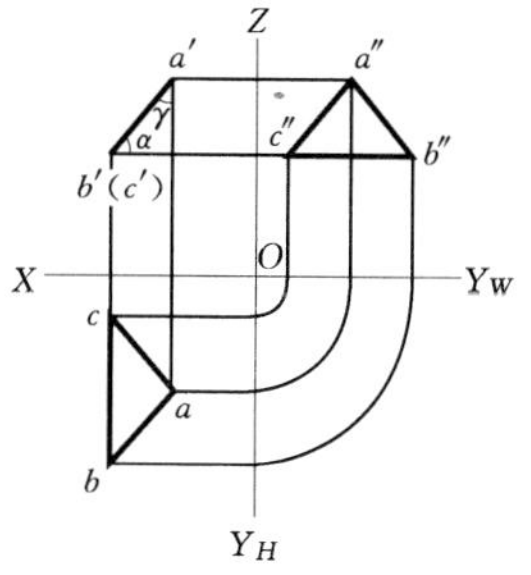	(1) 在 V 面上的投影积聚为一条与投影轴倾斜的直线； (2) α、γ 反映平面与 H、W 面的倾角； (3) 在 H、W 面上的投影均为小于实形的类似形
侧垂面	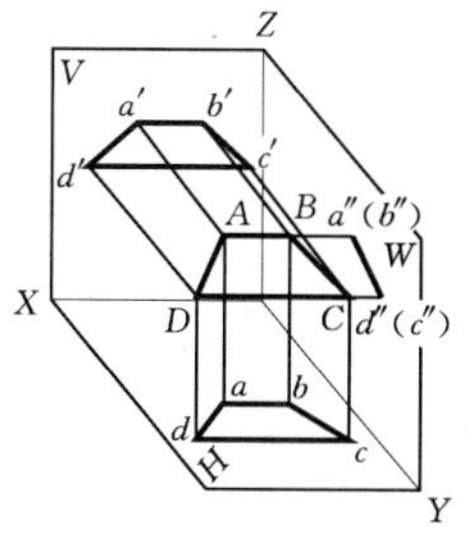	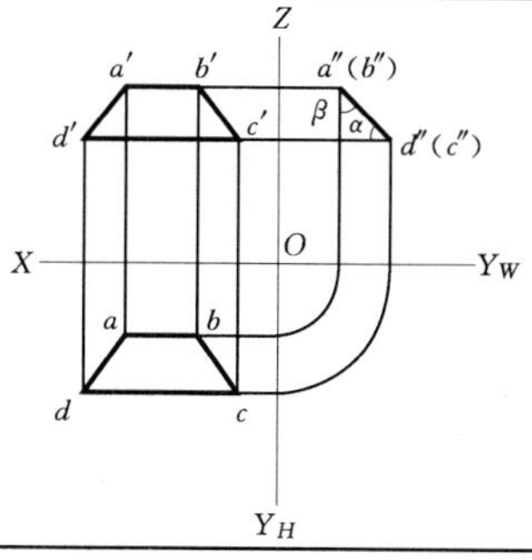	(1) 在 W 面上的投影积聚为一条与投影轴倾斜的直线； (2) α、β 反映平面与 H、V 面的倾角； (3) 在 V、H 面上的投影均为小于实形的类似形

(1) 在与平面垂直的投影面上的投影积聚为一斜线，且对两轴的夹角反映平面对两投影的夹角。

(2) 另外两投影面比原空间实形小。

3. 一般位置平面

一般位置平面与三个投影面都倾斜，一般位置平面的 3 个投影都没有积聚性，且都反映原空间图形的类似形状，比空间实形小，一般位置平面的直观图、投影图如图 1-20 所示。

一般位置平面的投影特性为“三框”，即三面投影均为小于实形的类似形。

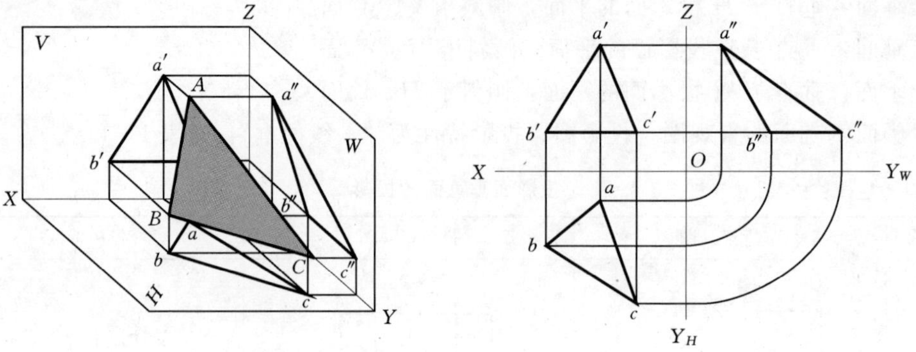

(a)　　　　　　(b)

图 1-20　一般位置平面的投影

(a) 直观图；(b) 投影图

第四节　建筑形体的视图

用正投影原理绘制出的形体图形称为视图，亦称正投影图。在建筑工程制图中，把建筑形体或组合体的三面投影图称为三面视图。

一、基本视图

用投影法绘制建筑形体的视图。建筑投影从形体的前、后、左、右、上、下 6 个投影面进行投影，如图 1-21 所示，得到下面 6 个视图。

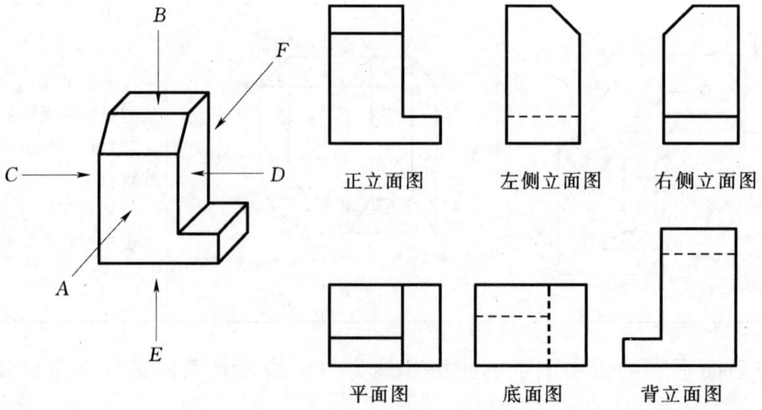

(a)　　　　　　(b)

图 1-21　视图的形成

正立面图：在 V 面从前向后（即图 A 向）作投影所得的视图。

平面图：在 H 面从上向下（即图 B 向）作投影所得的视图。

左侧立面图：在 W 面从左向右（即 C 向）作投影所得的视图。

右侧立面图：在 $W1$ 面从右向左（即 D 向）作投影所得的视图。

底面图：在 $H1$ 面从下向上（即 E 向）作投影所得的视图。

背立面图：在 $V1$ 面从后向前（即 F 向）作投影所得的视图。

工程上有时也称以上 6 个基本视图为主视图、俯视图、左视图、右视图、仰视图和后视图。

二、基本投影图的投影特性

三面投影图的投影特性即“三等”关系，对基本投影也有效；正立面图、平面图、底面图、背立面图在 X 轴上投影长对正；右侧面图、正立面图、左侧立面图、背立面图在 Z 轴上投影高平齐；右侧立面图、平面图、左侧立面图、底面图在 Y 轴上投影宽相等。方位关系：除背立面图、正立面图以外，其余 4 个图，远离 V 面图的一边为建筑形体的前面。背立面图的左右方向与正立面图右左方向一致。

知识梳理与小结

本章主要介绍了建筑物投影的基本概念、分类及正投影的基本特征；形体三面投影图的形成，直线、平面的投影特性；了解简单建筑形体基本视图的形成及投影规律。学生须掌握三面投影体系的展开，能够准确使用三面投影图中空间形体的“长对正，高平齐，宽相等”三等关系和方位关系，在三面投影体系中理解并能绘制空间点、直线、平面的投影图，准确掌握直线、平面与其投影面的三种位置的投影，并能结合实际工程图灵活运用，真正将点、直线、平面投影的理论落实在建筑物构件的形体中，为后面知识的学习打基础。

学 习 训 练

1. 何谓投影？投影如何分类？
2. 影子与投影二者之间有何不同？
3. 平行投影有何特性？
4. 在三面正投影图中，形体的三度空间尺寸长、宽、高是如何规定的？
5. 三维空间投影体系如何形成？动手制作一个长、宽、高分别为 10cm 的三面投影体系。
6. 解释三面投影图中“长对正、高平齐、宽相等”的含义。
7. 点的投影有哪些规律？
8. 直线的投影有哪些规律？
9. 平面的投影有哪些规律？

10. 已知 A 点的坐标（2,6,10）、B 点的坐标（0,6,4）、C 点的坐标（10，0，4）、D 点的坐标（5,10,0）。求作 A、B、C、D 4 个点的三面投影？

11. 如何正确识读点、线、面的投影图？

12. 怎样正确绘制正投影、点、线、面的投影图？

第二章 识读建筑施工图

学习目标

• 掌握建筑总平面图的内容、形成、用途及读图方法。

• 掌握建筑平面图的形成、内容和读图步骤，正确识读建筑平面图。

• 学会建筑立面图的图示内容及图例，掌握正、背、侧立面图之间的视图与形体关系，准确识读建筑立面图的图示内容。

• 理解并掌握建筑剖面图的形成及种类，形体剖切的位置，识读建筑剖面图。

• 学习并掌握建筑详图的分类与形体剖切的位置，掌握建筑详图的作用、组成，理解并掌握建筑详图识读方法。

• 能运用形体投影特征说明建筑物三视图的投影关系，正确识读建筑总图、平面图、立面图、剖面图、节点图，提高学生的识读建筑施工图的能力。

第一节 识读建筑首页与总平面图

房屋建造离不开工程图纸，它是工程建设中建筑设计、施工测量、建筑施工等专业使用的“工程语言”，是表示建筑物总体布局、平面形状、结构构造、建筑造型及装饰做法等施工要求的图样，为此，要掌握建筑设计中的要求与规定。

一、房屋建筑施工图的有关规定与常用符号、图例

（一）比例

建筑图常用的比例：平面图、立面图、剖面图为1∶50、1∶100、1∶150、1∶200。

建筑详图比例：1∶10、1∶20、1∶25、1∶30、1∶50。

建筑配件及构造节点：1∶2、1∶5。

（二）索引符号与详图符号

当图样中的某一局部或构件，如需另见详图表达设计意图，平面图、立面图、剖面图都可用索引符号来索引，索引符号以细实线绘制，由直径为8～10mm的圆和水平直径组成，如图2-1（a）所示。

1. 详图索引符号

（1）详图与被索引的图表示在同一张图纸上，如图2-1（b）所示。

（2）详图与被索引的图表示不在同一张图纸上，如图2-1（c）所示。

（3）详图构造表示在标准图集上，即表示第 5 个详图做法在 J103 标准图集的第 4 页上，如图 2－1（d）所示。

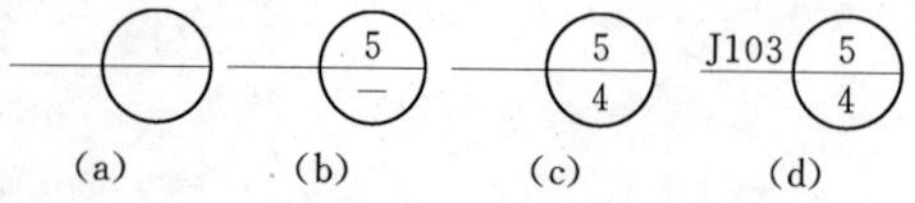

图 2－1　索引符号

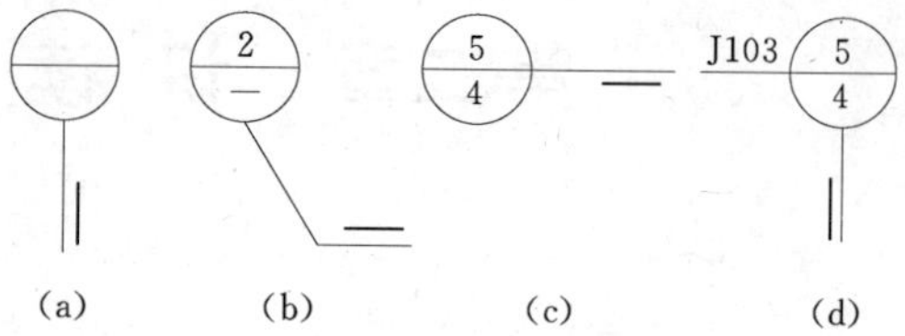

图 2－2　用于索引剖面详图的索引符号

2. *局部剖切索引符号*

局部索引符号用于索引剖视详图，应在被剖切部位用粗短线画剖切位置线，并以引出线引出索引符号，引出线所在的一侧为剖视方向，如图 2－2 所示。

3. 详图符号

索引的详图应在详图的下方编号，用粗实线 14mm 直径的圆绘制，详图符号有两种情况：

（1）详图在被索引的图纸上，如图 2－3（a）所示。

（2）详图与被索引的图不在同一张图纸上，如图 2－3（b）所示。

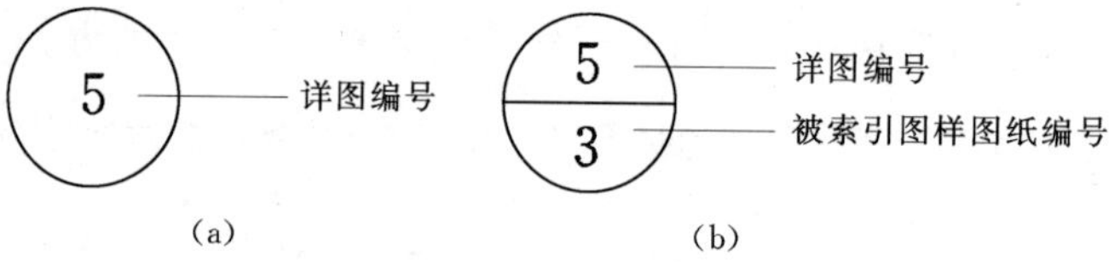

图 2－3　详图符号

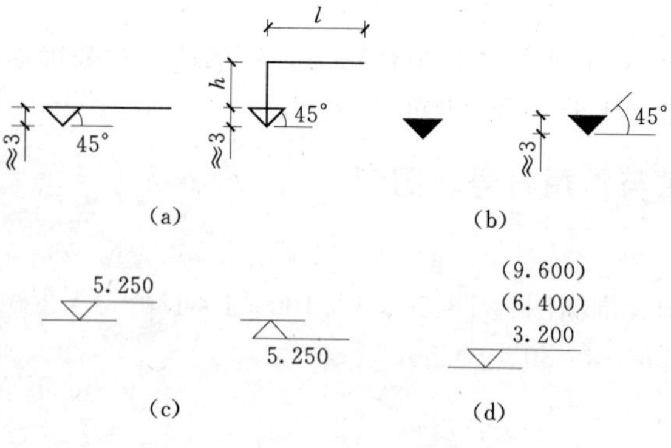

图 2－4　标高符号的标注

（a）个体建筑标高符号；（b）总平面图室外地坪标高符号；（c）标高的指向；（d）同一位置注写多个标高

（三）标高

标高是表示建筑物某一部位的竖向高度尺寸，标高符号为直角等腰三角形，用细实线绘制。标高分为绝对标高和相对标高。

1. 绝对标高

以我国青岛的黄海海平面的平均高度为零点，所测定标高称为绝对标高。

2. 相对标高

以新建建筑物底层室内地面为零点所测定的标高为相对标高。标高符号和标高数字的注写如图 2－4 所示。

（1）个体建筑物图样上的标高符号，用细实线，按图 2－4（a）左图所示的形式绘制。

（2）总平面图上的室外地坪标高符号，宜涂黑表示，具体画法如图 2－4（b）所示。

(3) 标高数字应以米为单位，注写到小数点后第三位；在总平面图中，可注写到小数点后第二位。零点标高应注写成±0.000；正数标高不注写“＋”，负数标高应注“－”，如图 2－4 所示。

(4) 在图样的同一位置需表示几个不同标高时，标高数字可按图 2－4（d）的形式注写。

3. 引出线

建筑工程图中，引出线用细实线绘制，宜采用水平方向的直线或与水平方向成 30°、45°、60°、90°的直线，或经上述角度再折为水平线。文字说明注写在水平线的上方，或注写在水平线的端部，如图 2－5 所示。

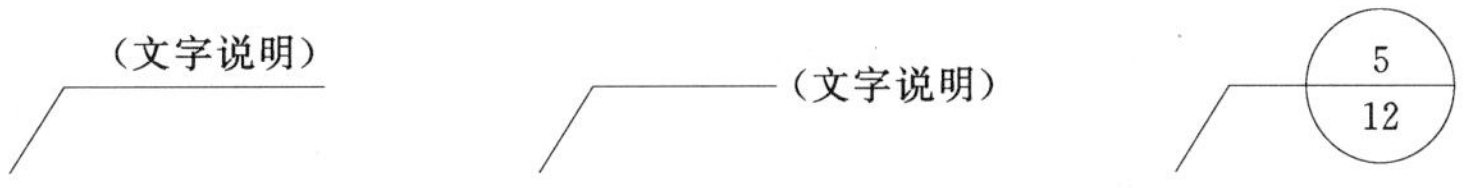

图 2－5　引出线

多层构造共用引出线，应通过被引出的各层，并用圆点示意对应各层次。文字说明宜注写在水平线的上方，或注写在水平线的端部，说明的顺序应由上至下，并应与被说明的层次对应一致；如层次为横向排序，则由上至下的说明顺序应与由左至右的层次对应一致，如图 2－6 所示。

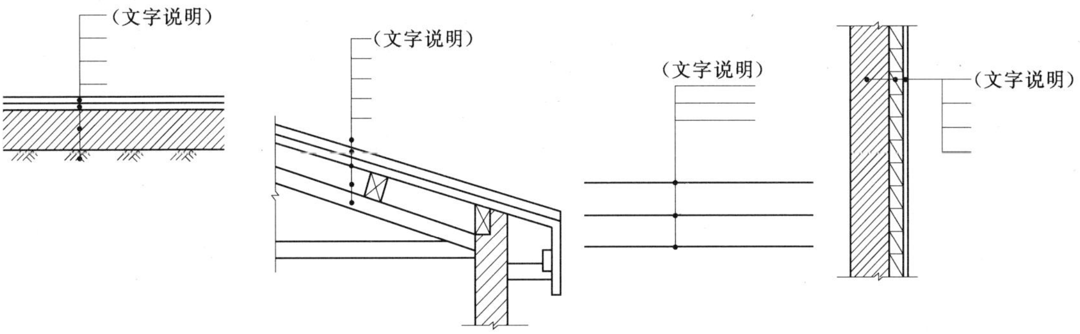

图 2－6　多层构造引出线

（四）指北针

指北针用细实线绘制直径为 24mm 的圆表示，指针尾部的宽度为 $1/8D$，即 3mm，指针头部应注“北”或“N”字，需用较大直径绘制指北针时，指针尾部的宽度宜为直径的 1/8。如图 2－7 所示。

（五）对称符号

对称符号由对称线和两端的两对平行线组成。对称线用长度为 6～10mm 的细点划线绘制；平行线用细实线绘制，其每对的间距宜为 2～3mm，对称线垂直平分于两对平行线，两端超出平行线宜为 2～3mm，如图 2－8 所示。

（六）连接符号

应以折断线表示需连接的部位，两部位相距过远时，折断线两端靠图样一侧应标注大写拉丁字母表示连接编号。两个连接编号必须用相同字母表示，如图 2－9 所示。

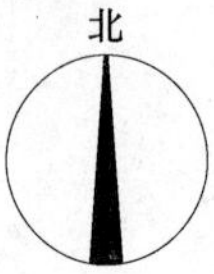

图 2－7　指北针

图 2－8　对称符号

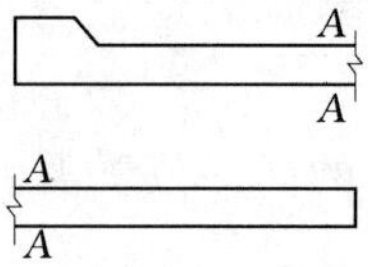

图 2－9　连接符号

（七）常用建筑施工图图例

房屋建筑图常采用图例表示建筑物或构筑物的构造和配件，为了便于建筑制图和识图，制图标准中规定了各种图例，见表 2－1、表 2－2。

表 2－1　　**总 平 面 图 图 例**

序号	名　称	图　　例	备　　注
1	新建建筑物	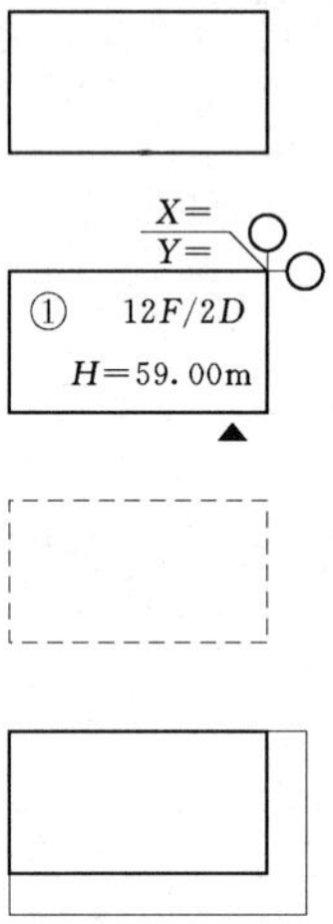	（1）新建建筑物以粗实线表示与室外地坪相接处±0.00 外墙定位轮廓线； （2）建筑物一般以±0.00 高度处的外墙定位轴线交叉点坐标定位。轴线用细实线表示，并标明轴线号； （3）根据不同设计阶段标注建筑编号，地上、地下层数，建筑高度、建筑出入口位置（两种表示方法均可，但同一图纸采用一种表示方法）； （4）地下建筑物以粗虚线表示其轮廓； （5）建筑上部（±0.00 以上）外挑建筑用细实线表示； （6）建筑物上部连廊用细虚线表示并标注位置
2	原有建筑物	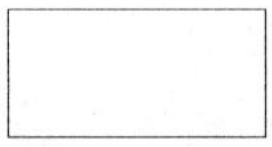	用细实线表示
3	计划扩建的预留地或建筑物		用中粗虚线表示
4	拆除的建筑物		用细实线表示
5	建筑物下面的通道	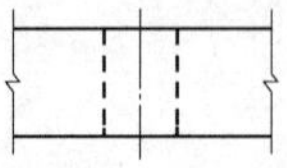	—
6	围墙及大门	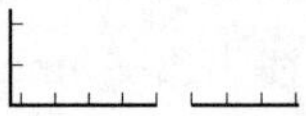	—
7	挡土墙	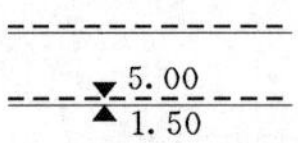	挡土墙根据不同设计阶段的需要标注 墙顶标高 墙底标高

续表

序号	名 称	图 例	备 注
8	台阶及无障碍坡道	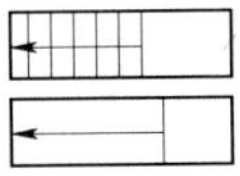	上图表示台阶（级数仅为示意），下图表示无障碍坡道
9	室内地坪标高	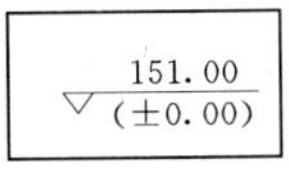	数字平行于建筑物书写
10	室外地坪标高	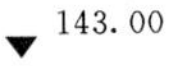	室外标高也可采用等高线
11	盲道	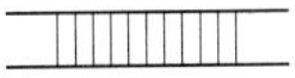	—
12	地下车库入口	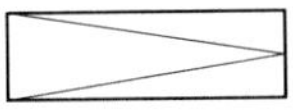	机动车停车场
13	地面露天停车场	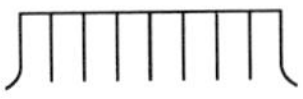	—
14	新建的道路	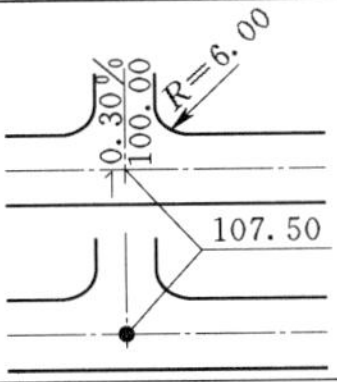	“R=6.00”表示道路转弯半径；“107.50”为道路中心线交叉点设计标高，两种表示方式均可，同一图纸采用一种方式表示。“100.00”为变坡点之间距离，“0.30%”表示道路坡度，一表示坡向
15	原有道路	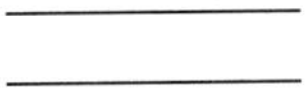	—
16	计划扩建的道路		—
17	拆除的道路	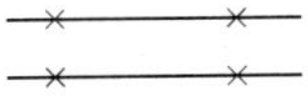	—
18	常绿针叶乔木	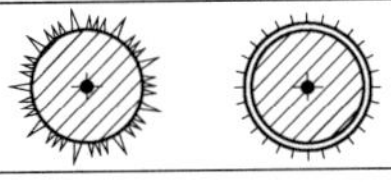	—
19	落叶阔叶灌木	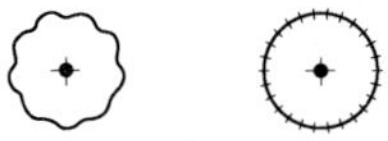	—
20	草坪	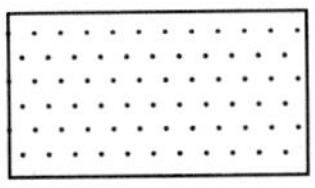	草坪
		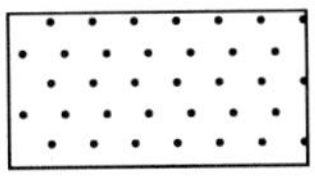	自然草坪
		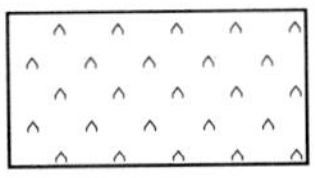	人工草坪

注 本表摘自 GB/T 50103—2010。

表 2-2　　建筑构造及配件图例

序　号	名　称	图　　例	备　　注
1	楼梯	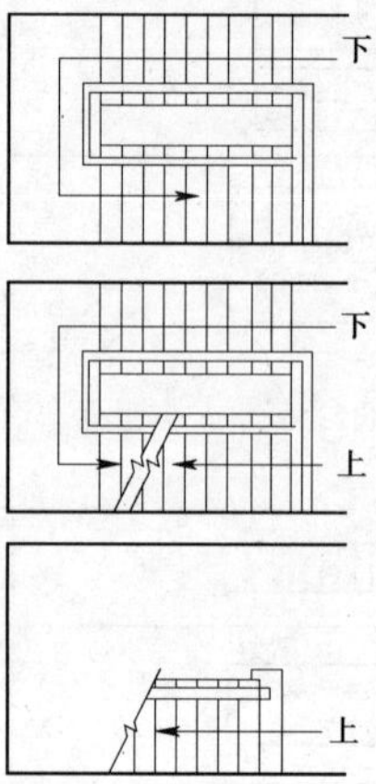	（1）上图为顶层楼梯平面，中图为中间层楼梯平面，下图为底层楼梯平面； （2）需设置靠墙扶手或中间扶手时，应在图中表示
2	台阶	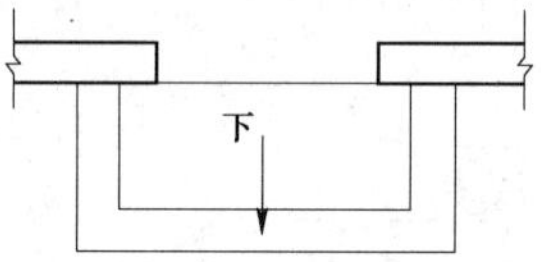	—
3	坡道	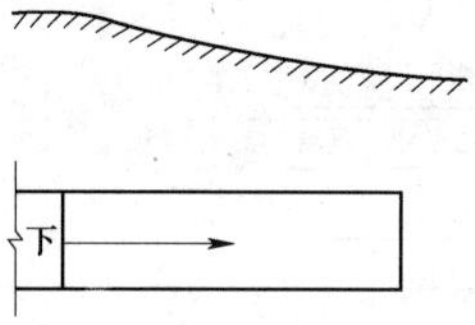	长坡道
		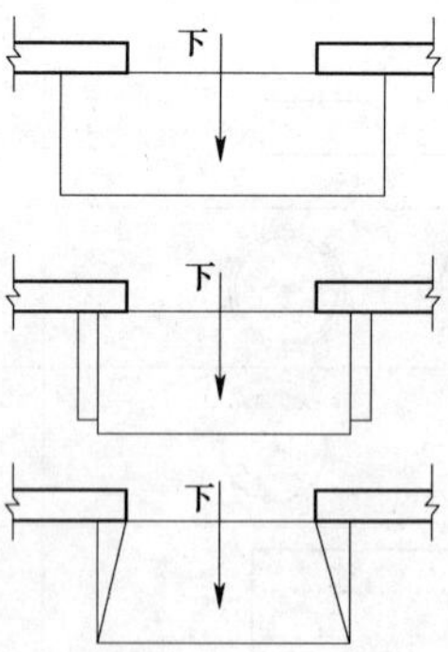	上图为两侧垂直的门口坡道，中图为有挡墙的门口坡道，下图为两侧找坡的门口坡道
4	检查口		左图为可见检查口，右图为不可见检查口
5	孔洞		阴影部分亦可填充灰度或涂色代替
6	坑槽		—

续表

序 号	名 称	图 例	备 注
7	墙预留洞、槽	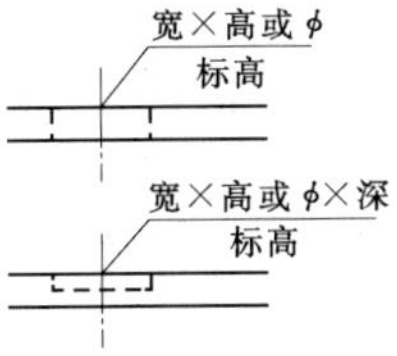	(1) 上图为预留洞，下图为预留槽； (2) 平面以洞（槽）中心定位； (3) 标高以洞（槽）底或中心定位； (4) 宜以涂色区别墙体和预留洞（槽）
8	烟道	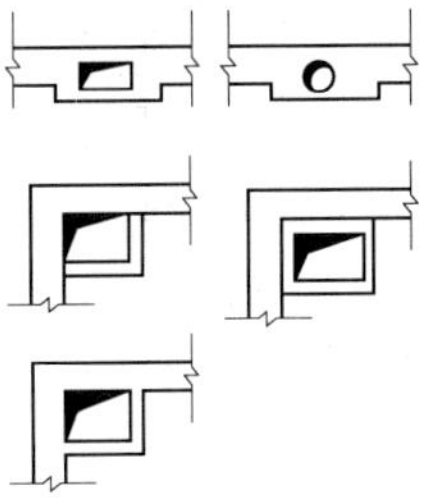	(1) 阴影部分亦可填充灰度或涂色代替； (2) 烟道、风道与墙体为相同的材料，其相接处墙身线应连通； (3) 烟道、风道根据需要增加不同材料的内衬
9	风道	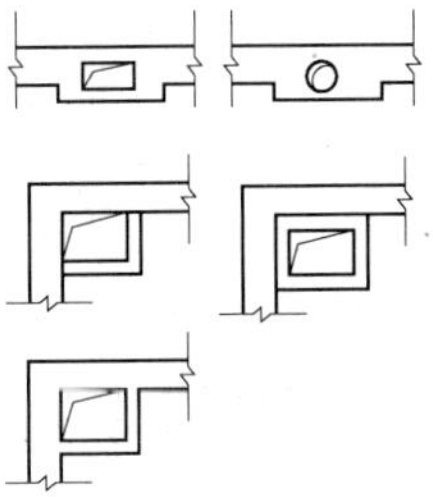	
10	新建的墙和窗	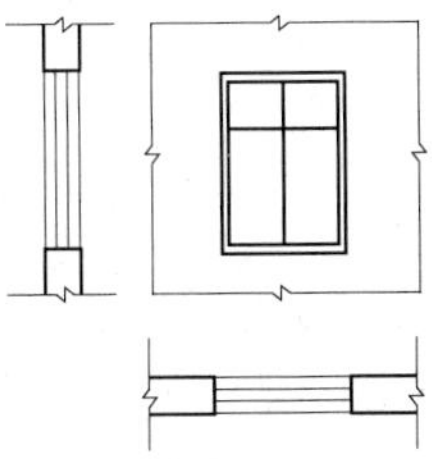	—
11	空门洞	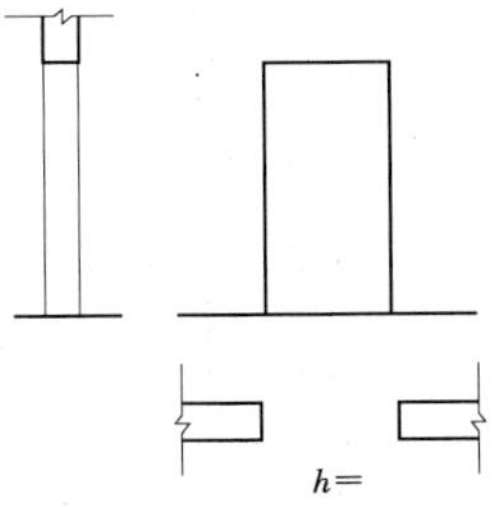	h 为门洞高度

续表

序号	名称	图例	备注
12	单面开启单扇门（包括平开或单面弹簧）	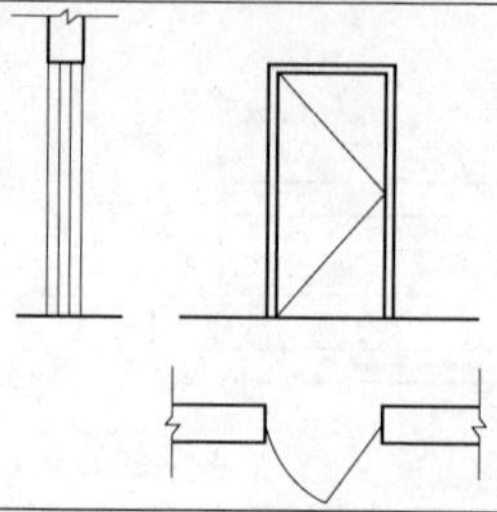	（1）门的名称代号用 M 表示； （2）平面图中，下为外，上为内； 门开启线为 90°、60°或 45°，开启弧线宜绘出； （3）立面图中，开启线实线为外开，虚线为内开。开启线交角的一侧为安装合页一侧。开启线在建筑立面图中可不表示，在立面大样图中可根据需要绘出； （4）剖面图中，左为外，右为内； （5）附加纱扇应以文字说明，在平、立、剖面图中均不表示； （6）立面形式应按实际情况绘制
	双面开启单扇门（包括双面平开或双面弹簧）	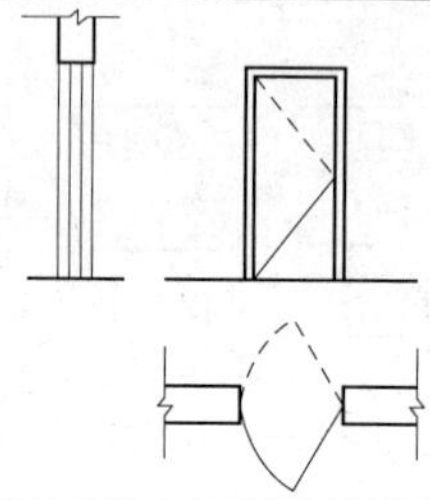	
13	单面开启双扇门（包括平开或单面弹簧）	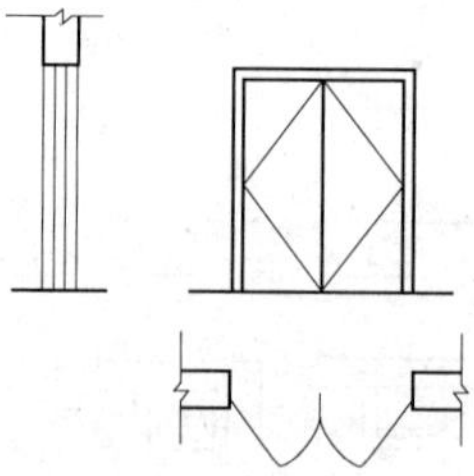	
	双面开启双扇门（包括双面平开或双面弹簧）	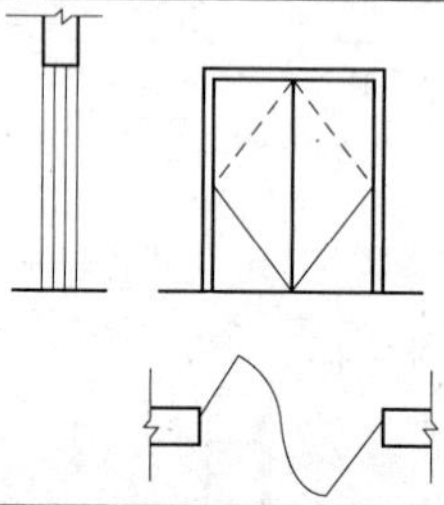	
14	墙洞外单扇推拉门	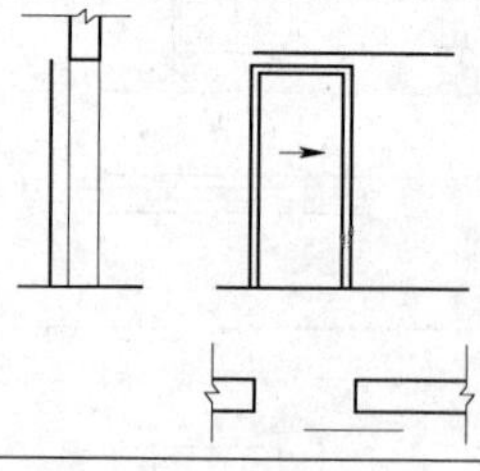	（1）门的名称代号用 M 表示； （2）平面图中，下为外、上为内； （3）剖面图中，左为外，右为内； （4）立面形式应按实际情况绘制
	墙中单扇推拉门	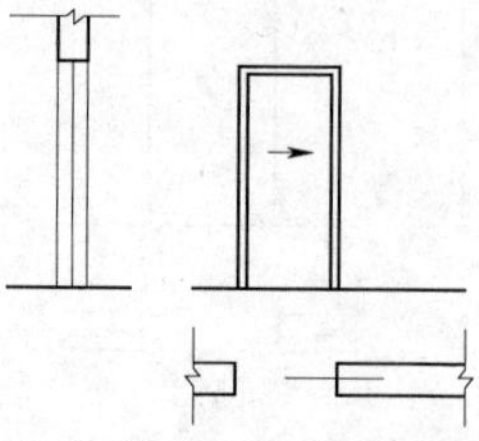	（1）门的名称代号用 M 表示； （2）立面形式应按实际情况绘制

续表

<table>
<tr><th>序 号</th><th>名 称</th><th>图 例</th><th>备 注</th></tr>
<tr><td>15</td><td>固定窗</td><td>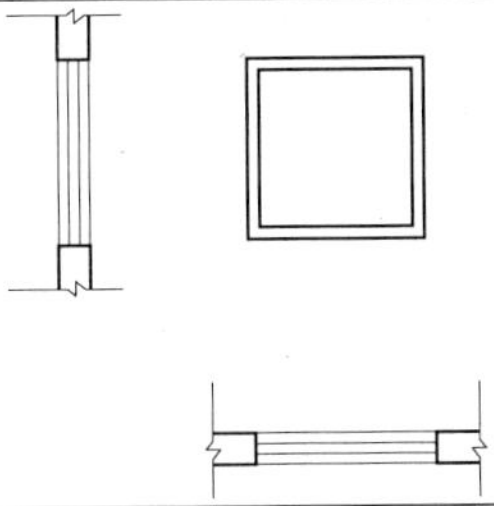</td><td rowspan="3">(1) 窗的名称代号用C表示；
(2) 平面图中，下为外，上为内；
(3) 立面图中，开启线实线为外开，虚线为内开。开启线交角的一侧为安装合页一侧。开启线在建筑立面图中可不表示，在门窗立面大样图中需绘出；
(4) 剖面图中，左为外、右为内。虚线仅表示开启方向，项目设计不表示；
(5) 附加纱窗应以文字说明，在平、立、剖面图中均不表示；
(6) 立面形式应按实际情况绘制</td></tr>
<tr><td rowspan="2">16</td><td>单层外开平开窗</td><td>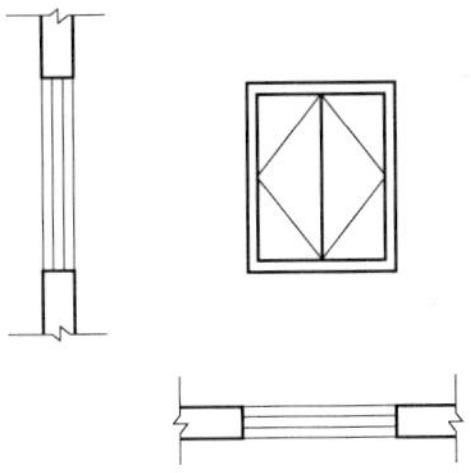</td></tr>
<tr><td>单层内开平开窗</td><td>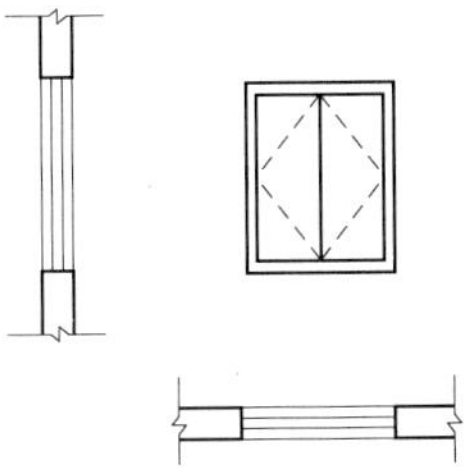</td></tr>
<tr><td>17</td><td>单层推拉窗</td><td>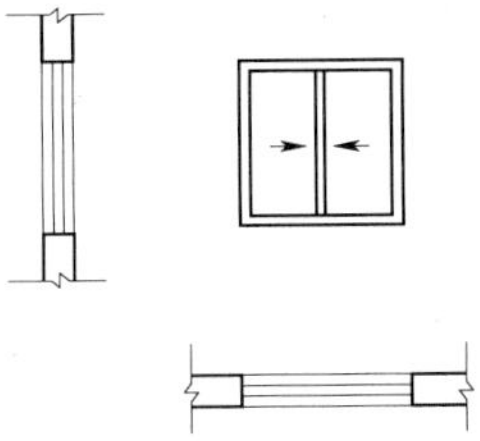</td><td>(1) 窗的名称代号用C表示；
(2) 立面形式应按实际情况绘制</td></tr>
<tr><td>18</td><td>百叶窗</td><td>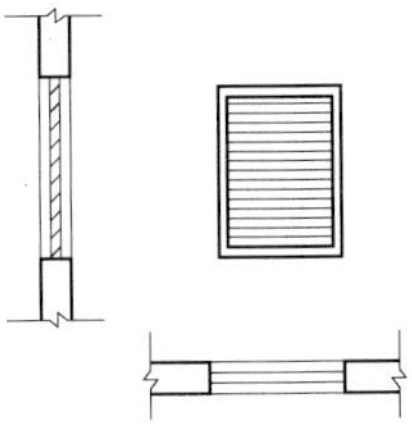</td><td>(1) 窗的名称代号用C表示；
(2) 立面形式应按实际情况绘制</td></tr>
</table>

注 本表摘自GB/T 50104—2010。

二、建筑总平面图识读

(一) 施工图首页

施工图首页是整套建筑施工图的概括和说明，由图纸目录、设计总说明、建筑总平面图、门窗表和工程做法组成。

1. 图纸目录

为方便查阅施工图对整套图有一个全面的了解，图纸目录可以表格形式将该工程的概况、设计依据、标准和施工要求等用文字加以介绍，并将该工程建施图、结施图、设施图按顺序编号，如本书附录 4# 宿舍楼建筑图纸目录。

2. 设计说明

设计说明主要是对施工图作必要补充，是将图纸上不易详细、清楚表达的内容，如工程概况、水文资料、抗震要求、所用标准图集的代号、防水防火要求等，用文字加以说明，如本书附录中的建施—01 图 4# 宿舍楼建筑设计说明。

3. 工程做法列表

工程做法列表是将建筑各部位构造做法用列表格的形式加以详细说明，对各施工部位的名称、做法等详细表达，如附录中建施—01 图中室内装修一览表。

4. 门窗表

门窗表是将建筑物上所有不同类型的门窗进行统计后列成的表格，提供建筑施工、预算需要的数量，如附录中建施—12 图 4# 宿舍楼门窗表。

（二）总平面图的识读

1. 总平面图的形成

总平面图是指在新建工程所在的建设地段范围内新建、扩建、原有、拆除的建筑物及构筑物的地理位置及周围环境的水平投影图，如附录中建施—02 图 4# 宿舍楼所在区域总平面图。

2. 总平面图的作用

反映新建房屋的位置、朝向、平面形状、标高、占地面积、建筑小品、绿化及与原有建筑物之间的关系，是建筑房屋定位、施工放线的依据。

3. 总平面图表示方法

用正投影的原理绘制总平面图，按照《总图制图标准》（GB/T 50103—2010）规定的图例和《房屋建筑制图统一标准》（GB/T 50001—2010）中图线的有关规定执行。

4. 总平面图的内容及阅读方法

（1）看图名、比例、文字说明。总平面图反映建造范围较大，故绘图时宜用较小比例。常用比例为 1∶500、1∶1000、1∶2000 等。

（2）明确新建区域建筑物、构筑物性质，用图例表示其形状，注明房屋名称、在图形的右上角用阿拉伯数字表示其层数。

（3）确定新建工程的定位尺寸。一般参照原有房屋或道路定位。

（4）注明建筑物首层地面的绝对标高，室外地坪、道路的绝对标高。建筑物室内地坪的相对标高规定为±0.00，在其上为正值、反之为负值。

（5）用指北针或风向频率玫瑰图表示建筑物朝向和该地区的常年风向频率。

（6）建筑红线是指城市沿街建筑物的外墙、台阶、橱窗等不得超过的临街界线。

风向频率玫瑰图，简称“风玫瑰图”，是根据某一地区多年平均统计的各个方向吹风次数的百分数、按一定比例绘制的，风的吹向是指从外吹向地区的中心。实线表示全年风向频率，虚线表示夏季 6、7、8 三个月的风向频率，如图 2 - 10 所示。

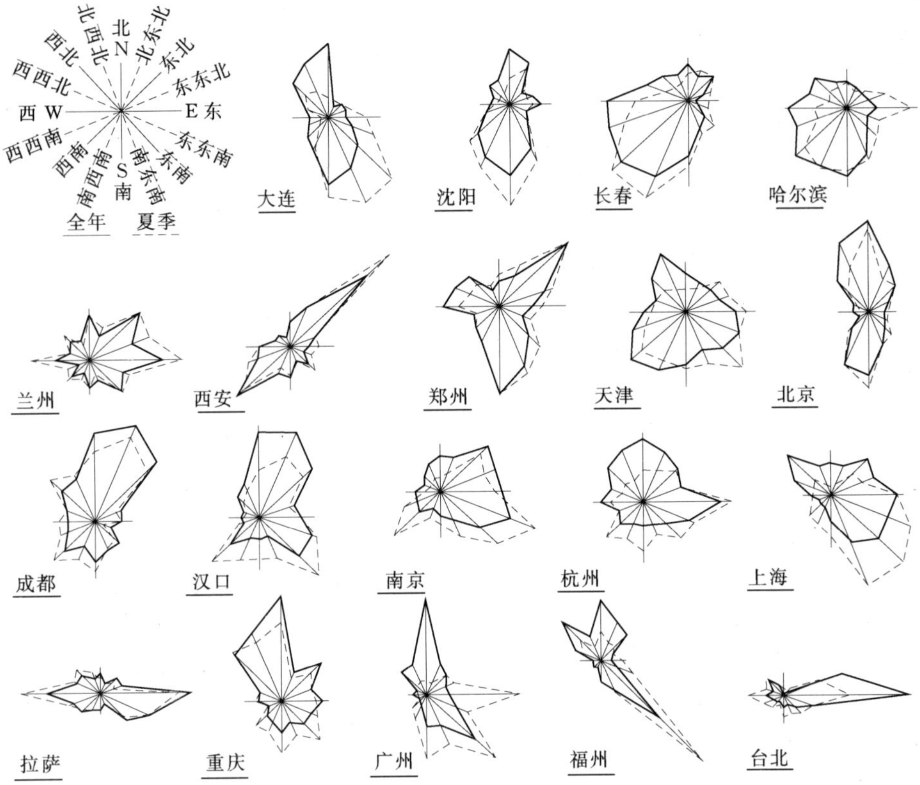

图 2－10　我国部分地区城市风向频率玫瑰图

5. 建筑总平面图的识读

现以建成的 4# 宿舍楼总平面图（见附录中建施—02 图）为例，说明其识读方法。

（1）了解图名、比例。该施工图为总平面图，比例 1∶500。

（2）了解工程性质、用地范围、地形地貌和周围环境情况。从总图中可知，新建 4# 宿舍楼（粗实线表示），位于南京路与和平街交汇处。建造层数为 6 层。新建建筑东面是 5 层的 3# 宿舍楼（已建建筑，细实线表示），西面是和平街，北面 5 层教学楼（已建建筑，细实线表示），南面是南京路，旁边 2 层为待拆建筑。

（3）了解建筑的朝向和风向。本图左下方有指北针，从图中可知新建建筑的朝向。

（4）了解新建建筑的准确位置。新建建筑其平面形状为∟形，最长边长为 56.50m，另一长边长为 25.20m，入口大致朝北、朝西，采用已有建筑为参照点进行定位，定位尺寸为 14.73m 和 13m，27m 和 15m。

第二节　识读建筑平面图

一、建筑平面图的形成

建筑平面图是假想用一水平剖切平面沿着建筑物的高度方向在窗台与窗洞口上沿之间

的任意位置将房屋水平剖切，移走剖切平面以上部分的形体，将剩余部分的形体向水平面做正投影，所得的水平剖面图称为建筑平面图。

二、建筑平面图的作用

建筑平面图是施工放线定位、砌墙、安装门窗、室内外装修及编制工程预算的重要依据，用来表示新建建筑的平面形状、朝向、各房间的布置及尺寸，墙柱的厚度、门窗的位置及开启方向等。

三、建筑平面图的组成和内容

（一）组成

在多层建筑中，平面图一般由底层平面图、标准层平面图、顶层平面图、屋顶平面图组成。

（二）内容

1. 首层平面图

首层平面图也称一层平面图，是指在±0.000 地坪楼层上，对一层门窗洞口水平剖切得到的平面图，主要表示建筑物的一层平面形状、入口、房间、走道、门窗、楼梯等平面位置和数量以及墙、柱的平面形状和材料；室外台阶、散水的尺寸。在首层平面图上应绘指北针和剖切符号，如附录中建施—03 图所示。

2. 标准层平面图

房屋中间几层的平面形式布置相同，只需画出一个平面图即可，称该平面图为标准层平面图；若中间楼层平面布置不同，需单独画出平面图，如附录中建施—05 图所示。

3. 顶层平面图

顶层平面图是房屋最高层的平面图，如附录中建施—06 图所示。

通常建筑物的底层（一层）、标准层、顶层平面图的楼梯间水平投影图有区别。

4. 屋顶平面图

俯视图也称屋顶平面图，是由建筑物从上向下做的平面投影，用来表示建筑物屋顶上的形式与排水坡度、雨水管的间距、变形缝和出屋面构造等的布置，如附录中建施—07 图所示。

建筑平面图常用的比例是 1∶100 或 1∶200，其中 1∶100 使用最多。

（三）建筑平面图的图示内容

（1）表示建筑物所有的定位轴线及编号、承重、围护构件——墙、柱、墩的位置、尺寸。

（2）表示建筑物所有房间的名称及门窗的位置、尺寸、编号。

（3）表示建筑物的台阶、坡道、阳台、雨篷、雨水管、散水、花池、通风道、管井、消防梯等尺寸和位置。

（4）表示电梯、楼梯的位置及楼梯上下两梯段的尺寸和方向。

（5）表示建筑物的室内水池、工作台、卫生设备、隔断等的位置与形状。

（6）表示建筑物的地下室、地沟、预留洞、高窗等尺寸与位置。

(7) 剖切符号与指北针都应画在底层平面图上；标注有关部位的详图索引符号。

(8) 屋顶平面图上一般应标有女儿墙、檐沟、屋面坡度、分水线与雨水口、变形缝、出屋面、天窗、消防梯等。

(四) 建筑平面图识读

1. 底层平面图识读

下面以 4# 宿舍楼底层平面图（见附录中建施—03 图）为例，说明平面图的读图方法。

(1) 了解平面图的图名、比例。从图中可知该图为底层平面图，比例 1∶100。

(2) 了解建筑物的朝向。用指北针指向得该 4# 宿舍楼的朝向，主入口为北向，次入口为西向。

(3) 了解建筑平面的布置。该建筑底层为宿舍、超市、洗衣房、楼梯间和卫生间等，其中主要为宿舍，宿舍的使用面积不同，又分为 6 人宿舍和 4 人宿舍，此外还有无障碍宿舍。2# 楼梯间有一配电箱洞 D D。

(4) 了解建筑平面图上标注尺寸。建筑平面图上标注的尺寸均为未经装饰的结构表面尺寸。并通过这些尺寸了解房屋的占地面积、建筑面积、房间的使用面积。建筑占地面积为建筑物的首层与土地接触的面积。如该建筑占地面积为 886.75m^2。

(5) 了解建筑剖面图的剖切位置、索引符号。在底层平面图结构构件有代表性的位置将建筑物剖切并编号，以明确剖面图的剖切位置、剖切方法和剖视方向。如②～③轴线间的 1—1 剖切符号和Ⓓ～Ⓔ轴线间的 2—2 剖切符号，表示建筑剖面图的剖切位置，剖面图类型为全剖面图，剖视方向向右。有时图中还标注出索引符号，注明该部位所采用的标准图集的代号、页码和图号，以便施工人员查阅标准图集，便于施工。

2. 标准层平面图和顶层平面图识读

标准层、顶层平面图的形成与底层平面图的形成投影原理相同。如附录中建施—05 图和建施—06 图所示。为了简化作图，散水、明沟、室外台阶、雨篷等已在底层、标准层、顶层平面图上表示过的内容不再表示。识读标准层平面图和顶层平面图重点关键看平面布置、墙体厚度、有无变化、楼面标高、楼梯图例有无变化等。

(1) 了解平面图的图名、比例。从图中可知该图为标准层平面图，比例 1∶100。

(2) 了解建筑的平面布置。该宿舍楼横向定位轴线 16 根，纵向定位轴线 8 根，该建筑标准层和顶层为宿舍、衣物晾晒空间、楼梯间和卫生间等。其中主要房间为宿舍，宿舍的使用面积不同，又分为 6 人宿舍和 4 人宿舍以及 8 人宿舍，此外还有无障碍宿舍。

(3) 了解建筑平面图上的尺寸。

第一道尺寸为洞口尺寸，表示建筑物外墙上门窗洞口等各细部位置的大小及定位尺寸。如Ⓐ轴线墙上 C—1 的洞宽是 1800mm，两窗洞间的距离为 (900＋900) mm＝1800mm 以及 (900＋1500) mm＝2400mm。

第二道尺寸为定位轴线尺寸，即开间、进深尺寸。在建筑物的长度方向上，两条相邻的横向定位轴线之距，称为开间；在建筑物的宽度方向上，两条相邻的纵向定位轴线之距称为进深。图中 6 人宿舍的开间为 3600mm、3150mm，进深为 5000mm；8 人宿舍的开间为 5400mm，进深为 5000mm；4 人宿舍的开间为 3150mm，进深为 3600mm。

第三道尺寸为建筑物外墙轮廓的总尺寸，即从建筑物外墙的一端到另一端外墙的总长和总宽，如图中“∟形”建筑一条长边的总长为56500mm，另一长边的总长为25200mm。第三道尺寸能反映出建筑的占地面积。

(4) 了解门窗的位置及编号。在建筑平面图中M表示门、C表示窗，了解门窗采用标准图集的代号、门窗型号和是否有备注。

(5) 了解各专业设备的布置情况。建筑物内的卫生设备的位置及相应尺寸。如附录中建施—05标准层平面图所示，从图中可见该建筑物平面布置基本未变，而楼层标高分别为3.600、7.200、10.800、14.400、18.000与21.600，每层层高为3.600m。在底层平面图的入口上方有雨篷，雨篷上排水坡度为1%，楼梯图例发生变化。

3. *屋顶平面图识读*

屋顶平面图表示屋面上天窗、通风道、女儿墙、变形缝、水箱、铁爬梯等构件的位置以及采用标准图集的代号、屋面排水坡度与方向、雨水口的位置等内容。如附录中建施—07图所示，屋顶采用有组织的单坡、外墙内侧内排水形式，水从屋面向天沟汇集，天沟排水坡度为1%，雨水管设在Ⓒ轴线墙上①、③、⑥、⑩轴线处；⑩轴线墙上Ⓔ、Ⓕ轴线处以及楼梯间屋面的③轴线处。构造做法参考标准图集11J930第326页2、3图的做法。通风道做法参考标准图集03J201－2中G28－2的做法。

第三节　识读建筑立面图

一、建筑立面图的形成

在与建筑物外立面平行的投影面上所作的正投影而得到的图样，称为建筑立面图。一幢建筑物是否美观，不但要自身单体美观，还要与周围群体的建筑物环境协调，因而很大程度上取决于建筑物立面上的艺术处理，包括建筑造型与尺度、装饰材料的选用、色彩的选用等建筑美学内容，它要符合建筑美学构图规律。

二、建筑立面图的种类

建筑立面图有两种。正、背立面图是向与其平行的投影面（*V*面）作正投影所得图形，将建筑物的前后立面称为正、背立面图。

侧立面图是向与其平行的投影面（*W*面）作正投影所得图形，将建筑物的左、右立面称为建筑侧立面图。

三、建筑立面图的作用

建筑立面图反映建筑物体型和外貌，表示房屋高度和层数及构造做法，是装饰建筑立面的依据。

四、建筑立面图命名

1. *以建筑定位轴线编号命名*

以观察者面向建筑物的位置从左到右的轴线顺序命名，如图2－11所示①～⑦轴立面图、⑦～①轴立面图，又如附录中建施—08 图中建筑立面图的投影方向和名称。

2. 以建筑物朝向命名

建筑物为正南、北、西、东的朝向，该立面就称为南立面图、北立面图、西立面图、东立面图。

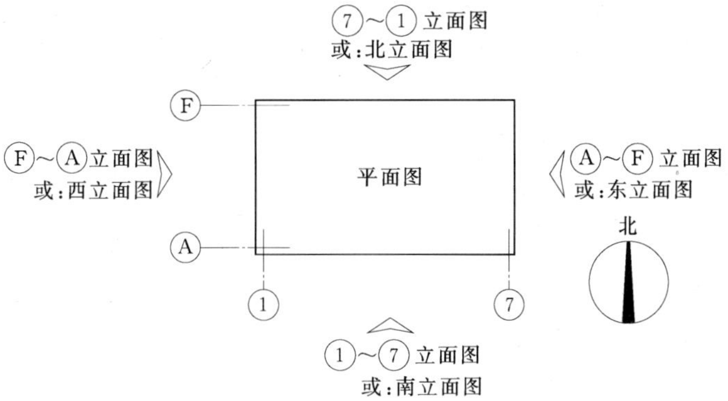

图 2－11　立面图的投影方向和名称

五、建筑立面图的图示内容

（1）在立面图上可看到建筑物外貌、室外地面标高、建筑物的檐口、门窗、雨篷、阳台、室外楼梯、勒脚、台阶、墙面分格线等内容。

（2）表示建筑物立面上的高度，有建筑物总高、室外地面的标高、层高、阳台、雨篷、女儿墙等标高。

（3）表示建筑物两端的定位轴线及其编号，外墙面装修的材料及做法。

六、建筑立面图的识读

以附录中建施—08、建施—09 宿舍楼立面图为例说明其读图方法。

（1）从正立面图上了解该建筑的外貌形状，并与平面图对照深入了解屋面名称、雨篷、台阶等细部形状及位置。从图中可知，该宿舍楼为六层，主入口位于北向。

（2）从立面图上了解建筑的高度。从图中看到，在立面图的左、右两侧注有标高，从左侧标高可知室外地面标高为－0.450m，室内标高为±0.000m，室内外高差为 0.450m，二层标高为 3.600m，三层标高为 7.200m。由图可见，一～六层层高为 3.600m，该建筑地面高度至建筑物顶的檐口总高为（23.00＋0.45)m＝23.45m。

（3）了解建筑物的装修做法。从图中可知建筑立面以高级外墙涂料为主，根据立面造型，加贴灰色陶土面砖。

（4）将平面图和立面图二者应有机结合，建立该宿舍楼的立体空间形象。

第四节　识读建筑剖面图

制图规范规定在形体的投影图中可见的轮廓线用实线表示，不可见的轮廓线则用虚线表示。

一、建筑剖面图的形成

假想用一个垂直于水平面的铅垂剖切平面（P），在建筑物的结构变化处将房屋铅垂剖切，移去观察者与剖切平面之间的形体，将剩余部分投影到与剖切平面平行的 V 投影面上，得到的投影图称为建筑剖面图，如图 2-12 所示。

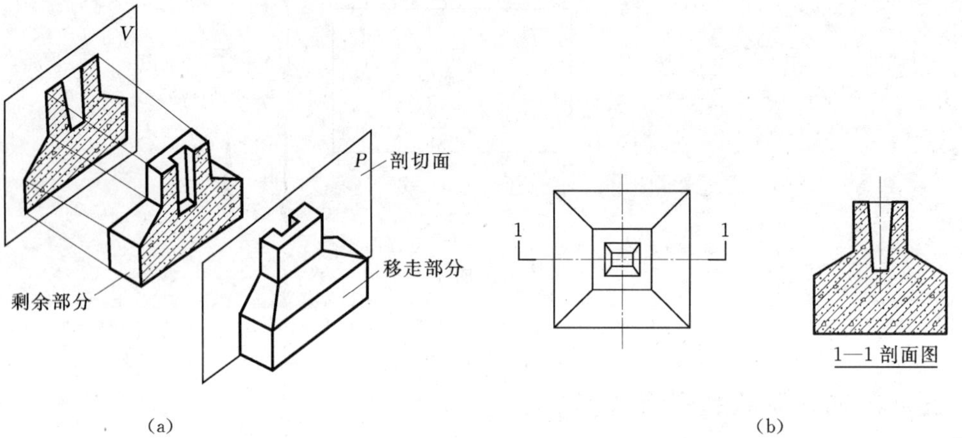

图 2-12　杯形基础剖面图的形成
(a) 剖面图的形成；(b) 剖面图

二、建筑剖面图的作用

建筑剖面图用来表示在垂直方向上建筑物内部的结构标高、各楼地层、屋面的构造做法和尺寸。

三、建筑剖面图的剖切位置、种类与数量

(一) 剖切位置

剖面图的剖切位置宜选在反映建筑物全貌的具有构造特征的部位剖切，即楼梯间、门窗洞口处等房屋的结构或构造变化处，剖面图的图名宜与建筑底层平面图的剖切符号一致。

(二) 剖切种类与数量

1. 剖切种类

由剖切方式的不同，分为全剖面图、半剖面图、局部剖面图、阶梯剖面图等。

(1) 全剖面图。假想用一个剖切平面将形体全部“切开”后所得到的投影图称为全剖面图，如图 2-13 (b) 所示。

全剖面图通常有两种。

1) 横剖面图。用一平行于横向定位轴线方向的铅垂剖切平面，在建筑物的梯间或门窗洞口处剖开，移走观察者与剖切平面之间的形体部分，将余下部分的形体作正投影，得

到的图形称为横剖面图。

2）纵剖面图。用一个平行于纵向定位轴线方向的铅垂剖切平面，在建筑物梯间或门窗洞口处剖开，移走观察者与剖切平面之间的形体部分，将剩余部分的形体作正投影，得到的图形称为纵剖面图。

（2）半剖面图。在对称形体中，以对称线为界，一半画剖面，另一半画视图，这种组合的图形称为半剖面图。

以图 2-13 的形体为例，先认清立体图。若用投影图表示，其内部结构不清楚，如图 2-13（a）所示；若用全剖面图表示，则上部和前方的长方形孔都没有表达清楚，如图 2-13（b）所示；将投影图和全剖面图各取一半合成半剖面图，则形体的内部结构和外部形状都能完整、清晰地表达出来，如图 2-13（c）所示。

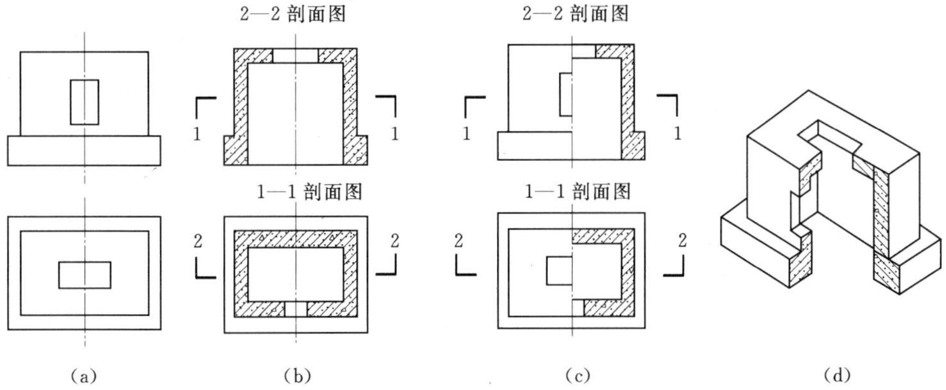

图 2-13　全剖面图与半剖面图

（a）投影图（不画虚线）；（b）全剖面图；（c）半剖面图；（d）立体图

（3）阶梯剖面图（一次转折剖面图）。用一个剖切平面不能表达清楚复杂的建筑形体内部结构时，可用两个以上相互平行的剖面剖开物体，得到的剖面图称为阶梯剖面图或一次转折剖面图。

如图 2-14 所示，该形体上有两个孔洞，两孔前后位置、形状不同且轴线不在同一正

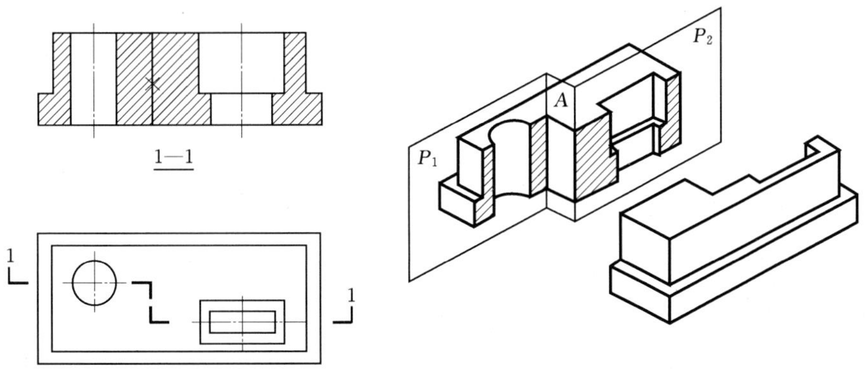

图 2-14　形体的阶梯剖面图

平面内，很难用全剖面图同时剖切两个孔洞。为此而采用两个互相平行的 P_1 和 P_2 平面作为剖切平面，通过圆柱形孔和方形孔的轴线，并将物体完全剖开，其剩余部分形体做正投影即是阶梯剖面图。

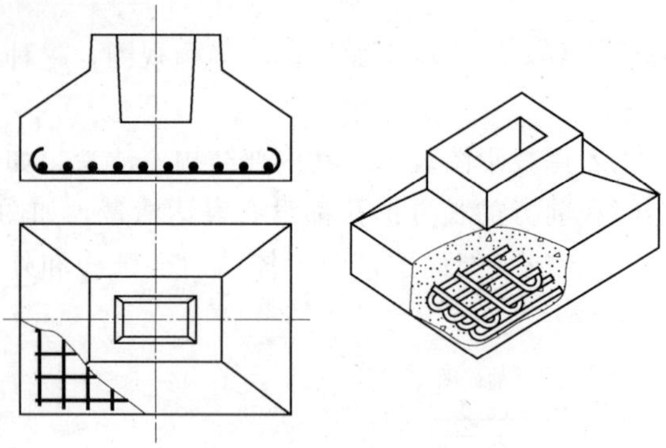

图 2-15　基础局部剖面图

阶梯剖面图的标注与前两种剖面图稍有不同。阶梯剖面图的标注要求在剖切平面的起止和转折处均应进行标注，画出剖切符号，并标注相同数字（或字母），如图 2-14 所示。

（4）局部剖面图。用一个剖切平面局部剖开形体得到的剖面图，称为局部剖面图。图 2-15 所示为钢筋混凝土杯形基础，基础平面图采用了局部剖面，是形体整个投影图中的一部分，是外形视图和局部剖切面的分界线，用波浪线表示。局部剖切的部分表示其内部钢筋的配置，且画出了杯形基础的内部结构和断面材料图例，其余部分仍画外形视图。

2. 剖切数量

剖面图的数量依据建筑物规模及复杂情况而定。工程形状复杂规模大，宜有多个剖面图。

3. 剖切平面与投影面的位置关系

（1）剖切平面 $K \perp$ 水平投影面 H 时：

1）剖切平面 $K /\!/ V$ 面，在 V 面上投影可得正立剖面图，即纵剖面图；

2）剖切平面 $K /\!/ W$ 面，在 W 面上投影可得侧立剖面图，即横剖面图。

（2）剖切平面 $K /\!/$ 水平投影面 H 时：

1）剖切平面 $K \perp V$ 面；

2）剖切平面 $K \perp W$ 面，在 H 面上同时得到水平投影图。

假想建筑形体被剖切后，建筑材料图例就应画在建筑形体的剖切的断面上，见表 2-3。

4. 剖面图的标注

根据《房屋建筑制图统一标准》对剖面图的规定，剖面图的标注是由剖切符号和编号组成的。

（1）剖切符号。是由剖切位置线和投射方向线组成。

1）剖切位置线。实质是剖切平面的聚积投影线，用长度为 6～10mm 的粗实线绘制。

2）投射方向线。又叫剖视方向线，表示形体剖切后剩余部分的投影方向，用长度 4～6mm 细实线绘制且与剖切位置线的外端垂直。

（2）剖切符号的编号。宜采用阿拉伯数字从小到大，由左至右、由上至下的顺序进行编号，并应注写在剖视方向线的端部，如图 2-16 所示。

（3）一次转折剖切。避免转折的剖切位置线在转折处与其他图线混淆，在转角的外侧宜加注其相同的编号，如图 2－16 中的 3—3。

表 2－3　　常用建筑材料图例

名　称	图　例	备　注	名　称	图　例	备　注
自然土壤			混凝土		断面较小，不易画出图例线时，可涂黑
夯实土壤			钢筋混凝土	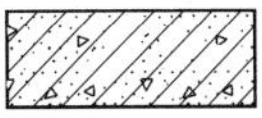	
砂、灰土	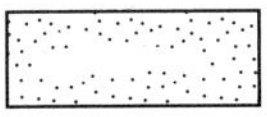	靠近轮廓线绘较密的点	木材	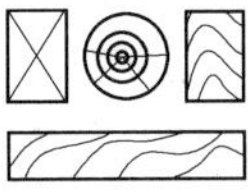	上为横断面下为纵断面
砂砾石、碎砖三合土	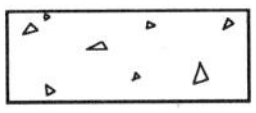		泡沫塑料材料	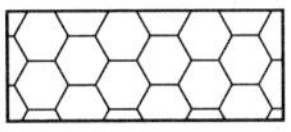	
石材	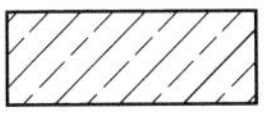		金属	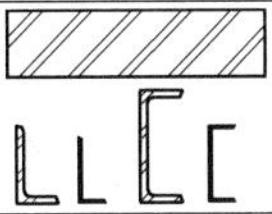	图形小时可涂黑
毛石	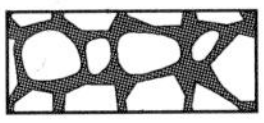		玻璃		
普通砖	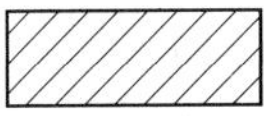	断面较小可涂红	防水材料		比例大时采用上面图例
饰面砖	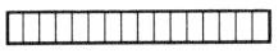		粉刷		本图例采用较稀的点

四、建筑剖面图的图示内容

（1）表示被剖切到的承重构件梁、板、柱、墙之间的定位轴线及关系。

（2）表示建筑物高度上建筑构件（楼地层、屋面、门窗、楼梯、阳台、雨篷、防潮层等）及室外地面、散水、明沟剖切到和可见的构造做法。

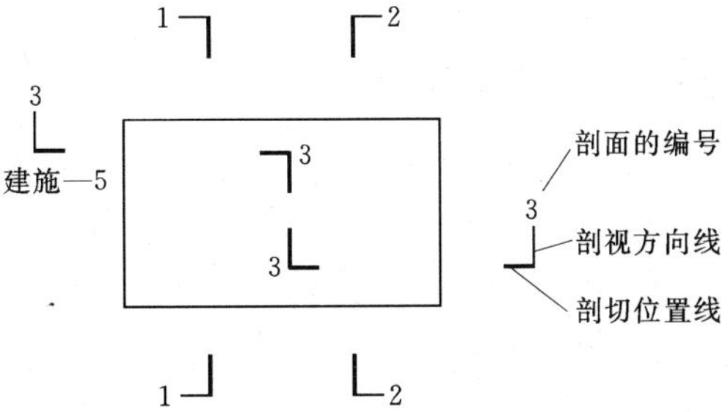

图 2－16　剖面的剖切符号标注

（3）表示建筑物的各部分高度。

（4）楼地面、屋顶各层的构造做法通常用详图索引另表示楼地面、屋顶的构造做法。

五、建筑剖面图的识读

以附录中建施—10 图 1—1 剖面图为例，说明剖面图的识读方法。

(1) 先了解剖面图的剖切位置与编号。从附录中建施—03 的底层平面图可以看到 1—1 剖面图的剖切位置在②～③轴线之间，断开位置从楼梯间、过道到超市，切断了楼梯间的外窗和内门、超市的内门和外窗。

(2) 了解被剖切到的墙体、楼板和屋顶。从附录中建施—03 被剖切到墙体有Ⓐ轴线墙体、⑩轴线墙体和 1# 楼梯间的墙体。屋面为平屋顶。

(3) 了解可见的部分。1—1 剖面图中可见部分主要是 1# 楼梯间侧窗，窗高 2900mm，窗宽在平面图上表示，为 800mm。

(4) 了解剖面图上的尺寸标注。从左侧的标高可知 1# 楼梯间外窗的高度，从右侧的标高可知宿舍门和窗的高度。建筑物的层高均为 3600mm。

第五节　识读建筑详图

一、建筑详图的形成

由于建筑平面图、立面图、剖面图的比例小，只能表达出建筑物的平面布置、体型和主要尺寸，无法对房屋的详细做法、构造尺寸注写清楚，为此将对建筑物的细部构造用较大的比例详细地绘制出来，这样的图样称为建筑详图，也称节点图或大样图。

二、详图的用途

建筑详图可以是平、立、剖面图中某一局部的放大剖面图。也是平、立、剖面图的深化和补充，对于建筑构造的通用做法，一般在图中用索引符号注明采用的标准图集，就不另画详图。

三、比例

常用的比例有 1∶50、1∶20、1∶10、1∶5、1∶2、1∶1 几种。

四、详图的种类

(1) 局部构造详图，如墙身详图、楼梯详图等。

(2) 构件详图，如雨篷、阳台详图等。

(3) 装饰构造详图，如吊顶详图、门窗套装饰详图和构造详图三类详图。

在建筑工程图中，常用的局部构造详图——墙身详图实际上就是建筑剖面图中的断面图。

五、断面图的识读

1. 断面图的形成

假想用一铅垂或水平的剖切平面将形体切开，仅画出切到的剖切平面与形体相交部分的图形和相应的材料图例，得到的图形称为断面图或截面图，如图 2-17 (d) 所示。

断面图与建筑剖面图二者间的区别有以下 3 点。

（1）断面图只画出剖切平面切到部分的图形，只是个切口“面”的投影，用来表达形体上某局部的断面形状，如图 2-17（d）所示；而剖面图应画断面图形和剩余部分的投影，即是形体整个轮廓“体”的投影，如图 2-17（c）所示。

（2）剖面图可采用多个转折平行剖切平面，表达形体内部结构和构造，而断面图只能用一个剖切平面剖切形体，表达形体中断面的形状和结构。即剖面图包含断面图，而断面图只是剖面图的其中一部分。

（3）剖切符号标注不同。剖面图标注用剖切位置线、投射方向线和编号来表示；断面图标注则只画剖切位置线和编号，编号的注写位置即为投射方向。

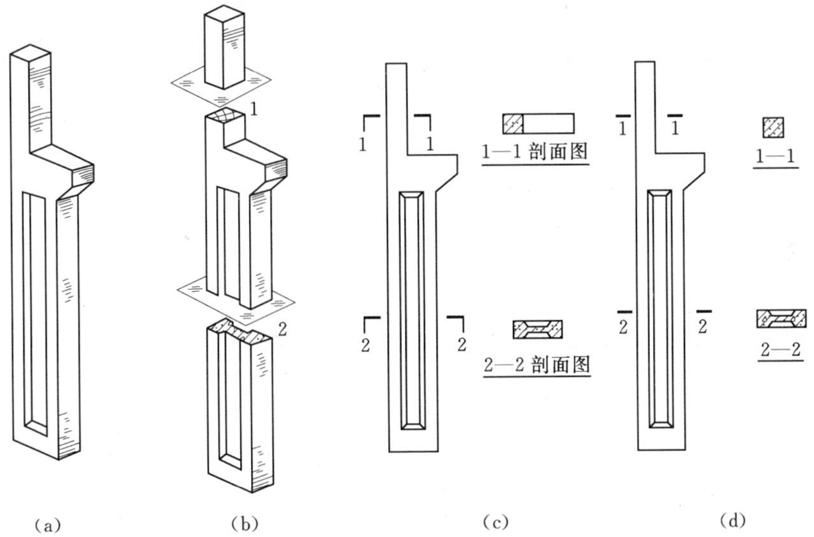

图 2-17　断面图与剖面图的区别

（a）牛腿柱；（b）剖开后的牛腿柱；（c）剖面图；（d）断面图

2. 断面图的标注

（1）剖切符号。断面图只用长度为 6～10mm 的粗实线来表示剖切位置线。

（2）剖切符号的编号。按顺序用阿拉伯数字编排，数字注写在剖切位置线的一侧，即为剖切形体的投设方向，如图 2-17（d）视图中的 1—1、2—2。

六、墙身剖面详图的识读

1. 墙身剖面详图的形成

墙身剖面详图是建筑外墙剖面图的局部放大图，由几个墙身节点详图组成，以表达外墙与楼地面、屋面、楼板、檐口、门窗洞口、踢脚线、防潮层、散水的尺寸、材料等构造做法。

2. 墙身剖面详图的作用

结合平面图为砌墙、安装门窗、装修、编制施工预算做依据。

3. 墙身剖面详图的内容及读法

（1）看图名，明确墙身的位置。

（2）明确墙身与定位轴线间的关系及散水、防潮层、踢脚、一层地面、勒脚等部分材料及详图的内容。

（3）明确各层楼中梁、板的位置及楼板层、门窗过梁、圈梁构件的形状、所用材料与构造。

（4）明确各层楼地面、屋面、檐口、女儿墙、屋顶圈梁的形状、大小、材料及做法。

（5）看门窗构件、窗台、窗檐、散水、防潮层部位的细部装修及防水、防潮做法与墙间的关系。

（6）明确各主要构件位置的标高、墙体造型部分的细部尺寸。

一般墙身大样图应绘制图例符，比例为1∶20。

4. 外墙身详图的识读

（1）明确墙身详图的图名和比例，见附录中建施—11，该图为住宅楼Ⓐ轴线的大样图，比例1∶20。

（2）明确墙脚构造，见附录中建施—11墙身大样图。

七、楼梯详图的识读

（一）组成

楼梯是解决垂直交通的设施，楼梯是由梯段、缓台、栏杆和扶手3部分组成，如图8-1所示。

（二）楼梯详图的内容

楼梯详图由楼梯平面图、剖面图和节点图内容组成。

（三）楼梯详图的作用

楼梯详图是施工放线的依据，表示楼梯的结构类型，梯段、栏杆、扶手的细部尺寸和做法。

（四）楼间平面图

1. 梯间平面图的形成与比例

梯间平面图就是建筑平面图中的楼梯间部分的局部放大图。楼梯平面图就是人站在楼层平台上的上行楼梯段中用一个假想的水平剖切面水平剖开，移去剖切平面及其以上部分，将剩余的部分梯段向水平面做正投影，得到的图形为梯间平面图，常用比例为1∶50。

2. 梯间平面图的组成

梯间平面图一般有3部分内容，即底层楼梯平面图、标准层楼梯平面图和顶层楼梯平面图。

底层平面图是人站在一层楼层平台上，用一个水平剖切平面将上行第一跑梯段剖切梯段断开（用倾斜45°的折断线表示），故只画半跑楼梯，用箭头表示上的方向，剖切符号应注明在底层楼梯平面图上，如“上18”表示一层至二层有18个踏步。

标准层平面图（可用一个图表示，说明中间几层楼梯相同），是人站在标准层楼层平台上，用一个水平剖切平面将本层上行梯段剖切，移去剖切平面及其以上部分，将剩余的部分梯段向水平面做正投影，既应画出被剖切的上行部分梯段（即画有“上”字长箭头），还要画出由该层下行走的完整梯段（画有“下”字的长箭头）、楼梯平台。这部分梯段与被剖切的梯段的投影重合，以45°折断线为分界。

梯间顶层平面图是人站在顶层楼层平台上，用一个水平剖切平面在顶层房间窗台上将本层上行梯段剖切，移去剖切平面及其以上部分，将剩余的部分梯段向水平面做正投影，由于剖切平面在安全栏杆之上，在图中画有两段完整的梯段和楼梯平台，在楼梯口处只有一个注有“下”字的长箭头。

3. 梯间平面图表达的内容

(1) 用定位轴线表示楼梯间的位置。

(2) 楼梯间的开间、进深、墙体的厚度。

(3) 梯段的长度、宽度及楼梯段上踏步的宽度与数量。通常楼梯踏步高的数设为 n；则楼梯踏步宽的数为 $n-1$。

(4) 休息平台的形状和位置、楼梯井的宽度。

(5) 各层楼梯段的起步尺寸、各楼层的标高、各平台的标高。

(6) 楼梯剖面图的剖切符号标注在底层平面图中。

4. 梯间平面图的识读

住宅梯间平面图的识读方法以图 2-18 为例说明。

(1) 明确梯间在建筑平面中的位置，了解底层梯间的剖切位置和剖视方向。

(2) 明确梯间的开间、进深、墙体的厚度、门窗的位置。

(3) 明确梯段、楼梯井和休息平台的平面形式、位置、踏步的宽度和数量。

(4) 明确楼梯的上下行的起步位置，以箭头所指为该楼梯走向如图 2-18 所示。

(5) 明确梯段各层平台的标高。

(五) 楼间剖面图

1. 梯间剖面图的形成与比例

梯间剖面图是指在各层同一位置的同一梯段用一假想的铅垂剖切平面在梯间的门窗洞口处垂直剖切，移走剖切平面及剖切部分，将剩余部分梯段向侧面或立面做正投影，得投影图称为楼间剖面图。常用比例为 1∶50。

2. 梯间剖面图的内容

表示梯间各楼层缓台及窗洞口标高，踏步尺寸、梯段的水平投影长，平台与栏杆的构造。

3. 梯间剖面图的识读

某住宅梯间剖面图的识读方法以图 2-19 为例说明。

(1) 明确楼梯的构造形式，从图 2-19 中可知为板式双跑楼梯。

(2) 明确楼梯在进深和竖向的标注尺寸，该楼层标高及层高为 3.000m，进深为 6400mm。

(3) 明确梯段、缓台、栏杆及扶手的材料和构造做法。

(4) 明确被剖切梯段的踏步数、索引符号，明确楼梯的详细做法。

4. 楼梯节点详图

(1) 楼梯节点详图的形成。一般用较大的比例表示楼梯大样的尺寸、材料和做法。

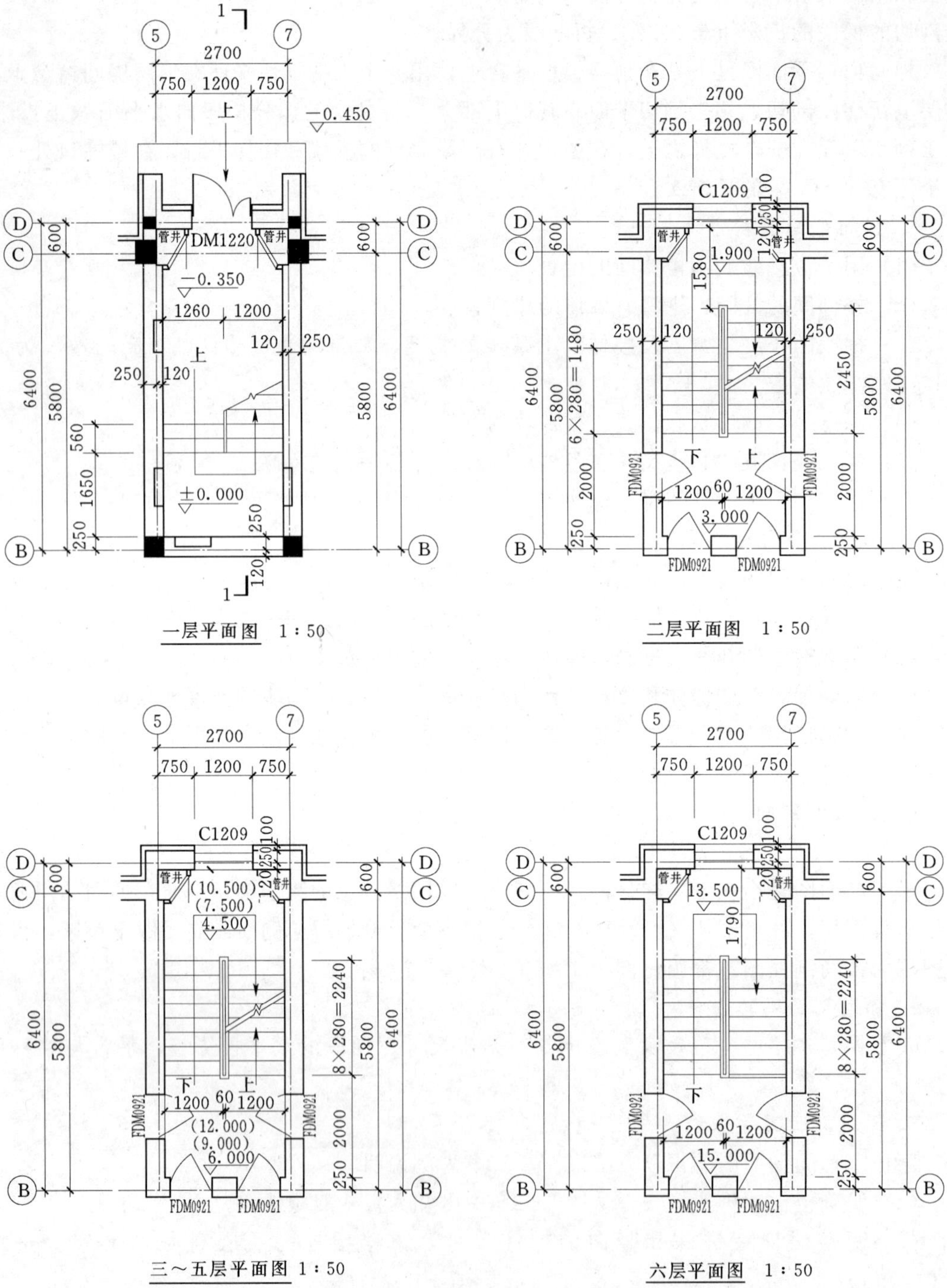

图 2-18　梯间平面图 1：50

（2）楼梯节点详图的作用。表示楼梯踏步的断面形状与尺寸、材料、面层构造；栏杆与扶手的形式和做法。

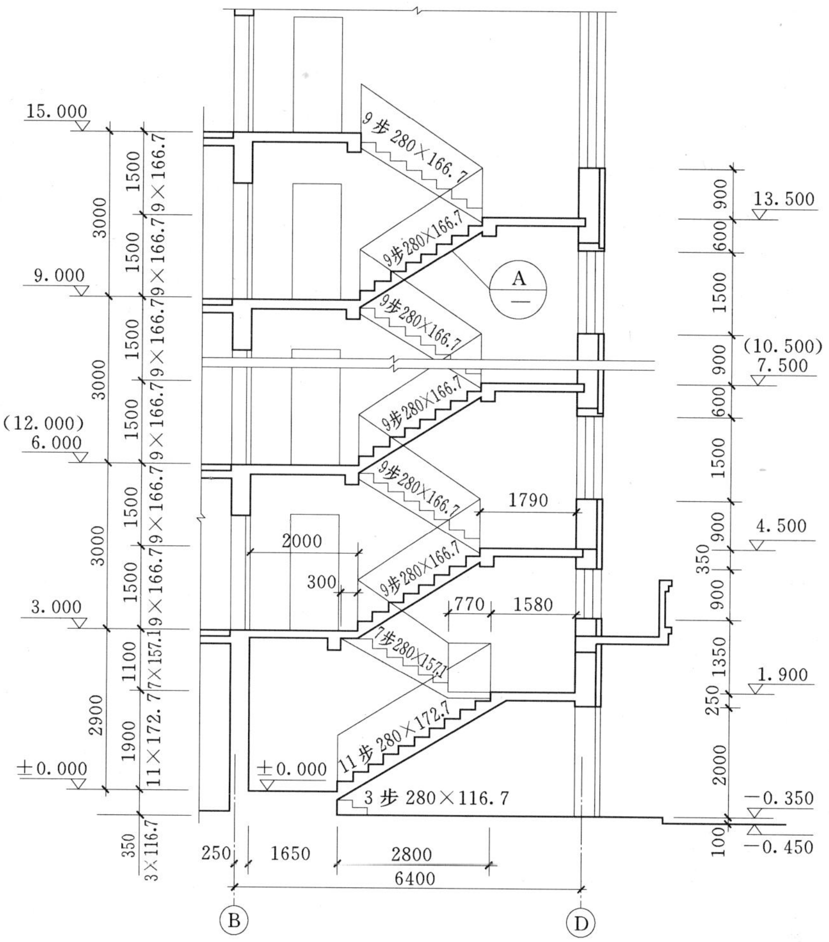

图 2-19 1—1 剖面图 1：50

(3) 楼梯节点详图的索引与比例。详图索引符号宜在楼梯剖视详图中的相应位置标注，比例为 1：10、1：5、1：2 或 1：1。

(4) 楼梯节点详图。以图 2-20 为例，说明踏步防滑条的做法、位置和采用的材料。

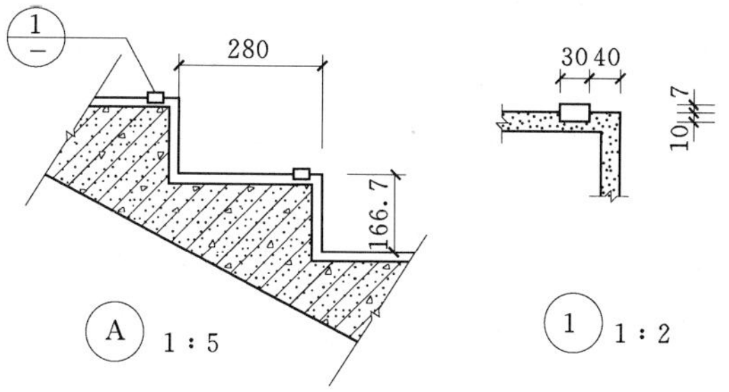

图 2-20 楼梯节点详图 1：20

知识梳理与小结

本章主要介绍建筑施工图的基础知识，要求学生识读建筑总平面图的内容，应掌握并理解建筑总平面图的定位作用及与定位控制点的关系；识读建筑平面图的内容，应掌握该建筑物的开间、进深等尺寸及标注方法，理解底层、标准层、顶层平面图的剖切位置与投影区别；识读建筑立面图内容，掌握该建筑物的总长、总宽、总高、层高等尺寸及标注方法，建筑立面图的形成、命名及作用；识读建筑详图的内容，应掌握建筑详图的形成、剖切位置，索引的标注与详图的关系，准确理解剖面图与详图的二者的关系；正确识读楼梯、墙身详图内容，掌握建筑读图的要点及投影规律。

学　习　训　练

1. 一套建筑施工图包括哪些内容？
2. 何谓建筑总平面图？它包括哪些内容及作用？
3. 何谓绝对标高？相对标高？
4. 何谓建筑平面图？它包括哪些内容？在建筑施工中有何用途？
5. 建筑施工图中，底层、标准层、顶层平面图有何区别？如何命名？
6. 建筑平面图与索引符号之间有什么关系？为何说建筑平面图也是剖面图的一种？
7. 何谓建筑立面图？它包括哪些内容？在建筑施工中有何用途？如何命名？
8. 为何说建筑立面图也是形体视图的一种？
9. 建筑施工图中，正立面图、侧立面图、背立面图有何区别？
10. 何谓建筑剖面图？它包括哪些内容？在建筑施工中有何用途？
11. 建筑剖面图如何分类？在建筑施工中建筑物剖面图采用最多的是哪种？
12. 剖切面与投影面的剖切位置有几种？剖面图与剖面详图之间的关系？
13. 何谓断面图？剖面图与断面图二者有何区别？
14. 何谓建筑详图？它包括哪些内容？在建筑施工中有何用途？
15. 建筑施工图中，纵向墙身底层详图、标准层详图、顶层详图有何区别？
16. 在楼梯详图中，楼梯底层剖面图、标准层剖面、顶层剖面图有何区别？
17. 试将本章中建筑总平面图、平面图、立面图、剖面图、详图实例进行识读，总结归纳读图方法，掌握读图的技巧。

第三章　识读结构施工图

学习目标

• 熟悉钢筋混凝土梁、板、柱内钢筋的名称、保护层、钢筋的位置，掌握钢筋混凝土结构构件的代号的表示方法及图例。

• 掌握建筑物基础图的内容，正确识读条基、独立基础、满堂基础结构施工图。

• 掌握 11G101—1 平法读图，熟练识读柱平法施工图、梁平法施工图的内容。

• 掌握现浇楼板结构施工图的内容，正确识读现浇钢筋构件图。

• 掌握钢筋混凝土楼梯的图示内容，明确现浇钢筋混凝土楼梯平面图与建筑平面图关系。

• 在施工现场要求学生能正确看懂框架结构、框剪结构中柱、梁的配筋图，满足工作的需要，提高学生结构施工图的识读能力。

第一节　钢筋混凝土构件图认知

一、结构施工图的认知

建筑物是商品又是建筑艺术品，是满足人们生产、生活、及从事社会活动的建筑空间，而且还要满足建筑物使用的安全，就应对建筑物的承重结构各方面进行力学和结构计算，确定基础、墙、梁、板、柱、楼梯等承重构件的形式、尺寸和结构构造要求，并将其结构计算结果绘制成图样，即为结构施工图，简称“结施”。

结构施工图是指导施工放线、挖基坑、支模板、绑扎钢筋、编制施工组织设计和预算的依据。

(一) 结构施工图的内容

由结构设计说明、结构布置平面图和构件详图 3 部分内容组成。

1. 结构设计说明

对建设基地的情况、选用结构材料的类型、规格及构件的要求，用文字来说明结构设计的依据。

2. 结构布置平面图

结构布置平面图表示结构构件的位置、数量、型号及结构构件之间做法。它是房屋承重结构的重要布置图纸，常用的有基础平面图、楼层结构平面图、屋面结构平面图、柱网平面图。

3. 构件详图

构件详图表示单个承重构件的形状、尺寸、构造的局部放大图纸，主要内容有：①梁、板、柱、基础等详图；②楼梯结构详图；③雨篷、阳台等构件详图。

（二）建筑结构制图国家标准

遵守《房屋建筑制图统一标准》（GB/T 50001—2010）和《建筑结构制图标准》（GB/T 50105—2010）的规定，用正投影法绘制结构施工图。

1. 图线

结构施工图的图线、线型、线宽应符合表 3-1 的规定。

表 3-1　　结构施工图中的图线

名称		线型	线宽	一般用途
实线	粗		b	螺栓、钢筋线、结构平面图中的单线结构构件线，钢木支撑及系杆线，图名下横线、剖切线
	中粗		$0.7b$	结构平面图及详图中剖到或可见的墙身轮廓线、基础轮廓线、钢、木结构轮廓线、钢筋线
	中		$0.5b$	结构平面图及详图中剖到或可见的墙身轮廓线、基础轮廓线、可见的钢筋混凝土构件轮廓线、钢筋线
	细		$0.25b$	标注引出线、标高符号线、索引符号线、尺寸线
虚线	粗		b	不可见的钢筋线、螺栓线、结构平面图中不可见的单线结构构件线及钢、木支撑线
	中粗		$0.7b$	结构平面图中的不可见构件、墙身轮廓线及不可见钢、木结构构件线、不可见的钢筋线
	中		$0.5b$	结构平面图中的不可构件、墙身轮廓线及不可见钢、木结构构件线、不可见的钢筋线
	细		$0.25b$	基础平面图中的管沟轮廓线、不可见的钢筋混凝土构件轮廓线
单点长画线	粗		b	柱间支撑、垂直支撑、设备基础轴线图中的中心线
	细		$0.25b$	定位轴线、对称线、中心线、重心线
双点长画线	粗		b	预应力钢筋线
	细		$0.25b$	原有结构轮廓线
折断线			$0.25b$	断开界线
波浪线			$0.25b$	断开界线

2. 构件代号

结构施工图中构件的名称宜用代号表示，常用构件代号见表 3-2。

表 3-2　　常用结构构件的代号

序号	名称	代号	序号	名称	代号	序号	名称	代号
1	板	B	9	屋面梁	WL	17	框架	KJ
2	屋面板	WB	10	吊车梁	DL	18	柱	Z
3	空心板	KB	11	圈梁	QL	19	基础	J
4	密肋板	MB	12	过梁	GL	20	梯	T
5	楼梯板	TB	13	连系梁	LL	21	雨篷	YP
6	盖板或沟盖板	GB	14	基础梁	JL	22	阳台	YT
7	墙板	QB	15	楼梯梁	TL	23	预埋件	M
8	梁	L	16	屋架	WJ	24	钢筋网	W

3. 比例

结构施工图常用比例见表 3-3。

表 3-3　　结构施工图常用比例

图　名	常　用　比　例	可　用　比　例
结构平面布置、基础平面图	1∶50、1∶100、1∶200	1∶150
圈梁平面图、管沟平面图等	1∶200、1∶500	1∶300
详图	1∶10、1∶20、1∶50	1∶5、1∶25、1∶30、1∶40

4. 尺寸标注

结构施工图上的尺寸标注应与建筑施工图一致，但结构图所注尺寸是结构的实际尺寸。

5. 定位轴线

结构施工图上的定位轴线及编号应与建筑施工图和总平面图的轴线及编号一致。

二、钢筋混凝土构件图

钢筋混凝土是应用极为广泛的建筑材料，由钢筋和混凝土两种材料组成。混凝土是水泥、砂、石子和水按一定比例拌合，经浇筑凝固标温养护制成的混凝土，它具有抗压强度高、抗拉能力低、易受拉而断裂的特性。利用钢筋抗拉、抗压能力都强这一特性，将钢筋放在混凝土构件的受拉区中使其受拉，混凝土承受压力，为此让钢筋和混凝土合成一体共同发挥作用，大大地提高构件的承载能力，从而减小构件的断面尺寸，将这种配有钢筋的混凝土称为钢筋混凝土。

钢筋混凝土构件是指由钢筋混凝土材料制成的梁、板、柱、基础等构件。

（一）常用的钢筋代号

钢筋的品种与代号见表 3-4。

（二）混凝土的强度等级

混凝土按其立方体抗压强度划分等级，常用普通混凝土分 C20、C25、C30、C35、C40、C45、C50、C55、C60、C65、C70、C75 及 C80 等强度等级。

表 3-4　　常用钢筋代号及强度标准值　　单位：N/mm^2

牌　号	符　号	公称直径 d (mm)	屈服强度标准值 f_{yk}	极限强度标准值 f_{stk}
HPB300	Φ	6～22	300	420
HRB335 HRBF335	Φ Φ^F	6～50	335	455
HRB400 HRBF400 RRB400	⏀ ⏀^{F} ⏀^{R}	6～50	400	540
HRB500 HRBF500	Φ̿ Φ̿^{F}	6～50	500	630

(三) 钢筋的名称、作用及标注方法

如图 3-1 所示，钢筋在混凝土构件中的作用不同，钢筋可分为以下几种。

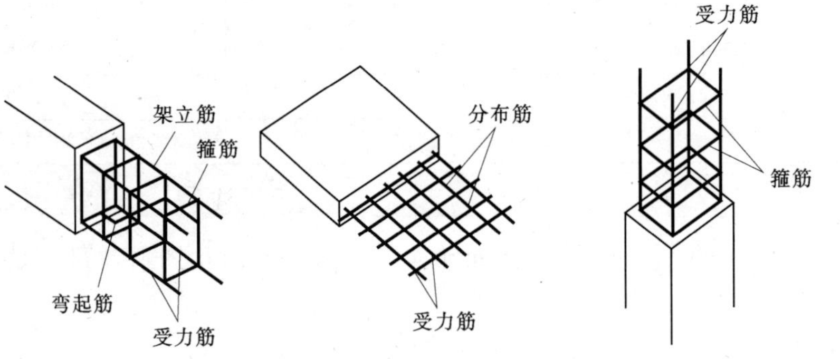

(a)　　(b)　　(c)

图 3-1　钢筋混凝土梁、板、柱配筋图

(a) 钢筋混凝土梁；(b) 钢筋混凝土板；(c) 钢筋混凝土柱

1. *受力钢筋*

承受构件内的拉力或压力，称主筋。在钢筋混凝土构件中分直筋和弯起筋两种，其钢筋面积应据其受力大小通过结构计算决定，且应满足构造要求。

在柱、梁构件中应标注其数量、直径和种类，它又称纵向钢筋，如 4 ⏀ 22，表示配置 4 根 HRB400 级钢筋，直径为 22mm；在板中受力筋，应标注其种类、直径、间距，如Φ10@100，表示配置 HPB300 级钢筋，直径为 10mm，间距 100mm（@是相等中心距符号）。

2. *架立筋*

架立筋须按构造配筋用于梁和柱中，它与纵向受力钢筋平行并承担部分剪力或扭矩，一般配在梁的上部受压区，以固定梁内钢筋的位置，且在梁内与受力筋、箍筋共同形成钢筋骨架。

3. 箍筋

箍筋承受剪力和扭矩，在梁、柱构件中固定纵向受力钢筋的位置。如Φ8@100，表示箍筋的级别、直径、间距。

4. 分布筋

配置于单向板中固定受力筋的正确位置，分布筋与板的受力筋垂直。

5. 构造筋

腰筋、拉结筋、吊筋因构造要求或施工安装需要而配置的钢筋。

(四) 钢筋的保护层和弯钩

为了防止钢筋混凝土构件的受力钢筋锈蚀，加强钢筋与混凝土的握裹力，构件都应具有足够的混凝土保护层。混凝土的保护层是指结构构件中纲筋外边缘至构件表面范围用于保护钢筋的混凝土，简称保护层。各种构件的混凝土保护层应按表3-5、表3-6采用。

表3-5　　混凝土保护层的最小厚度　　单位：mm

环境类别	板、墙、壳	梁、柱、杆
一	15	20
二a	20	25
二b	25	35
三a	30	40
三b	40	50

注　1. 混凝土强度等级不大于C25时，表中保护层厚度数值应增加5mm。

2. 钢筋混凝土基础宜设置混凝土垫层，基础中钢筋的混凝土保护层厚度应从垫层顶面算起，且不应小于40mm。

表3-6　　混凝土结构的环境类别

环境类别	条　件
一	室内干燥环境； 无侵蚀性静水浸没环境
二a	室内潮湿环境； 非严寒和非寒冷地区的露天环境； 非严寒和非寒冷地区与无侵蚀性的水或土壤直接接触的环境； 严寒和寒冷地区的冰冻线以下与无侵蚀性的水或土壤直接接触的环境
二b	干湿交替环境； 水位频繁变动环境； 严寒和寒冷地区的露天环境； 严寒和寒冷地区冰冻线以上与无侵蚀性的水或土壤直接接触的环境
三a	严寒和寒冷地区冬季水位变动区环境； 受除冰盐影响环境； 海风环境

续表

环境类别	条　件
三 b	盐渍土环境； 受除冰盐作用环境； 海岸环境
四	海水环境
五	受人为或自然的侵蚀性物质影响的环境

注　1. 室内潮湿环境是指构件表面经常处于结露或湿润状态的环境。

2. 严寒和寒冷地区的划分应符合现行国家标准《民用建筑热工设计规范》(GB 50176) 的有关规定。
3. 海岸环境和海风环境宜根据当地情况，考虑主导风向及结构所处迎风、背风部位等因素的影响，由调查研究和工程经验确定。
4. 受除冰盐影响环境是指受到除冰盐盐雾影响的环境；受除冰盐作用环境是指被除冰盐溶液溅射的环境以及使用除冰盐地区的洗车房、停车楼等建筑。
5. 暴露的环境是指混凝土结构表面所处的环境。

(五) 钢筋的弯钩

为了加强光圆钢筋与混凝土之间的握裹力，表面光圆的受拉钢筋两端应做 180°弯钩，常见的几种弯钩形式如图 3-2 所示，弯钩的角度有 45°、90°、180°。受拉钢筋的锚固长度还要乘以相应的修正系数，见《混凝土结构设计规范》(GB 50010—2010)。

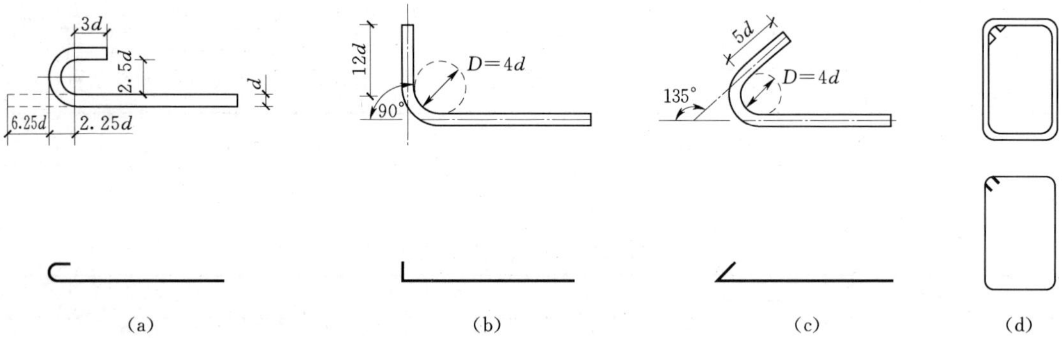

图 3-2　常见的钢筋弯钩形式

(六) 钢筋的表示方法

在钢筋混凝土结构配筋图中钢筋的纵向投影线用粗实线表示钢筋，钢筋横断面投影用黑圆点表示，见表 3-7，在结构施工图中钢筋的常规画法见表 3-8。

表 3-7　　　　**一般钢筋常用图例**

序号	名　称	图　例	说　明
1	钢筋横断面	•	
2	无弯钩的钢筋端部		下图表示长、短钢筋投影重叠时，短钢筋的端部用 45°斜画线表示
3	带半圆形弯钩的钢筋端部		—
4	带直钩的钢筋端部		—

续表

序号	名　称	图　例	说　　明
5	带丝扣的钢筋端部		—
6	无弯钩的钢筋搭接		—
7	带半圆弯钩的钢筋搭接		—
8	带直钩的钢筋搭接		—
9	花篮螺丝钢筋接头	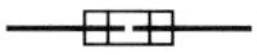	—
10	机械连接的钢筋接头		用文字说明机械连接的方式（如冷挤压或直螺纹等）

表 3-8　　**钢　筋　画　法**

序号	说　　明	图　　例
1	在结构楼板中配置双层钢筋时，底层的钢筋弯钩应向上或向左，顶层钢筋的弯钩则向下或向右	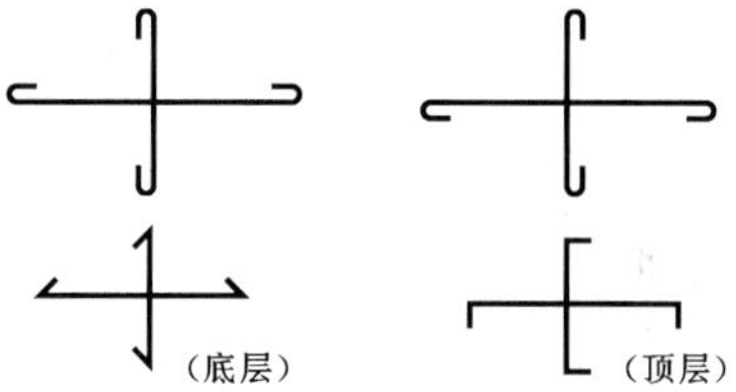
2	钢筋混凝土墙体配双层钢筋时，在配筋立面图中，远面钢筋的弯钩应向上或向左，而近面钢筋则向下或向右（JM 近面，YM 远面）	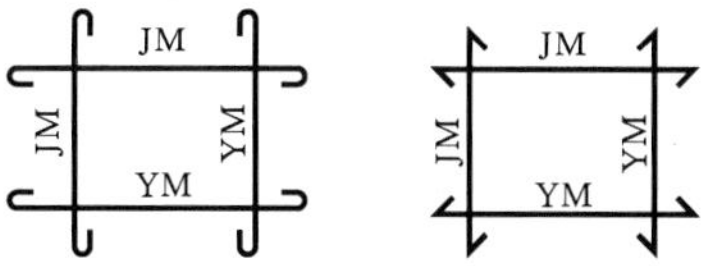
3	若在断面图中不能表示清楚钢筋布置，应在断面图外面增加钢筋大样图（如钢筋混凝土墙，或楼梯等）	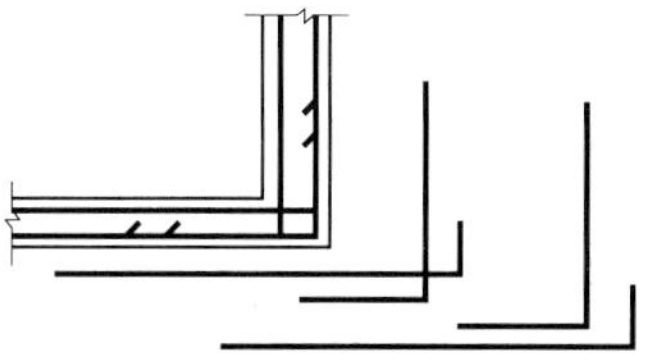
4	图中所表示的箍筋、环筋等，若布置复杂时，可加画钢筋大样及说明	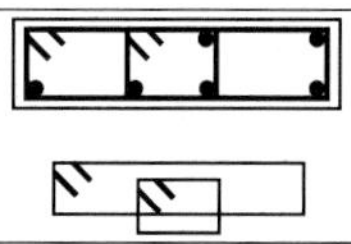
5	每组相同的钢筋、箍筋或环筋，可用一根粗实线表示，同时用一两端带斜短画线的横穿细线，表示其钢筋起止范围	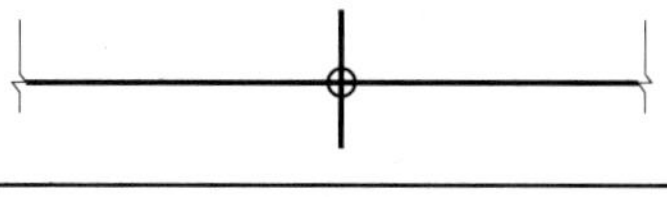

钢筋混凝土构件内各种钢筋应采用阿拉伯数字编号，写在引出线端头 6mm 直径的细实线圆中。

在编号引出线上部，写出该钢筋的等级品种、直径、根数或间距。

如图 3-3 所示，③号筋表示 1 根直径为 8mm 的 HPB300 级钢筋（@为等间距符号）；②号筋表示 2 根 HRB335 级钢筋，直径为

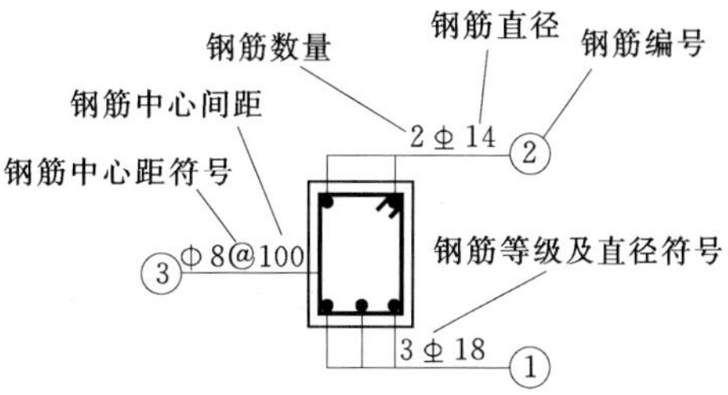

图 3-3　钢筋的标注方式

14mm；①号筋表示 3 根 HRB335 级钢筋，直径为 18mm。

三、钢筋混凝土梁的配筋图

钢筋混凝土构件的配筋图表示其内部所配置钢筋的直径、形状、数量、级别和钢筋排放位置，是钢筋下料、绑扎钢筋骨架的主要依据，钢筋配筋图可分为立面图、断面图和钢筋详图。

1. 立面图

立面图是假定钢筋混凝土构件为一透明体而画出的一个纵向正投影图。它主要表明钢筋混凝土构件中钢筋的立面形状和上下钢筋排列的位置。通常钢筋混凝土构件外轮廓用细实线表示，钢筋用粗实线表示，如图 3-4 所示。

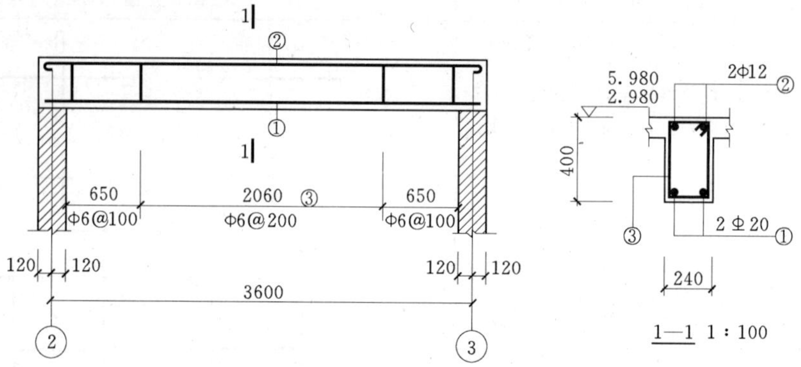

图 3-4　L-3 立面图 1：30

2. 断面图

断面图又称截面图，是钢筋混凝土构件横向剖切的投影图。它表示钢筋的前后和上下排列钢筋的直径、箍筋的形式等内容，如图 3-4 中 L-3 的 1—1 断面图。

3. 钢筋详图

钢筋详图主要表示钢筋的长度与形状，利于钢筋下料和加工成型。钢筋详图中同编号的钢筋只画一根，要标注钢筋的编号、直径、数量、等级和间距，钢筋各段的长度和总尺寸。

4. 钢筋的编号

为了防止钢筋的形状、等级、直径大小混淆，故将钢筋进行编号。用阿拉伯数字注写在直径 6mm 细实线圆圈内，并用引出线指到对应的钢筋部位，同时在引出线的水平线段上注写钢筋标注的内容。

四、钢筋表

为了统计建筑材料用量编制工程预算，应对配筋复杂的构件列出钢筋表，见表 3-9。

五、钢筋混凝土构件读图实例

1. 钢筋混凝土梁配筋详图

钢筋混凝土梁梁配筋详图包括立面图、断面图和钢筋表，如图 3-5 所示。

表 3-9　　钢筋混凝土简支梁的配筋

编号	钢筋简图	规格	长度	根数	质量
①	3790	Φ20	3790	2	
②	3950	Φ12	4700	2	
③	190 350	Φ6	1180	23	
总重					

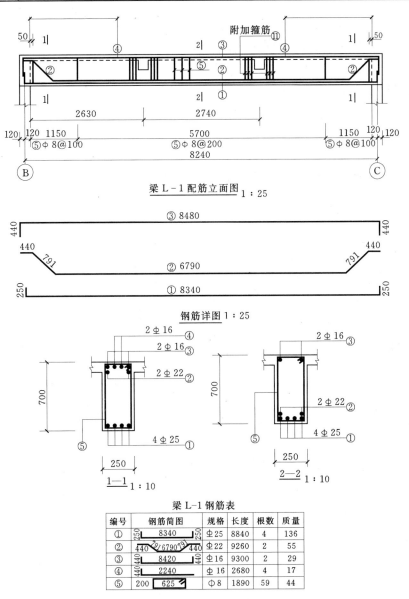

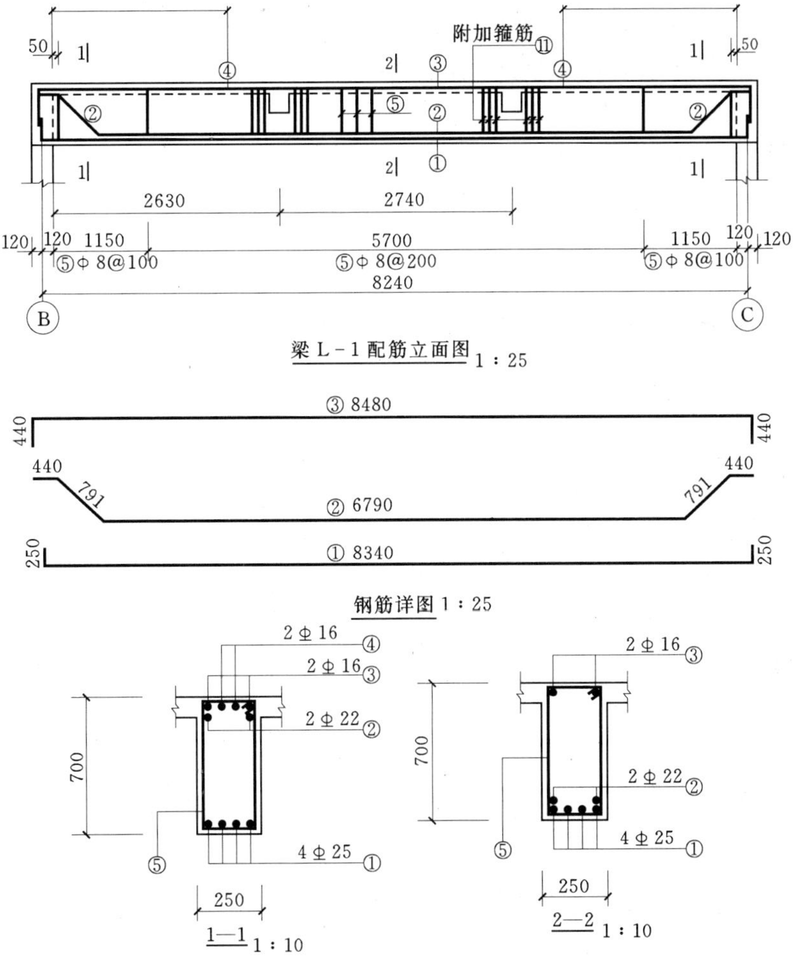

梁 L-1 钢筋表

编号	钢筋简图	规格	长度	根数	质量
①	250 8340 250	Φ25	8840	4	136
②	440 791 6790 791 440	Φ22	9260	2	55
③	440 8420 440	Φ16	9300	2	29
④	440 2240	Φ16	2680	4	17
⑤	200 625	Φ8	1890	59	44

图 3-5　钢筋混凝土单跨梁的配筋图

识图先看图名，再看立面图和断面图。如图 3-5 所示某现浇钢筋混凝土单跨主梁的结构配筋详图，图名是梁 L-1，立面图比例是 1 : 25，从立面图上看出梁长 8480mm，位于Ⓑ轴和Ⓒ轴之间，中间虚线部分表示板和两个次梁的外轮廓，两个次梁到Ⓑ轴柱边距离分别是 2630mm、5370mm。②号弯起钢筋的弯起点距柱边 50mm；④号为梁两端长度为 2240mm 上部附加钢筋；⑤号箍筋只简画其中几个，中间部位箍筋实际中心距离 200mm，两端靠近Ⓑ、Ⓒ轴处其中心距为 100mm，次梁两端各 3 道加密箍筋的间距 50mm。

断面图采用 1∶10 比例，从 1—1、2—2 断面图中可看出梁高 700mm、宽 250mm，梁上部配 2 根直径 16 的 HRB335 级③号钢筋；梁两端各附加 2 根直径 16 的 HRB335 级④号钢筋；下部第一排配 4 根直径 25 的 HRB335 级①号受力钢筋，第二排配 2 根直径 22 的 HRB335 级②号弯起钢筋，1—1 断面图还表示梁端部②号钢筋弯起后的位置及④号附加钢筋的放置位置。从钢筋详图和钢筋表中可看出钢筋的实际长度、形状和数量。

2. 钢筋混凝土柱构件详图

钢筋混凝土柱构件详图主要有立面图和断面图。

图 3-6 所示是一现浇钢筋混凝土柱（Z1）的结构详图。

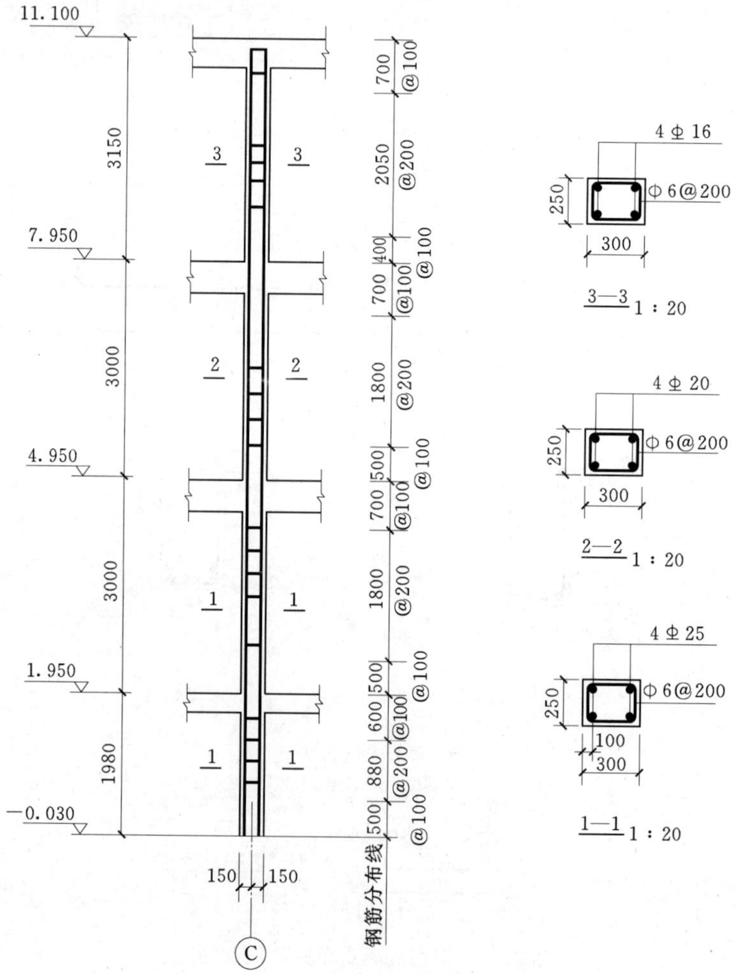

图 3-6　现浇钢筋混凝土柱的结构图

该柱的标高为－0.03～11.10m处。柱为长300mm、宽250mm的长方形断面，从1—1断面可知4根直径25mm的HRB335级受力钢筋；2—2断面可知4根直径20mm的HRB335级受力钢筋；3—3断面处为4根直径16mm的HRB335级钢筋；箍筋用直径为6mm的HPB300级钢筋；柱Z1上的位置不同箍筋间距也不同，为明确表示箍筋的间距尺寸可在Z1边上画一条箍筋分布线，如@200表示箍筋间距为200mm，@100表示箍筋间距加密为100mm。

3. 现浇钢筋混凝土板

图3-7所示是钢筋混凝土现浇板的结构详图。从图中看出，该板是支承在Ⓐ～Ⓑ轴和⑥～⑦轴的墙上。板的受力筋是板底的⑥号横向和⑤号纵向钢筋均为Φ8@200。板的四周上部沿墙配置相同的Φ8@200②号和⑦号构造筋。在板跨墙处的上部增设Φ8@200的⑧号钢筋。其中：

①号钢筋采用HPB300级钢筋，直径8mm，间距200mm在板的底层；

②号钢筋采用HPB300级钢筋，直径8mm，间距200mm在板的顶层；

③号钢筋采用HPB300级钢筋，直径8mm，间距200mm在板的顶层；

④号钢筋采用HPB300级钢筋，直径8mm，间距200mm在板的顶层。

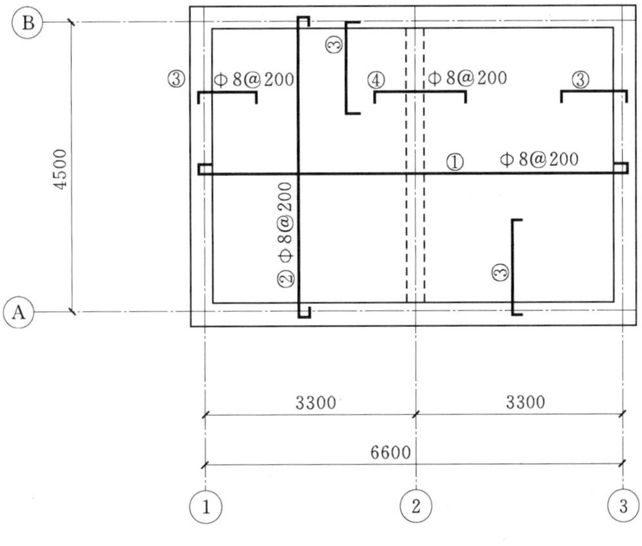

图3-7　钢筋混凝土现浇楼板结构详图

第二节　钢筋混凝土构件平面整体表示方法

“平法”是建筑结构施工图整体表示法的简称，它是一种新型的结构施工图的表达方法。概括地说，它是将结构构件的尺寸和配筋及构造整体直接表达在各类构件的结构平面布置图上，再与标准构造详图相配合，构成一套完整的结构施工图的表达方法。它可提高设计效率、简化绘图，查找方便，设计内容表达全面、准确。为此我国推出了国家标准图集《混凝土结构施工图平面整体表示方法制图规则和构造详图》（11G101—1）。该标准中介绍的平面整体表示法改革了传统表示法逐个构件表达方式，是对我国目前混凝土结构施工图设计方法的重大改革。

一、柱平法施工

柱平法施工图：指在柱平面布置图上采用列表注写方式或截面注写方式来表达钢筋混凝土的施工图。

平法读图：也称钢筋混凝土结构施工图平面整体表示方法。

平法特点：缩减 1/3 的图纸量，便于施工看图、记忆和查找。

平法标准图集：《混凝土结构施工图平面整体表示方法制图规则和构造详图》(11G101—1)。该图集包括两大部分内容：平面整体表示法制图规则和标准构造详图。该方法主要用于绘制现浇钢筋混凝土结构的梁、板、柱、剪力墙等构件的配筋图。

1. 平法设计的注写方式

按平法设计绘制结构施工图时，应将所有柱、墙、梁构件进行编号，并用表格或其他方式注明各结构层楼（地）面标高、结构层高及相应的结构层号，常见柱梁的代号见表 3-10。

表 3-10　　常见柱梁的代号

柱 名 称	代　　号	梁 名 称	代　　号
框架柱	KZ	楼层框架梁	KL
框支柱	KZZ	屋面框架梁	WKL
芯柱	XZ	框支梁	KZL
梁上柱	LZ	非框架梁	L
剪力墙上柱	QZ	悬挑梁	XL
		井字梁	JZL

2. 柱平法施工图的制图规则及示例

(1) 列表注写方式。即在柱平面布置图上，分别在同一编号的柱中个选择一个截面标注几何参数代号，在柱表中注写柱号、柱段起止标高、几何尺寸与配筋具体数值，并配以各种柱截面形状及其箍筋类型图的方式，来表达平法施工图。

图 3-8 是柱平法施工图的列表注写方式示例，它包括柱平面布置图、柱表、箍筋类型、楼层结构标高与层高 4 个部分。有 KZ1（框架柱 1）、LZ1（梁上柱 1）、XZ1（芯柱 1）等 3 种；箍筋有 1～7 种类型，还可知箍筋类型 1（5×4）的箍筋肢数组合；从柱表（局部）可看出标号、标高、尺寸、配筋等情况。

以 KZ1 为例，KZ1 共分 3 个柱段，其中第一行 KZ1 柱段起止标高－0.03～19.470m，即 1～6 层框架柱，柱的断面尺寸 $b\times h$ 为 750×700，其中 $b=b_1+b_2=375+375=750$，

$h=h_1+h_2=150+550=700$，配筋为 24 根 HRB400 级钢筋、直径 25mm 的纵筋（受力筋），箍筋类型 1（5×4），箍筋的表示方式Φ10@100/200 为加密区间距 100，非加密区间距为 200。

(2) 截面注写方式。系在分标准层绘制的柱平面布置图上，分别在同一编号的柱中选择一个截面，并将此截面在原位放大，以直接注写截面尺寸和配筋具体数值。以图 3-9 为例说明采用截面注写方式表达柱平法施工图的内容。

层号	标高(m)	层高(m)
屋面2	65.670	
塔层2	62.370	3.30
屋面1(塔层1)	59.070	3.30
16	55.470	3.60
15	51.870	3.60
14	48.270	3.60
13	44.670	3.60
12	41.070	3.60
11	37.470	3.60
10	33.870	3.60
9	30.270	3.60
8	26.670	3.60
7	23.070	3.60
6	19.470	3.60
5	15.870	3.60
4	12.270	3.60
3	8.670	3.60
2	4.470	4.20
1	−0.030	4.50
−1	−4.530	4.50
−2	−9.030	4.50

结构层楼面标高
结构层高
上部结构该图部位：−0.030

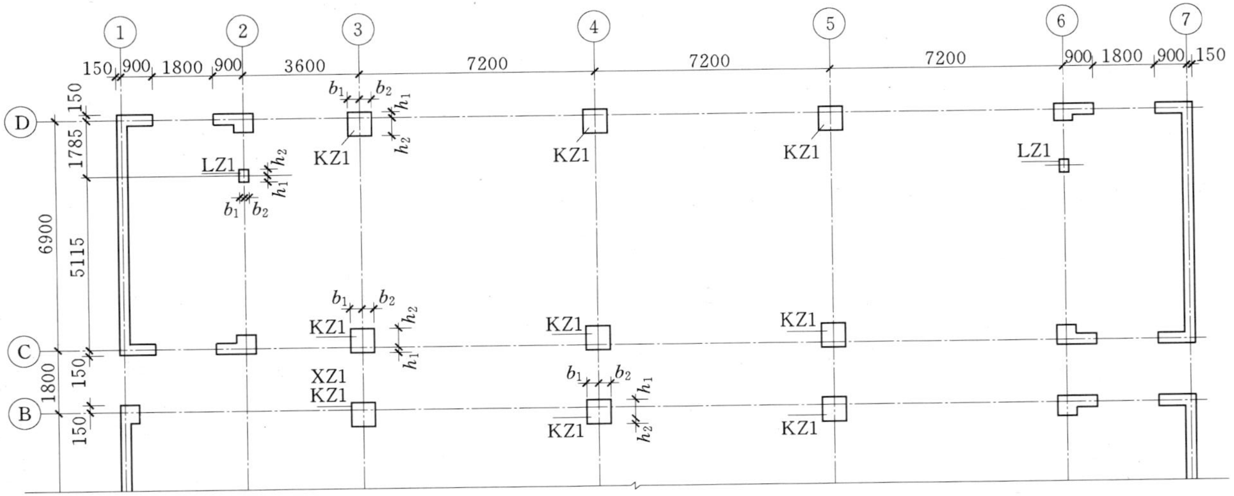

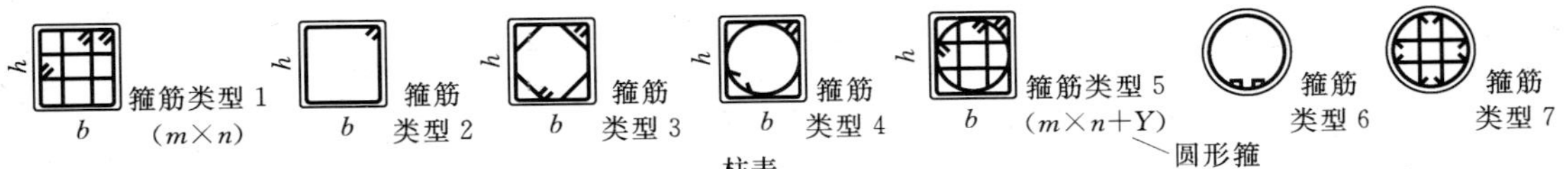

柱表

柱号	标高	b×h(圆柱直径D)	b_1	b_2	h_1	h_2	全部纵筋	角筋	b边一侧中部筋	h边一侧中部筋	箍筋类型号	箍筋	备注
KZ1	−0.030～19.470	750×700	375	375	150	550	24 ⌀ 25				1(5×4)	Φ10@100/200	—
	19.470～37.470	650×600	325	325	150	450		4 ⌀ 22	5 ⌀ 22	4 ⌀ 20	1(4×4)	Φ10@100/200	
	37.470～59.070	550×500	275	275	150	350		4 ⌀ 22	5 ⌀ 22	4 ⌀ 20	1(4×4)	Φ8@100/200	
XZ1	−0.030～8.670						8 ⌀ 25				按标准构造详图	Φ10@100	③×Ⓑ轴KZ1中设置

−0.030～59.070 柱平法施工图(局部)

注：1. 如采用非对称配筋，需在柱表中增加相应栏目分别表示各边的中部筋。
2. 抗震设计时箍筋对纵筋至少隔一拉一。
3. 类型 1、5 的箍筋肢数可有多种组合，右图为 5×4 的组合，其余类型为固定形式，在表中只注类型号即可。

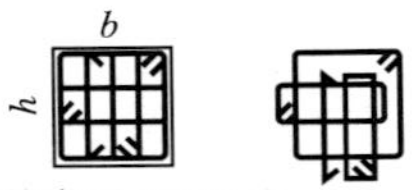

箍筋类型 1(5×4)

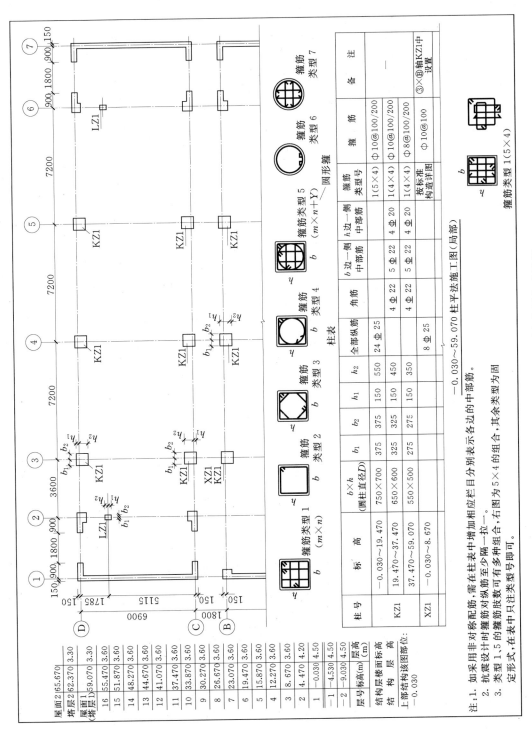

图 3-8　柱平法施工图的列表注写方式示例

层号	标高(m)	层高(m)
屋面 2	65.670	
塔层 2	62.370	3.30
屋面 1（塔层 1）	59.070	3.30
16	55.470	3.60
15	51.870	3.60
14	48.270	3.60
13	44.670	3.60
12	41.070	3.60
11	37.470	3.60
10	33.870	3.60
9	30.270	3.60
8	26.670	3.60
7	23.070	3.60
6	19.470	3.60
5	15.870	3.60
4	12.270	3.60
3	8.670	3.60
2	4.470	4.20
1	−0.030	4.50
−1	−4.530	4.50
−2	−9.030	4.50

结构层楼面标高
结构层高

上部结构嵌固部位：
−0.03

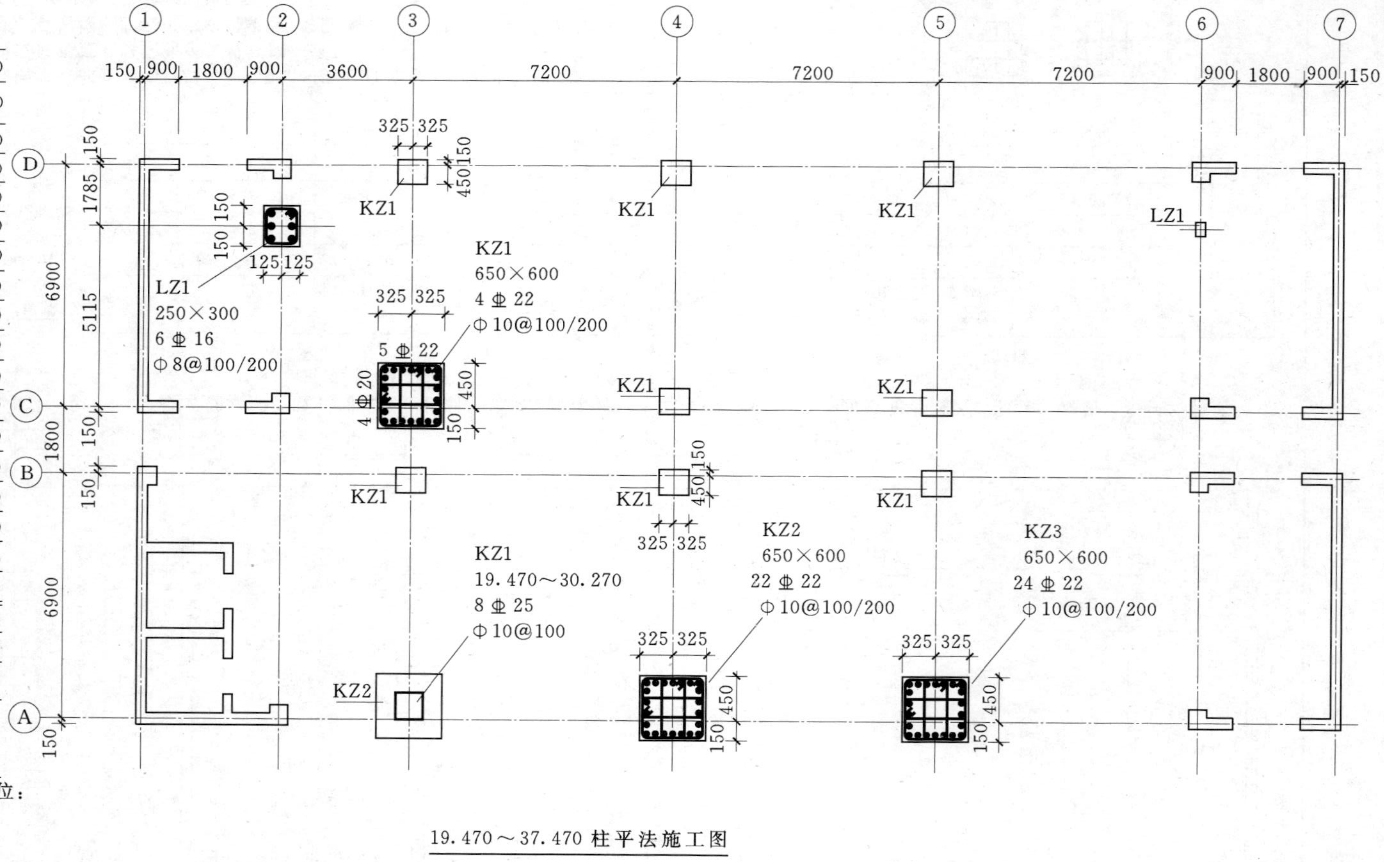

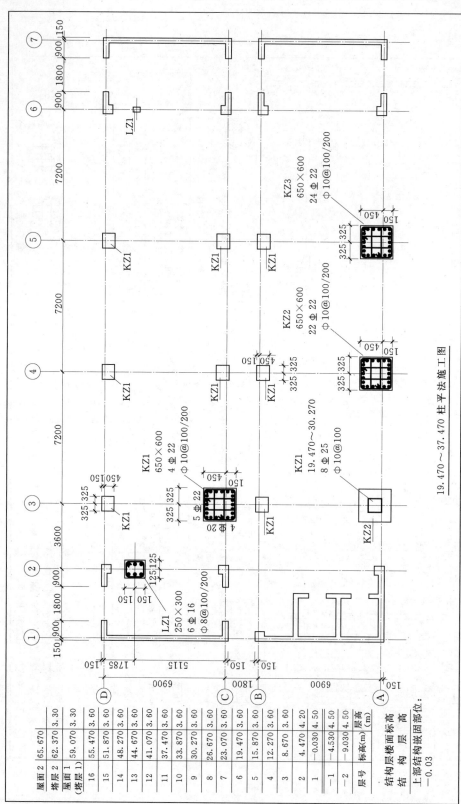

图 3-9　柱平法施工图截面注写方式示例

从图中柱的编号可知：LZ1 表示梁上柱，KZ1、KZ2、KZ3 则表示框架柱。

LZ1 下的标注意义为：

LZ1：表示梁上柱，编号为 1；

250×300：表示 LZ1 的截面尺寸；

6 ⌀16：表示 LZ1 周边均匀对称布置 6 根直径为 16mm 的 HRB400 级钢筋；

Φ8@200：表示 LZ1 内箍筋直径为 8mm，HPB300 级钢筋，间距 200mm，均匀布置；

KZ1 下的标注意义为：

KZ1：表示框架柱，编号为 1。

650×600：表示 KZ1 的截面尺寸；

4 ⌀22：表示沿 KZ1 周边布置的纵向受力筋为 HRB400 级钢筋，直径 22mm，共 4 根；

Φ10@100/200：表示 KZ1 内箍筋为 HPB300 级钢筋，直径为 10mm，加密区间距为 100mm，非加密区间距为 200mm。

KZ2 下的标注意义为：

KZ2：表示框架柱，编号为 2；

650×600：表示 KZ2 的截面尺寸；

22 ⌀22：表示沿 KZ2 周边布置的纵向受力筋为 HRB400 级钢筋，直径 22mm，共 22 根；

Φ10@100/200：表示 KZ3 内箍筋为 HPB300 级钢筋，直径为 10mm，加密区间距为 100mm，非加密区间距为 200mm。

KZ3 下的标注意义为：

KZ3：表示框架柱，编号为 3；

650×600：表示 KZ3 的截面尺寸；

24 ⌀22：表示沿 KZ3 周边布置的纵向受力筋为 HRB400 级钢筋，直径 22mm，共 24 根；

Φ10@100/200：表示 KZ3 内箍筋为 HRB300 级钢筋，直径为 10mm，加密区间距为 100mm，非加密区间距为 200mm。

二、梁的平法施工

梁平法施工图系在梁平面布置图上采用平面注写方式或截面注写方式表达。

1. 梁平法施工图的制图规则及示例

平面注写方式系在梁平面布置图上，分别在不同编号的梁中各选一根梁，在其上注写截面尺寸和配筋具体数值的方式来表达梁平法施工图。

平面注写包括集中标注和原位标注，集中标注表达梁的通用数值，原位标注表达梁的特殊数值。当集中标注中的某项数值不适用于梁的某部位时，则将该项数值原位标注，施工时，原位标注取值优先，如图 3－10 所示。

梁编号由梁类型代号、序号、跨数及有无悬挑代号几项组成，应符合表 3－11 的

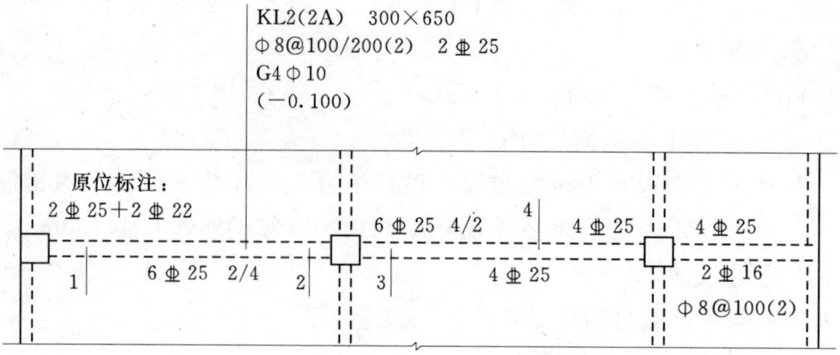

图 3-10　梁平面注写方式示例

规定。

表 3-11　　梁　编　号

梁 类 型	代　　号	序　　号	跨数及是否带有悬挑
楼层框架梁	KL	××	(××)、(××A) 或 (××B)
屋面框架梁	WKL	××	(××)、(××A) 或 (××B)
框支梁	KZL	××	(××)、(×× A) 或 (××B)
非框架梁	L	××	(××)、(××A) 或 (××B)
悬挑梁	XL	××	
井字梁	JZL	××	(××)、(×× A) 或 (××B)

注　(×× A) 为一端有悬挑，(×× B) 为两端有悬挑，悬挑不计入跨数。

图 3-11 所示 4 个梁截面系采用传统表示方法绘制，用于对比按平面注写方式表达的同样内容。实际采用平面注写方式时，不需绘制梁截面配筋图和图 3-10 中的相应截面号。

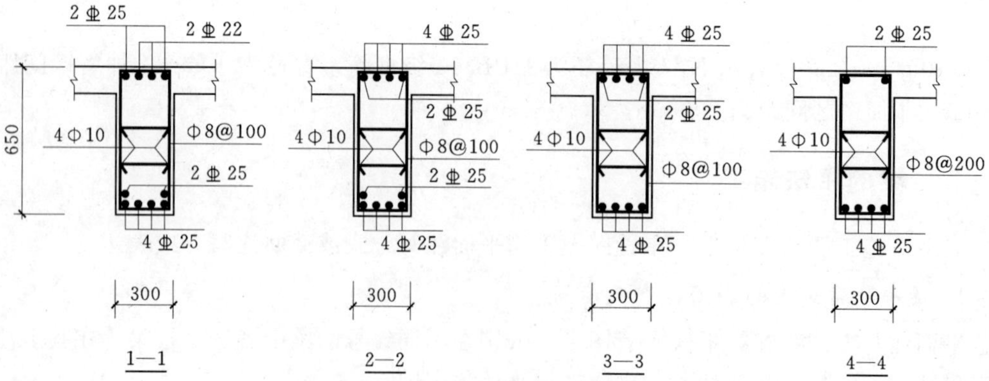

图 3-11　梁的截面配筋

【例 1】　KL6(2A)，表示第 6 号框架梁，2 跨，一端有悬挑。

【例 2】　L5(3B)，表示第 5 号非框架梁，3 跨，梁两端有悬挑。

2. 梁集中标注

梁集中标注的内容，有 5 项必注值及一项选注值（集中标注可以从梁的任意一跨引出），规定如下：

第一项：梁编号。

第二项：梁截面尺寸 $b\times h$（宽×高）。

第三项：梁箍筋，包括钢筋级别、直径、加密区与非加密区间距及肢数。加密区与非加密区的不同间距及肢数用斜线“/”分隔；当梁箍筋为同一种间距及肢数时，则不需要用斜线；当加密区与非加密区的箍筋肢数相同时，则将肢数注写一次；箍筋肢数应注写在括号内。

【例 3】 Φ8@100/200(2)，表示箍筋为 HPB300 级钢筋，直径为 8mm，加密区间距为 100mm，非加密区间距为 200mm，均为双肢箍。

【例 4】 Φ8@100(4) /150(2)，表示箍筋为 HPB300 级钢筋，直径为 8mm，加密区间距为 100mm，四肢箍；非加密区间距为 150mm，双肢箍。

当抗震结构中的非框架梁、悬挑梁、井字梁，及非抗震结构中的各类梁采用不同的箍筋间距及肢数时，也用斜线“/”将其分隔开来。注写时，先注写梁支座端部的箍筋（包括箍筋的箍数、钢筋级别、直径、间距与肢数），在斜线后注写梁跨中部分的箍筋间距及肢数。

【例 5】 12Φ8@150/200(4)，表示箍筋为 HPB300 级钢筋，直径为 8mm，梁的两端各有 12 个四肢箍，间距为 150mm；梁跨中部分，间距为 200mm，四肢箍。

【例 6】 14Φ10@150(4)/200(2)，表示箍筋为 HPB300 级钢筋，直径为 10mm，梁的两端各有 14 个四肢箍，间距为 150mm；跨中部分，间距为 200mm，双肢箍。

第四项：梁上部通长筋或架立筋配置。所注规格与根数应根据结构受力要求及箍筋肢数等构造要求而定。当同排纵筋中既有通长筋又有架立筋时，应用“＋”将通长筋和架立筋相连。注写时须将角部纵筋写在加号的前面，架立筋写在加号后面的括号内，以示不同直径及与通长筋的区别。当全部采用架立筋时，则将其写入括号内。

【例 7】 2Φ̄25＋(4Φ10)，表示梁上部角部通长筋为 2Φ̄25，4Φ10 为架立筋。当梁的上部纵筋和下部纵筋为全跨相同，且多数跨配筋相同时，此项可加注下部纵筋的配筋值，用分号“;”将上部与下部纵筋的配筋值分隔开来，少数跨不同者，按平面注写方式的规定进行处理。

【例 8】 4Φ̄20；4Φ̄22，表示梁的上部配置 4Φ̄20 的通长筋，梁的下部配置 4Φ̄22 的通长筋。

第五项：梁侧面纵向构造钢筋或受扭钢筋配置。当梁腹板高度 $h_w\geqslant450$mm 时，须配置纵向构造钢筋，所注规格与根数应符合规范规定。此项注写值以大写字母 G 打头，接续注写设置在梁两个侧面的总配筋值，且对称配置。

【例 9】 G4Φ14，表示梁的两个侧面共配置 4 根直径为 14mm 的 HPB300 级纵向构造钢筋，每侧各配置 2Φ14。

当梁侧面需配置受扭纵向钢筋时，此项注写值以大写字母 N 打头，接续注写配置在梁两个侧面的总配筋值，且对称配置。

【例 10】 N6Φ25，表示梁的两个侧面共配置 6Φ25 的受扭纵向钢筋，每侧各配置 3Φ25。

第六项：梁顶面标高高差。

梁顶面标高高差，系指相对于结构层楼面标高的高差值。有高差时，必将其写入括号内，无高差时不注。当某梁的顶面高于所在结构层的楼面时，其标高高差为正值，反之为负值。

【例 11】 某结构层的楼面标高为 42.950m 和 46.250m，当某梁的梁顶面标高高差注写为（－0.050）时，即表明该梁顶面标高分别相对于 42.950m 和 46.250m，低 0.050m。

以上 6 项中，前五项为必注值，第六项为选注值。现以图 3－10 中的集中标注为例，说明各项标注的意义：

KL2(2A)：表示第 2 号框架梁，两跨，一端有悬挑；

300×650：表示梁的截面尺寸，宽度为 300mm，高度为 650mm；

Φ8@100/200(2)：表示梁内箍筋为 HPB300 级钢筋，直径为 8mm，加密区间距为 100mm，非加密区间距为 200mm，双肢箍；

2Φ25：表示梁上部通长筋有两根，直径 25mm，HRB400 级钢筋；

G4Φ10：表示梁的两个侧面共配置 4Φ10 的纵向构造钢筋，每侧各配置 2Φ10；

（－0.100)：表示该梁顶面低于所在结构层的楼面标高 0.1m。

3. 梁原位标注

梁原位标注的内容规定如下。

(1) 梁支座上部纵筋。梁支座上部纵筋含通长筋在内的所有纵筋。

1) 当上部纵筋多于一排时，用斜线“/”将各排纵筋自上而下分开。

【例 12】 梁支座上部纵筋注写为 6Φ25 4/2，则表示上一排纵筋为 4Φ25，下一排纵筋为 2Φ25。

2) 当同排纵筋有两种直径时，用加号“＋”将两种直径相连，注写时将角部纵筋写在前面。

【例 13】 梁支座上部纵筋注写为 2Φ25＋2Φ22，表示梁支座上部有 4 根纵筋，2Φ25 放在角部，2Φ22 放在中部。

3) 当梁中间支座两边的上部纵筋不同时，须在支座两边分别标注；当梁中间支座两边的上部纵筋相同时，可仅在支座的一边标注配筋值，另一边省去标注，如图 3－10 所示。

(2) 梁下部纵筋。

1) 当下部纵筋多于一排时，用斜线“/”将各排纵筋自上而下分开。

【例 14】 梁下部纵筋注写为 6Φ25 2/4，则表示上一排纵筋为 2Φ25，下一排纵筋为 4Φ25，全部伸入支座。

2) 当同排纵筋有两种直径时，用加号“＋”将两种直径的纵筋相连，注写时角筋写在前面。

3) 当梁下部纵筋不全部伸入支座时，将梁支座下部纵筋减少的数量写在括号内。

【例 15】 梁下部纵筋注写为 6Φ25　2(－2)/4，则表示上一排纵筋为 2Φ25，且不伸入支座；下一排纵筋为 4 Φ 25，全部伸入支座。

【例 16】 梁下部纵筋注写为 2 Φ 25＋3 Φ 22(－3)/5 Φ 25，则表示上一排纵筋为 2 Φ 25 和 3 Φ 22，其中 3 Φ 22 不伸入支座；下一排纵筋为 5 Φ 25，全部伸入支座。

4）当在梁的集中标注中，已按规定注写了梁上部和下部均为通长的纵筋值时，则不需在梁下部重复做原位标注。

(3) 附加箍筋或吊筋。附加箍筋和吊筋可直接画在平面图中的主梁上，用线引注总配筋值，如图 3－12 所示。当多数附加箍筋或吊筋相同时，可在梁平法施工图上统一注明，少数与统一注明值不同时，再原位引注。

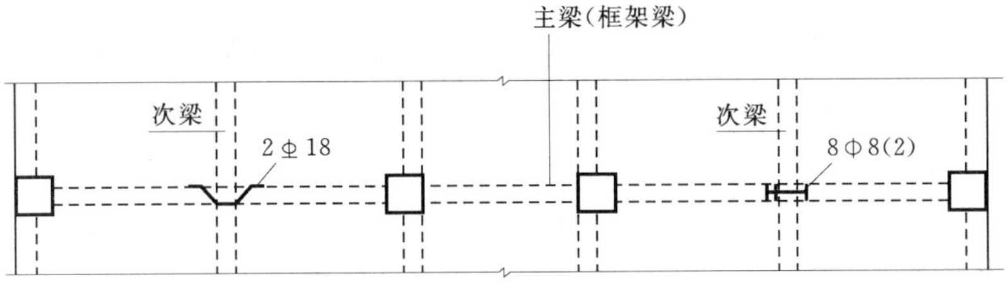

图 3－12 附加箍筋和吊筋的画法示例

(4) 当在梁上集中标注的内容不适用于某跨或某悬挑部分时，则将其不同数值原位标注在该跨或该悬挑部位，施工时应按原位标注数值取用。

梁的集中标注和原位标注的识读如图 3－10 所示。图中第一跨梁上部原位标注代号 2 Φ 25＋2 Φ 22，表示梁上部配有一排纵筋，角部为 2 Φ 25，中间为 2 Φ 22。下部代号 6 Φ 25 2/4，表示该梁下部纵筋有两排，上一排为 2 Φ 25，下一排为 4 Φ 25。图中第一、二跨梁内箍筋配置见集中标注，第三跨梁内箍筋有所不同，见原位标注Φ 8@100(2)，表示该跨箍筋间距全部为 100mm，双肢箍。

第三节 识读基础施工图

建筑物基础是埋在地下的受力构件，承受建筑物上部传来的所有荷载并将该荷载传给地基。基础平面图只表示房屋地面以下（±0.000）的平面布置和详细做法的图样，包括基础平面图和基础详图及文字说明。基础图用于施工放线、开挖基槽的依据。一般有条形基础、独立基础、桩基础、筏形基础、箱形基础等形式如图 3－13 所示。

一、基础平面图

1. 基础平面图的形成

在首层地面与基础之间假想用一个水平剖切平面将整栋建筑物剖开，移去剖切平面以上的建筑物和基础回填土，将剩余部分形体向水平面作正投影，得到图形称为基础平面图。

2. 基础平面图的图线要求

基础平面图只需绘出基础墙、柱及基底平面的轮廓和尺寸，每条定位轴线处均有 4 条

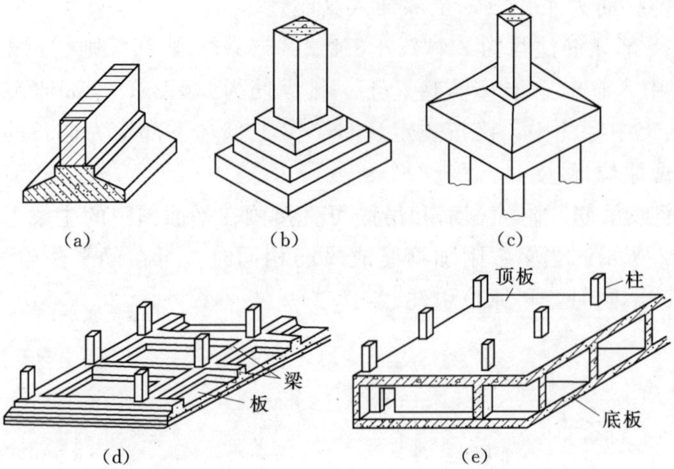

图 3-13　基础的形式

(a) 条形基础；(b) 独立基础；(c) 桩基础；(d) 筏形基础；(e) 箱形基础

线，即两条剖到墙、柱轮廓的粗实线；另两条投影得到基础底部轮廓用细实线表示。

3. 基础平面图的图示内容

(1) 表示基础平面图名、比例和定位轴线的关系，其编号应与建筑平面图编号一致。

(2) 表示基础图中的垫层、基础墙、柱、基础梁的平面形状、尺寸等。

(3) 标注基础剖（断）面详图的编号及剖切符号。

(4) 标注基础平面轴线间、基础墙宽、底宽的尺寸。

(5) 用文字说明基础材料、基础埋深等内容。

二、基础详图

基础详图是基础平面图的补充，用于表示基础的断面形状、材料、尺寸、构造及基础配筋等情况。

1. 基础详图的形成

用一铅垂剖切平面，假想从上到下将建筑物基础剖切，移走剖切面与观察者之间的基础部分，将剩余基础形体向投影面作正投影，用较大比例画出的基础断面图称为基础详图。

2. 基础详图的图示内容

(1) 表示图名、比例与定位轴线，常用 1∶20 或 1∶10 绘制。

(2) 要标注基础剖（断）面各部分尺寸和标高。

(3) 表示基础墙材料、基础梁或圈梁配筋与断面形状等各组成部分的结构构造。

3. 基础平面图与详图阅读实例

以附录中结施—02 所示 4# 宿舍楼钢筋混凝土独立基础平面图、结施—03 基础详图阅读为例。

结施—02 图比例为 1∶100。基础为钢筋混凝土独立基础，有两种型号的独立基础。

独基详图Ⅰ中，有 A—A 剖面，以 J－1 为例，A—A 剖面的基础底板总宽 A 为 2400mm，B 为 2400mm，基底标高－2.600m，基础端头高度 $H1$ 为 250mm，基础根部高度 H 为 500mm；C15 素混凝土垫层厚 100mm，宽度为 2600mm，基础受力①号主筋为Φ 14 螺纹钢@180mm，②号主筋为Φ 14 螺纹钢@180mm。

独基详图Ⅱ中，有 B—B 剖面，基础底板总宽 A 为 6600mm，B 为 4000mm，基底标高－2.600m，基础端头高度 $H1$ 为 300mm，基础根部高度 H 为 650mm，基础梁 JAL－1 梁其断面为 1300mm×850mm，上下两排各配 9 Φ 20 螺纹钢，左右两排配构造筋 8 Φ 12 螺纹钢，箍筋采用Φ 8@300mm 及Φ 10@150mm；垫层采用 C15 素混凝土厚 100mm，宽度为 4200mm；基础受力①号主筋为Φ 16 螺纹钢@120mm，②号主筋为Φ 16 螺纹钢@120mm。

第四节 识读楼层结构平面布置图

一、楼层结构平面图

1. 楼层结构布置平面图的形成

在建筑物中假想用一个水平剖切平面，将楼板的结构层水平剖切，移去剖切平面上部的形体，将剖面下剩余部分形体向水平面作投影，得到的图形称楼层平面图。

2. 楼层结构平面图的内容及线形

楼层结构平面图表示各层楼面和屋面的梁、楼板、墙或柱、圈梁和过梁等承重构件的布置，用粗实线表示被剖到的墙、柱轮廓，钢筋混凝土柱可涂黑，用中虚线表示板下墙柱轮廓。

现浇板要在图中反映板的配筋，梁的位置、编号以及板梁墙的连接或搭接情况。

二、楼层结构平面布置图识读实例

1. 识读框架柱平面定位图

以 1～2 层框架柱平面定位图为例（见附录中结施－05 图），识读框架柱平面定位图。

该图比例为 1：100，图中横向定位轴线为①～⑩轴，纵向定位轴线为Ⓐ～Ⓕ轴，进深为 7200mm、5000mm 和 3600mm。图中涂黑的部分为柱子，其规格不同。

框支柱 KZ－1 从基础顶面至 7.150m 处，截面尺寸为 500mm×500mm，主筋为 4 Φ 18 螺纹钢，箍筋为 C8@100/200mm，构造筋为 8 Φ 16 螺纹钢。

框支柱 KZ－1a 从基础顶面至 7.150m 处，截面尺寸为 500mm×500mm，主筋为 4 Φ 18 螺纹钢，箍筋为Φ 8@100mm，构造筋为 8 Φ 16 螺纹钢。

框支柱 KZ－2 从基础顶面至 7.150m 处，截面尺寸为 550mm×550mm，主筋为 4 Φ 18 螺纹钢，箍筋为Φ 8@100mm，构造筋为 8 Φ 16 螺纹钢。

框支柱 KZ－3 从基础顶面至 7.150m 处，截面尺寸为 600mm×600mm，主筋为 12 Φ 18 螺纹钢，箍筋为Φ 8@100/200mm。

框支柱 KZ－3a 从基础顶面至 7.150m 处，截面尺寸为 600mm×600mm，主筋为 12 Φ 18

螺纹钢，箍筋为Φ 8@100mm。

框支柱 KZ－4 从基础顶面至 7.150m 处，截面尺寸为 450mm×450mm，主筋为 12 Φ 18 螺纹钢，箍筋为Φ 8@100/200mm。

框支柱 KZ－4a 从基础顶面至 7.150m 处，截面尺寸为 450mm×450mm，主筋为 12 Φ 16 螺纹钢，箍筋为Φ 8@100mm。

2. 识读梁配筋图

以一层顶梁配筋图为例（见附录中结施—08 图），识读梁配筋图。该图比例为 1：100，图中横向定位轴线为①～⑩轴，纵向定位轴线为Ⓐ～Ⓕ轴，除过道及楼梯间外，进深为 5000mm 和 3600mm 两种。图中涂黑的部分为柱子。

（1）非框架梁。

梁 L－1 共 8 跨，其断面尺寸为 300mm×600mm；箍筋为直径为 8mm 的 HRB400 级钢筋，间距为 200mm（双肢箍），加密区间距为 100mm；上部筋为 2 根直径为 22mm 的 HRB400 级钢筋；有 4 根直径为 12mm 的 HRB400 级钢筋的抗扭钢筋；下部纵筋及梁支座上部纵筋均在图中各跨分别标注。

梁 L－2 共 1 跨，其断面尺寸为 200mm×450mm；箍筋为直径为 8mm 的 HRB400 级钢筋，间距为 200mm（双肢箍）；上部筋为 2 根直径为 16mm 的 HRB400 级钢筋通长布置，下部筋为 3 根直径为 20mm 的 HRB400 级钢筋通长布置；梁支座上部纵筋为 2 根直径为 16mm 的 HRB400 级钢筋。

梁 L－3 共 1 跨，其断面尺寸为 200mm×500mm；箍筋为直径为 8mm 的 HRB400 级钢筋，间距为 200mm（双肢箍）；上部筋为 2 根直径为 18mm 的 HRB400 级钢筋通长布置，下部筋为 3 根直径为 22mm 的 HRB400 级钢筋通长布置；梁支座上部纵筋为 3 根直径为 18mm 的 HRB400 级钢筋。

梁 L－4 共 1 跨，其断面尺寸为 200mm×400mm；箍筋为直径为 8mm 的 HRB400 级钢筋，间距为 200mm（双肢箍）；上部筋为 2 根直径为 14mm 的 HRB400 级钢筋通长布置，下部筋为 3 根直径为 18mm 的 HRB400 级钢筋通长布置；梁支座上部纵筋为 3 根直径为 14mm 的 HRB400 级钢筋。

梁 L－5 共 3 跨，其断面尺寸为 300mm×600mm；箍筋为直径为 8mm 的 HRB400 级钢筋，间距为 200mm（双肢箍），加密区间距为 100mm；上部筋为 2 根直径为 22mm 的 HRB400 级钢筋；有 4 根直径为 12mm 的 HRB400 级钢筋的抗扭钢筋；梁支座上部纵筋分别为 4 Φ 22 和 2 Φ 22＋1 Φ 18。

梁 L－6 共 1 跨，其断面尺寸为 200mm×600mm；箍筋为直径为 8mm 的 HRB400 级钢筋，间距为 200mm（双肢箍）；上部筋为 3 根直径为 14mm 的 HRB400 级钢筋，下部筋为 3 根直径为 14mm 的 HRB400 级钢筋通长布置；有 4 根直径为 12mm 的 HRB400 级钢筋的抗扭钢筋；梁支座上部纵筋为 3 根直径为 16mm 的 HRB400 级钢筋。

（2）框架梁（以下面三跨作简要分析）。

框架梁 KL－1 共 8 跨，其断面尺寸为 300mm×600mm；箍筋为直径为 8mm 的 HRB400 级钢筋，间距为 200mm（双肢箍），加密区间距为 100mm；上部筋为 2 根直径为 20mm 的 HRB400 级钢筋；有 4 根直径为 12mm 的 HRB400 级钢筋的抗扭钢筋；下部纵筋及梁支座上部纵筋均在图中各跨分别标注。

框架梁 KL－2 共 8 跨，其断面尺寸为 300mm×600mm；箍筋为直径为 8mm 的 HRB400 级钢筋，间距为 200mm（双肢箍），加密区间距为 100mm；上部筋为 2 根直径为 22mm 的 HRB400 级钢筋；有 4 根直径为 12mm 的 HRB400 级钢筋的抗扭钢筋；下部纵筋及梁支座上部纵筋均在图中各跨分别标注。

框架梁 KL－3 共 8 跨，其断面尺寸为 300mm×600mm；箍筋为直径为 8mm 的 HRB400 级钢筋，间距为 200mm（双肢箍），加密区间距为 100mm；上部筋为 2 根直径为 22mm 的 HRB400 级钢筋；有 4 根直径为 12mm 的 HRB400 级钢筋的抗扭钢筋；下部纵筋及梁支座上部纵筋均在图中各跨分别标注。

3. 识读顶板结构布置图

以一层顶板结构布置图为例（见附录中结施—09 图），识读顶板结构布置图。该图比例为 1∶100，该层顶板为现浇混凝土楼板，开间、进深尺寸详见图纸。图中：

①号钢筋为负弯矩筋，HRB400 级钢，直径为 8mm，间距为 200mm；

②号钢筋为负弯矩筋，HRB400 级钢，直径为 8mm，间距为 200mm；

③号钢筋为负弯矩筋，HRB400 级钢，直径为 8mm，间距为 150mm；

④号钢筋为负弯矩筋，HRB400 级钢，直径为 10mm，间距为 130mm；

⑤号钢筋为负弯矩筋，HRB400 级钢，直径为 8mm，间距为 200mm，筋长 1500mm；

⑥号钢筋为负弯矩筋，HRB400 级钢，直径为 10mm，间距为 180mm，筋长 2000mm；

⑦号钢筋为负弯矩筋，HRB400 级钢，直径为 10mm，间距为 200mm，筋长 2000mm；

⑧号钢筋为负弯矩筋，HRB400 级钢，直径为 10mm，间距为 130mm；

⑨号钢筋为负弯矩筋，HRB400 级钢，直径为 10mm，间距为 200mm，筋长 4200mm；

⑩号钢筋为负弯矩筋，HRB400 级钢，直径为 10mm，间距为 130mm，筋长 4550mm；

⑪号钢筋为负弯矩筋，HRB400 级钢，直径为 10mm，间距为 130mm，筋长 2700mm。

第五节　楼梯结构图识读

一、楼梯结构平面图的形成

梯间结构平面图就是建筑物楼梯间部分的局部放大图。人站在楼层平台上的上行梯段中用一个假想的水平剖面剖开，移去剖切平面及其以上部分，将梯间剩余的部分梯段向水平面做正投影，得到的图形为梯间结构平面图。

二、楼梯结构图的图示内容、比例及图线要求

包括楼梯结构平面图、剖面图和构件详图，常用 1∶50 比例绘制，可表示楼梯类型、尺寸、缓台板配筋和结构标高及构造。用粗实线绘制墙、柱轮廓线、现浇板中的钢筋，梯梁与其他可见轮廓线用细实线绘制。楼梯结构平面图要标出梯间的剖切符号、定位轴线和编号。

三、楼梯结构平面图与剖面图读图实例

某楼梯配筋图如图 3－14、图 3－15 所示。

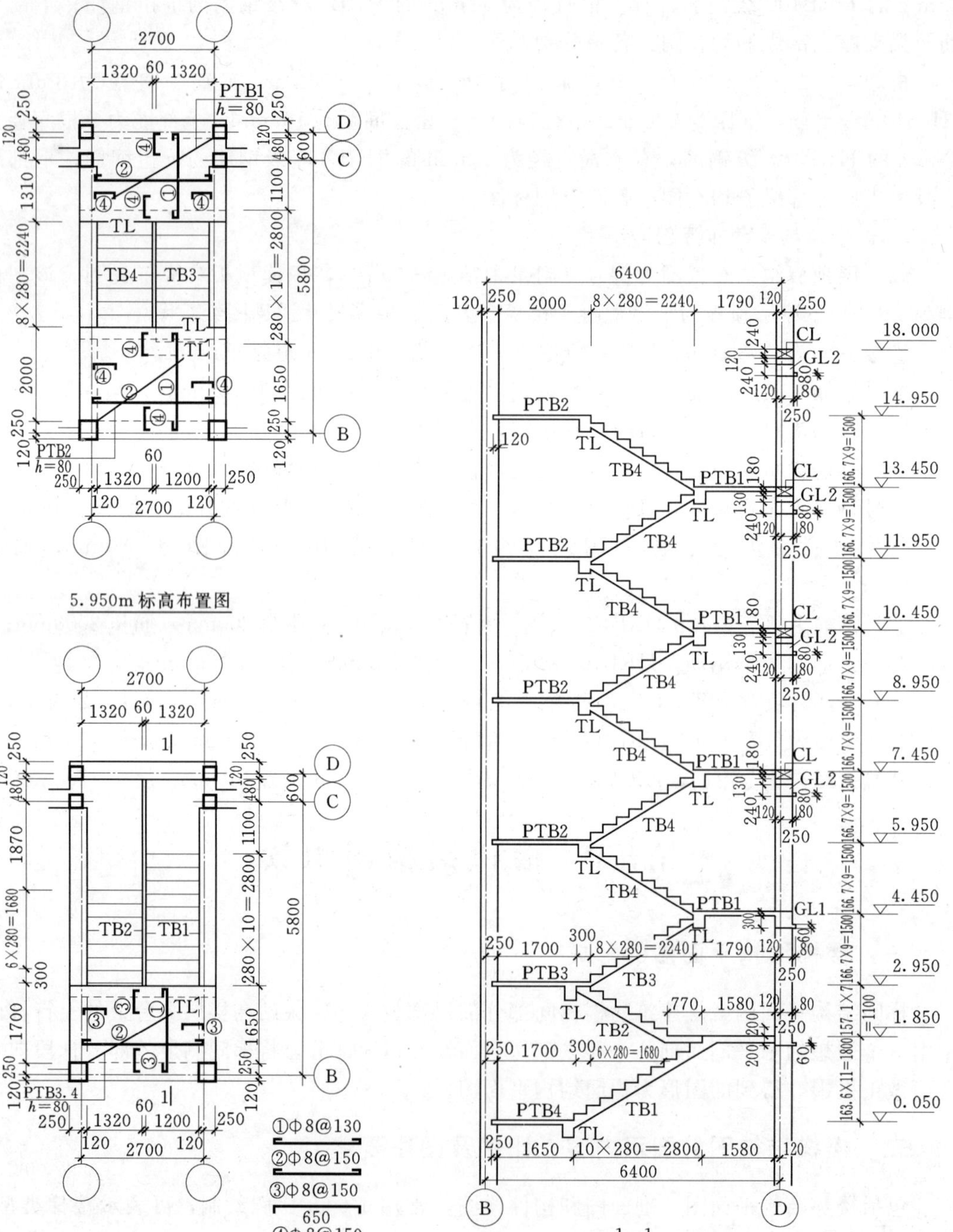

图 3－14　楼梯结构详图

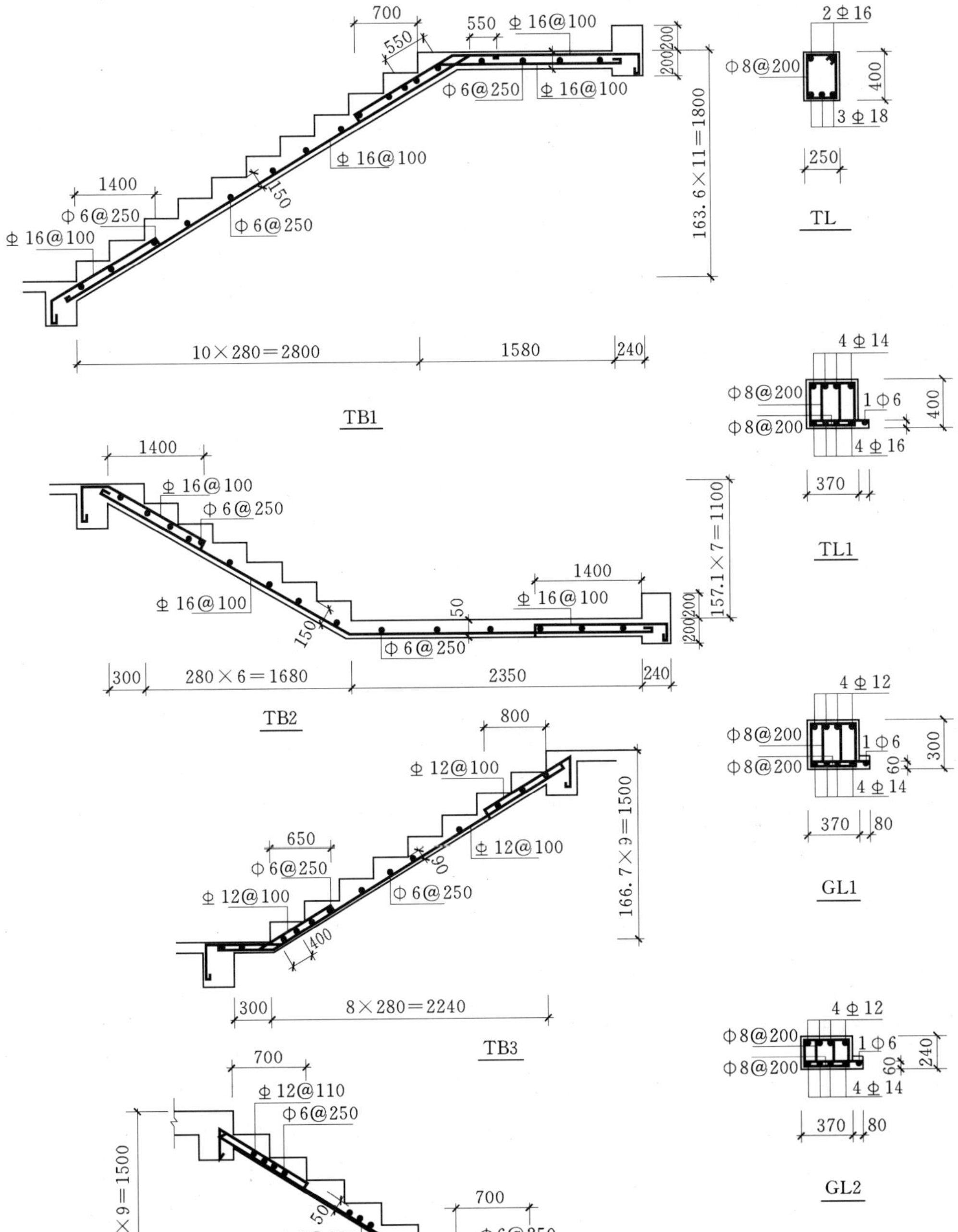

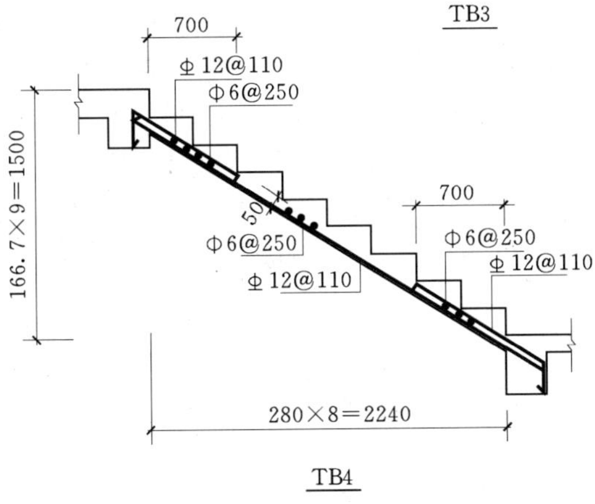

设计说明：

1. 楼梯栏杆，扶手详见建筑图纸。
2. 材料采用C20混凝土；钢筋采用HPB235(Φ)，HRB335(Φ)。
3. 未注明分布筋均为Φ8@250。

图 3-15　楼梯结构配筋详图

设计说明：楼梯栏杆、扶手建筑图如图 2－18、图 2－19 所示，采用 C20 混凝土、HRB335（Φ）钢筋。

本楼梯为板式楼梯，梯间的开间为 2700mm、进深 6400mm、层高 3000mm，楼层平台标高分别为 0.050m、2.950m、5.950m、8.950m、11.950m、14.950m，中间平台标高分别为 1.850m、4.450m、7.450m、10.450m、13.450m。

1. 楼梯段板

TB1：踏步的尺寸为 280mm×163.6mm，梯板的水平投影长度为 10×280＝2800mm，入口处平台板宽 1580mm，楼层平台（PTB4）宽 1650mm，梯梁宽 240mm、高 400mm，梯板厚 150mm，受力筋Φ 16 螺纹钢筋@100mm，分布筋为Φ 6@250mm，附加构造筋Φ 16@100mm。

TB2：踏步的尺寸为 280mm×157.1mm，梯板的水平投影长度为 6×280＝1680mm，中间平台板宽 2350mm，楼层平台（PTB3）宽 2000mm，梯梁宽 240mm、高 400mm，梯板厚 150mm，受力筋Φ 16 螺纹钢筋@100mm，分布筋为Φ 8@250mm，附加构造筋Φ 16@100mm。

TB3：踏步的尺寸为 280mm×166.7mm，梯板的水平投影长度为 8×280＝2240mm，中间平台板（PTB1）宽 1790mm，楼层平台（PTB2）宽 2000mm，梯梁宽 240mm、高 400mm，梯板厚 150mm，受力筋Φ 16 螺纹钢筋@100mm，分布筋为Φ 6@250mm，附加构造筋Φ 16@100mm。

TB4：踏步的尺寸为 280mm×166.7mm，梯板的水平投影长度为 8×280＝2240mm，中间平台板（PTB1）宽 1790mm，楼层平台（PTB2）宽 2000mm，梯梁宽 240mm、高 400mm，梯板厚 150mm，受力筋Φ 16 螺纹钢筋@110mm，分布筋为Φ 6@250mm，附加构造筋Φ 12@110mm。

2. 平台板

如图 3－14 所示，现浇平台板上①号Φ 8@130mm 为受力筋；②号Φ 8@150mm 为分布筋；③号Φ 8@150mm 为构造筋；④号Φ 8@150mm 为构造筋。

知识梳理与小结

本章主要介绍了结构施工图的组成，现行国家规范对建筑物结构的要求，基础隐蔽构件的钢筋表示方法图例及钢钢筋保护层的厚度、位置与构造图，基础平面图中定位轴线两侧的 4 条线，基础钢筋在图纸上的画法。学生应具备识读钢筋混凝土构件梁、板、柱的平法施工图能力；正确识读现浇钢筋混凝土楼板、楼梯平台、梯段内钢筋中钢筋画法图例以及楼梯结构平面、剖面图及节点图的内容与方法；正确识读房屋结构施工图，并应达到基本熟练程度。

学　习　训　练

1. 结构施工图包括哪些内容？它有何作用？
2. 在钢筋混凝土构件中，梁、板、柱内钢筋的名称及作用是什么？

3. 在钢筋混凝土梁中，配筋图包括哪些内容？
4. 现浇板中受力钢筋的上下层的位置在板布置图中如何规定？
5. 何谓基础图？它包括哪些内容？
6. 基础平面图与基础详图的关系有哪些？
7. 何谓钢筋混凝土构件的平面整体表示法？其特点有哪些？
8. 何谓梁的集中标注的原位标注？熟记柱、墙、梁、板的构件代号。
9. 柱平法施工图中采用哪种注写方式？
10. 梁的平法施工图平面注写有几种表示方法？
11. 楼层平面图如何形成？现浇钢筋混凝楼板的保护层有多厚？
12. 在钢筋混凝土板内，钢筋的名称及作用是什么？何为单向板、双向板？
13. 现浇板中，受力钢筋的上下层的位置在板布置图中如何规定？
14. 楼梯结构平面图如何形成？它可表示哪些内容？
15. 在钢筋混凝土楼梯构件中，钢筋的名称及作用是什么？
16. 钢筋混凝土楼梯梯板的保护层有多厚？
17. 楼梯结构剖面图有何作用？

第二篇 民用建筑构造

第四章 民用建筑构造认知

学习目标

• 认知建筑物及构筑物，建筑构成的三要素，熟悉建筑物的分类及民用建筑的分级。

• 掌握民用建筑的构造组成及影响构造的因素。

• 熟悉并掌握建筑模数协调统一标准。

• 掌握建筑物定位轴线的标定。

建筑构造是一门研究建筑物构件组成、构造原理及构造方法的学科，是建筑设计内容的深入，建筑构造的组合原理研究各构件的间最大限度地满足建筑物的使用要求，通过技术手段，设计合理的构造方案和措施，解决建筑设计中的技术问题，延长建筑物的使用寿命。

第一节 建筑的构成要素、分类与分级

建筑是随着人类社会的发展而进步，是满足人们的各种需要创造出的物质的、有组织的空间环境。一般情况下，建筑指建筑物和构筑物的总称。建筑物是指凡供人们在其内进行生产、生活及从事社会活动的房屋或场所。构筑物是指具有一定几何形状的实体。

一、建筑的构成要素

建筑的 3 个基本要素是指建筑功能、建筑技术、建筑形象。

1. 建筑功能

建筑功能是人们建房子时要满足的生产、生活和社会活动所需要物质和精神的使用要求。随着社会环境的不断进步，建筑功能对建筑的结构类型、平面组合方式、建筑内外空间的尺度、建筑形象会有直接的影响，因而建筑功能起到了重要的作用。

2. 建筑技术

建筑技术是以通过物质条件和技术条件来实现，包括建筑材料、设备、结构、构造及

建筑施工等内容。建筑物的建成可通过建筑材料和建筑设备物质条件和建筑结构、构造的技术条件来实现，而建筑施工是实现建筑生产的过程和方法。

3. 建筑形象

建筑既是生产产品又是艺术品，能反映出城市的地域特点、人文风貌、时代特征，并应符合建筑美学的一般规律。建筑形象包括平面内部空间的组合和建筑体型及立面装饰。

二、建筑的分类

（一）按建筑物的用途分类

建筑物按用途可分为两类，即生产性建筑和非生产性建筑。

1. 生产性建筑

生产性建筑是指为生产提供服务的场所，它包括工业建筑和农业建筑。

（1）工业建筑。是指供人们从事工业生产活动的建筑称为工业建筑。

（2）农业建筑。是指为农业生产提供服务的房屋或场所。

2. 非生产性建筑——民用建筑

民用建筑是指供人们居住和从事社会活动的房屋或场所，它包括居住建筑和公共建筑。

（1）居住建筑。居住建筑是建造数量最多的建筑，供人们生活、休息之用，有住宅、公寓、宿舍等。

（2）公共建筑。是指人们从事社会活动，建造数量少、体量大的单栋建筑物。有托幼建筑、文教科研建筑、建筑商业、建筑体育、旅馆建筑、行政办公建筑、医疗卫生建筑、交通建筑、展览建筑、邮电通讯建筑、观演建筑、园林建筑等类型。

在一栋公共建筑物中，建筑内部功能比较复杂，同时具有两种以上的使用功能的建筑称为综合性建筑。

（二）按建筑物的承重结构和材料分类

1. 砖混结构

砖混结构是指建筑竖向承重构件采用砖墙、钢筋混凝土柱、基础、楼梯，水平承重构件采用钢筋混凝土楼板、屋面板，适用于多层建筑中。

2. 钢筋混凝土结构

钢筋混凝土结构为骨架承重体系，由钢筋混凝土梁、板、柱、剪力墙构件组成，目前广泛应用于大型公共建筑、高层建筑和大跨度建筑中。

3. 钢结构

钢结构主要承重结构构件是由钢材制成。具有其强度高、自重轻、便于安装的特点，适用于大型公共建筑和工业建筑、大跨度和超高层建筑中。

4. 钢和钢筋混凝土结构

建筑物采用钢筋混凝土柱、梁和钢屋架组成的骨架结构，适用于大型公共建筑和厂房。

(三) 按建筑物的高度或层数分类

1. 住宅建筑按照层数分类

1～3层为低层住宅；4～6层为多层住宅；7～9层为中高层住宅；多于10层为高层住宅。

按照《住宅设计规范》(GB 50096—2011) 的规定，7层及7层以上或住宅入口层楼面距室外设计地面的高度超过16 m以上的住宅必须设置电梯。

2. 公共建筑按建筑高度分类

建筑高度是指自室外设计地面至建筑主体檐口顶部的垂直高度。

公共建筑高度不超过24m为单层或多层，超过24m的为高层（不包括建筑高度超过24m的单层主体建筑）；建筑高度超过100m的民用建筑为超高层建筑。

(四) 按建筑的数量和规模分类

1. 大型性建筑

大型性建筑是指建造单栋面积大、数量少、个性强的民用建筑。

2. 大量性建筑

大量性建筑是指建造单栋体量小、数量多面积大、重复性大的民用建筑。

三、建筑物的分级

建筑物分级应从建筑物的重要性与规模、耐久年限和耐火等级3方面划分。

(一) 按建筑物的重要性和规模分级

根据建筑物的重要性和规模及使用性质不同，分成特级、一级、二级、三级、四级、五级共6个级别，见表4-1。

表4-1　民用建筑的等级

工程等级	工程主要特征	工程范围举例
特级	(1) 列为国家重点项目或以国际性活动为主的特高级大型公共建筑； (2) 有全国性历史意义或技术要求特别复杂的中、小型公共建筑； (3) 30层以上的建筑； (4) 高大空间有声、光等特殊要求的建筑物	国宾馆、国家大会堂、国际会议中心、国际体育中心、国际贸易中心、国际大型空港、国际综合俱乐部、重要历史纪念建筑、国家级图书馆、博物馆、美术馆、剧院、音乐厅，三级以上人防
一级	(1) 高级大型公共建筑； (2) 有地区性历史意义或技术要求复杂的中、小型公共建筑； (3) 16层以上29层以下或超过50m高的公共建筑	高级宾馆、旅游宾馆、高级招待所、别墅、省级展览馆、博物馆、图书馆、科学实验研究楼（包括高等院校）、高级会堂、高级俱乐部、不少于300床位的医院、疗养院、医疗技术楼、大型门诊楼、大中型体育馆、室内游泳馆、室内滑冰馆、大城市火车站、航运站、候机楼、摄影棚、邮电通信楼、综合商业大楼、高级餐厅、四级人防、五级平战结合人防
二级	(1) 中高级、大中型公共建筑； (2) 技术要求较高的中、小型建筑； (3) 16层以上29层以下住宅	大专院校教学楼、档案楼、礼堂、电影院，部、省级机关办公楼、300床位以下医院、疗养院、地市级图书馆、文化馆、少年宫、俱乐部、排演厅、报告厅、风雨操场、大中城市汽车客运站、中等城市火车站、邮电局、多层综合商场、风味餐厅、高级小住宅等

续表

工程等级	工程主要特征	工 程 范 围 举 例
三级	（1）中级、中型公共建筑； （2）7层以上（包括7层）、15层以下有电梯的住宅或框架结构的建筑	教学楼、试验楼、电教楼、社会旅馆、饭馆、招待所、浴室、邮电所、门诊部、百货大楼、托儿所、幼儿园、综合服务楼、一二层商场、多层食堂、小型车站等
四级	（1）一般中、小型公共建筑； （2）7层以下无电梯的住宅、宿舍及夯混结构建筑	一般办公楼、中小学教学楼、单层食堂、单层汽车库、消防车库、消防站、蔬菜门市部、阅览室、理发室、水冲式公共厕所等
五级	一、二层单功能、一般小跨度结构建筑	

剧场建筑根据其规模和设施的不同档次分为4级，即特级、甲级、乙级、丙级；涉外旅馆分为5级，即一星、二星、三星、四星、五星；社会旅馆分为6级，即一级、二级、三级、四级、五级、六级。

（二）按建筑物的耐久年限分级

建筑物的耐久年限主要由建筑物的重要性和质量标准确定，依据《民用建筑设计通则》（GB 50352—2005）的规定，以主体结构确定建筑物的耐久年限分为4级，见表4-2。

表4-2　　建筑物耐久等级

耐　久　等　级	耐　久　年　限	适　用　范　围
一级	100年以上	适用于重要的建筑和高层建筑
二级	50～100年	适用于一般性的建筑
三级	25～50年	适用于次要的建筑
四级	15年以下	适用于临时性的建筑

（三）按建筑物的耐火等级分级

建筑物耐火等级是由建筑构件的燃烧性能和耐火极限组成，是衡量建筑物耐火程度的标准。按现行国家标准《建筑设计防火规范》（GB 50016—2006）和《高层民用建筑设计防火规范》（GB 50045—2005）的规定，将普通建筑的耐火等级分为4级，见表4-3、表4-4。

表4-3　　普通建筑物构件的燃烧性能和耐火极限　　单位：h

构　件　名　称		耐　火　等　级			
		一　级	二　级	三　级	四　级
墙	防火墙	非燃烧体3.00	非燃烧体3.00	非燃烧体3.00	非燃烧体3.00
	承重墙	非燃烧体3.00	非燃烧体2.50	非燃烧体2.00	难燃烧体0.50
	非承重外墙	非燃烧体1.00	非燃烧体1.00	非燃烧体0.50	燃烧体
	楼梯间的墙 电梯井的墙 住宅单元之间的墙 住宅分户墙	非燃烧体2.00	非燃烧体2.00	非燃烧体1.50	难燃烧体0.50
	疏散走道两侧的隔墙	非燃烧体1.00	非燃烧体1.00	非燃烧体0.50	难燃烧体0.25
	房间隔墙	非燃烧体0.75	非燃烧体0.50	难燃烧体0.50	难燃烧体0.25

续表

构件名称	耐火等级			
	一级	二级	三级	四级
柱	非燃烧体 3.00	非燃烧体 2.50	非燃烧体 2.00	难燃烧体 0.50
梁	非燃烧体 2.00	非燃烧体 1.50	非燃烧体 1.00	难燃烧体 0.50
楼板	非燃烧体 1.50	非燃烧体 1.00	非燃烧体 0.50	燃烧体
屋顶承重构件	非燃烧体 1.50	非燃烧体 1.00	燃烧体	燃烧体
疏散楼梯	非燃烧体 1.50	非燃烧体 1.00	非燃烧体 0.50	燃烧体
吊顶(包括吊顶隔栅)	非燃烧体 0.25	难燃烧体 0.25	难燃烧体 0.15	燃烧体

注 1. 除规范另有规定者外，以木柱承重且以非燃烧体材料作为墙体的建筑物，其耐火等级应按四级确定。
2. 二级耐火等级建筑的吊顶采用非燃烧体时，其耐火极限不限。

表 4-4　高层建筑建筑构件的燃烧性能和耐火极限　单位：h

构件名称		耐火等级	
		一级	二级
墙	防火墙	不燃烧体 3.00	不燃烧体 3.00
	承重墙、楼梯间、电梯井和住宅单元之间的墙	不燃烧体 2.00	不燃烧体 2.00
	非承重外墙、疏散走道两侧的隔墙	不燃烧体 1.00	不燃烧体 1.00
	房间隔墙	不燃烧体 0.75	不燃烧体 0.50
柱		不燃烧体 3.00	不燃烧体 2.50
梁		不燃烧体 2.00	不燃烧体 1.50
楼板、疏散楼梯、屋顶承重构件		不燃烧体 1.50	不燃烧体 1.00
吊顶		不燃烧体 0.25	不燃烧体 0.25

1. 构件的耐火极限

建筑构件按时间—温度标准曲线进行耐火试验。构件从受火作用起到失去支撑力，发生穿透性裂缝，或完整性被破坏（或失去隔火作用）时，构件受火的背面达到 220℃ 高温所经历的时间，称为耐火极限，单位用 h 表示。

2. 构件的燃烧性能

（1）燃烧体。用燃烧材料做成的建筑构件。燃烧材料是指在空气中受到火烧或高温作用时立即起火或燃烧，且火源移走仍继续燃烧或微燃的材料。

（2）非燃烧体。用不燃烧材料做成的建筑构件。非燃烧材料是指在空气中受到火烧或高温作用时不起火、不微燃、不碳化的材料。

（3）难燃烧体。用难燃烧材料做成的建筑构件。难燃烧材料是指在空气中受到火烧或高温作用时难起火难燃烧、难碳化，当火源移走后燃烧或微燃立即停止的材料。

第二节　民用建筑的构造组成及影响建筑构造的因素

一、民用建筑的构造组成及作用

一幢建筑物一般是由基础、墙或柱、楼地层、楼梯、屋顶及门窗 6 部分组成，如图 4－1所示。

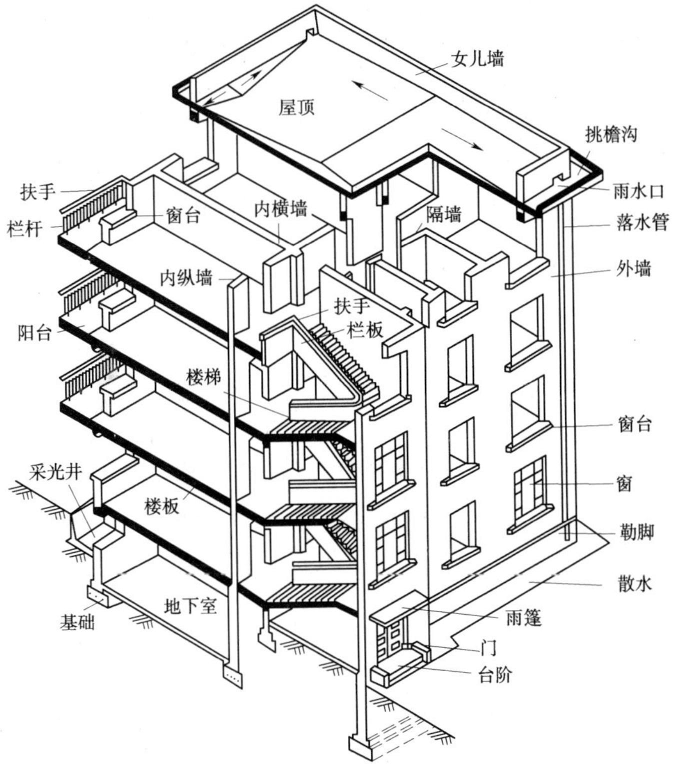

图 4－1　多层建筑的构造组成

1. 基础

基础是建筑物的重要组成构件，埋在地下受力构件，承受建筑物上的所有荷载并传递给地基。基础应抵抗地下各种因素的侵蚀，具有足够的强度与耐久性，保证建筑的安全使用。

2. 墙或柱

墙或柱是建筑物中竖向的构件。墙在建筑物中起承重、围护、分隔建筑空间的作用，墙体应具有足够的强度与稳定性和保温、防火、防水、隔声性能。

框架结构中承重柱是竖向受力构件，承重并传力，应具有足够的强度。

3. 楼地层

楼板层和地坪层统称楼地层。楼层是建筑物水平方向的承重构件，分隔楼层间的上、下建筑空间，起着水平支撑和稳定作用，承受家具设备和人的荷载及隔墙自重，并将该荷载都传给墙或柱，故楼层应具有足够的强度和刚度以及保温、防水、隔声、隔热性能。首层房间与土壤相接的构件称为地层，它除了要承受在其上的所有荷载，应具有防水、防潮、保温、耐磨性能。

4. 楼梯

楼梯是建筑中垂直交通设施，应具有足够的通行能力，坚固防火、防滑，保证使用安全。

5. 屋顶

屋顶是建筑物最上部的围护和承重构件。屋面作为承重构件要承受自然界的各种荷载并将其传给墙或柱；屋面作为围护构件应具有抵抗自然界各种因素对顶层房间屋面的影响，故屋顶具有足够的强度、刚度和保温防水、隔热的性能。

6. 门窗

门窗是建筑物的围护构件，也是建筑物立面造型的组成部分。窗主要是采光、通风和眺望的作用；门主要供建筑物内外交通联系及分隔房间的作用。

除上述 6 大组成部分外，建筑物还有阳台、雨篷、台阶、散水等构件。

二、影响建筑构造的因素

（一）外界环境因素的影响

1. 气候因素的影响

建筑物处在不同的地域差异很大，太阳热辐射、风、霜、雨、雪、温度等自然现象都会对建筑物构成破坏因素，因此必须采取防潮、防水、防冻、防热、保温等构造措施。

2. 外力作用的影响

荷载是指作用于建筑物上的外力，分为恒荷载和活荷载两大类。荷载的大小和作用方式是结构设计的主要依据，它决定了建筑构件的尺寸、形状、用料。

3. 各种人为因素的影响

人为因素有战争、火灾、噪声、化学腐蚀、机械振动及各种辐射等都会威胁建筑物的安全使用，故应采取防腐、防火、隔声、防水、防振的构造防范措施，确保建筑物的正常使用。

（二）物质技术条件的影响

建筑是由建筑材料、建筑设备、施工技术、资金等因素通过技术手段实现的。建筑业的发展促进新材料、新结构、新设备、新施工技术的出现，会解决我国不同地域的构造需要。

（三）经济条件的影响

建筑构造要依据建筑物等级和质量标准，选择利于降低建筑造价成本和使用过程中管理和维护的费用。

三、建筑专业常用名词

构件：组成结构的单元。或者说一栋建筑物由许多部分组成，这些组成部分称为“构件”。

结构：是指建筑物的承重骨架。

荷载：作用于建筑物上的外力。

建筑总高：是指建筑物从室外设计地坪到建筑檐口顶部的总尺寸。

横向定位轴线：是指垂直于建筑物长度方向设置的定位轴线，或称平行于建筑物宽度方向设置的定位轴线。

纵向定位轴线：是指垂直于建筑物宽度方向设置的定位轴线，或称平行于建筑物长度方向设置的定位轴线。

开间：是指沿着建筑物的长度方向上两条相邻的横向定位轴线之间的距离。

进深：是指沿着建筑物的宽度方向上两条相邻的纵向定位轴线之间的距离。

柱距：在框架结构中沿着建筑物长度方向相邻的两柱间横向定位轴线之间的距离。

跨度：在框架结构中沿着建筑物宽度方向相邻的两柱间纵向定位轴线之间的距离。

层高：是指在建筑物中相邻的两层楼地面之间的垂直距离。

净高：是指在建筑物中相邻的地面或楼面到上层楼板或板下梁的底面垂直距离。

第三节　建筑模数协调与定位轴线

一、建筑模数协调

（一）建筑模数

建筑模数是选定的尺寸单位，作为建筑空间、构配件等尺寸相互间协调基础和增值单位。

（二）模数数列及适用范围

由基本模数、扩大模数和分模数组成模数数列，见表4－5。

1. 基本模数

基本模数是模数中选用的基本尺寸单位，用M符号表示，即1M＝100mm。

2. 导出模数

导出模数分为扩大模数和分模数。

（1）扩大模数。它是基本模数的整数倍，包括水平和竖向扩大模数。

1）水平扩大模数。基数为3M（300mm）、6M（600mm）、12M（1200mm）、15M（1500 mm）、30M（3000mm）、60M（6000mm），适用于建筑物开间、柱距、进深、跨度和门窗洞口等。

2）竖向扩大模数。基数为3M（300 mm）和6M（600 mm），适用于建筑物层高和门窗洞口。

（2）分模数是基本模数的分数倍，如1/2M（50mm）、1/5M（20mm）、1/10M（10mm），适用于缝隙、构造节点、构配件截面尺寸等。

二、3种尺寸

1. 标志尺寸

标志尺寸是指两相邻的定位轴线间的尺寸，且符合模数数列的规定。

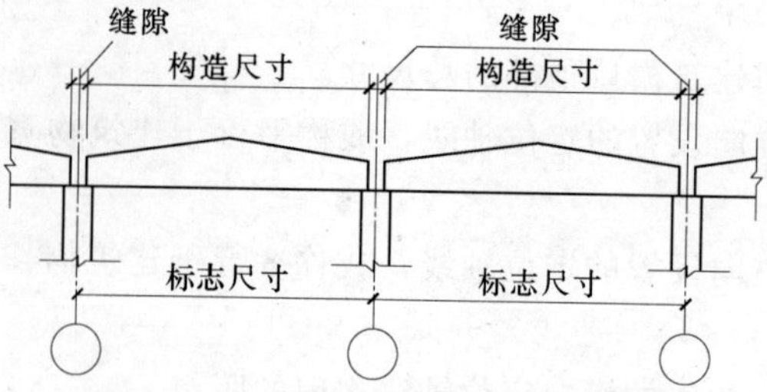

图 4-2 标志尺寸与构造尺寸之间的关系

2. 构造尺寸

构造尺寸是指建筑制品、建筑构配件等的设计尺寸。

3. 实际尺寸

实际尺寸是指建筑制品、建筑构配件加工后的实际尺寸。

标志尺寸与构造尺寸之间的关系如图 4-2所示。

表 4-5 建筑模数数列

单位：mm

基本模数	扩大模数						分模数		
1M	3M	6M	12M	15M	30M	60M	$\frac{1}{10}$M	$\frac{1}{5}$M	$\frac{1}{2}$M
100	300	600	1200	1500	3000	6000	10	20	50
200	600	600					20	20	
300	900						30		
400	1200	1200	1200				40	40	
500	1500			1500			50		50
600	1800	1800					60	60	
700	2100						70		
800	2400	2400	2400				80	80	
900	2700						90		
1000	3000	3000		3000	30000		100	100	100
1100	3300						110		
1200	3600	3600	3600				120	120	
1300	3900						130		
1400	4200	4200					140	140	
1500	4500			4500			150		150
1600	4800	4800	4800				160	160	
1700	5100						170		
1800	5400	5400					180	180	
1900	5700						190		
2000	6000	6000	6000	6000	6000	6000	200	200	200
2100	6300							220	
2200	6600	6600						240	
2300	6900								250
2400	7200	7200	7200					260	
2500	7500			7500				280	

续表

基本模数	扩　大　模　数						分　模　数		
1M	3M	6M	12M	15M	30M	60M	$\frac{1}{10}$M	$\frac{1}{5}$M	$\frac{1}{2}$M
2600		7800						300	300
2700		8400	8400					320	
2800		9000		9000	9000			340	
2900		9600	9600						350
3000				10500				360	
3100			10800					380	
3200			12000	12000	12000	12000		400	400
3300					15000				450
3400					18000	18000			500
3500					21000				550
3600					24000	24000			600
					27000				650
					30000	30000			700
					33000				750
					36000	36000			800
									850
									900
									950
									1000

注　本表摘自《建筑模数协调统一标准》（GB J2—1986）。

三、定位轴线

定位轴线是确定建筑物承重结构及建筑构配件位置的基准线。

1. 定位轴线的分类

定位轴线分为纵向定位轴线和横向定位轴线。承重构件中承重墙、柱、梁、屋架都要用定位轴线表示。定位轴线用单点长画线表示，端部画直径为 8～10mm 的细实线圆，圆内注明编号，圆心应在定位轴线的延长线上。非承重墙的位置用附加定位轴线表示。

2. 定位轴线标注原则

建筑平面图上的定位轴线编号，宜在图样的下方或左侧标注。下方在水平方向：横向定位轴线的编号从左向右顺序编写阿拉伯数字；左侧在垂直方向：竖向编号由下向上

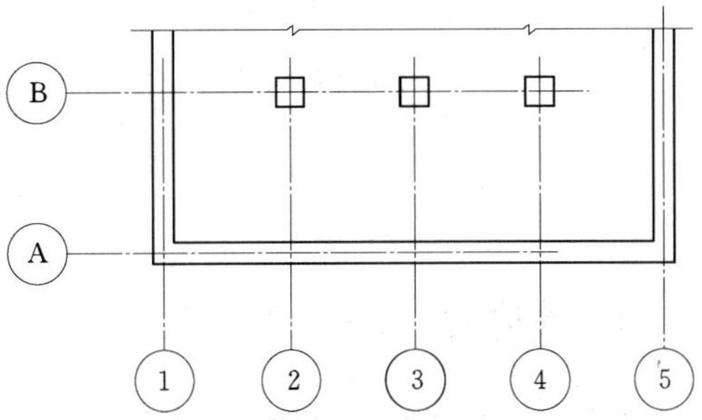

图 4－3　定位轴线的编号及顺序

顺序编写大写拉丁字母，如图 4－3 所示，其中 I、O、Z 这 3 个字母不能用于轴线编号，易与 1、0、2 数字混淆。

平面复杂的建筑形体中定位轴线采用分“区号—分区编号”编号，如图 4－4 所示，分区号采用阿拉伯数字或大写拉丁字母表示。

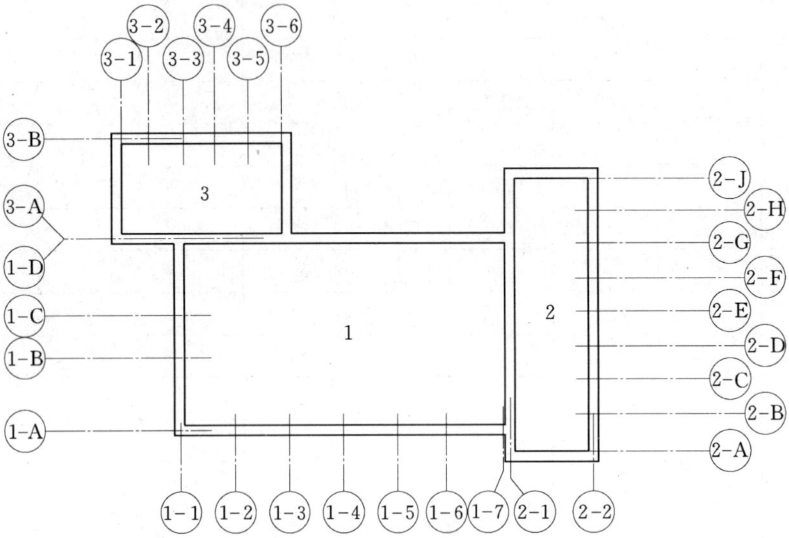

图 4－4　定位轴线分区编号

需在两根定位轴线间设附加轴线时，用分数表示，分母表示前一轴线的编号，分子表示附加轴线的编号，编号按顺序用阿拉伯数字编写。

（1）两根轴线间的附加轴线。例如，(1/2)表示在 2 号轴线之后附加的第一根轴线；(3/C)表示 在 C 号轴线之后附加的第 3 根轴线。

（2）1 号轴线或 A 号轴线之前附加轴线的分母应以(01)或(0A)表示。例如，(1/01)表示 在 1 号轴线之前附加的第一根轴线；(3/0A)表示 A 号轴线之前附加的第三根轴线。

（3）一个详图使用几根轴线时，应同时注明各有关轴线的编号，如图 4－5 所示。

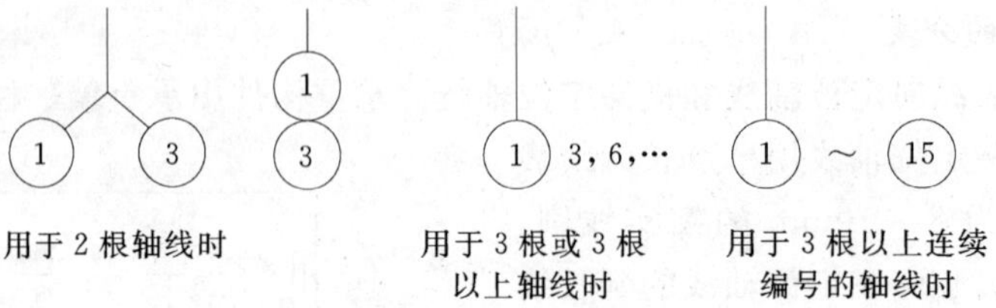

图 4－5　详图定位轴线编号

四、墙体的平面定位轴线

1. *砖混结构承重外墙的定位轴线*

（1）当底层与顶层墙体同厚，定位轴线与外墙内缘距离为 120mm，如图 4－6（a）

所示。

(2) 底层与顶层墙体厚度不同，定位轴线与顶层外墙内缘距离为 120mm，如图 4－6 (b) 所示。

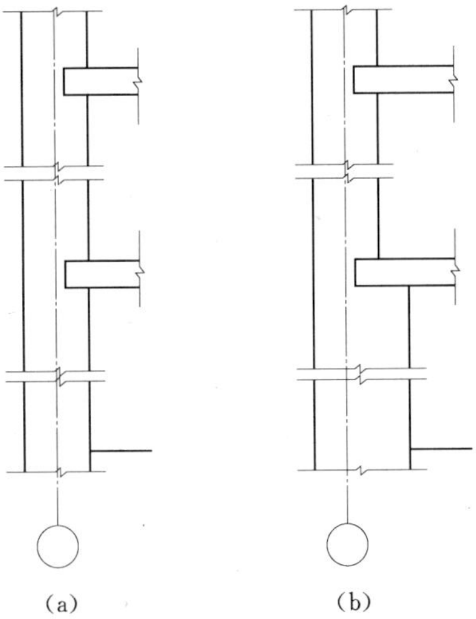

图 4－6 承重外墙的定位轴线标注

(a) 底层墙体与顶层墙体同厚；(b) 底层墙体与顶层墙体厚度不同

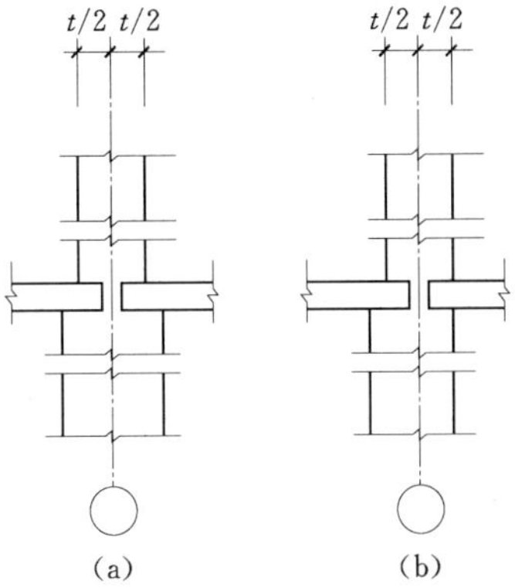

图 4－7 承重内墙的定位轴线标注

(a) 定位轴线中分底层墙身；

(b) 定位轴线偏分底层墙身

t—顶层砖墙的厚度

2. 砖混结构承重内墙定位轴线

承重内墙的平面定位轴线应与顶层内墙中线重合。

如果墙体是对称内缩，则平面定位轴线中分底层墙身，如图 4－7 (a) 所示。如果墙体是非对称内缩，则平面定位轴线偏中分底层墙身，如图 4－7 (b) 所示。

3. 变形缝处定位轴线标注

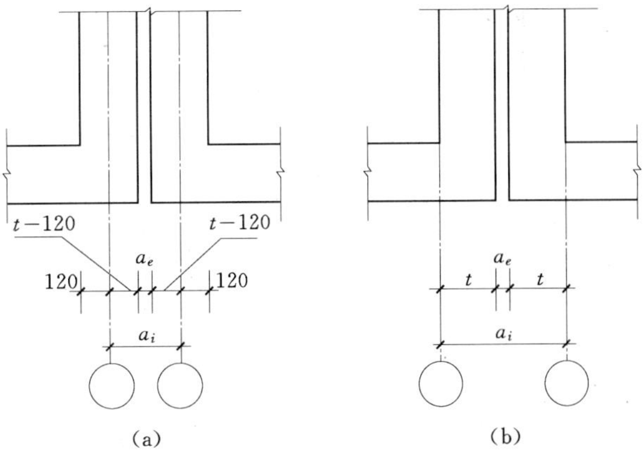

图 4－8 变形缝处两侧墙体的定位轴线标注

(a) 墙体按外承重墙处理；(b) 墙体按非承重墙处理

当变形缝两侧均为承重墙时，平面定位轴线应距离顶层墙体内缘 120mm 处，如图 4－8 (a) 所示；若两侧为非承重墙时，平面定位轴线应与顶层墙体内缘重合，如图 4－8 (b) 所示。

4. 框架结构的定位轴线

建筑底层为框架结构时，框架结构定位轴线应与上部砖混结构平面定位轴线一致。

五、墙体的竖向定位

砖墙楼地面竖向定位轴线应与楼（地）面面层上表面重合，如图 4－10 所示。

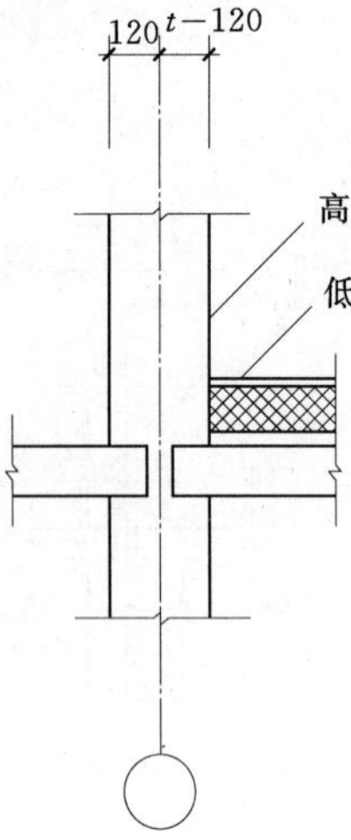

图 4－9　高低层分界处不设变形缝时定位

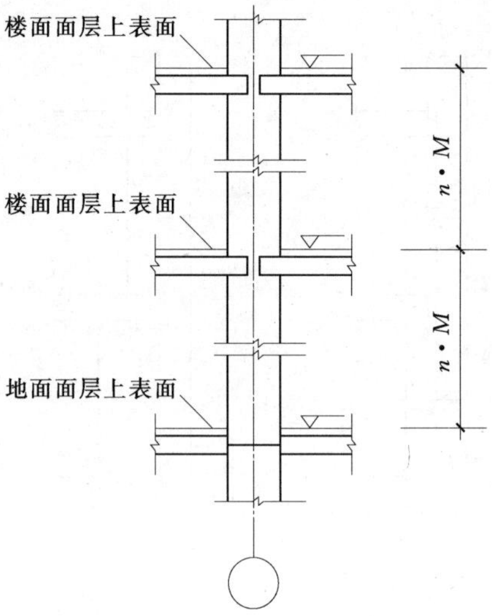

图 4－10　砖墙楼地面的竖向定位

知识梳理与小结

本章主要介绍了建筑物、构筑物及建筑构成的三要素，民用建筑的分类与分级，重点阐述民用建筑的构造组成和建筑模数协调统一标准，砖混结构承重墙中定位轴线的标注规定等知识，通过学习使学生对民用建筑知识有一初步的认知，为后面知识的学习打基础。

学　习　训　练

1. 何谓建筑、建筑物、构筑物？
2. 何谓建筑的三个基本要素？为何说建筑功能在三要素中占重要地位？
3. 按照使用功能的不同，建筑分为哪几种类型？展览馆属于哪类建筑？
4. 按照建筑承重结构形式如何进行分类？
5. 建筑物按高度和层数如何划分？
6. 何谓建筑构件的耐火极限？构件的燃烧性能分几种？
7. 建筑物按使用年限如何划分？
8. 建筑物的耐久年限和耐火等级根据哪些因素确定？
9. 何谓建筑物的定位轴线？定位轴线分几种形式？定位轴线如何标注？
10. 何谓横向定位轴线？纵向定位轴线？承重外墙和内墙的定位轴线如何标注？
11. 一幢民用建筑由哪几部分组成？各构件有何作用？
12. 在民用建筑中，何谓开间、进深、柱距、跨度？

13. 影响建筑构造的因素有哪些?
14. 建筑标准化的含义是什么?
15. 何谓建筑的基本模数?模数数列有哪些?
16. 在建筑设计中有哪些常用的建筑模数?
17. 标志尺寸、构造尺寸、实际尺寸?三者之间有何关系?

第五章 基础与地下室构造

学习目标

- 熟知建筑物基础、地基的概念及二者间的关系。
- 掌握建筑物基础的埋深及影响基础埋深的5种因素。
- 熟悉建筑物基础的分类，掌握建筑物柔性基础的构造。
- 学习建筑物地下室的组成，掌握地下室的分类，重点学习地下室防水的构造。

第一节 建筑物基础

一、地基与基础概念及关系

基础是建筑物的重要组成部分，它是室外地坪以下的受力构件，承受建筑物上部传来的全部荷载，并将该荷载连同自重传给地基。

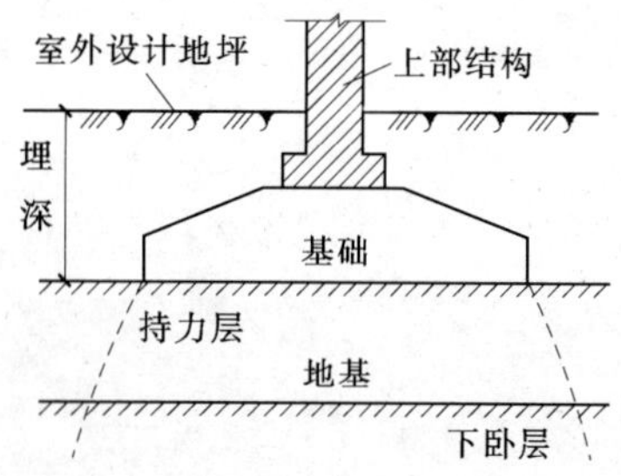

图5-1 基础与地基的作用关系

地基是建筑物基础下面承受压力的土层。

地基要承受建筑物上部结构到基础顶面间的竖向荷载和基础自重传来的压力，而全部荷载是通过基础的底面传给地基，因而基础与地基是一对作用力与反作用力的关系，如图5-1所示。

二、地基的分类

地基分为天然地基和人工地基两类。

天然地基指天然土层本身承载能力强，可直接在地基上面建造房屋的天然土层。岩石、砂石、黏土、碎石等均可作天然地基。

人工地基指天然土层的承载力较弱或建筑物上部荷载较大，须事先提高它的承载力，将天然土层进行人工加固或改善的地基，称之为人工地基。

三、对地基与基础的要求

1. 强度与稳定性要求

地基的承载力应承受基础传来的压力，地基单位面积所承受荷载的大小用 f（kN/m^2）表示地耐力，单位为kPa，要求地基具有防止产生滑坡、倾斜的能力。基础应传递荷载，具有足够的强度和刚度，才能保证建筑物的安全使用。

2. 变形的要求

（1）地基的沉降应保证在允许范围内的沉降量。

（2）基础是埋在地下的隐蔽构件，要求基础材料耐久性高，且与上部建筑物使用年限相适应。

3. 经济方面的要求

基础工程占建筑物总造价的10%～40%，基础材料应就地取材，宜采用天然地基。

四、基础的埋置深度及影响因素

（一）基础埋置深度

基础埋置深度是指建筑物从室外设计地坪到基础底面的垂直距离，简称埋深。室外地坪分自然地坪和设计地坪。自然地坪是指施工地段的现存地坪。设计地坪是指按设计要求工程竣工后室外场地经垫起或开挖后的地坪，如图5-1所示。

基础埋深分为浅基础和深基础。通常基础埋置深度不大于5m称为浅基础；基础埋置深度大于5m时称为深基础，要保证建筑物的正常使用基础的埋深最少不得小于0.5m，如图5-2（a）所示；通常基础应埋在持力层上，当地基表面软弱土层较厚，地面距持力层小于2m，如图5-2（b）所示；地面距持力层大于5m，应做地基加固处理，如图5-2（c）所示；当地基土有持力层和软弱层两种时，建筑总荷载较大可采用桩基础，如图5-2（d）所示。

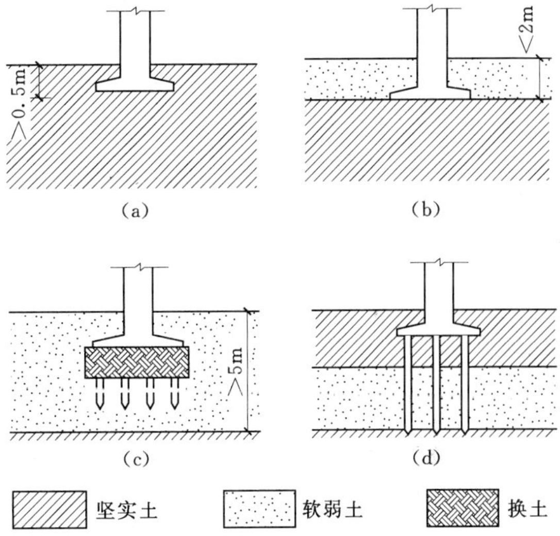

图5-2　地基土对基础埋深的影响

（二）影响基础埋深的因素

1. 建筑物的用途和基础构造影响

当建筑物有地下室或基础设施时，应将建筑物基础局部或整体深埋，构造要求基础顶面距室外地设计坪不小于100mm。

2. 作用于建筑物上部荷载的大小及性质

作用于建筑物上的荷载要传给地基。当建筑物的沉降量大时基础埋深也应较大。

3. 工程地质和水文地质条件

地基承载能力是受地基土的含水量大小影响，基础应尽量埋置于地下水位以上利于施工，如图5-3（a）所示。当基础必须埋置在地下水位以下时，应将基础底面置于最低地下水位之下，且大于200mm处，如图5-3（b）所示。

4. 地基土的冻胀和融陷的影响

建筑室外地面以下冻结土与非冻结土的分界线称为冰冻线，主要是由当地的气候

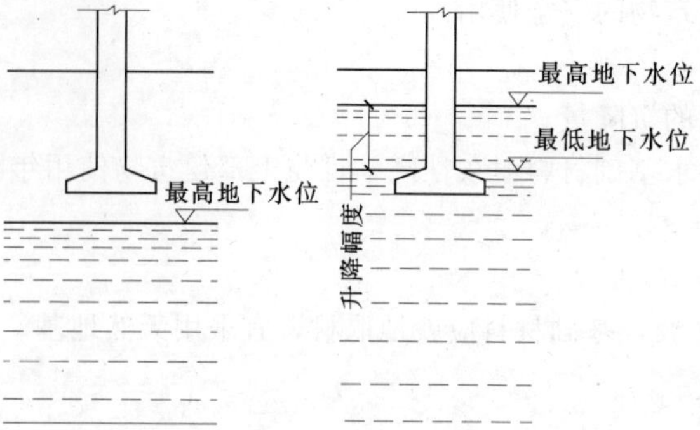

(a)　　(b)

图 5-3　地下水位影响基础埋深
(a) 地下水位较低时的基础埋深；
(b) 地下水位较高时的基础埋深

决定。冰冻线的深度为冻结深度。寒冷地区建筑物的基础底面必须置于冰冻线下 100～200mm 处，以满足土壤冻结时冻胀力可将基础拱起，融化后基础又将下沉的过程，如图 5-4 所示。

5. 相邻建筑基础埋深的影响

通常，在相邻建筑中当新建建筑物基础埋深大于原有建筑物基础埋深时，两基础间的净距应为相邻两基础底面高差的两倍，如图 5-5 所示。

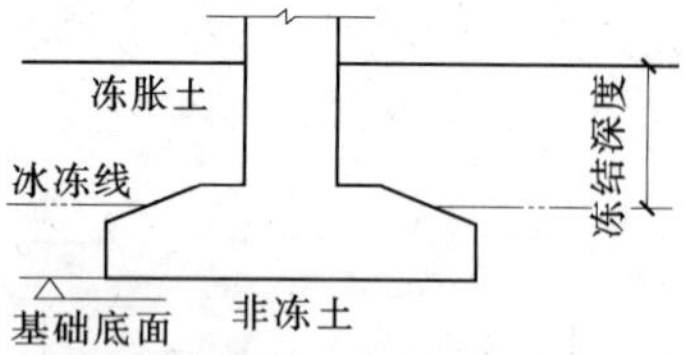

图 5-4　冻结深度影响基础埋深

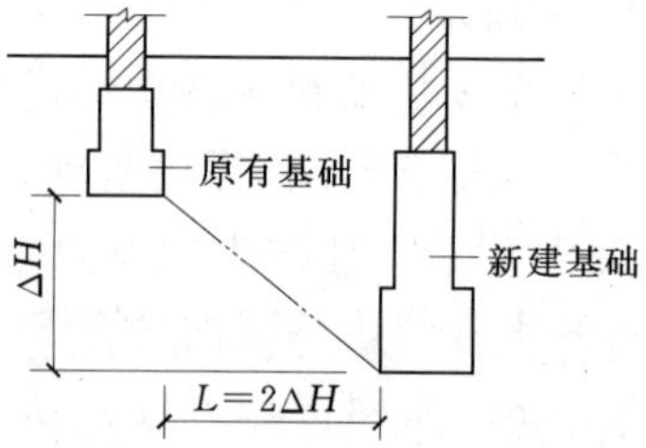

图 5-5　相邻新旧建筑物、构筑物基础埋深的影响

第二节　基础的类型和构造

一、基础的形式

(一) 按基础材料和受力特点分

按基础材料和受力特点可分为刚性基础和柔性基础，如图 5-6 所示。

1. 刚性基础

墙下条形基础不需配筋，采用抗压强度高、抗拉强度低的砖、石、混凝土等刚性材料制成，称为刚性基础，又叫无筋扩展基础。刚性基础要满足其刚性角范围内不因受弯和受剪而破坏，即基础出挑宽度 b 和高度 h 之比的限制，如图 5-6、图 5-7 所示。

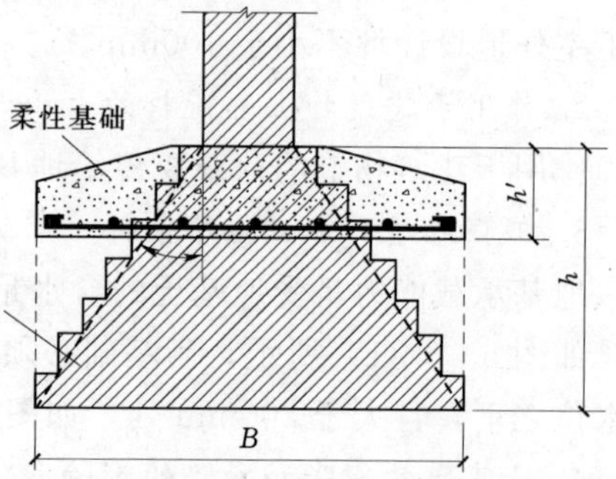

图 5-6　刚性基础与柔性基础

混凝土刚性基础，如图 5-7 所示。

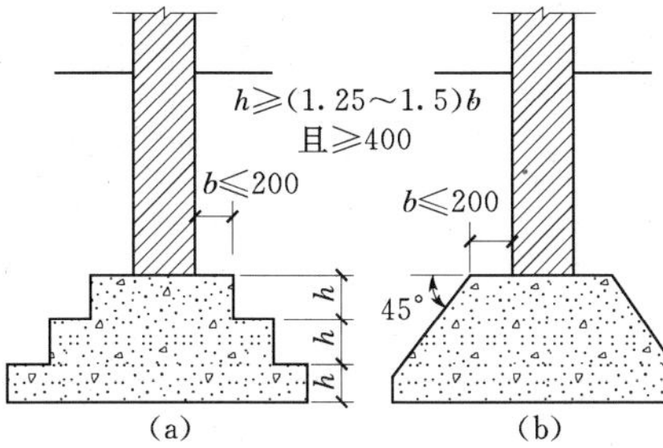

图 5-7 混凝土基础

(a) 阶梯形；(b) 锥形

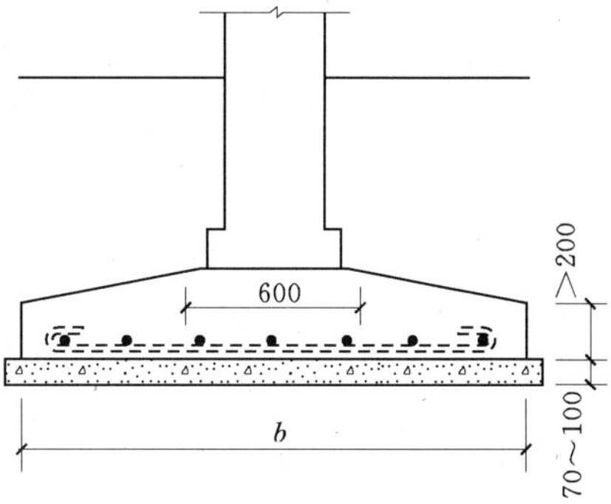

图 5-8 钢筋混凝土基础

2. 柔性基础

柔性基础指用抗拉强度、抗弯强度高的钢筋混凝土材料制成的基础。为节约材料，将钢筋混凝土基础做成锥形，最薄处不应小于 200mm，适用于荷载较大的多层、高层建筑中，如图 5-8 所示。

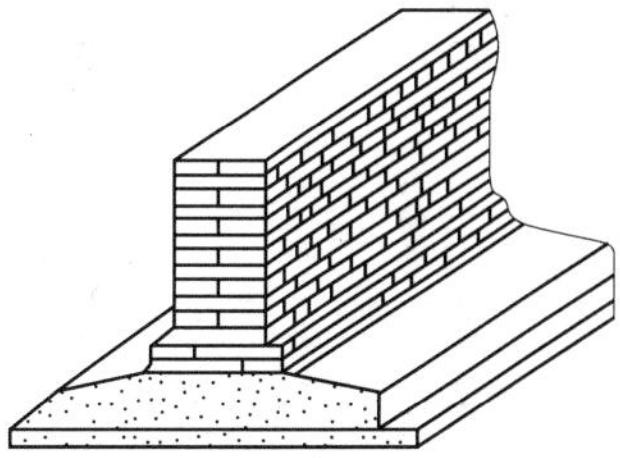

图 5-9 条形基础

(二) 按基础构造的形式分

1. 条形基础

当建筑物为墙承重时，墙下基础是连续设置，由垫层、大放脚和基础墙组成。用于砖混结构墙下基础，如图 5-9 所示。

2. 独立基础

当建筑物上部采用框架结构承重，宜用方形或矩形的单独基础，这种基础称独立基础。常用的断面形式有阶梯形、锥形、杯形等，如图 5-10 所示。

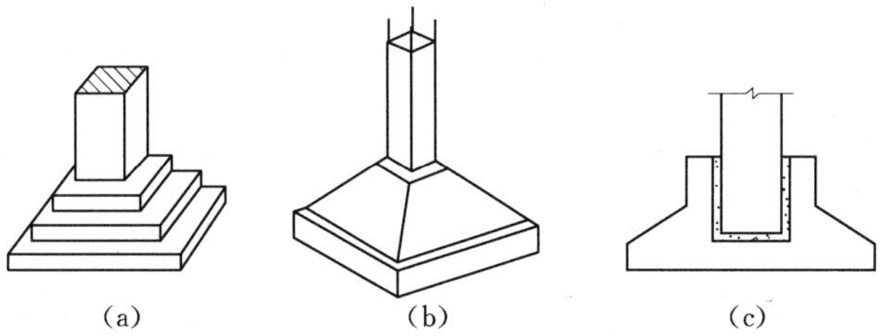

图 5-10 独立基础

(a) 阶梯形独立基础；(b) 锥形独立基础；(c) 杯形独立基础

3. 满堂基础

满堂基础包括箱形基础和筏形基础。

(1) 箱形基础。当建筑物荷载很大，基础需深埋时，宜采用钢筋混凝土整浇的底板、顶板、若干纵横墙组成的空心箱体作为建筑物的基础，就称为箱形基础，广泛适用于荷载较大的高层建筑和带地下室的建筑中，如图 5-11 所示。

(2) 筏形基础。当建筑物上部荷载较大、地基承载力较弱，可采用墙、柱、基础连成一片，使建筑物的荷载承受于一整板上传给地基，这种基础称为筏形基础。

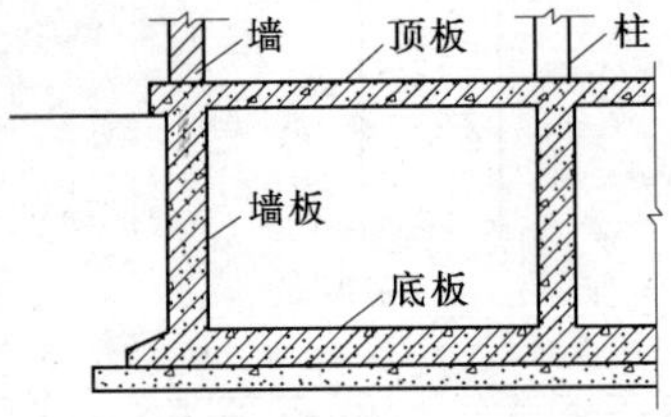

图 5-11　箱形基础

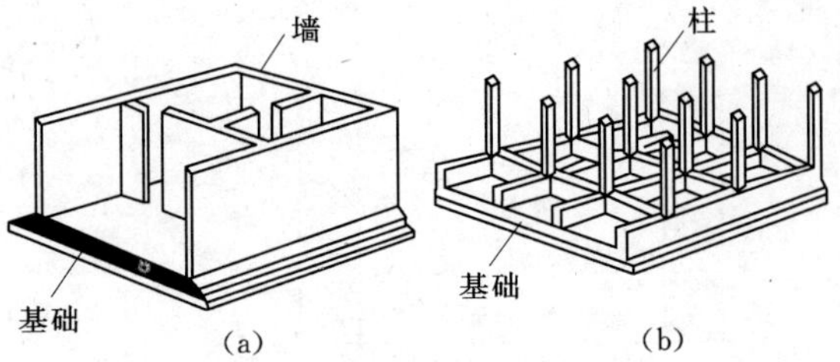

图 5-12　筏形基础
(a) 板式；(b) 梁板式

筏形基础按结构形式分为板式与梁板式结构两类。板式筏片基础由等厚钢筋混凝土平板构成，如图 5-12 (a) 所示；梁板式筏片基础由钢筋混凝土筏板和肋梁组成，如图 5-12 (b) 所示。

4. 桩基础

当建筑物上部荷载较大，地基的软弱土层厚度大于 5m，则采用桩基础。桩基础由承台和桩身两部分组成，如图 5-13 所示。

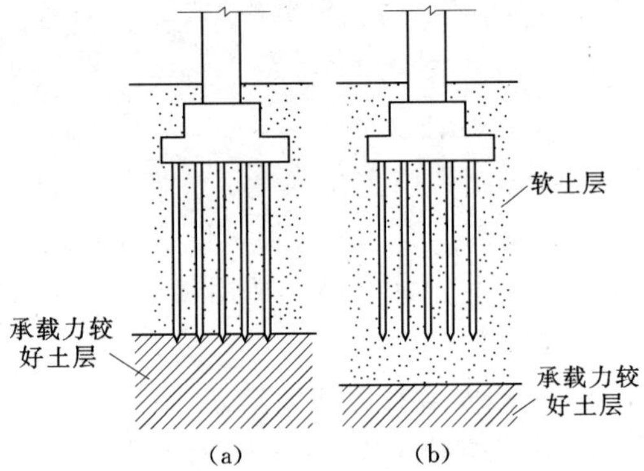

图 5-13　桩基础
(a) 端承桩；(b) 摩擦桩

二、基础的构造

1. 混凝土基础

这种基础采用 C20 混凝土浇筑而成，一般有锥形和台阶形两种形式，如图 5-14 所示。混凝土刚性角 α 为 45°，阶梯形断面台阶宽高比应小于 1∶1 或 1∶1.5，锥形断面斜面与水平面夹角 β 应大于 45°，基底垫层常用 C10、100mm 厚的混凝土找平和保护钢筋。

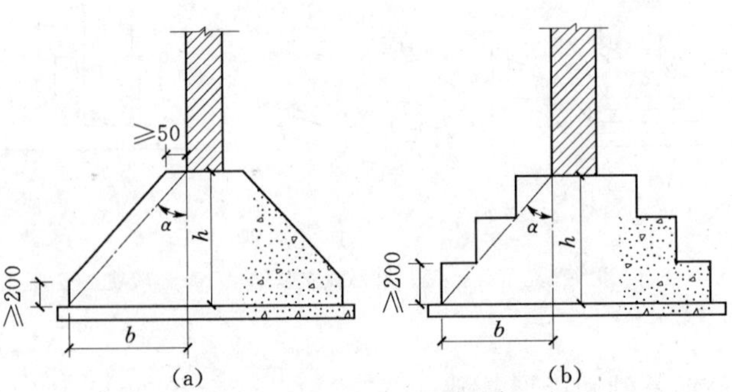

图 5-14　混凝土基础形式
(a) 锥形基础；(b) 台阶形基础

2. 钢筋混凝土基础

钢筋混凝土基础由底板及基础墙（柱）组成，基础底板的外形有锥形和阶梯形两种。

基底垫层采用 C10 混凝土，厚度为 100mm，垫层每边比底板宽 100mm。现浇底板是基础的主要受力结构构件，底板厚度和配筋均由结构计算确定。一般地，混凝土强度等级不低于 C20；受力筋直径不小于 8mm，间距不大于 200mm；分布筋直径不小于 6mm，间距为 200～250mm；基础高要大于或等于 200mm；底板厚 70～100mm；钢筋混凝土锥形基础底板边缘的厚度不小于 200mm，也不宜大于 500mm，如图 5－15 所示。

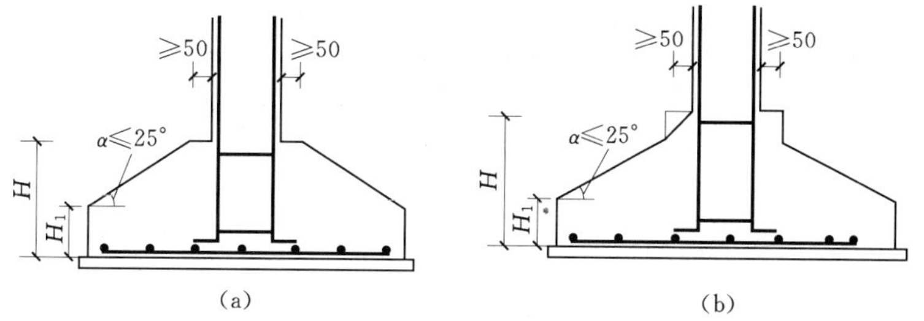

图 5－15　钢筋混凝土锥形基础

第三节　地下室构造

一、地下室的组成和类型

（一）地下室的组成

地下室一般由墙体、顶板、底板、门窗、楼梯等部分组成，如图 5－16 所示。

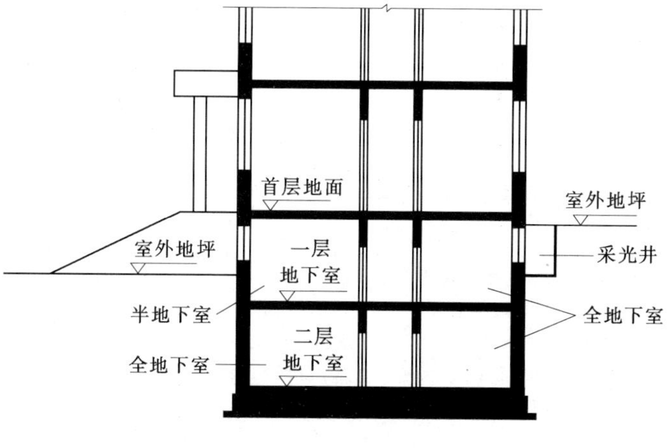

图 5－16　地下室的组成

1. 墙体

地下室外墙承受垂直荷载及土壤冻胀时产生的侧压力，其厚度应经计算确定，采用现浇钢筋混凝土墙体具有良好的防水、防潮性能。

2. 顶板

地下室的顶板采用现浇钢筋混凝土板，具有足够的强度和抗冲击力。

3. 底板

当建筑物地下水位高于地下室底板时，地下室底板要承受地下水的浮力，同时还要承受作用其上的垂直荷载，故地下室宜用现浇钢筋混凝土底板具有足够的刚度、强度和抗渗性能。

4. 门窗

普通地下室门窗与地上部分相同。防空地下室的门窗应满足密闭和防冲击的要求。

5. 楼梯

地下室楼梯应与建筑物首层地面部分结合设置。地下室至少应有两部楼梯通向地面。

(二) 地下室的类型

(1) 按地下室与室外地面的位置关系可分为全地下室和半地下室。

地下室地面低于室外地坪面高度超过该房间净高的 1/2 者为全地下室。

地下室地面低于室外地坪面高度超过该房间净高的 1/3 且不超过 1/2 者为半地下室。

(2) 按用途可分为普通地下室和人防地下室。

普通地下室指普通的地下空间，按地下楼层进行设计，以满足多种建筑功能的要求，如车库。

人防地下室指有防空备战要求的地下空间。

二、地下室的构造

建筑物地下室的外墙、首层地面与土壤接触，会受到地下土层潮气甚至地下水的侵袭，致使建筑物室内潮湿、墙皮脱落、墙面发霉，直接影响人体健康和建筑物的结构耐久性。故建筑物地下室防潮、防水构造设计尤为重要。我国现行国家标准《地下工程防水技术规范》(GB 50108—2008) 把地下工程防水分为 4 级，见表 5-1。

表 5-1　地下工程防水等级标准

防水等级	防　水　标　准
一级	不允许渗水，结构表面无湿渍
二级	不允许漏水，结构表面可有少量湿渍； 工业与民用建筑：总湿渍面积不应大于总防水面积（包括顶板、墙面、地面）的 1/1000；任意 $100m^2$ 防水面积上的湿渍不超过两处，单个湿渍的最大面积不大于 $0.1m^2$； 其他地下工程：总湿渍面积不应大于总防水面积的 2/1000；任意 $100m^2$ 防水面积上的湿渍不超过 3 处，单个湿渍的最大面积不大于 $0.2m^2$
三级	有少量漏水点，不得有线流和漏泥砂； 任意 $100m^2$ 防水面积上的漏水或湿渍点数不超过 7 处，单个漏水点的最大漏水量不大于 2.5L/d，单个湿渍的最大面积不大于 $0.3m^2$
四级	有漏水点，不得有线流和漏泥砂； 整个工程平均漏水量不大于 $2L/(m^2 \cdot d)$；任意 $100m^2$ 防水面积上的平均漏水量不大于 $4L/(m^2 \cdot d)$

地下工程防水常用做法应根据工程的重要性和使用中对防水的要求按表 5-2 选定。

表 5-2　　　　不同地下工程防水等级的使用范围

防水等级	适用范围
一级	人员长期停留的场所；因有少量湿渍会使物品变质、失效的储物场所及严重影响设备正常运转和危及工程安全运营的部位；极重要的战备工程、地铁车站
二级	人员经常活动的场所；在有少量湿渍的情况下不会使物品变质、失效的储物场所及基本不影响设备正常转动和工程安全运营的部位；重要的战备工程
三级	人员临时活动的场所；一般战备工程
四级	对渗漏水无严格要求的工程

（一）地下室的防潮

1. 地下室防潮设置条件

当该地区设计最高地下水位低于地下室地坪时，且无滞水地下水不能侵入地下室，墙体和底板只受无压水和土壤中毛细管水作用，故地下室只做防潮处理。

2. 地下室防潮构造

地下室墙体外表面抹 20mm 厚 1∶3 防水砂浆（高出散水 300mm 以上），刷冷底子油一道或热沥青两道，并在地下室地坪与首层地坪间垂直的墙体上，分别设两道墙身水平防潮层，地下室墙体的外侧四周要用黏土或灰土分层回填并夯实，地下室的底板也需做防潮处理，如图 5-17 所示。

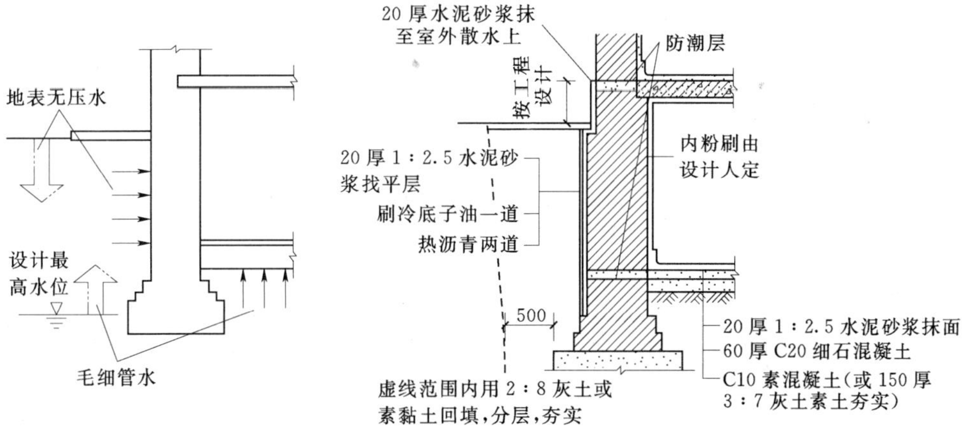

图 5-17　地下室防潮构造

由于地下潮气对建筑物墙身的影响及土壤中毛细水的作用，沿墙上升使墙体受潮易生霉，容易影响人体健康，故设墙身防潮层。墙身防潮层的种类有水平防潮层、垂直防潮层两种。

水平防潮层位置−0.06m，或在地下室底板的结构层中；垂直防潮层的位置在两道水平防潮层间的垂直墙面上。

水平防潮层的构造做法是高聚物改性沥青卷材、防水砂浆防潮层、细石混凝土防潮带。

垂直防潮层的构造做法是在两道水平防潮层间的垂直墙面上、在外墙外侧抹 2cm 厚的1∶3水泥砂浆，刷冷底子油一道或热沥青两道。

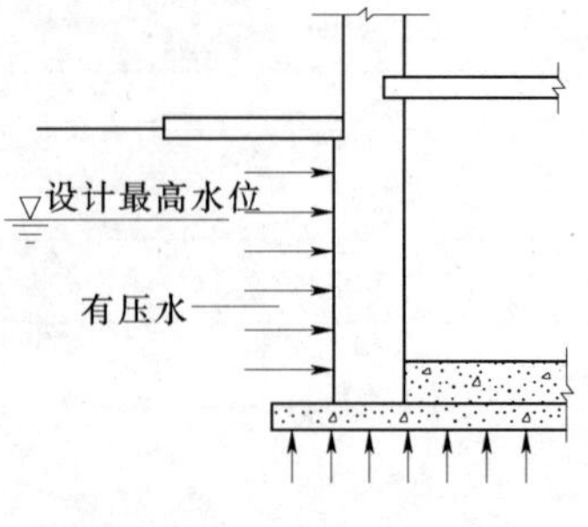

图 5-18 有压地下水防水

（二）地下室的防水

1. 地下室防水的设置条件

该地区常年设计最高地下水位高于地下室地坪时，地下水侵入地下室的外墙、底板，底板则受到地下水浮力的作用，故地下室须做防水处理，如图 5-18 所示。

2. 地下室防水构造

目前采用的防水措施有柔性卷材防水和刚性防水两种。

（1）柔性卷材防水。卷材防水构造适用于受侵蚀性介质作用或受振动作用地下室，常用高聚物改性沥青防水卷材或合成高分子防水卷材，可铺设一层或二层，铺贴卷材前，应在基面上涂刷基层处理剂，基层处理剂与卷材及胶粘剂的材性相容，采用热熔法铺贴高聚物改性沥青卷材，采用冷粘法铺贴合成高分子卷材，如图 5-19（a）所示。

地下室外墙为红砖，宜用柔性外包防水。在外墙外侧用 1∶3 水泥砂浆抹 20 厚，粘高聚物改性沥青卷材铺至底板下搭接 10cm，且收口至散水 300mm 处，在其外侧回填 500 宽的隔水层，如图 5-19（a）所示。

柔性外包防水用于新建工程，柔性内包防水用于修缮工程，如图 5-19（b）所示。

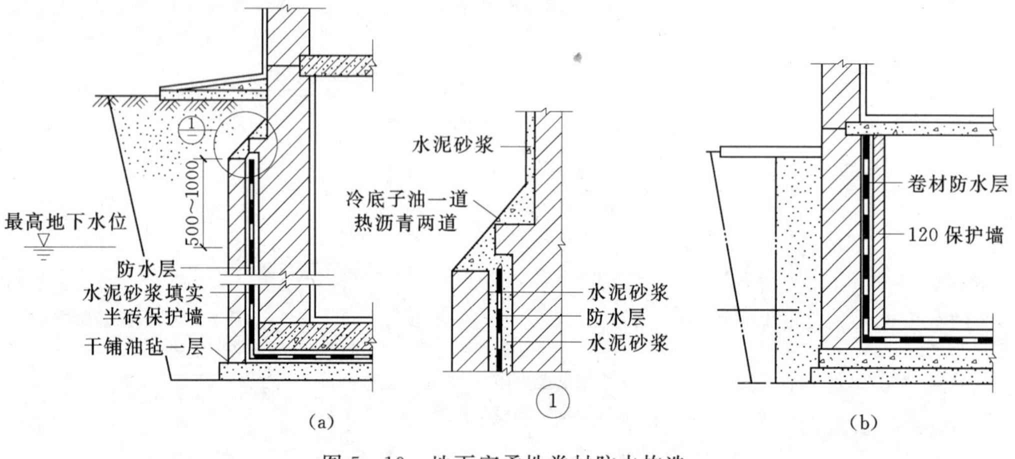

图 5-19 地下室柔性卷材防水构造

（a）地下室为砖墙的外包卷材防水及防水层收头处理；（b）地下室内包卷材防水处理

（2）刚性防水（防水混凝土防水）。当地下室的墙、底板采用钢筋混凝土结构时，地下室的墙、底板可同在其内加硅质密实剂形成防水混凝土，使承重、围护、防水功能三者合一。防水混凝土墙和底板厚一般应不小于 250mm，迎水面钢筋保护层厚度不应小于 50mm，防水混凝土结构底板的混凝土垫层，强度等级不应小于 C15，厚度不应小于 100mm，在软弱土层中不应小于 150mm。当防水等级要求较高时，还应与其他防水层配合使用，如图 5-20、图 5-21 所示。

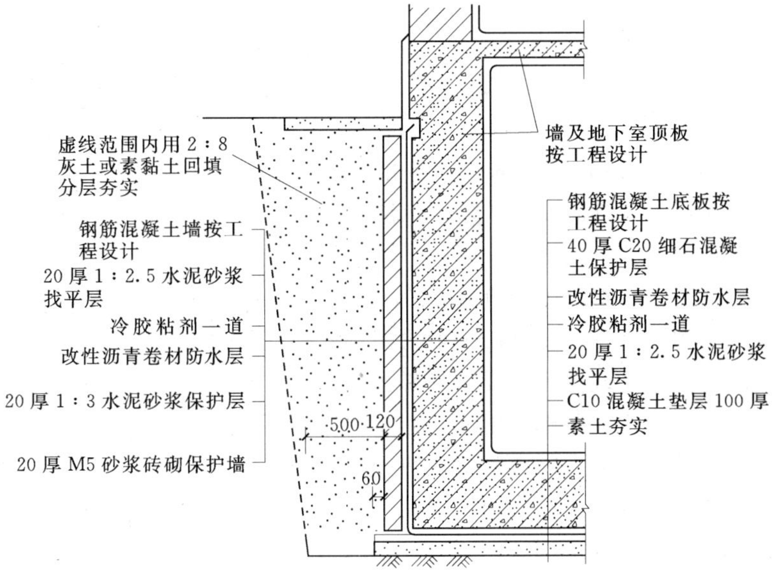

图5-20 地下室为钢筋混凝土墙时的外包防水构造

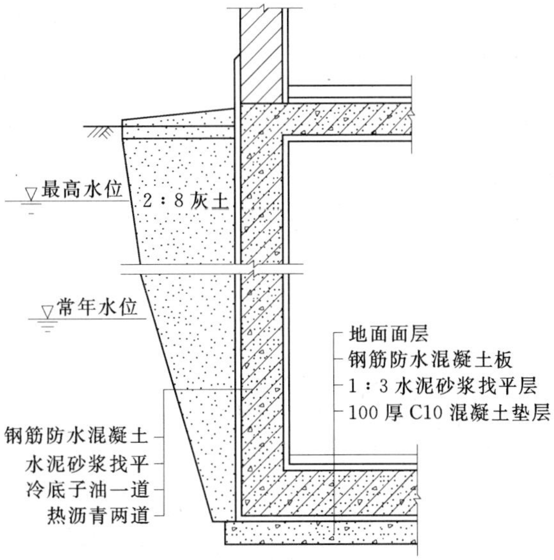

图5-21 防水混凝土防水构造

知识梳理与小结

本章主要介绍了建筑物钢筋混凝土基础的基本知识。学生应掌握建筑基础与地基的概念和二者之间的关系，掌握建筑物基础埋深及影响基础埋深的影响要素，能正确区分柔性钢筋混凝土基础的类型与构造，了解建筑物地下室的组成，掌握地下室的分类，重点学习地下室防水的构造。

学　习　训　练

1. 何谓建筑物的地基和基础？地基与基础有何关系？
2. 何谓建筑物的基础埋置深度？影响建筑物基础埋深的因素有哪些？
3. 基础按其构造形式如何划分？
4. 各种基础适用的结构类型分别是什么？
5. 何谓深基础和浅基础？浅基础一般采用哪些基础形式？
6. 钢筋混凝土条形基础的构造要求是什么？
7. 建筑物的地下室由哪些部分组成？地下室如何分类？
8. 在什么条件下，地下室需做防潮构造和防水的构造？
9. 地下室的防水构造有几种常用做法？
10. 何谓地下室的外包防水和内包防水？
11. 钢筋混凝土地下室防水的构造要求是什么？
12. 试画出地下室外包柔性防水构造做法。

第六章 墙体的构造

学习目标

• 熟知墙体的分类，掌握墙体的承重方案。

• 了解叠砌墙体的构造，理解并掌握砖墙、砌块墙、框架填充墙、节能复合墙体细部做法。

• 掌握建筑隔墙的种类及常用建筑构造。

• 熟悉建筑墙面装修的类型，结合本地区的地方标准，掌握建筑物内、外墙的构造做法。

第一节 墙体的认知

墙体是建筑物的重要竖向构件，具有承重、围护、分隔建筑空间的作用。

一、墙体的类型

1. 按墙体的位置和方向分类

墙体按所处平面位置可分为外墙和内墙。位于建筑物四周的墙称为外墙，起承重或围护建筑空间作用；位于建筑物内部空间的墙称为内墙，起分隔建筑空间作用。按墙体的方向分为纵墙和横墙，沿建筑物长轴方向（纵向）布置的墙称为纵墙，分外纵墙、内纵墙；沿建筑物短轴方向（横向）布置的墙称为横墙，分外横墙和内横墙。外横墙又称山墙。在同一面墙中窗与窗之间、窗与门之间的墙称为窗间墙，窗台下面的墙称为窗下墙，如图 6-1 所示。

2. 按墙体的材料分类

墙体按材料分类，主要有砖墙、石墙、钢筋混凝土墙、砌块墙。

3. 按墙体受力性质分

墙体按受力性质分为承重墙和非承重墙。凡能够直接承担楼板和屋面板传来荷载的墙为承重墙；不承受外来荷载的墙称为非承重墙。自承重墙，仅承担自身重量并将其传给基础；隔墙自身重量由楼板或梁承担，只起分隔房间的作用；框架结构填充在柱子之间的墙称为框架填充墙；悬挂在建筑物外部的轻质墙称为幕墙，有金属幕墙、玻璃幕墙两种。

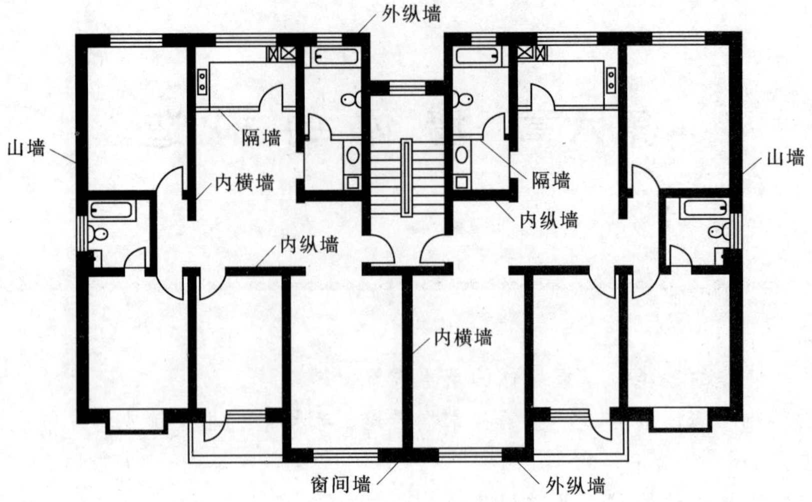

图 6-1 墙体各部位的名称

4. 按施工方法分

墙体根据施工方式有叠砌墙、板筑墙、板材墙 3 种。叠砌墙是用砂浆等胶结材料将砖、混凝土砌块等砌筑而成的墙体；板筑墙是在施工现场支模板，现浇混凝土振捣密实而成的墙体；板材墙是在工厂预先制成墙板，在施工现场安装而成的墙体。

5. 按构造方式分

墙体按构造方式分为实体墙、空体墙、复合墙 3 种。实体墙是由一种材料构成，即普通砖墙砌筑而成的实心墙体；空体墙也是由一种材料构成，形成空腔的墙体即空斗墙；复合墙是由两种以上的材料组合的墙体，如 EPS 板外墙保温墙。

二、墙体的设计要求

1. 具有足够的强度和稳定性

墙体的强度是指墙体承受荷载的能力，它与墙体材料、材料的强度等级及墙体的截面积有关。墙体的稳定性与墙体高厚比有关，还与墙体间的距离有关。墙体稳定性可通过增加墙体的厚度、刚性横墙、增设墙垛、圈梁等措施来实现。

2. 具有保温、隔热的功能

外墙是建筑围护结构的主体，对热工要求极为重要。按照《民用建筑热工设计规范》(GB 50176—1993) 的规定，我国划分 5 类热工分区，即严寒地区、寒冷地区、夏热冬冷地区、夏热冬暖地区和温和地区。北方寒冷地区要求外墙围护结构具有较好的保温能力，即增加墙体厚度、选择热导率小的材料，如选用复合保温墙体 EPS 板起保温作用，如图 6-2 所示；对于外墙中嵌有钢筋混凝土圈梁、柱、过梁等易出现热桥（冷桥）现象的部位（图6-3)，做局部保温处理，即将外墙中的钢筋混凝土过梁的断面做成 L 形，并在外侧贴导热系数小的材料或其他保温材料以防止室内的热量损失，如图 6-4 所示。

我国南方夏季气候炎热，太阳辐射强烈，建筑外墙宜用导热系数小具有良好隔热能力的材料，以阻隔太阳的辐射热传入室内；还可以通过合理设计房间朝向、组织自然通风、

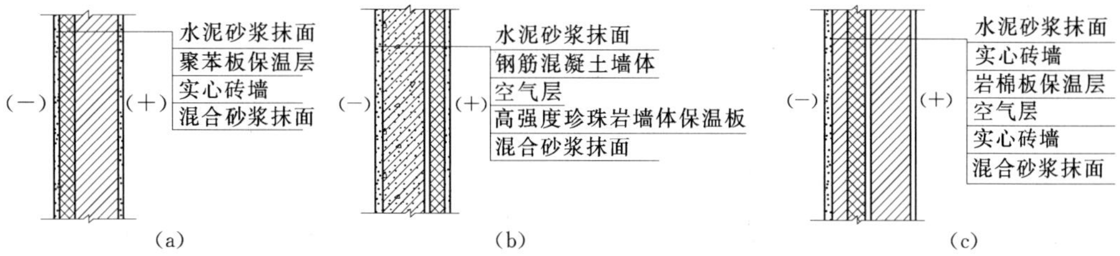

图 6－2　复合保温墙体

(a) 外墙外保温；(b) 外墙内保温；(c) 外墙夹芯保温

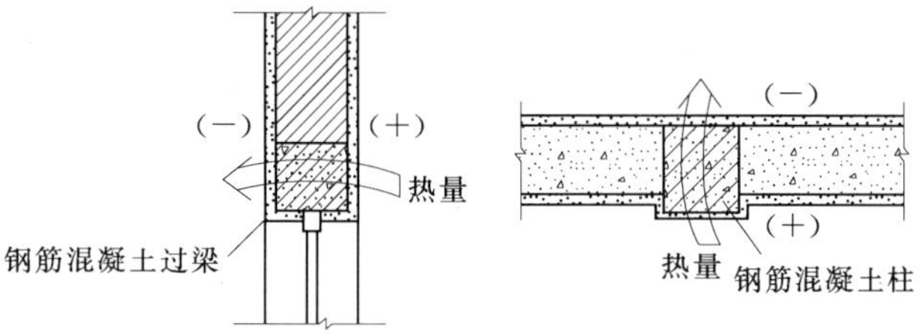

图 6－3　冷（热）桥示意图

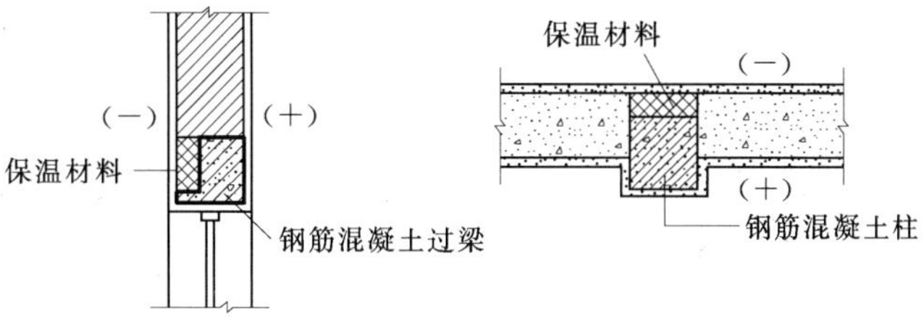

图 6－4　冷（热）桥做局部保温处理

环境绿化及外墙采用浅色墙面，降低对太阳辐射热的吸收等措施，提高墙体隔热降温效果。

3. 墙体的隔声

声音的传递方式有两种：一是空气传声，声响发生后，通过空气透过墙体再传递到人耳；二是固体传声，物体直接撞击墙体或楼板发出的声音。

墙体主要是隔绝空气传声。墙体隔声一般采取加强墙体与门窗的密缝处理；增加墙体密实性及厚度，避免噪声穿透墙体，从而可提高墙体的隔声能力。

4. 墙体的防火要求

墙体耐火极限和防火性能应符合防火规范的规定。在较大的建筑中应设置防火墙进行防火分区，来防止火势的蔓延。当耐火等级为一、二级的建筑防火墙的间距不超过 150m；三级的建筑防火墙间距为 100m；四级建筑防火墙间距为 60m。防火墙的耐火极限应不超过 3.0h，防火墙应高于非燃烧体的屋面不小于 400mm，防火墙应高出燃烧体或难燃烧体屋面不小于 500mm，一般防火墙厚 240mm，如图 6－5 所示。

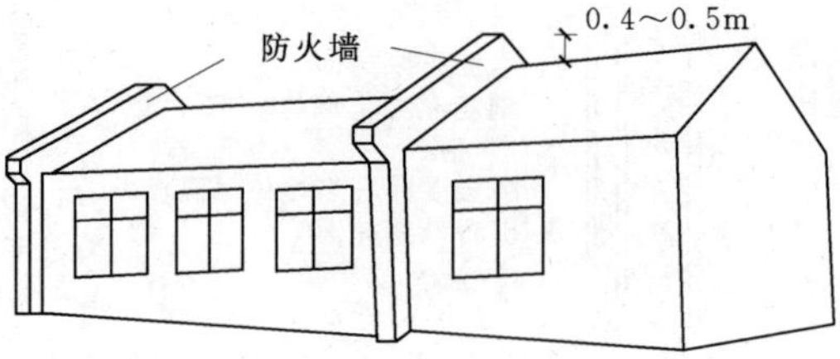

图 6-5　防火墙设置示意图

第二节　叠　砌　墙　体

一、砖墙

砖墙是由砖和砂浆按一定组砌方式砌筑而成的砌体，砖墙的抗压强度是由砖和砂浆材料的强度决定的。

（一）砖墙的材料

1. *砖*

砖按照材料和成型不同有实心砖、空心砖、多孔砖等类型。

（1）烧结普通砖。以黏土为原料，经成型、干燥、焙烧而成的实心砖，烧结黏土砖规格为 240mm×115mm×53mm，砌筑灰缝厚度约 10mm，则一块砖的长宽厚比为 4∶2∶1，如图 6-6 所示。烧结黏土砖的强度有 MU30、MU25、MU20、MU15、MU10 、MU7.5 等级。

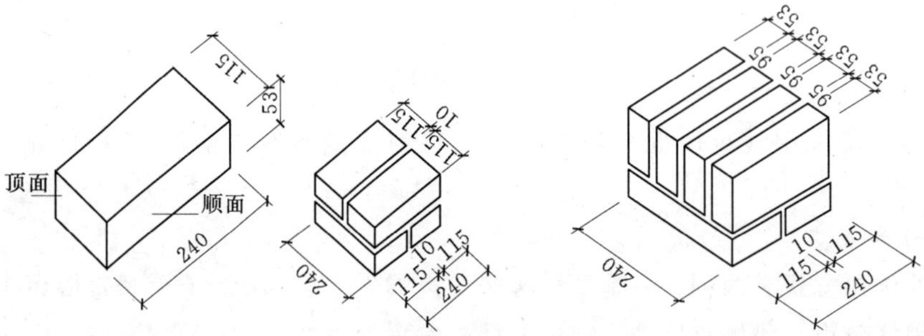

（a）　　　　　　（b）

图 6-6　标准砖的尺寸与关系

（a）标准砖的尺寸；（b）标准砖的组合尺寸关系

（2）烧结多孔砖。以黏土、页岩、煤矸石为主要原料经焙烧而成，孔洞率不小于 15%，孔的尺寸小而数量多，适用于承重部位。目前，多孔砖分 P 型和 M 型。P 型有 3 种尺寸，如图 6-7（a）、（b）、（c）所示；M 型有 1 种尺寸，如图 6-7（d）所示；多孔砖的强度等级有 MU30、MU25、MU20、MU15、MU10 五个级别。

2. *砂浆*

砂浆是砌体的胶结材料，砌体间的缝隙用砂浆填实，利于砌体上的荷载均匀传递。

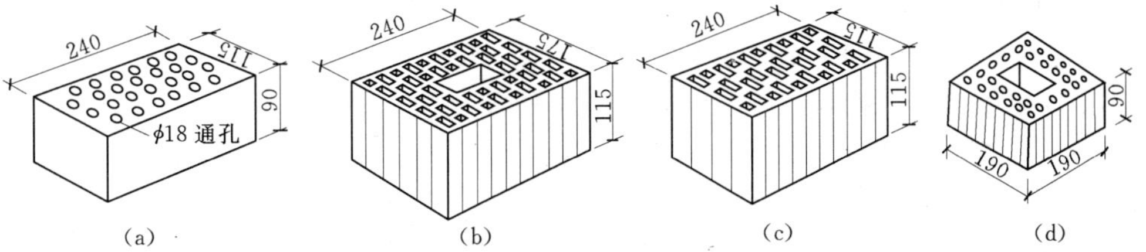

图 6－7　多孔砖尺寸规格

(a) KP1 型；(b) DP2 型；(c) DP3 型；(d) M 型

砌墙常用水泥砂浆、石灰砂浆、混合砂浆 3 种，其强度有 M15、M10、M7.5、M5、M2.5 五个等级。

(二) 砖墙组砌方式

砖墙的组砌是指砖块在砌体中的排列方式。砖墙应遵循“内外搭接、上下错缝”的组砌原则，砖在砌体中互相咬合，做到“横平竖直、砂浆饱满、错缝搭接、避免出现通缝”等基本要求，以保证墙体的强度和稳定性。在砖墙组砌中，把砖的长向垂直于墙面砌筑称丁砖，把砖的长向平行于墙面砌筑称顺砖，每排列一层砖称一皮，上下皮之间的水平灰缝称横缝，左右两块砖之间的垂直缝称竖缝，如图 6－8 所示。

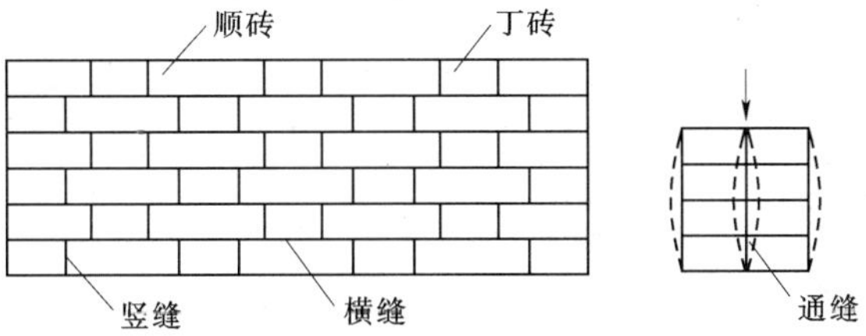

图 6－8　砖墙组砌名称及通缝

砖墙组砌有 5 种方式：一顺一丁式、多顺一丁式 、每皮丁顺相间式、全顺式、两平一侧式，如图 6－9 所示。

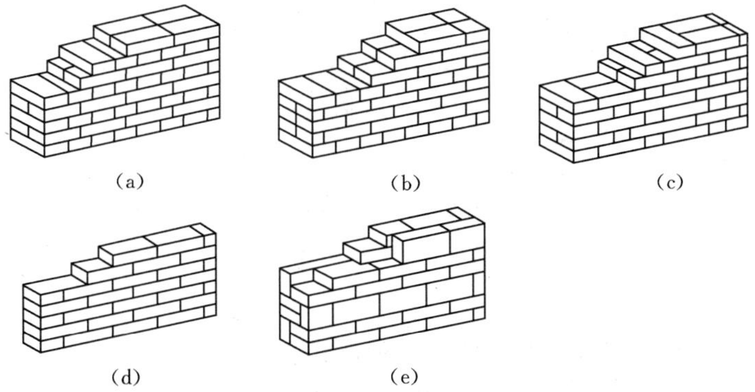

图 6－9　砖墙的组砌方式

(a) 一顺一丁式；(b) 多顺一丁式；(c) 每皮丁顺相间式；

(d) 全顺式；(e) 两平一侧式

（三）砖墙的厚度

以 240mm×115mm×53mm 砖砌筑墙体，墙体的厚度用砖长为基数确定，如半砖墙、一砖墙、一砖半墙等，建筑工程上以标志尺寸命名，如 12 墙、24 墙、37 墙，如图 6－10 所示。

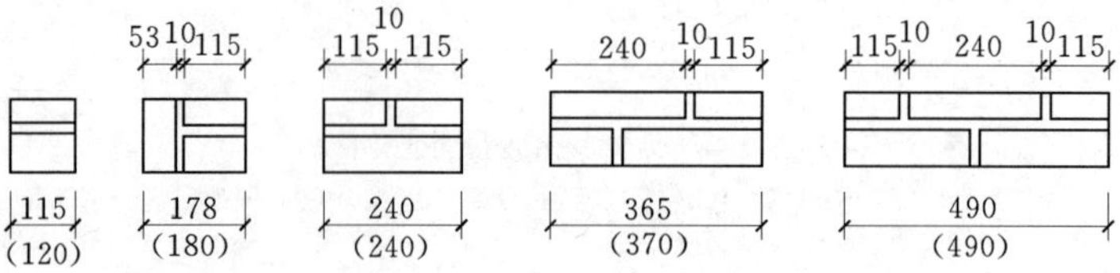

图 6－10　砖规格与墙厚间的关系

二、墙体细部构造

（一）勒脚构造

勒脚是建筑物室内首层地坪与室外地面之间墙体，如图 6－11 所示，勒脚一般高 300～600mm，但公共建筑勒脚是指从室外地面到一层窗台的垂直高度，其作用保护墙身，防止外力碰撞，避免雨水及污水的侵蚀，增加建筑物立面美化效果。

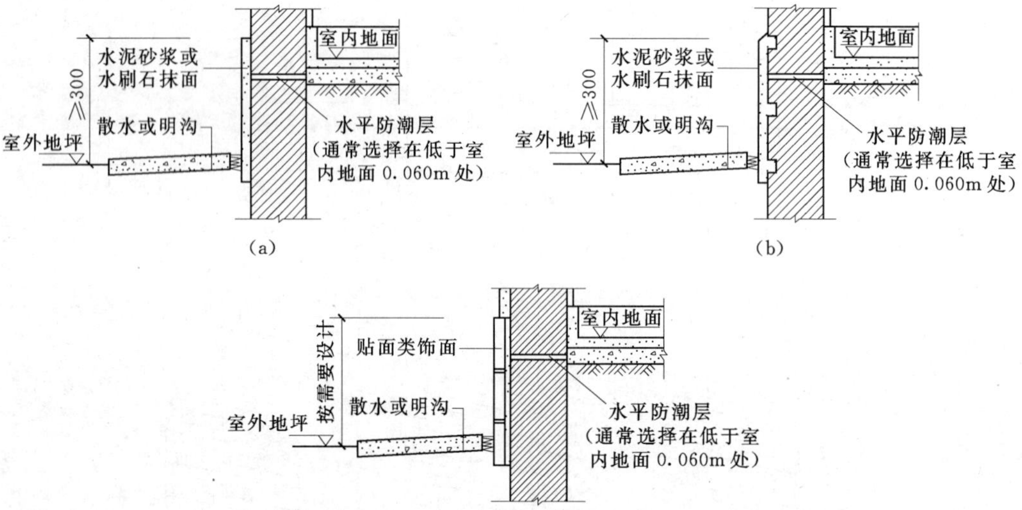

图 6－11　勒脚构造

（a）抹灰勒脚；（b）带咬口抹灰勒脚；（c）贴面类勒脚

1. *勒脚*

勒脚应坚固、防潮、耐久，其构造有两种做法。

（1）抹灰勒脚。一般建筑宜用抹灰勒脚，如图 6－11（a）、（b）所示，在勒脚部位抹 20～30mm 厚 1∶3 水泥砂浆或水刷石，防止抹灰脱落，施工时应清扫墙面浇水润湿，在墙面上留槽增加抹灰咬口，使抹灰嵌入确保抹灰层与砖墙粘牢。

(2) 贴面类勒脚。用天然石材花岗石、大理石或人造石材等作为勒脚贴面。贴面勒脚耐久性强、防撞、美观、造价高，主要用于高标准建筑，如图 6-11 (c) 所示。

2. 墙身防潮

为防止建筑物墙身受潮，影响建筑物的室内环境和人体健康，在建筑物勒脚墙体中设置一道水平而连续的防潮层。

防潮层有水平防潮层和垂直防潮层两种。水平防潮层应在建筑物的内、外墙水平防潮层应设于首层地坪结构层中，即-0.060m 处，同时至少要高于室外地坪 150mm，如图 6-12 (a)、(b) 所示；当室内两房间地面出现高差时，应在高低两个勒脚处的结构层当中分别设一道水平防潮层，如图 6-12 所示；垂直防潮层应在勒脚处靠近土壤的一侧的两道水平防潮层间的垂直墙面上，设置一道垂直防潮层，如图 6-1 (c) 所示。

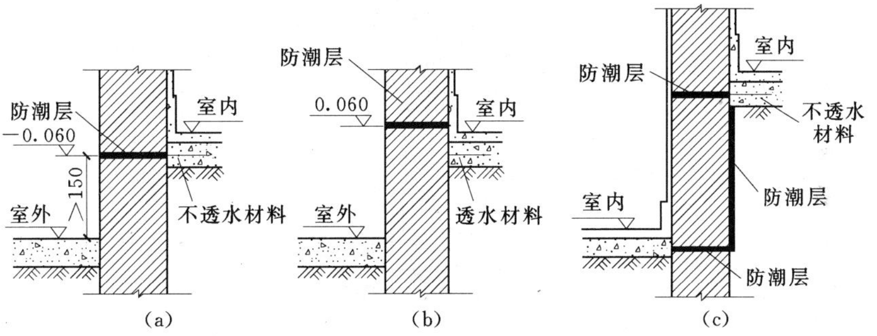

图 6-12 墙身防潮层位置

(1) 水平防潮层的 3 种做法。

1) 防水砂浆防潮层。用 1∶2 水泥砂浆加 3%～5%的防水剂防水砂浆连续砌三皮砖，防潮层为 20～30mm 厚，其构造简单，易开裂，不宜震区和砖砌体建筑中，如图 6-13 (a) 所示。

2) 卷材防潮层。在防潮层的部位先抹 20mm 厚水泥砂浆找平层，上铺改性沥青卷材或三元乙丙橡胶卷材，此种做法防潮效果好，但不宜用于刚度要求高和地震地区建筑中，如图 6-13 (b) 所示。

3) 细石混凝土防潮层。在防潮位置铺设 60mm 厚 C20 细石混凝土，内配 3 根直径 6mm 或 3 根直径 8mm 钢筋形成防潮带，其抗裂性能好、防潮效果好，适用于整体刚度要求较高的建筑中，如图 6-13 (c) 所示。

(2) 垂直防潮层的构造做法。

在勒脚处靠回填土一侧的垂直墙面上，用 1∶2.5 水泥砂浆找平 20mm 厚，外刷冷底子油一道或热沥青两道，如图 6-14 和图 6-12 (c) 所示。

3. 散水和明沟

(1) 散水。散水是设于建筑物外墙四周与室外地坪交接处的排水构件，其坡度为 3%～5%向外倾斜，排走雨水、污水，保护建筑物的墙身基础。通常散水宽度为 600～1000mm，当建筑物屋面有挑檐，采用自由排水时散水应比屋面檐口宽出 200mm。

散水一般是在素土夯实上铺三合土、碎砖、混凝土等材料铺砌而成。当建筑物有沉降

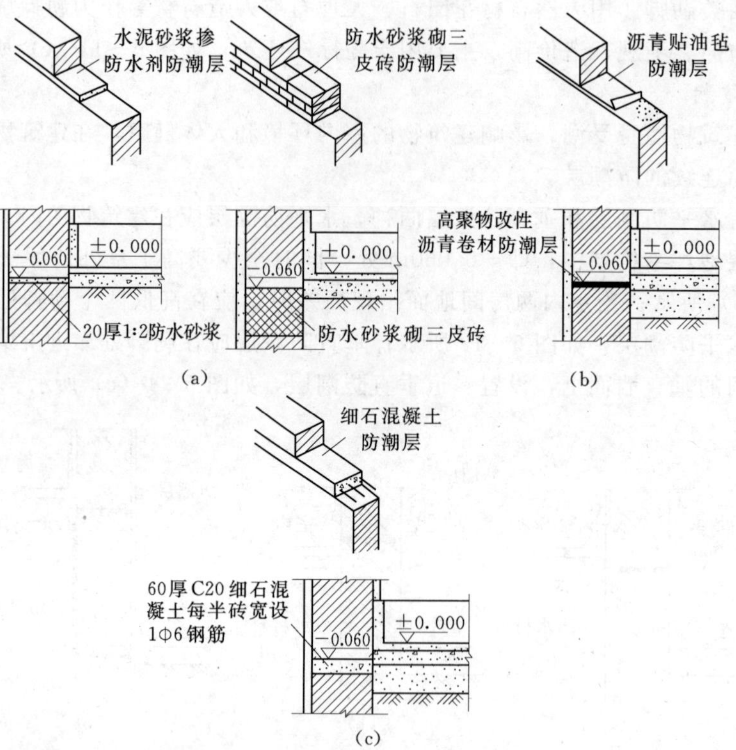

图 6-13　墙身防潮层位置与构造

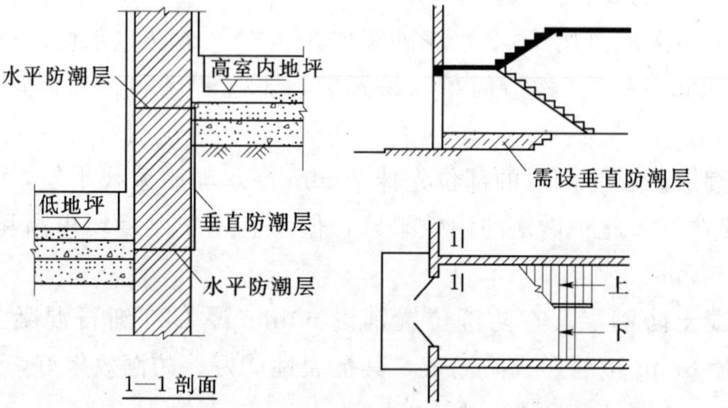

图 6-14　垂直防潮层构造

时，散水与勒脚交接处应设分格缝，且用有弹性防水材料嵌缝，散水整体面层纵向距离每隔 6～12m 设一道伸缩缝，用热沥青或用沥青麻丝填缝，如图 6-15 所示。

散水适用于北方地区，散水下宜设 300～500mm 厚干砂冻层，以防止勒脚处的土壤冻胀破坏散水。

(2) 明沟。明沟是在建筑物勒脚四周设置的排水沟，适用于年降雨量大于 900mm 的地区。明沟用砖砌、混凝土浇筑而成，沟底纵坡为 0.5%～1%，坡向集水口流经排水管网，如图 6-16 所示。

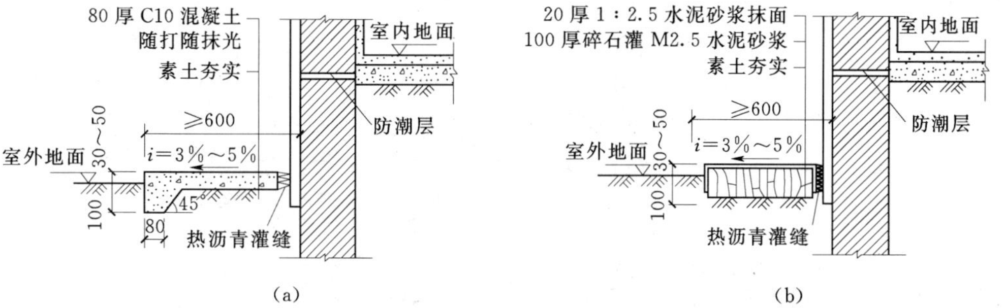

图 6-15　散水构造做法

(a) 混凝土散水；(b) 碎石灌浆散水

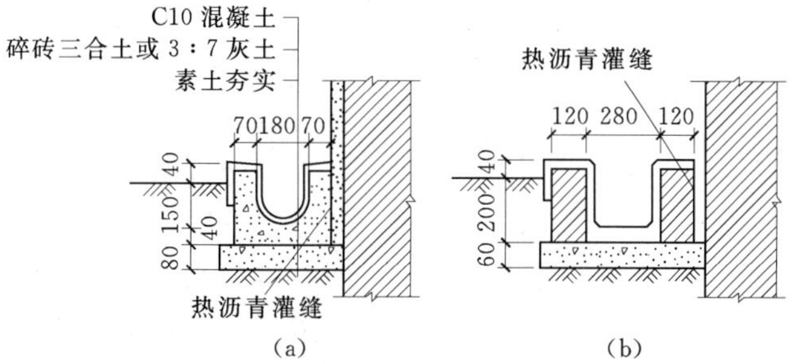

图 6-16　明沟构造做法

(a) 混凝土明沟；(b) 砖砌明沟

(二) 门窗过梁

过梁是建筑物门窗洞口上设置的一道横梁。过梁要承受建筑物上部砌体传来的荷载，并把这些荷载传给两侧的墙体，过梁内的配筋和断面尺寸的确定需按结构受力计算。

1. 钢筋砖过梁

钢筋砖过梁是在门窗洞口上砂浆层内配置钢筋的平砌砖过梁，只适用于建筑物内墙上。

在洞口上支模板，用 20mm 厚 M5 水泥砂浆坐浆，再其上配置间距不大于 120mm 的 2 根直径 6mm 或 2 根直径 8mm 钢筋，且钢筋设 90°直钩伸入洞口两侧的墙体内不小于 240mm，用 M5 水泥砂浆、MU10 的砖连续砌筑 5～7 皮砖，且不小于门窗洞口宽度的 1/4，最大跨度为 1.5m，如图 6-17 所示。

2. 钢筋混凝土过梁

钢筋混凝土过梁承载力强，不受跨度限制，用于房屋有不均匀沉降和振动的建筑中。

钢筋混凝土过梁按施工方式分预制和现浇两种，按钢筋混凝土断面形式分为矩形、L 形。矩形钢筋混凝土过梁适用于建筑物的内墙上；L 形钢筋混凝土过梁适用于寒冷地区建筑物的外墙上，如图 6-18 所示。

钢筋混凝土过梁的断面尺寸，应根据洞口的跨度和上部墙体荷载计算确定。通常过梁

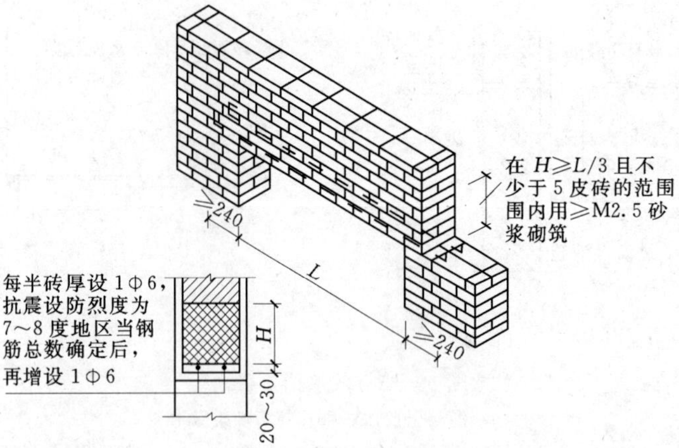

图 6-17 钢筋砖过梁

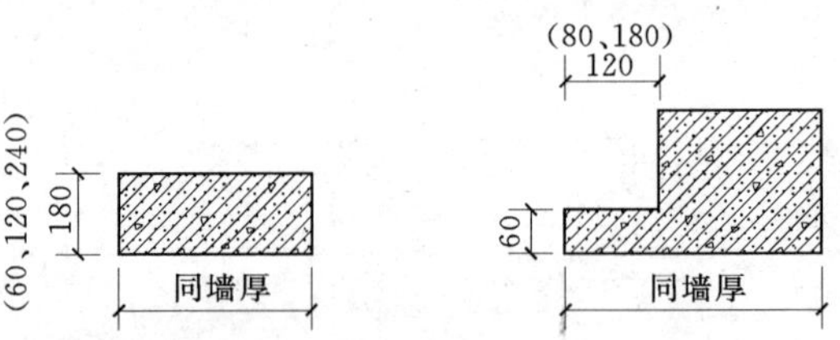

图 6-18 钢筋混凝土过梁的断面形状

宽不小于 2/3 墙厚，梁高为 120mm、180mm，过梁长为洞口的净跨加上过梁支承在墙两端的搭接长度；钢筋混凝土过梁的两端伸进墙内的搭接长度不小于 240mm，当过梁为现浇时，洞口上部的现浇圈梁可兼作过梁使用，但过梁处圈梁的部分钢筋应按过梁受力计算配置钢筋，钢筋混凝土过梁构造形式如图 6-19 所示。

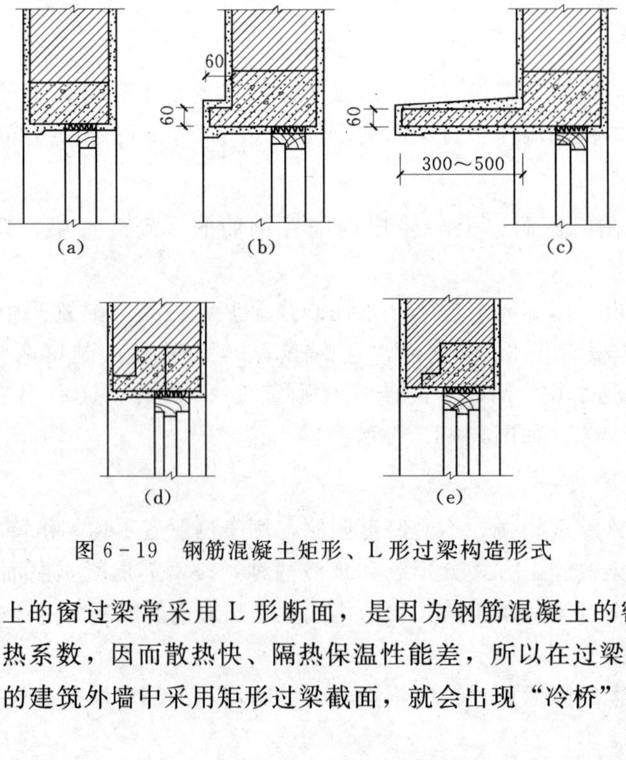

图 6-19 钢筋混凝土矩形、L 形过梁构造形式

寒冷地区外墙上的窗过梁常采用 L 形断面，是因为钢筋混凝土的密实性虽好，但导热系数大于砖的导热系数，因而散热快、隔热保温性能差，所以在过梁处易结冰产生凝结水，若在寒冷地区的建筑外墙中采用矩形过梁截面，就会出现“冷桥”现象，影响建筑物

的室内环境。如果将保温性能好的材料放在低温区、L 形过梁的缺口朝室外放置，则可减少“冷桥”现象。所以钢筋混凝土嵌入构件不应贯通整个砌体的厚度，过梁断面宜采用 L 形，并在 L 形过梁上砌砖做局部保温。

（三）墙体的加固及抗震构造

由于建筑物墙身受集中荷载、墙体开洞及受地震等因素的影响，加之砖砌体为脆性材料，其抗震能力和承载能力较差，为提高墙身的强度和稳定性，须在建筑物的墙身采取加固措施。

1. 圈梁

圈梁是沿着建筑物外墙四周、部分横墙和纵墙上设置的在一道水平连续而封闭的梁，又称“腰箍”。圈梁增加墙体的稳定性，由楼板在水平方向加强房屋的空间刚度和整体性，减少由于基础的不均匀沉降而引起的墙身开裂，增加建筑物的抗震能力。

圈梁的位置与数量与抗震设防等级和墙体的布置有关，对于多层普通砖、多孔砖房屋的现浇钢筋混凝土圈梁设置须符合表 6－1 的要求。

表 6－1　　现浇钢筋混凝土圈梁的设置

墙　类	抗震设防烈度		
	6、7	8	9
外墙和内纵墙	屋盖处及每层楼盖处	屋盖处及每层楼盖处	屋盖处及每层楼盖处
内横墙	屋盖处及每层楼盖处； 屋盖处间距不应大于 4.5m； 楼盖处间距不应大于 7.2m； 构造柱对应部位	屋盖处及每层楼盖处； 各层所有横墙，且间距不应大于 4.5m； 构造柱对应部位	屋盖处及每层楼盖处； 各层所有横墙

多层混合结构的建筑应在基础顶面、楼板层处、窗口处等要层层设圈梁，圈梁宽度同墙厚且不小于 2/3 墙厚，圈梁的高度大于 120mm；现浇钢筋混凝土圈梁按构造配筋，不应少于 4 根直径 10mm 的纵向钢筋，箍筋间距不应大于 200mm，且应连续设置在同一水平面上，形成封闭，如图 6－20 和表 6－2 所示。

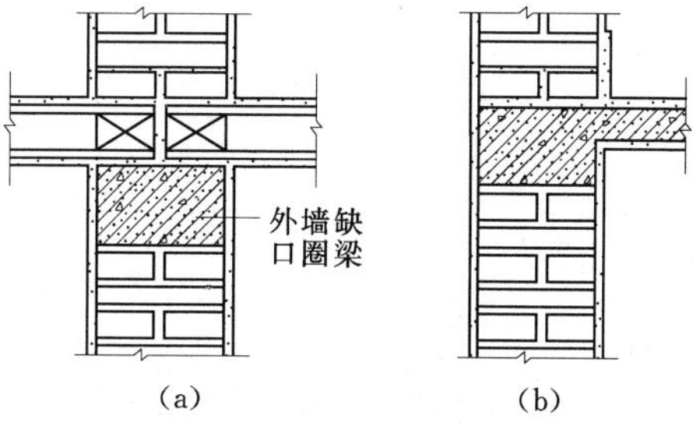

图 6－20　圈梁的构造

(a) 板底圈梁；(b) 板与圈梁合一

现浇钢筋混凝土圈梁应在同一水平面上闭合，当圈梁被门窗洞口截断后，应在洞口上部增设相同截面的附加圈梁，附加圈梁可上附，搭接长度 L 应大于等于原有圈梁与附加圈梁的两梁中心垂直之距的 2 倍，且不得小于 1m，即 $L \geqslant 2H$ 且 $L \geqslant 1000$mm，如图 6－21 所示。

在同一栋多层混合建筑物中，当圈梁和过梁在同一位置时，圈梁可代替过梁使用，但过梁处的圈梁须按结构计算配筋即过梁处的圈梁钢筋加密。

表 6-2 **多层砖砌体房屋圈梁配筋要求**

配　筋	抗震设防烈度		
	6、7	8	9
最小纵筋	4ϕ10	4ϕ12	4ϕ14
箍筋最大间距（mm）	250	200	150

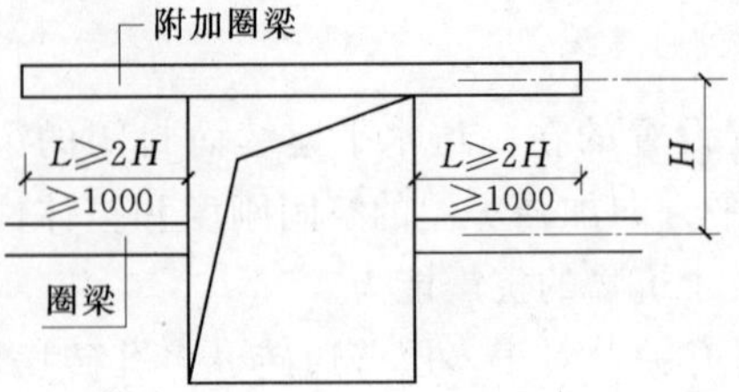

图 6-21 附加圈梁与原圈梁的构造措施

2. 构造柱

在多层砌体房屋墙体中，在建筑物水平方向上层层设圈梁，加强建筑物的水平刚度；在建筑物的竖直方向上应设钢筋混凝土构造柱，构造柱与各层圈梁连接，形成空间骨架，加强建筑物墙体的抗弯能力和空间整体刚度。

构造柱一般设置在建筑物外墙的四角、外墙的错层部位；纵横墙的交界处；楼梯间、电梯间。多层砖混结构建筑的总高度、横墙间距、圈梁设置、墙体的局部尺寸等应符合《建筑抗震设计规范》（GB 50011—2010）中的规定，见表 6-3。

表 6-3 **多层砖砌体房屋构造柱设置要求**

<table>
<tr><th colspan="4">房屋层数</th><th colspan="2" rowspan="2">设 置 部 位</th></tr>
<tr><th>6 度</th><th>7 度</th><th>8 度</th><th>9 度</th></tr>
<tr><td>四、五</td><td>三、四</td><td>二、三</td><td></td><td rowspan="3">楼、电梯间四角，楼梯斜梯段上下端对应的墙体处；
外墙四角和对应转角；
错层部位横墙与外纵墙交接处；
大房间内外墙交接处；
较大洞口两侧</td><td>每隔 12m 或单元横墙与外纵墙交接处；
楼梯间对应的另一侧内横墙与外纵墙交接处</td></tr>
<tr><td>六</td><td>五</td><td>四</td><td>二</td><td>隔开间横墙（轴线）与外墙交接处；
山墙与内纵墙交接处</td></tr>
<tr><td>七</td><td>≥六</td><td>≥五</td><td>≥三</td><td>内墙（轴线）与外墙交接处；
内墙的局部较小墙垛处；
内纵墙与横墙（轴线）交接处</td></tr>
</table>

注 较大洞口，内墙指不小于 2.1m 的洞口；外墙在内外墙交接处已设置构造柱时应允许适当放宽，但洞侧墙体应加强。

构造柱断面尺寸不小于 180mm×240mm；按构造配筋：纵向钢筋采用 4 根直径 12mm，柱内箍筋在每层楼面上下适当加密，采用直径 6mm 箍筋，间距不宜大于 250mm；构造柱下端应伸入室外地面下 500mm 与基础圈梁相连伸至女儿墙顶，构造柱与现浇钢筋混凝土压顶整浇，要符合《砌体结构设计规范》（GB 50003—2011）中的规定，如图 6-22 所示。

3. 砌体拉结钢筋

构造柱必须与墙体紧密拉接砌成马牙槎，墙与柱之间应沿墙高每间隔 500mm 设 2 根直径 6mm 水平拉结钢筋，每边伸入墙内不小于 1m，如图 6-22 所示。

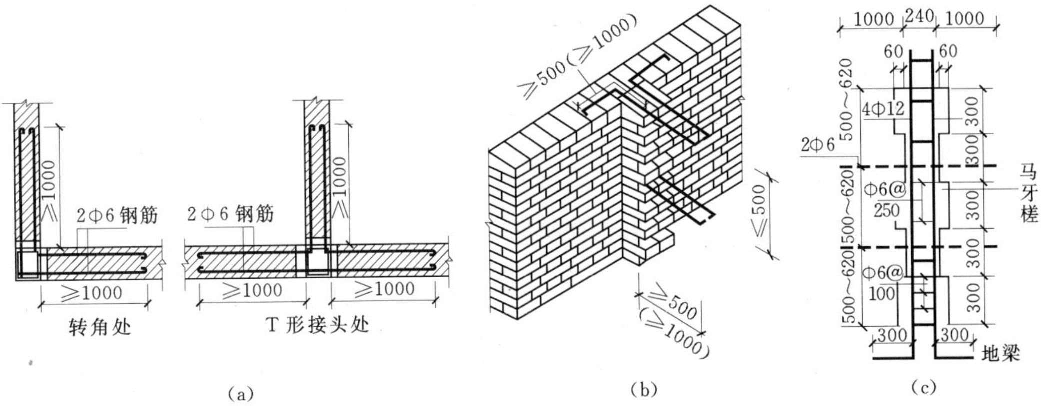

图 6-22 构造柱及砌体拉结钢筋的构造

(a) 墙体转角处构造柱；(b) 墙体 T 形交界处构造柱；(c) 构造柱截面图

三、节能复合墙体构造

建筑节能对我国北方地区建筑物保温来说非常重要，加强墙体围护结构节能的主要措施应重点推广外墙外保温墙体，提高塑钢门窗的气密性、水密性。

1. EPS 板薄抹灰外墙外保温系统

(1) EPS 板薄抹灰外墙外保温系统（简称 EPS 板薄抹灰系统）由 EPS 板保温层、薄抹面层和饰面涂层构成，EPS 板用胶粘剂固定在基层上，薄抹面层中满铺玻纤网，如图 6-23 所示。

(2) 建筑物高度大于 20m 以上时，受负风压作用较大的部位宜使用锚栓辅助固定。

(3) EPS 板宽度不宜大于 1200mm，高度不宜大于 600mm。

(4) 必要时应设置抗裂分格缝。

(5) EPS 板薄抹灰系统的基层表面应清洁，无油污、脱模剂等妨碍粘结的附着物。凸起、空鼓和疏松部位应剔除并找平。找平层应与墙体粘结牢固，不得有脱层、空鼓、裂缝，面层不得有粉化、起皮、爆灰等现象。

(6) 做基层与胶粘剂的拉伸粘结强度检验，粘结强度不应低于 0.3MPa，且粘结界面脱开面积不应大于 50%。

(7) 粘贴 EPS 板应在背面涂胶粘剂，涂胶粘剂面积不得小于 EPS 板面积的 40%。

(8) EPS 板应按顺砌方式粘贴，竖缝应逐行错缝。EPS 板应粘贴牢固，不得有松动和空鼓。

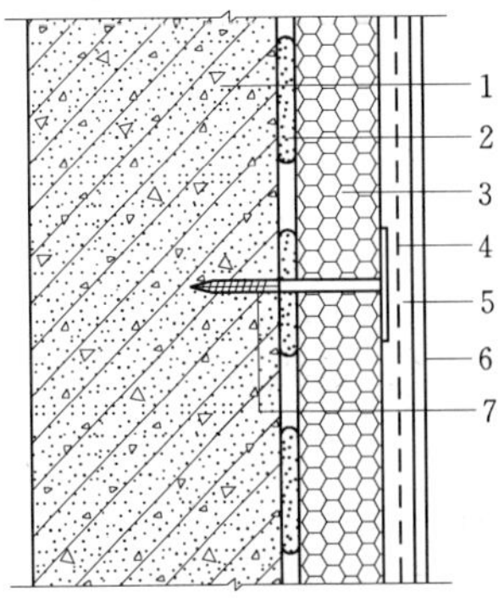

图 6-23 EPS 板薄抹灰系统

1—基层；2—胶粘剂；3—EPS 板；4—玻纤网；5—薄抹面层；6—饰面涂层；7—锚栓

(9) 墙角处 EPS 板应交错互锁，如图 6-24 (a) 所示。门窗洞口四角处 EPS 板切整块割成形不得拼接，EPS 板接缝应离开角部至少 200mm，如图 6-24 (b) 所示。

（10）应做好系统在檐口、勒脚处的包边处理。装饰缝、门窗四角和阴阳角等处应做好局部加强网施工。变形缝处应做好防水和保温构造处理。

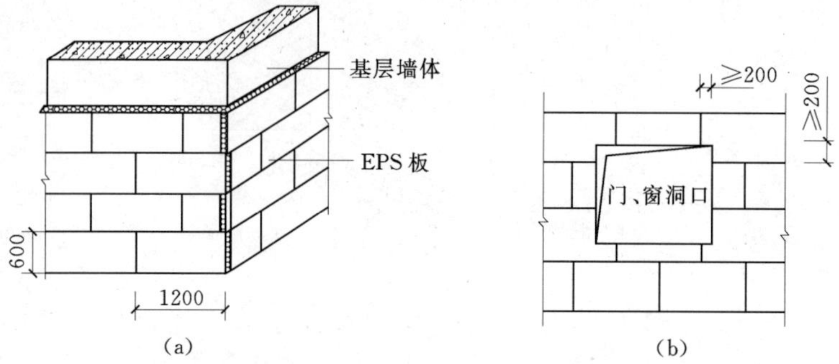

图6-24　EPS板排列示意图

（a）墙角处的EPS板排列；（b）门窗洞口的EPS板排列

2. EPS板现浇混凝土外墙外保温系统

（1）EPS板现浇混凝土外墙外保温系统（简称无网现浇系统）以现浇混凝土外墙为基层，EPS板为保温层。ESP板内表面沿水平方向开有矩形齿槽，内外表面均满涂界面砂浆。在施工时将EPS板置于外模板内侧，安装锚栓作为辅助固定件。浇混凝土后墙体与EPS板及锚栓合为一体。EPS板表面抹抗裂砂浆薄抹面层中满铺玻纤网，外表以涂料饰面层，如图6-25所示。

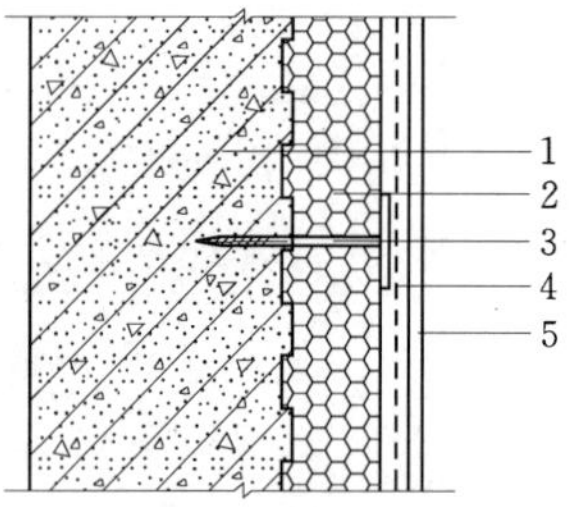

图6-25　无网现浇系统

1—现浇钢筋混凝土外墙；2—EPS板；3—锚栓；4—抗裂砂浆薄抹面层；5—饰面层

（2）无网现浇系统EPS板两面必须预喷刷界面砂浆。

（3）EPS板宽度宜为1.2m，高度宜为建筑物层高，每$1m^2$宜设2～3个锚栓。

（4）楼层宜为水平抗裂分隔缝，按墙面面积以为垂直抗裂分隔缝，在板式建筑中不宜大于$30m^2$，在塔式建筑中可具体情况待定，宜留在阴角部位。

（5）应采用钢制大模板施工。

（6）混凝土需振捣密实均匀一次浇筑高度不宜大于1m，墙面与接茬处应光滑、平整。

（7）混凝土浇筑后，EPS板表面局部不平整处宜抹胶粉EPS颗粒保温浆料修补和找平，其厚度不得大于10mm。

3. EPS钢丝网架板现浇混凝土外墙外保温系统

（1）EPS钢丝网架板现浇混凝土外墙外保温系统（简称有网现浇系统）以现浇混凝土为基层，EPS单面钢丝网架板置于外墙外模板内侧，且安装直径6mm钢筋为辅助固定件。浇灌混凝土后，EPS单面钢丝网架板挑头钢丝和直径6mm钢筋与混凝土合为一体，EPS单面钢丝网架板表面抹掺外加剂的水泥砂浆形成厚抹面层，外表做饰面层，如图6-26所示，以涂料做饰面层时，应加抹玻纤网抗裂砂浆薄抹面层。

（2）EPS单面钢丝网架板每$1m^2$斜插200根镀锌钢腹丝，板两面应预喷刷界面砂浆。

加工质量除应符合表 6-4 规定外，还应符合现行行业标准《钢丝网架水泥聚苯乙烯夹心板》(JCT 623—1996) 的有关规定。

(3) 有网现浇系统 EPS 钢丝网架板厚度、每平方米腹丝数量和表面荷载值应通过试验确定。EPS 钢丝网架板构造设计和施工安装应考虑现浇混凝土侧压力影响，抹面层厚度应均匀，钢丝网应完全包覆于抹面层中。

(4) Φ6 钢筋每 $1m^2$ 宜设 4 根，锚固深度不得小于 100mm。

(5) 在每层层间宜留水平抗裂分隔缝，层间保温板外钢丝网应断开，抹灰时嵌入层间塑料分隔条或泡沫塑料棒，外表用建筑密封膏嵌缝。垂直抗裂分隔缝宜按墙面面积设置，在板式建筑中不宜大于 $30m^2$，在塔式建筑中可视具体情况而定，宜留在阴角部位。

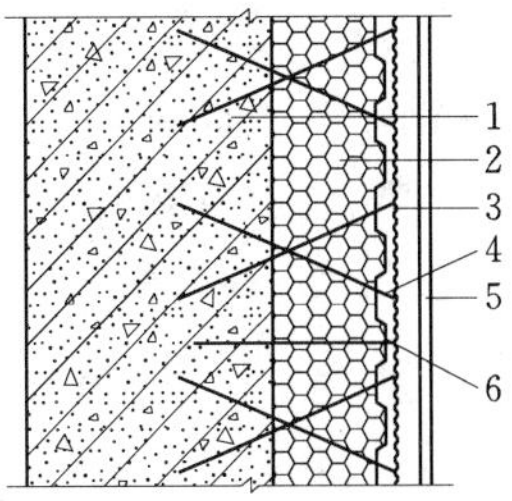

图 6-26　有网现浇系统
1—现浇钢筋混凝土外墙；
2—EPS 单面钢丝网架板；
3—掺外加剂的水泥砂浆厚抹面层；
4—钢丝网架；5—饰面层；
6—Φ6 钢筋

表 6-4　EPS 单面钢丝网架板质量要求

项　目	质　量　要　求
外观	界面砂浆涂敷均匀，与钢丝和 EPS 板附着牢固
焊点质量	斜丝脱焊点不超过 3%
钢丝挑头	穿透 EPS 板挑头不小于 30mm
EPS 板对接	板长 3000mm 范围内 EPS 板对接不得多于两处，且对接处需用胶粘剂粘牢

(6) 用钢制大模板施工，采取可靠措施保证 EPS 钢丝网架板与辅助固定件安装位置准确。

(7) 混凝土需振捣密实均匀，一次浇筑高度不宜大于 1m，墙面及接茬处应光滑、平整。

(8) 应严格控制抹面层厚度，确保抹面层不开裂。

第三节　隔　　墙

隔墙是分隔建筑空间的非承重墙，其自身的重量由楼板或梁承担，因而要求隔墙厚度薄、重量轻、隔声、安装拆卸方便，厨房和卫生间的隔墙要防水、防潮等。一般常用砌筑隔墙、骨架隔墙、板材隔墙 3 类。

一、砌筑隔墙

砌筑隔墙是指采用普通砖以及轻质砌块砌筑的墙体，常用的有砖砌隔墙和砌块隔墙两种。

(一) 砖砌隔墙

1. 半砖隔墙

半砖 (厚 120mm) 隔墙是用黏土砖顺砌而成，为使隔墙与承重墙连接牢固成为一体，在承重墙与隔墙交接处设拉结筋并甩出茬子。当隔墙采用 M5 砂浆砌筑时其高度不宜超过

4m，长度不宜超过 6m；否则，要在隔墙内沿墙高每隔 500～1000mm 设 2 根直径 6mm 的拉结钢筋与主墙加固。隔墙上部与楼板间 300mm 处用立砖斜砌，以防止楼板变形产生挠度而使隔墙上部被压坏。

2. 1/4 砖隔墙

1/4 砖（厚 60mm）隔墙是采用黏土砖侧砌而成，墙较薄，刚度和稳定性较差，故宜采用不低于 M5 的水泥砂浆砌筑，砌筑高度不应超过 2.8m，砌筑长度不超过 3m，一般多用于面积较小且无门窗的隔墙中，如图 6-27 所示。

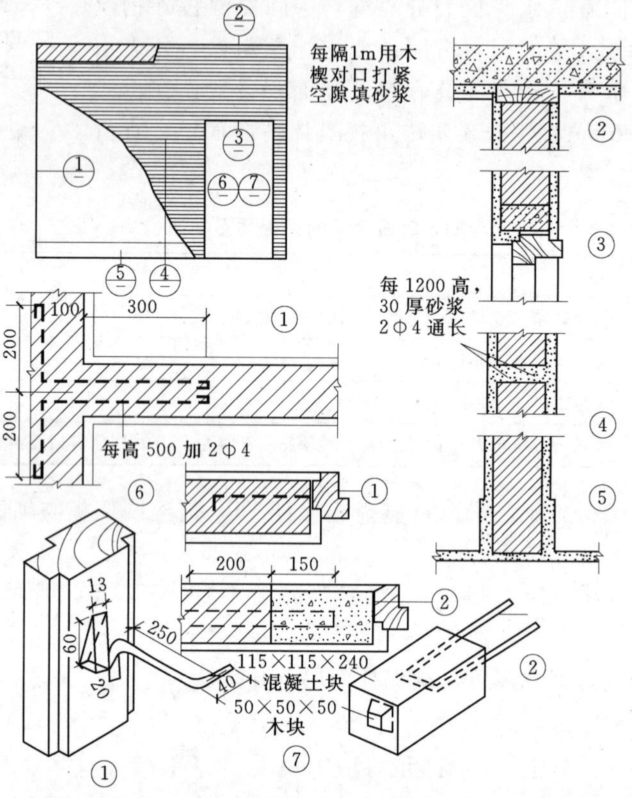

图 6-27　砖砌隔墙构造

（二）砌块隔墙

为减轻隔墙的自重，可采用轻质砌块砌筑隔墙，常用陶粒混凝土砌块、加气混凝土砌块等。混凝土小型空心砌块是由普通混凝土或轻骨料混凝土制成，主规格尺寸为 390mm×190mm×190mm。砌块墙和砖墙一样，在建筑构造上应增强其墙体的整体性和稳定性。

1. 砌块隔墙的组合、构造

砌块的组合应试排，然后准确选用砌块的规格和尺寸，如图 6-28 所示。

通常，砌块隔墙用 M5 的砂浆砌筑，水平灰缝、竖缝坐浆饱满灌实，水平灰缝厚 15～20mm，垂直灰缝＞30mm 时，必须用 C20 的细石混凝土灌实。砌块错缝搭接长度一般为砌块长度的 1/2，即中型砌块搭缝长度不得小于 150，小型砌块搭缝长度不得小于 90，否则应在水平灰缝内增设直径 4mm 的钢筋网片，构造如图 6-29 所示。

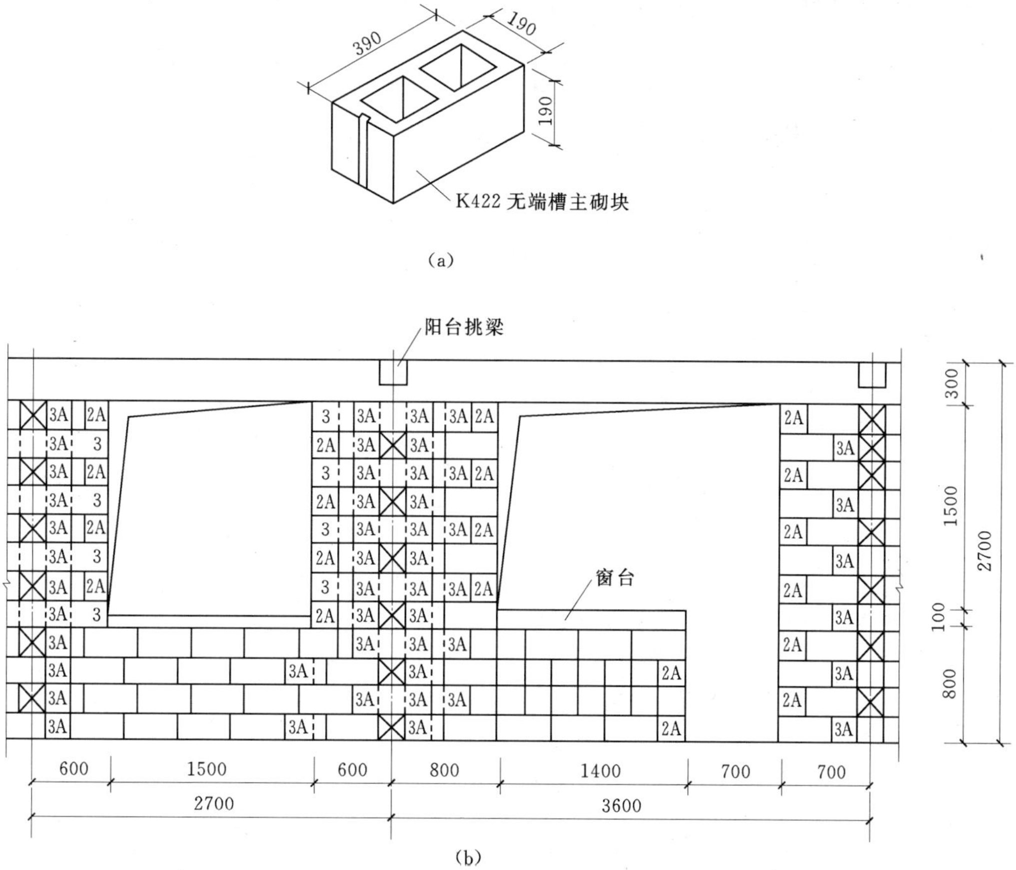

图 6-28 混凝土小型空心砌块尺寸及立面排列

(a) 砌块尺寸；(b) 砌块立面排列

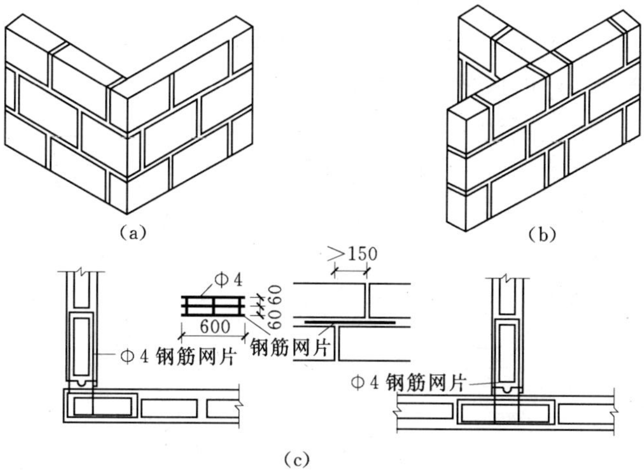

图 6-29 砌块墙交接处的构造

(a) 转角搭砌；(b) 内外墙搭砌；(c) 上下皮垂直缝小于 150mm 时的处理

砌块墙体吸水性强，砌筑时应在其墙下砌 3～5 皮砖，且用水泥砂浆抹面，如图 6－30 所示。

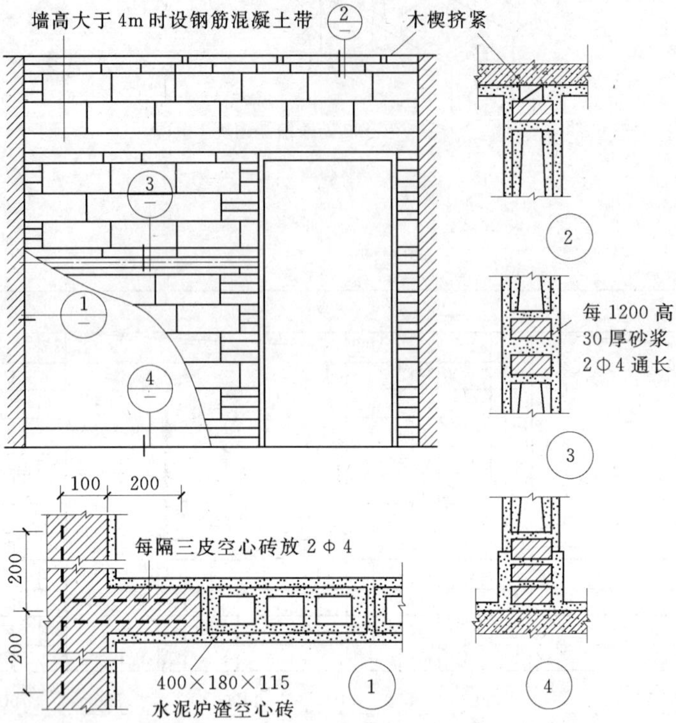

图 6－30　砌块墙体构造

2. 砌块隔墙抗震构造措施

（1）过梁和圈梁。过梁既起连系梁和承受门窗洞口上部荷载的作用，同时又是一种调节砌块为加强砌块建筑的整体性，多层砌块建筑应设置圈梁。当圈梁与过梁位置接近时，往往将圈梁和过梁同时考虑。圈梁有现浇和预制两种，现浇圈梁整体性强。为方便施工，可采用 U 形预制砌块代替模板，在凹槽内配置钢筋并现浇混凝土，如图 6－31 所示。预制圈梁之间一般采用焊接，以提高其整体性。

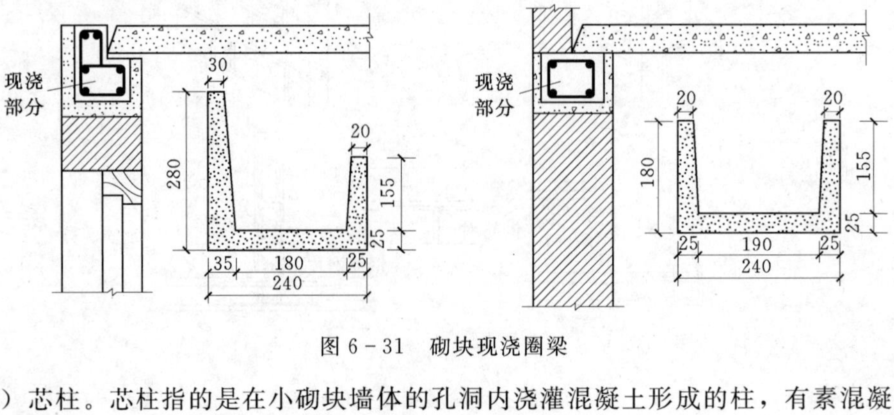

图 6－31　砌块现浇圈梁

（2）芯柱。芯柱指的是在小砌块墙体的孔洞内浇灌混凝土形成的柱，有素混凝土芯柱和钢筋混凝土芯柱。多层小砌块房屋，应按表 6－5 设置芯柱。

1）小砌块房屋芯柱最小截面可采用120mm×120mm。

2）芯柱混凝土的强度等级不应低于Cb20。

3）芯柱的竖向插筋应贯通墙身且与圈梁连接；插筋不应小于1Φ12，抗震设防烈度为6、7度时超过5层、8度时超过4层以及9度时，插筋不应小于1Φ14。

表6-5　　多层小砌块房屋芯柱设置要求

房屋层数				设置部位	设置数量
6度	7度	8度	9度		
四、五	三、四	二、三		外墙转角、楼（电）梯间四角，楼梯斜梯段上下端对应的墙体处； 大房间内外墙交接处； 错层部位横墙与外纵墙交接处； 隔12m或单元横墙与外纵墙交接处	外墙转角，灌实3个孔； 内外墙产接处，灌实4个孔； 楼梯斜梯段上下端对应的墙体外，灌实2个孔
六	五	四		外墙转角、楼（电）梯间四角，楼梯斜梯段上下端对应的墙体处； 大房间内外墙交接处； 错层部位横墙与外纵墙交接处； 隔12m或单元横墙与外纵墙交接处； 隔开间横墙（轴线）与外纵墙交接处	
七	六	五	二	外墙转角、楼（电）梯间四角，楼梯斜梯段上下端对应的墙体处； 大房间内外墙交接处； 错层部位横墙与外纵墙交接处； 隔12m或单元横墙与外纵墙交接处； 各内墙（轴线）与外纵墙交接处； 内纵墙与横墙（轴线）交接处和洞口两侧	外墙转角，灌实5个孔； 内外墙交接处，灌实4个孔； 内墙交接处，灌实4～5个孔； 洞口两侧各灌实1个孔
	七	≥六	≥三	外墙转角、楼（电）梯间四角，楼梯斜梯段上下端对应的墙体处； 大房间内外墙交接处； 错层部位横墙与外纵墙交接处； 隔12m或单元横墙与外纵墙交接处； 横墙内芯柱间距不大于2m	外墙转角，灌实7个孔； 内外墙交接处，灌实5个孔； 内墙交接处，灌实4～5个孔； 洞口两侧各灌实1个孔

注　外墙转角、内外墙交接处、楼（电）梯间四角等部位，应允许采用钢筋混凝土构造柱替代部分芯柱。

4）芯柱应伸入室外地面下500mm或与埋深小于500mm的基础圈梁相连。

5）为提高墙体抗震受剪承载力宜在墙体内均匀布置芯柱，最大间距不应大于2.0m。

6）多层小砌块房屋墙体交接处或芯柱与墙体交接处，应设置直径4mm的钢筋点焊钢筋网片，沿墙高间距不大于600mm，并应沿墙体水平通长设置。抗震设防烈度6、7度时底部1/3楼层、8度时底部1/2楼层、9度时全部楼层的拉结钢筋网片沿墙高间距不大于400mm。

（3）可替代芯柱的构造柱。

1）构造柱最小截面可采用190mm×190mm，纵向钢筋宜采用4Φ12，箍筋间距不宜大于250mm，且在柱上下端应适当加密；抗震设防烈度6、7度时超过5层、8度时超过4层以及9度时，构造柱纵向钢筋宜采用4Φ14，箍筋间距不应大于200mm，外墙转角构造柱可适当加大截面及配筋。

2）构造柱与砌块墙连接处应砌成马牙槎，相邻孔洞在抗震设防烈度为6度时宜填实，8、9度时应填实并插筋。构造柱与砌块墙之间沿墙高每隔600mm应设置直径4mm点焊拉结钢筋网片，并应沿墙体长度通长设置；抗震设防烈度6、7度时底部1/3楼层、8度时底部1/2楼层、9度时全部楼层的拉结钢筋网片沿墙高间距不大于400mm。

3）构造柱与圈梁连接处，构造柱纵筋应在圈梁纵筋内侧穿过，保证构造柱纵筋上下贯通。

4）构造柱不设基础，但应伸入室外地面下500mm，且与埋深小于500mm的基础圈梁相连。

二、框架填充墙

框架填充墙即框架结构中填充的墙体。

1. 框架填充墙的构造

（1）框架填充墙宜选择轻质的块体材料，可以选择空心砖、轻骨料混凝土等。

空心砖的强度等级应为：MU10、MU7.5、MU5和MU3.5；轻骨料混凝土的强度等级应为：MU10、MU7.5、MU5和MU3.5。

（2）填充墙砌筑砂浆的强度等级不宜低于M5（Mb5、Ms5）。

（3）填充墙墙体厚度不应小于90mm。

2. 填充墙与框架的连接

填充墙与框架的连接，可根据设计要求采用脱开或不脱开方法。有抗震设防要求时，宜采用填充墙与框架脱开的方法。下面介绍一下这种方法的构造要求。

（1）填充墙两端与框架柱，填充墙顶面与框架梁之间留出不小于20mm的间隙。

（2）填充墙端部应设置构造柱，柱间距宜不大于20倍墙厚，且不大于4000mm，柱宽度不小于100mm。柱竖向钢筋不宜小于直径10mm，竖向钢筋与框架梁或其挑出部分的预埋件或预留钢筋连接，绑扎接头时不小于30d（d为钢筋直径），焊接时（单面焊）不小于10d。柱顶与框架梁（板）应预留不小于15mm的缝隙，用硅酮胶或其他弹性密封材料封缝。当填充墙有宽度大于2100mm的洞口时，洞口两侧应加设宽度不小于50mm的单筋混凝土柱。

（3）填充墙两侧宜卡入设在梁、板底及柱侧的卡口铁件内，墙侧卡口板的竖向间距不宜大于500mm，墙顶卡口板的水平间距不宜大于1500mm。

（4）墙体高度超过4m时，宜在墙高中部设置与柱连通的水平系梁，水平系梁的截面高度不小于60mm。填充墙高不宜大于6m。

（5）填充墙与框架柱、梁的缝隙可采用聚苯乙烯泡沫塑料板条或聚氨酯发泡材料填充，或用硅酮胶或其他弹性密封材料封缝。

（6）所有连接用钢筋、金属配件、铁件、预埋件等均应做防腐防锈处理，嵌缝材料应满足变形和防护要求。

三、骨架隔墙

轻骨架隔墙又称立筋式隔墙，它由骨架和面层两部分组成。

1. 骨架

骨架有木骨架和金属骨架。骨架是由上槛、下槛、立筋（龙骨）、横撑或斜撑组成。

金属骨架是由各种形式的薄型钢加工制成的轻钢骨架，槽型断面，尺寸为 100mm×50mm 或 75mm×45mm，用射钉在楼板上固定骨架的上下槛，立筋间距 400～600mm，然后安装立筋和横撑，如图 6－32 所示。

2. *面层*

立筋隔墙的面层有抹灰和人造板面层。抹灰常用木骨架板条隔墙，人造板面层可用木骨架或轻钢骨架上铺钉各种装饰吸声板、纤维板等。隔墙的命名是依据面层所用的材料确定。

轻钢龙骨石膏板隔墙构造如图 6－33 所示。

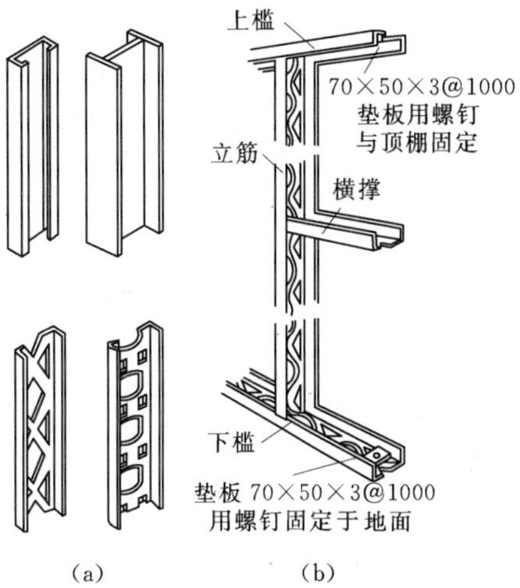

图 6－32　金属骨架隔墙

(a) 薄壁金属墙筋形式；(b) 骨架组合

四、板材隔墙

板材隔墙是指各种轻质条板用粘接剂组合一起形成的隔墙。目前常用的条板有加气混凝土条板、石膏条板、石膏珍珠岩板等。

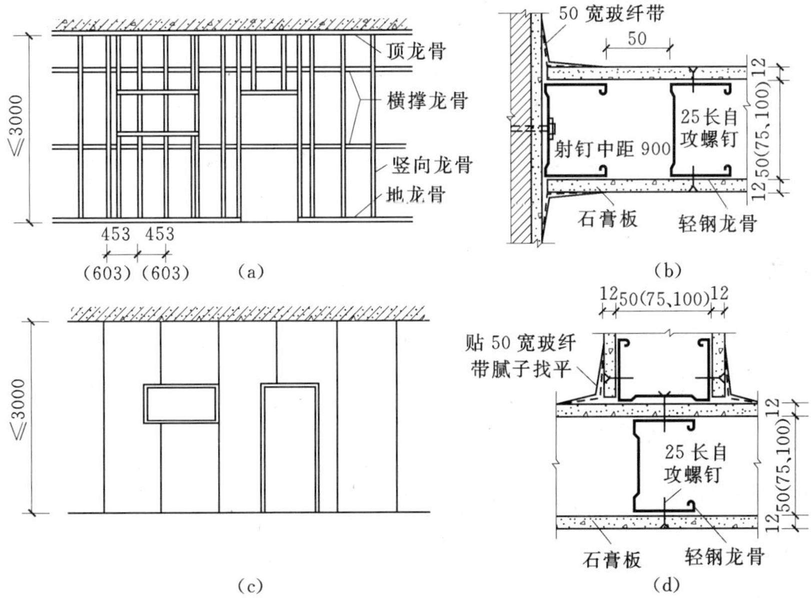

图 6－33　轻钢龙骨石膏板隔墙

(a) 龙骨的排列；(b) 靠墙节点；(c) 石膏板的排列；(d) 丁字形隔墙节点

条板隔墙下端应做防水，需做混凝土墙垫块高于地面 50mm 以上。预制条板的长度略小于房间净高，厚度 60～120mm、宽度 600～800mm。安装时，在条板下部，楼、地面上选用一对口小木楔将条板顶紧，条板之间的接缝用水泥砂浆加入适量的胶粘剂粘结，用胶泥刮缝，然后用细石混凝土堵严板缝，平整后再做表面装修。水泥玻纤空心条板

(GRC) 隔墙如图 6 - 34 所示。

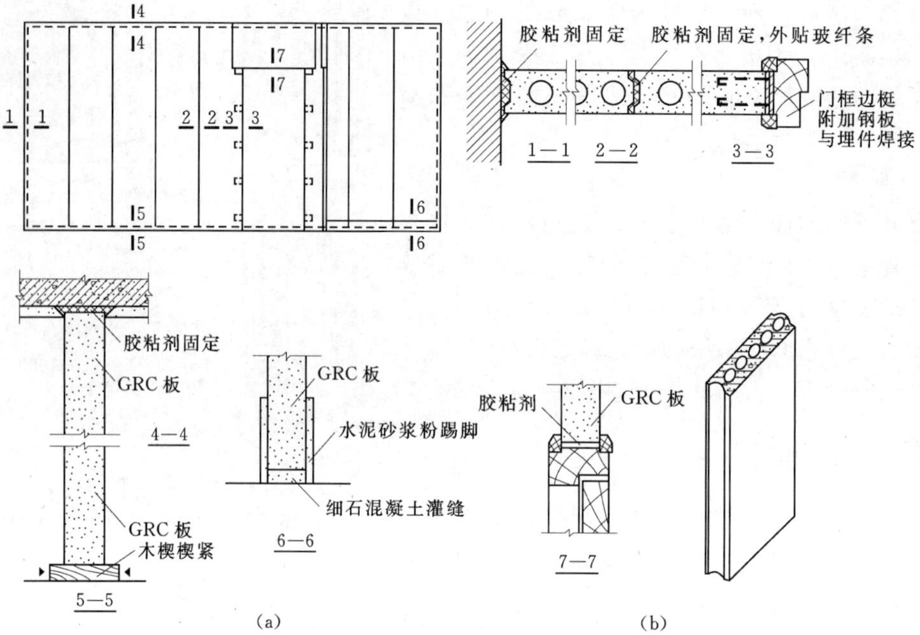

图 6 - 34　水泥玻纤空心条板隔墙

(a) 水泥玻纤空心条板隔墙；(b) 水泥玻纤空心条板

第四节　墙　面　装　修

一、墙面装修的作用

墙面装修有以下作用：保护墙体，延长建筑物墙体的使用寿命；改善墙体的热工性能和室内环境，满足房屋使用要求；装饰建筑物墙体，美化建筑环境。

二、墙面装修的类型

建筑物墙面装修按其所处的位置分外墙装修和内墙装修。墙面装修按材料和施工方式分抹灰类、贴面类、涂刷类、裱糊类和铺钉类 5 类，见表 6 - 6。

表 6 - 6　　墙 面 装 修 分 类

类　别	室　外　装　修	室　内　装　修
抹灰类	水泥砂浆、混合砂浆、聚合物水泥砂浆、拉毛、水刷石、干粘石、斩假石、假面砖、喷涂、滚涂等	纸筋灰粉面、麻刀灰粉面、石膏粉面、膨胀珍珠岩砂浆、混合砂浆、拉毛、拉条等
贴面类	外墙面砖、马赛克、水磨石板、天然石板	釉面砖、人造石板、天然石板等
涂料类	石灰浆、水泥浆、溶剂型涂料、乳液涂料、彩色胶砂涂料、彩色弹涂等	大白浆、石灰浆、油漆、乳胶漆、水溶性涂料、弹涂等

续表

类别	室外装修	室内装修
裱糊类		塑料墙纸、金属面墙纸、木纹壁纸、花纹玻璃纤维布、纺织面墙布及绵锻等
铺钉类	各种金属饰面板、石棉水泥板、玻璃	各种木夹板、木纤维等、石膏板及各种装饰面板等

外墙装修宜用强度高、耐水性好、抗冻性强、耐风化和抗腐蚀的装饰材料，内墙装修宜由房间的性质和装修标准确定材料。

三、墙面装修的构造

墙体装修饰面是由墙基层和装饰面层组成。墙基层指支撑饰面的结构构件或骨架，面层保护和美观建筑物，通常墙体饰面的名称由最外层装修材料来命名。

（一）抹灰类墙面装饰

抹灰又称粉刷，是由水泥砂浆、石灰砂浆、混合砂浆、石渣浆、纸筋灰浆为胶结材料，抹到建筑物墙体表面上的饰面层的一种装修做法。

墙面抹灰分为一般抹灰和装饰抹灰两类。一般抹灰有石灰砂浆抹灰、混合砂浆抹灰、水泥砂浆抹灰等。装饰抹灰有水刷石、干粘石、拉毛灰等。

墙面抹灰要分底层、中层和面层 3 层组成。在抹灰前，应将墙基层表面的灰尘、污垢等清除干净，并浇水湿润，施工时须分层操作，保证抹灰层与基层连接牢固和表面平整，避免出现裂缝和脱落，底层主要起与墙面基层的粘结及初步找平的作用，底层灰浆选用与基层材料有关，中层抹灰主要起找平作用，面层抹灰又称罩面，主要起装修美观作用，如图 6-35 所示。

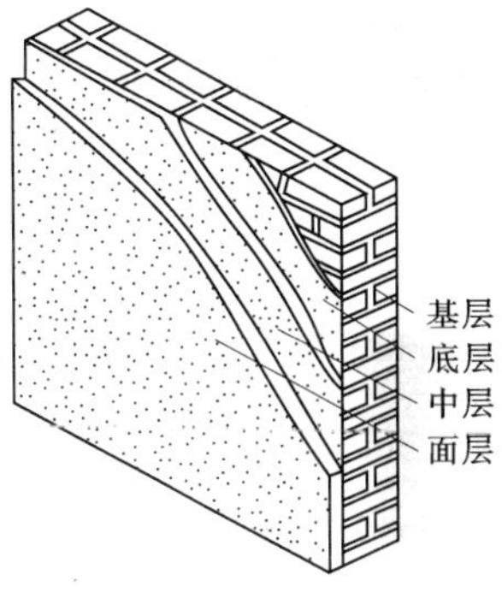

图 6-35 墙面抹灰分层构造

常见抹灰的具体构造做法见表 6-7，按质量要求有 3 种标准：

（1）普通抹灰。一层底灰，一层面灰，总厚度：外墙为 20～25mm，内墙为 15～20mm。

（2）中级抹灰。一层底灰，一层中灰，一层面灰，总厚度不大于 20mm。

（3）高级抹灰。一层底灰，数层中灰，一层面灰，总厚度不大于 25mm。

1. 墙裙

在室内抹灰墙面易受碰撞需做保护措施，在墙身的底部设墙裙，通常墙裙高 1.5～1.8m，用 1∶3 水泥砂浆打底，1∶2 水泥砂浆或水磨石、大理石、面砖贴面，也可刷油漆或铺钉胶合板等做墙裙，如图 6-36 所示。

2. 踢脚线

在房间的内墙面和楼地面的交接处，设踢脚线。为了遮盖地面与墙面的接缝、美化室内空间、避免擦洗地面弄脏墙身，踢脚线的材料应与楼地面的材料相同，踢脚线高为 120～150mm，现在常见的踢脚线高为 70mm，如图 6-37 所示。

表 6-7　　**墙面抹灰做法示例**

抹灰名称	做法说明	适用范围
水泥砂浆抹灰	(1) a. 清扫积灰，适量洒水； b. 刷界面处理剂一道（随刷随抹底灰）； (2) 12厚1∶3水泥砂浆打底扫毛； (3) 8厚1∶2.5水泥砂浆抹面	a. 砖石基层的墙面； b. 混凝土基层的外墙
	(1) 13厚1∶3水泥砂浆打底； (2) 5厚1∶2.5水泥砂浆抹面，压实赶光； (3) 刷（喷）内墙涂料	砖基层的内墙
	(1) 刷界面处理剂一道； (2) 6厚1∶0.5∶4水泥石灰膏砂浆打底扫毛； (3) 5厚1∶1.6水泥石灰膏砂浆扫毛； (4) 5厚1∶2.5水泥砂浆抹面，压实赶光； (5) 刷（喷）内墙涂料	加气混凝土等轻型材料内墙
水刷石	(1) a. 清扫积灰，适量洒水； b. 刷界面处理剂一道（随刷随抹底灰）； (2) 12厚1∶3水泥砂浆打底扫毛； (3) 刷素水泥浆一道； (4) 8厚1∶1.5水泥石子（小八厘）罩面，水刷露出石子	a. 砖石基层的墙面； b. 混凝土基层的外墙
	(1) 刷加气混凝土界面处理剂一道； (2) 6厚1∶0.5∶4水泥石灰膏砂浆打底扫毛； (3) 6厚1∶1.6水泥石灰膏砂浆抹平扫毛； (4) 刷素水泥浆一道； (5) 8厚1∶1.5水泥石子（小八厘）罩面，水刷露出石子	加气混凝土等轻型外墙
斩假石 （剁斧石）	(1) a. 清扫积灰，适量洒水； b. 刷界面处理剂一道（随刷随抹底灰）； (2) 10厚1∶3水泥砂浆打底扫毛； (3) 刷素水泥浆一道； (4) 10厚1∶1.25水泥石子抹平（米粒石内掺30%石屑）； (5) 剁斧斩毛两遍成活	a. 砖石基层的墙面； b. 混凝土基层的外墙

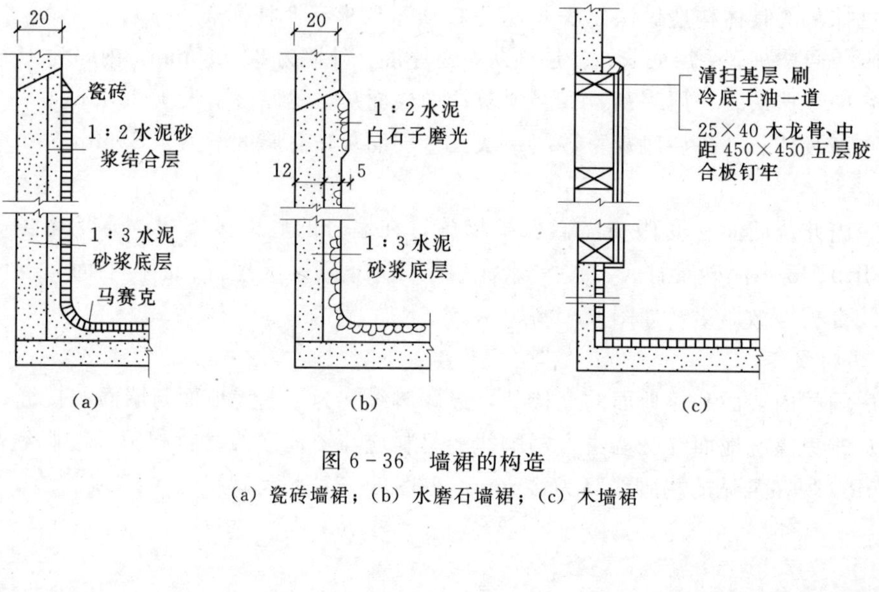

图 6-36　墙裙的构造
(a) 瓷砖墙裙；(b) 水磨石墙裙；(c) 木墙裙

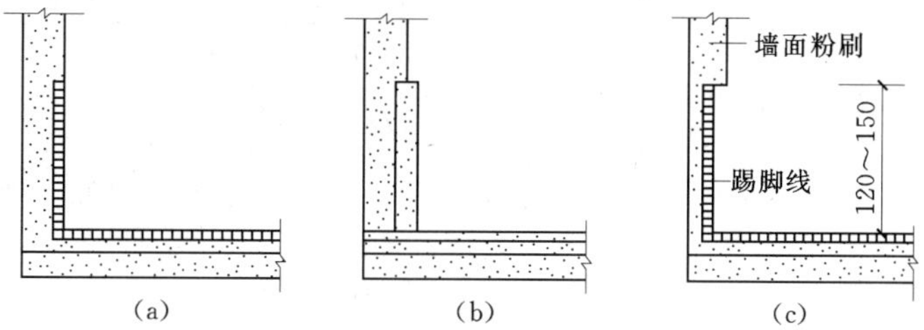

图 6－37　踢脚线的形式

(a) 镶平墙面；(b) 突出墙面；(c) 凹进嵌入墙面

3. 装饰线

为了增加室内美观，在内墙面与顶棚的交接处可做各种装饰线，如图 6－38 所示。

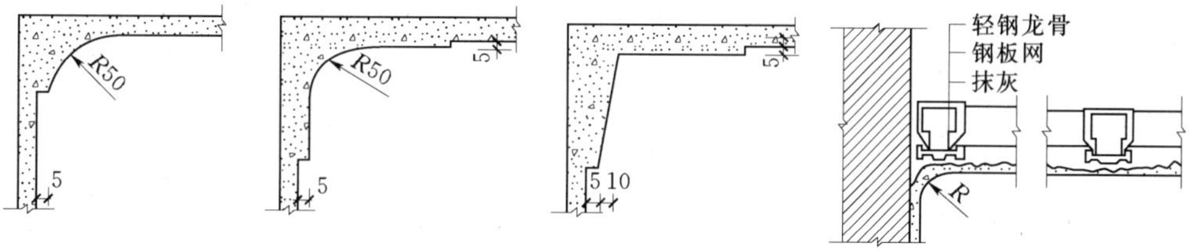

图 6－38　装饰凹线

4. 介条线

大面积外墙抹灰面为施工方便，避免抹灰材料干缩墙面出现裂纹，常在抹灰面层做分格引条处理，称为介条线。即在底灰上埋放不同形式的金属引条、玻璃引条，面层抹灰完毕后再用水泥砂浆勾缝，以提高抗渗能力。介条线的形式与做法如图 6－39 所示。

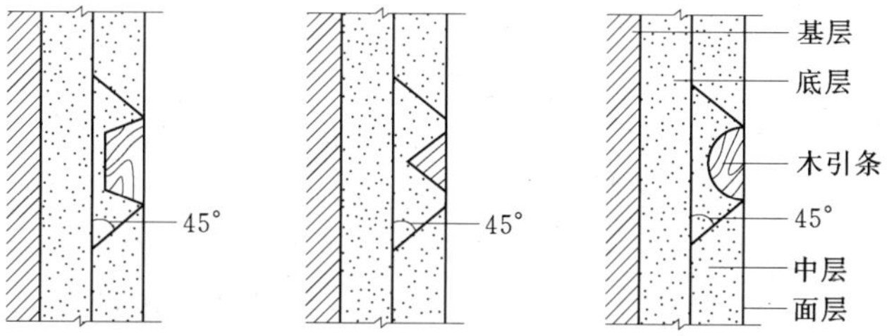

图 6－39　介条线的形式与做法

(a) 梯形引条线；(b) 三角形引条线；(c) 半圆形引条线

5. 护角

在房间的内墙和门窗洞口两侧凸出的阳角易被碰撞，通常采用 1∶2 水泥砂浆做护角，高度不小于 1.8～2m，每侧护角宽度不应小于 50mm，如图 6－40 所示。

(二) 贴面类墙面装饰

贴面类墙面装饰是指用各种天然石材或人造板、块，在现场通过绑扎、挂或直接粘贴

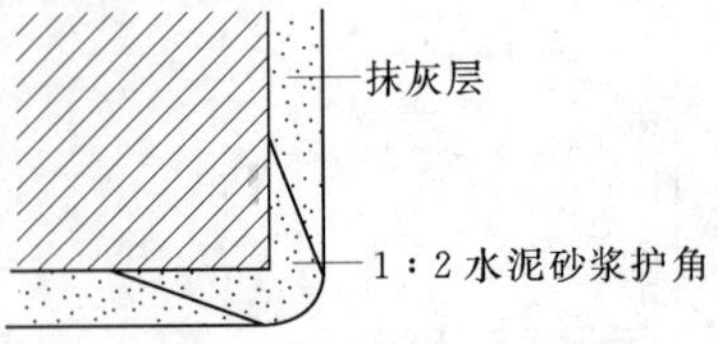

图 6-40 护角

于墙基层表面的装修做法，外墙装饰应采用抗冻性好的石材。

1. 陶瓷面砖、瓷砖、陶瓷锦砖墙面装饰

墙地砖分挂釉（光亮面）和不挂釉（麻面）及有一定纹理质感装饰的不同类型，釉面砖主要用于建筑内墙面及厨房、卫生间的墙面。

普通的瓷砖、面砖等贴面材料通常是直接用水泥砂浆粘于墙面上，贴面前先将砖墙基层表面清理干净，然后将面砖放入水中浸泡不小于0.5h，贴面前将面砖取出沥干。

外墙用10mm厚1：3水泥砂浆打底找平，5mm厚1：1水泥砂浆粘结层，再用10mm厚掺有107胶（水泥用量的5%～10%）的1：2.5水泥砂浆满刮于面砖背面，然后将面砖贴于墙面，如图6-41（a）所示。一般面砖背面有凸凹纹理，有利于面砖粘贴牢固，如图6-41（b）所示。内墙瓷砖贴面装饰采用10～15mm厚1：3水泥砂浆或1：3：6水泥石灰膏砂浆打底、8～10mm厚1：0.3：3水泥石灰膏砂浆粘结层，外面贴无缝瓷砖。

锦砖（又称马赛克）一般按设计图样要求施工时将纸面朝外，整块粘贴在1：1水泥细砂砂浆上，用木板压平，待砂浆硬结后，洗去牛皮纸即可。

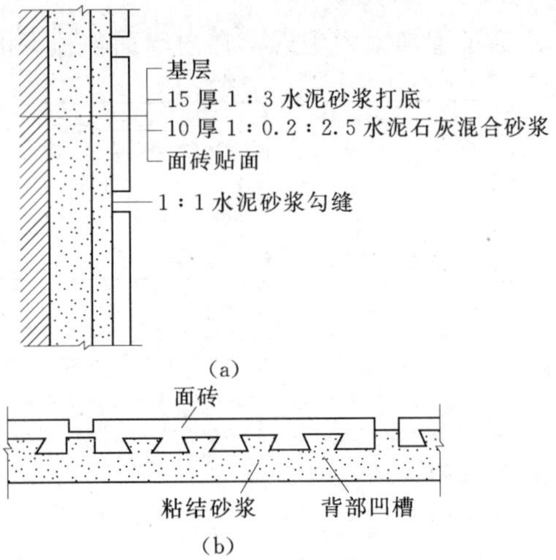

图 6-41 墙体面砖饰面的构造

2. 天然石板及人造石板墙面装饰

花岗岩板、大理石天然石板用于外墙面高级装饰，耐久性好、装饰性强、易清洗等优点。水磨石、剁斧石人造石板具有天然石材的花纹和质感、表面光洁、色彩多样特点。

天然石板和人造石板墙面的安装可采用绑扎法和干挂法。

（1）绑扎法。即湿挂石材法，是为保证天然和人造石板饰面的坚固和耐久，构造上必须采取措施。一般应沿墙身每隔500～1000mm在墙体结构中预埋$\phi6$钢筋箍或U形铁件，中距500mm左右，在钢箍内立$\phi6$～8mm竖筋和横筋，形成钢筋网，再用铜线或镀锌铅丝穿过加工时在石板上下边预凿好的孔眼，将石板绑扎在钢筋网上，上下两块石板用不锈钢卡销固定。为了使石板与基层墙体连接牢固，石板与墙之间应留有30mm缝隙，校正石板构造尺寸正确后，在板与墙之间分层浇筑1：3水泥砂浆，每次浇罐高度不应超过200mm。在砂浆初凝后，取掉定位活动木楔，继续上层石板的安装，如图6-42所示。

（2）干挂法。即干挂石材法，又称连接件挂接法。用一组高强耐腐蚀的金属连接件，将饰面石材用专用的卡具借助射钉或膨胀螺栓锚固在墙面预先固定的型钢或铝合金骨架上，石板表面用硅胶嵌缝，不许内部再浇灌砂浆，干挂法施工的石板墙面构造简单，施工方便不受季节的限制，无湿作业，施工速度快，效率高。

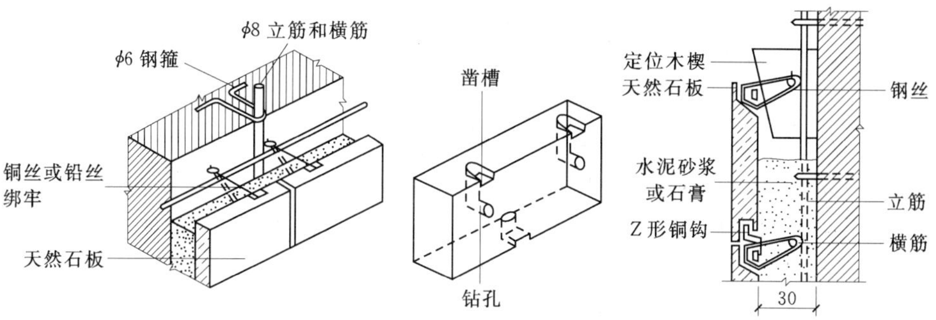

图 6－42　天然石板墙面绑扎装修构造

干挂石材做法分为无龙骨体系和有龙骨体系。

1）无龙骨体系。根据建筑物立面石材设计要求，全部采用不锈钢的连接件，与墙体直接连接（焊接或拴接），通常用于钢筋混凝土墙面，如图 6－43（a）所示。

2）有龙骨体系。装饰板材固定在龙骨上，龙骨由竖向和横向龙骨组成。该体系适用于各种结构形式。连接件宜用不锈钢的舌板、销钉、螺栓，如图 6－43（b）所示。

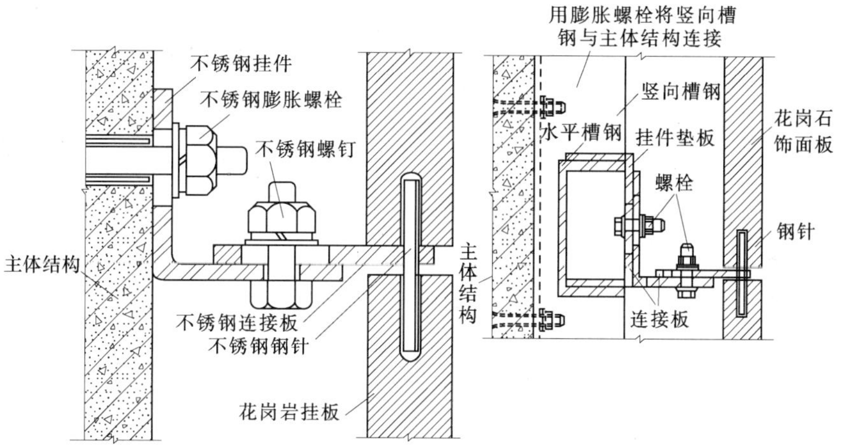

（a）　　　　　　　　　　（b）

图 6－43　天然石板干挂工艺构造

（a）无龙骨体系；（b）有龙骨体系

（三）涂料类墙面装饰

涂料类墙面装饰是指利用各种涂料敷于基层表面而形成完整牢固的膜层，而起到保护和装饰墙面作用的一种实用装修做法。

涂料按其成膜物的不同可分为无机涂料和有机涂料两大类。

无机涂料有普通无机涂料和无机高分子涂料，用于外墙面和有耐擦洗的内墙面中。有机涂料分为溶剂型涂料、水溶性涂料和乳液涂料 3 类，多用于内墙装修。

建筑涂料有刷涂、滚涂、喷涂和弹涂 4 种施工方法。

在平整的墙基层上，施涂溶剂型涂料时，第一遍涂料必须干燥后方可进行第二遍涂料的涂刷，而且第一度涂刷墙体的方向应与第二度涂刷墙体的方向相垂直，每遍涂料均应施涂均匀，各层应结合牢固，外墙的涂料应具有良好的防水性、耐久性、耐冻融循环性。

（四）裱糊类墙面装饰

裱糊类墙面装饰是将各种装饰墙纸、墙布、锦缎等装饰材料裱糊在墙面上的一种装修做法。常用 PVC 塑料壁纸、复合壁纸、玻璃纤维墙布等装饰材料。

在裱糊墙面中基层涂抹的腻子应坚实牢固，不得粉化、起皮和裂缝，如有嵌入基层表面钉眼应涂防锈涂料，接缝处用油性腻子填平干后用砂纸磨平。为达到基层平整效果可刮腻子数遍，最后一遍腻子时应该打磨用软布擦净。

墙面装饰应采用预排对花拼缝整幅裱糊，裱糊的顺序为先上后下，先高后低，应使饰面材料的长边对准基层上弹出的垂直准线，用刮板或胶辊赶平压实，阴阳转角应垂直，阴角处墙纸（布）搭接顺光，阳面处不得有接缝，并应包角压实。

（五）镶钉类墙面装饰

镶钉类墙面装饰是将各种天然或人造薄板借助于钉、胶进行固定，镶钉在墙面的装修做法。镶钉类墙面装饰构造与骨架隔墙相似，有骨架（木骨架和金属骨架）和面板两部分组成。

常见的装饰镶钉面板有胶合板、石膏板、钙塑板及各种吸声墙板等。

施工时先在墙面上立骨架（墙筋），然后在骨架上铺钉装饰面板。木骨架截面一般为 50mm×50mm，金属骨架多为槽型冷轧薄钢板。胶合板、纤维板等人造薄板可用圆钉或木螺钉直接固定在木骨架上，板间留有 5～8mm 缝隙，以保证镶钉面板有伸缩变形的可能，也可用木压条或铜、铝等金属压条盖缝如图 6-44（a）所示。石膏板与金属骨架的连接一般用自攻螺钉或电钻钻孔后用镀锌螺钉，如图 6-44（b）所示。

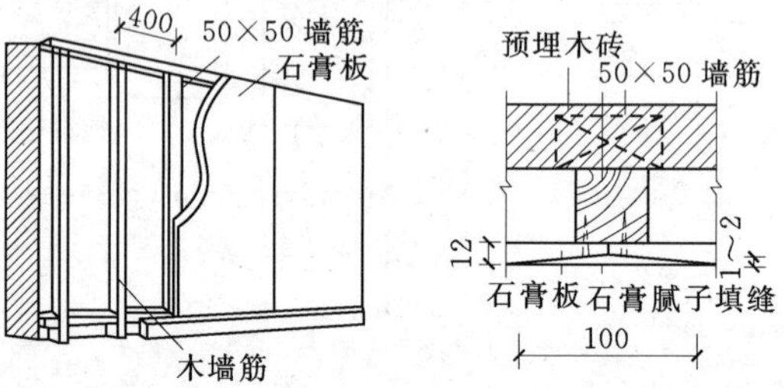

(a)

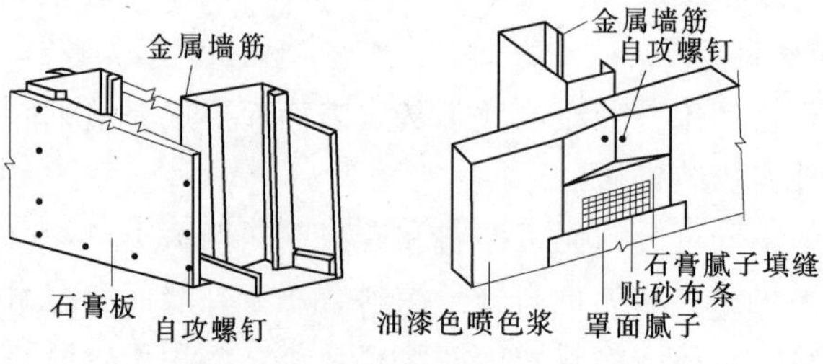

(b)

图 6-44　石膏板墙面装饰构造

(a) 木骨架；(b) 金属骨架

知识梳理与小结

本章对墙分类进行认知，学生应掌握墙体的保温、热桥、隔声、防火等设计知识；理解并掌握《砌体结构设计规范》（GB 50003—2011）的相关规定；在混合结构建筑中要掌握加强建筑物整体刚度的措施有圈梁、构造柱、拉结钢筋的构造做法，在节能复合墙体中掌握 EPS 外墙外抹灰的构造要求和框架结构中填充墙与框架的连接及材料的要求，在隔墙建筑中掌握砌块墙的构造；对建筑物的墙面装饰内容重点学会并掌握目前常用的装修要求和构造。

学　习　训　练

1. 墙体按构造、按位置和方向、按施工方法的分类有哪些？
2. 在混合结构中，墙体设计应满足哪些要求？
3. 在混合结构中，墙体的承重方案有几种？各方案有何特点？
4. 为何要设墙身防潮层？其设置的位置在哪儿？绘图说明水平、垂直防潮层的构造做法。
5. 勒脚有何用途？其构造做法有哪些？
6. 何谓过梁？常见过梁有几种？过梁有何用途？
7. 何谓圈梁？有何作用？试述现浇圈梁的构造。
8. 在砖混结构建筑中，加强建筑物的整体刚度有何措施？
9. 在砖混建筑中，过梁与圈梁在构造上有何不同？二者关系如何？
10. 简述在混合结构中构造柱设置的位置、作用以及构造柱的构造做法。
11. 在砖混结构中，当圈梁被门窗洞口截断后，应如何采取构造措施？
12. 简述节能墙体的构造。
13. 砖墙及多层砌块墙体中，有关抗震的构造要求都有哪些？
14. 简述在砌块墙体芯柱概念、设置的位置、作用和芯柱的构造做法。
15. 简述框架填充墙的构造。
16. 简述墙面装修按施工方法及构造的分类。
17. 抹灰之前，为何对基层进行处理？墙面抹灰的构造层次及抹灰标准是什么？
18. 简述贴面类墙面装修的构造，并绘图说明。

第七章 楼板与地面的构造

学习目标

- 熟知钢筋混凝土楼板的类型和作用，掌握楼地层的组成及区别。
- 掌握五种现浇钢筋混凝土楼板的构造。
- 能够绘制现浇钢筋混凝土楼板的构造图。
- 学会现浇钢筋混凝土常用的地面构造，学习顶棚组成，掌握直接式顶棚、吊棚的构造图。
- 掌握现浇阳台与雨篷构造的组成及连接构造。

第一节 钢筋混凝土楼板认知

楼板层和地坪层是建筑物的水平受力构件，沿其垂直方向将建筑物分隔成若干上下层建筑空间，承其上部所有荷载并传给墙或柱，对墙体来说起水平支撑的作用。它应具有保温、隔声、隔热、防水、防火等功能。地坪层是建筑物底部与土壤相接的受力构件，承受作用在底层地面上的全部荷载均匀地传给地基。楼地面指楼板层和底层地面的统称为楼地面。

一、楼板层的组成

通常楼板层由面层、结构层、顶棚层、附加功能层 4 部分组成，如图 7 - 1 所示。

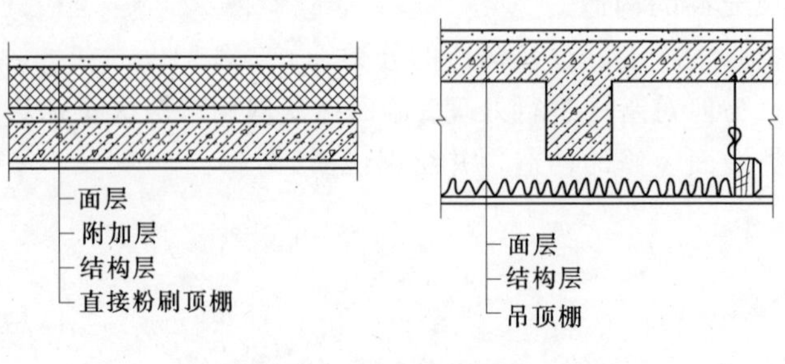

图 7 - 1 楼板层的组成

1. *面层*

面层指楼板层的上表面，又称楼面。面层对楼板结构层、装饰室内环境等起保护的作用。

2. 结构层

结构层又称钢筋混凝土楼板层，由钢筋混凝土梁、板等构件组成。钢筋混凝土楼板承受楼板层的全部荷载并传给墙或柱，对墙身起水平支撑的作用，应具有足够的强度、刚度和耐久性。

3. 顶棚层

顶棚位于楼板层的下表面，称天棚，是建筑室内上部空间的装饰层，起保护结构层和安装灯具、敷设管线的作用。

4. 附加层

附加层又称功能层，对于特殊使用要求的房间，可在面层与结构层或结构层与顶棚层之间设置保温层、防水层、防潮层、隔热层、隔声层、管线设备层等附加层。

二、楼板的类型

楼板按使用的材料可分为钢筋混凝土楼板和钢衬板组合楼板。

1. 钢筋混凝土楼板

钢筋混凝土楼板在建筑中被广泛采用，它具有防火性能好、强度高、耐久性、可塑性好，利于建筑工业化施工等特点。依据施工方法可分为现浇整体式、预制装配式、装配整体式 3 种，如图 7-2（a）所示。

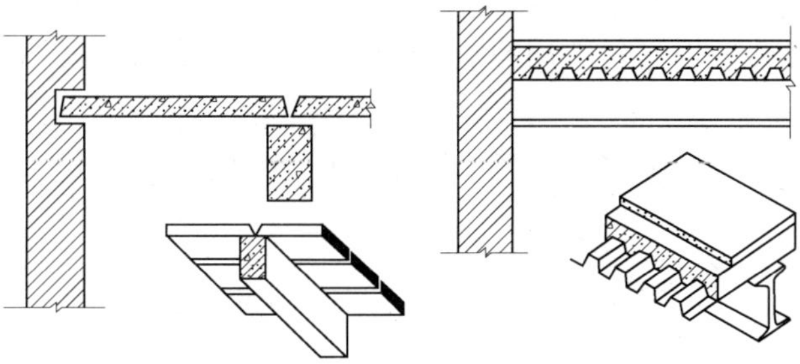

(a)　　(b)

图 7-2　钢筋混凝土楼板的类型

（a）钢筋混凝土楼板；（b）钢衬板组合楼板

2. 钢衬板组合楼板

又称为压型钢板混凝土组合楼板，即在型钢梁上铺设压型钢板作为永久性底模，在其上整浇混凝土而成的复合楼板即为钢衬板楼板，它具有整体性好、刚度大、强度高、抗震性能好的特点，适用于大空间和大跨度的高层民用建筑和工业建筑中，如图 7-2（b）所示。

三、楼板层的设计要求

（1）具有足够的强度和刚度。

（2）具有防火、保温、隔热、防潮、防水、隔声等能力。

（3）便于在楼板层中敷设各种管线。

（4）具有经济性。

第二节　现浇钢筋混凝土楼板

一、现浇整体式钢筋混凝土楼板

现浇钢筋混凝土楼板通过在施工现场支模板、绑扎钢筋、浇筑混凝土、养护、拆模等施工工序而形成的楼板。它具有整体性、抗震性好，防水抗渗性能强，梁板布置灵活的特点，适用于各种不规则的建筑平面形状的特点。

根据受力和传力的情况，现浇整体式钢筋混凝土楼板分为板式楼板、梁板式楼板、井式楼板、无梁楼板、压型钢板组合楼板。

1. 板式楼板

楼板下不设梁将板的两端直接支承在承重墙上称为板式楼板。适用于板跨 2～3m 的建筑平面尺寸较小的（厨房、卫生间）房间及公共建筑的走廊，板式楼板底面平整，美观、施工方便，目前采用较多。

板式楼板按其支撑情况和受力特点可分为单向板和双向板。当板的长边与短边之比大于 2 时，板基本上沿短边方向传递荷载，称为单向板，板内的受力钢筋沿短边方向设置；双向板长边与短边之比小于等于 2 时，荷载沿板双向传递，短边方向内力较大，长边方向内力较小，受力主筋应双向布置，如图 7－3 所示。

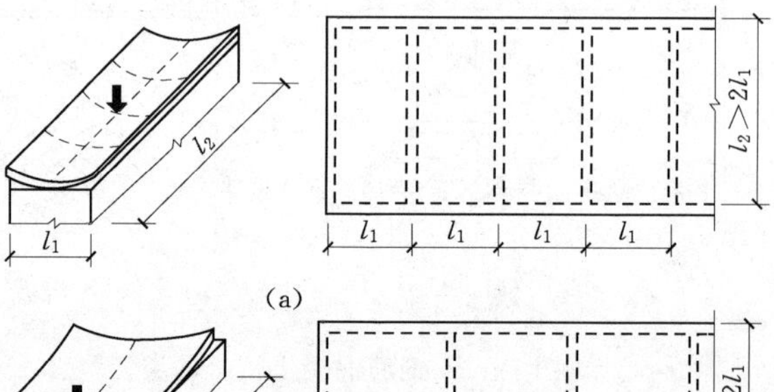

(a)

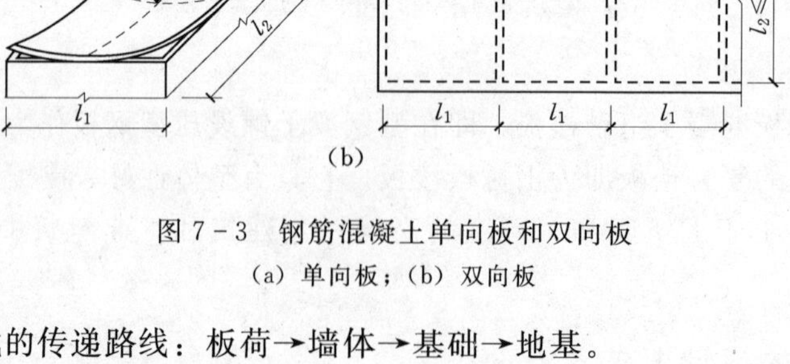

(b)

图 7－3　钢筋混凝土单向板和双向板

（a）单向板；（b）双向板

板式楼板荷载的传递路线：板荷→墙体→基础→地基。

2. 梁板式楼板

梁板式楼板又称肋梁楼板，由主梁、次梁、板组成，可分为单梁式和复梁式楼板。单梁式楼板板下只设主梁，复梁式楼板板下既设主梁又有次梁。

主梁支承在墙或柱上沿房间短跨布置，其经济跨度 5～8m，梁高为主梁跨度的 1/14～1/8；次梁支承在主梁上垂直于主梁布置，其经济跨度 4～6m，梁高为主梁跨度的 1/18～1/12，主次梁宽均为各自梁高的 1/3～1/2；板支承在次梁上，板跨即为次梁的间距一般为 1.7～3m，单向板厚 60～80mm，双向板厚 80～160mm，适用于大跨度民用建筑中尺寸较大的房间或门厅，如图 7-4 所示。

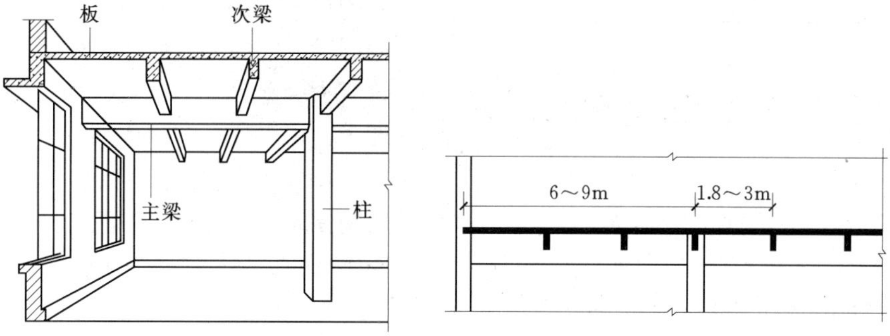

图 7-4 梁板式楼板

梁板式楼板的荷载传递路线一般为：板荷→次梁→主梁→柱（或墙）→基础→地基。

3. 井式楼板

在复梁式楼板中主次梁截面同高，等距布置，形成汉字的“井”字，称为井式楼板。

井式楼板是梁式楼板的特例，由板和梁组成。井格与墙垂直称为正井式，井格与墙倾斜 45°、135°称斜井式，井式楼板梁的跨度可达 10～30m，井字梁间距宜为 3m 左右，梁截面高度一般为梁跨的 1/15；宽度为梁高的 1/2～1/3。适用于门厅、大厅、会议室、小型礼堂等，如图 7-5 所示。

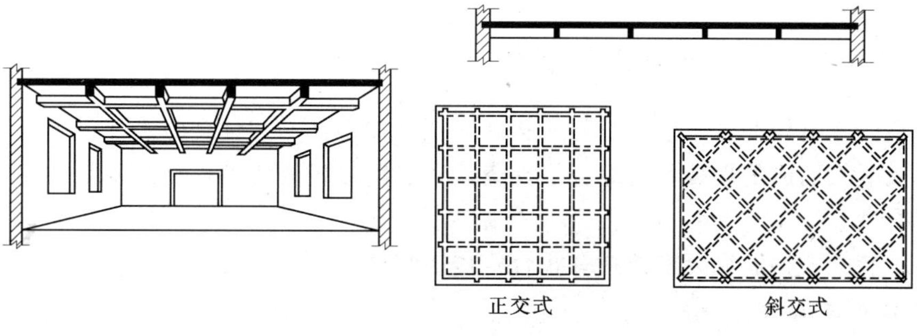

图 7-5 井式楼板

井式楼板的荷载传递路线为：板荷→梁→墙→基础→地基。

4. 无梁楼板

无梁楼板是将现浇钢筋混凝土板直接支承在柱和墙上不设主次梁的楼板。

柱网为方形或矩形，柱距经济尺寸为 6m 左右，为增加柱顶支承面积，需在柱顶设柱帽或托板，其板厚不小于 120mm，一般为 150～200mm，无梁楼板顶棚平整，室内净高大，采光通风好，适用于商店、仓库、展览馆等建筑中，如图 7-6 所示。

无梁楼板的荷载传递路线为：板荷→柱（和墙）→基础→地基。

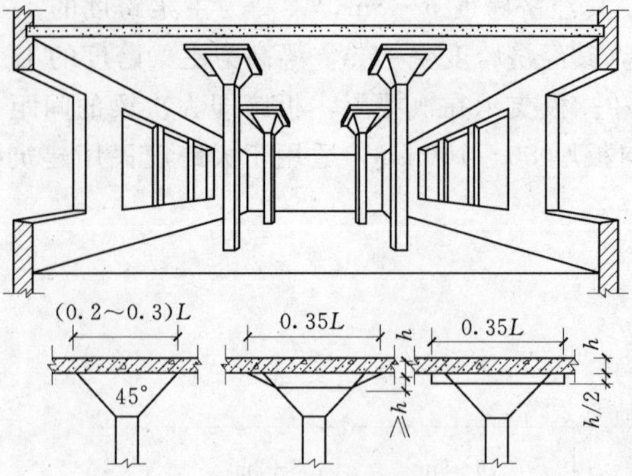

图 7-6 无梁楼板

L—柱距；h—板厚

5. 压型钢板组合楼板

压型钢板组合楼板是利用以截面凸凹相间的压型钢衬板（分单层、双层）与钢筋混凝土浇注在一起支承在钢梁上，构成的整体楼板结构。它主要用于大空间的高层民用建筑和大跨度工业建筑。如图 7-7 所示，压型钢板既承受混凝土拉应力又是永久性模板，它抗震性好刚度大。

压型钢板组合楼板由现浇混凝土、压型钢板和钢梁 3 部分组成。梯形断面压型钢板要双面镀锌，板宽 500～1000mm，肋高 35～150mm，楼板经济跨度为 2000～3000mm，现浇混凝土的厚度 50mm，压型钢板间与钢梁之间一般采用焊接、螺栓连接、铆钉连接等方法。

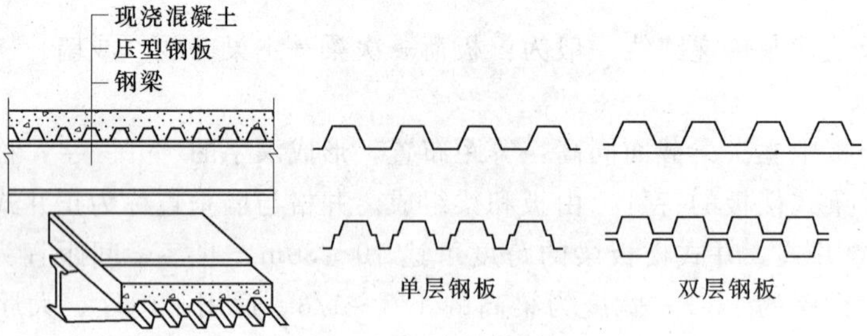

图 7-7 压型钢板组合楼板

二、装配整体式钢筋混凝土楼板

装配整体式钢筋混凝土楼板是先在构件厂预制加工部分构件到施工现场进行安装，再整体浇筑混凝土而成的楼板。它综合了现浇板和装配楼板的优点，是预制装配和现浇相结合的楼板类型。

常用的装配式钢筋混凝土楼板有叠合式楼板和密肋填充块楼板两种。

1. 叠合式楼板

叠合式楼板由预制薄板和现浇钢筋混凝土叠合而成的装配整体式楼板，预制薄板既是楼板结构的组成部分，又是现浇钢筋混凝土叠合层的永久模板，薄板具有模板、结构、装修的功能，适用于对整体刚度要求较高的高层建筑和大开间建筑。

通常薄板内配预应力钢筋，板面现浇混凝土叠合层，在板支座处配负弯矩钢，为使预制薄板和叠合层共同工作，应在薄板的表面做直径 50mm、深度 20mm 的圆形凹槽，或在薄板面露出较规则的三角形状的结合钢筋进行特殊处理，如图 7-8 所示。经济跨度为 4000～6000mm，最大可达 9000mm，板宽 1100～1800mm、板厚 50～70mm，叠合层采用 C20 的混凝土，70～120mm 厚，叠合楼板的总厚度为 150～250mm。

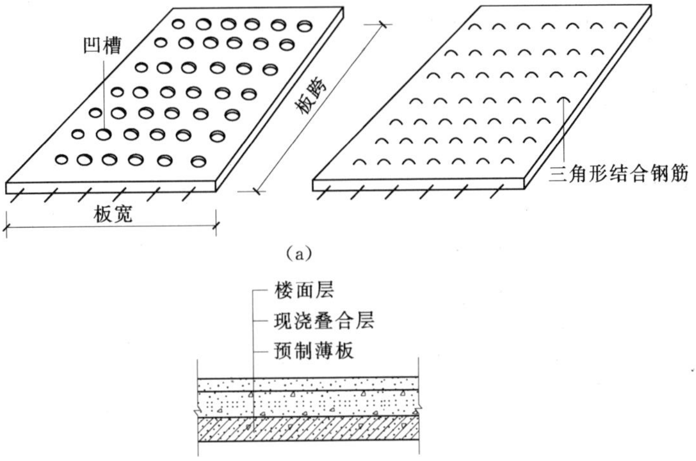

图 7－8　预制薄板叠合楼板的构造

(a) 预制薄板的板面处理；(b) 预制薄板叠合楼板

2. 密肋填充块楼板

密肋填充块楼板是由密肋楼板和轻质空心填充块叠合而成。它包括现浇密肋楼板和预制小梁现浇板两种。现浇密肋填充块楼板是由陶土空心砌块、矿渣混凝土空心砖等作为肋间填充块来现浇密肋和面板，如图 7－9 所示。

密肋填充块楼板底面光滑平整，具有隔声、保温、隔热的能力，有利于敷设设备管线。

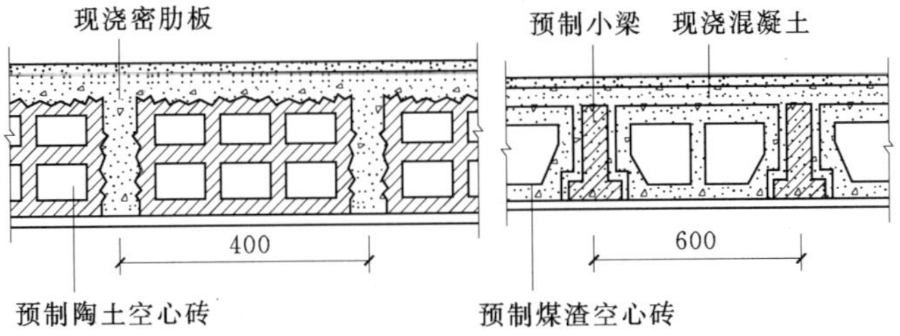

图 7－9　密肋填充块楼板

(a) 现浇密肋填充块楼板；(b) 预制小梁填充块楼板

三、预制装配式钢筋混凝土楼板

预制装配式钢筋混凝土楼板是指在预制构件加工厂预先制作，然后在施工现场安装的钢筋混凝土楼板。该楼板节约建筑模板，提高劳动效率，利于建筑工业化，但预制装配式钢筋混凝土楼板的整体性较差，抗震能力低，故抗震区禁用。

第三节　楼地面与顶棚的构造

楼层地面（指二层以上房间的地面）和底层地面统称楼地面，它们的做法基本相同，楼地面命名以其面层所用材料来称呼。

一、楼地面的设计要求

(1) 坚固耐磨。在外力作用下不易磨损和破坏，表面光洁平整，易清洗不起灰。

(2) 热工性能。楼地面应选用导热系数小、蓄热保温材料，保证寒冷季节脚部舒适。

(3) 具有弹性。当人在房间里驻留、行走时脚感舒适，利于隔声较少噪音。

(4) 具有防潮、防水功能。对于有水房间地面要求耐潮湿，不透水。

(5) 特殊要求。对有酸、碱及有害物质等的房间地面应做相应的建筑构造处理。

二、楼地面的分类

按楼地面的面层材料和施工方法可分为整体地面、块材地面、木地面、卷材地面。

三、楼地面的构造

(一) 地层的构造

地坪层指建筑物底层与土层相交处的水平受力构件，它承受地坪上的荷载并传给地基。地坪层一般由面层、垫层、基层和附加层组成。

1. 面层

面层是地坪层的最上面的构造层，是人们日常生活直接接触的构件，应满足耐磨、平整美观、易清洁、不起尘、防水、保温性能好等要求。

2. 垫层

垫层是地坪的结构层，分为刚性垫层和柔性垫层，它要承受面层传来荷载并传给基层。刚性垫层一般采用60～100mm厚C10混凝土，适用于防潮防水要求高地坪及面层材料薄脆的整体面层或陶瓷板块面层；柔性垫层可用60～100mm厚石灰炉渣、80～100mm厚碎砖灌水泥砂浆，适用于地坪材料厚而不宜脆断的混凝土或石板块料。

3. 基层

基层是垫层与土层间的找平层，其作用加强地基传递荷载，厚度为100～150mm。

4. 附加层

附加层又称功能层，为满足房间特殊使用要求设置的构造层，如防潮层、防水层、保温层、隔声层、耐酸碱、耐化学腐蚀的构造层，如图7-10所示。

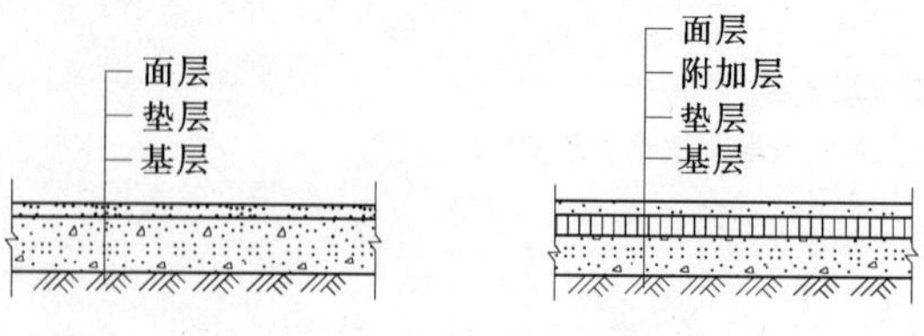

图7-10　地坪层的构造组成

(二) 楼面的构造

楼面构造中整体地面又称现浇地面，有水泥砂浆地面、细石混凝土地面、水磨石地面等。

1. 整体地面

(1) 水泥砂浆地面。水泥砂浆地面又称水泥地面，它是用普通硅酸盐水泥为胶结材料，中砂或粗砂作骨料，在现场配置抹压而成。水泥地面有单层做法和双层做法。

单层做法是将基层（楼板结构层）用清水清洗干净，在基层上先抹一道素水泥浆作结合层，然后抹 15～20mm 厚 1：2.5 水泥砂浆，抹平后待终凝前用铁抹子压光。

双层做法是在基层上先用 15～20mm 厚 1：3 水泥砂浆打底找平，再用 5～10mm 厚 1：2 水泥砂浆抹面，抹平后待终凝前用铁抹子压光，如图 7-11 所示。双层做法减少了材料干缩产生的裂纹，目前使用居多。

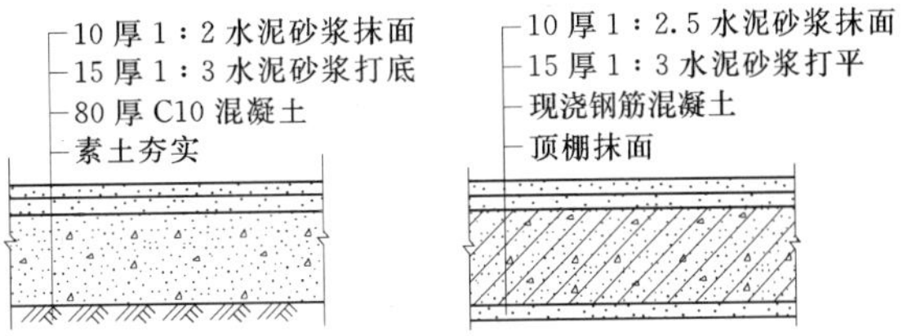

图 7-11 水泥砂浆楼地面

(2) 细石混凝土地面。细石混凝土地面的做法是在基层上浇 30～40mm 厚 C20 细石混凝土，内配Φ4@200mm 的钢筋网，待混凝土初凝后用铁滚滚压出浆，待终凝前撒少量干水泥，用铁抹子压光不少于 2 次。

(3) 现浇水磨石楼地面。水磨石地面是在水泥砂浆或细石混凝找平层上按设计要求分格，用水泥作胶结材料、大理石或白云石等中等硬度石料的石屑作骨料而形成的水泥石渣浆经浇抹硬结后，再经磨石、打蜡后制成。水磨石地面平整光洁、整体性好、易清洗、造价高，常用于公共建筑的门厅、走廊及标准较高的房间。

通常在地面基层用 10～15mm 厚 1：3 水泥砂浆打底、找平，按设计图用 1：1 水泥砂浆嵌固分格条，再用 1：2.5 的水泥石渣浆浇入设置的分格内，均匀撒一层石渣，用滚筒压实，直至水泥浆被压出为止，再浇水养护一周后，用磨石机磨光，再用草酸清洗，打蜡保护。水磨石地面分格条将地面划分成面积较小的区域小格便于维修，减少地面开裂，分格形成的图案增加了地面美观效果，如图 7-12 所示。

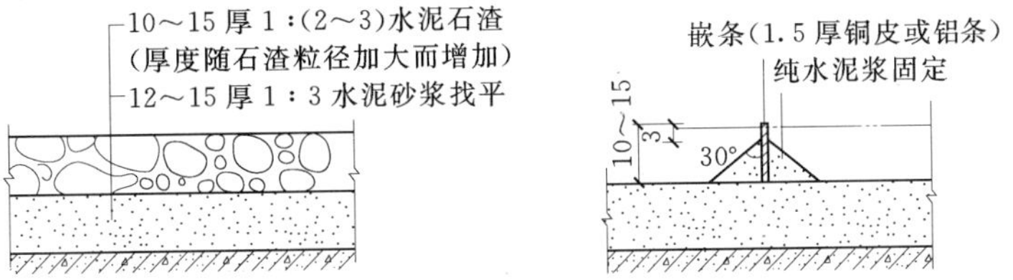

图 7-12 现浇水磨石楼地面

2. 块材地面

块材地面是用胶结材料，将各种块材或板材铺在基层上的地面，又称镶铺地面。面层材料有陶瓷地砖、大理石、花岗岩等石板地面。

(1) 陶瓷地砖地面（全瓷地砖除外）。用于地面的陶瓷板块地面有缸砖、陶瓷锦砖、彩釉陶瓷砖、瓷质无釉砖等。该类地面光洁耐磨、防水耐酸碱，一般用于卫生间、厨房等有水的房间。

陶瓷地砖地面铺贴时，先将陶瓷地砖用水浸泡至少 0.5h，沥干待用，吊线、在踢脚上弹线，地砖在地面上试排尺寸，在混凝土垫层或钢筋混凝土楼板上用 15～20mm 厚 1：3 水泥砂浆打底、找平，灰浆应在砖背面满铺，再用 5mm 厚的 1：1 水泥砂浆（掺适量 107 胶）粘贴陶瓷地砖，用橡胶锤锤击以保证粘结牢固，避免空鼓，最后用素水泥擦缝。

陶瓷锦砖（马赛克）地面铺贴时，在楼板上用 15～20mm 厚 1：3 水泥砂浆打底、找平，将牛皮纸朝外用 5～8mm 厚的 1：1 水泥砂浆粘贴，待锦砖与基层粘结牢固达到强度时，用清水洗去牛皮纸，用白水泥浆擦缝，如图 7－13 所示。

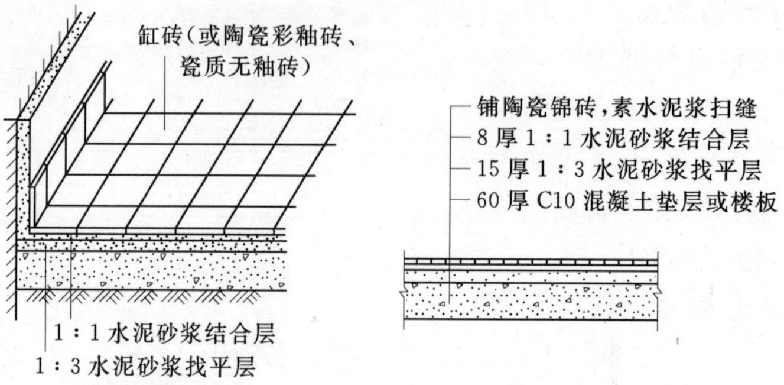

（a）　　（b）

图 7－13　陶瓷地砖地面构造

（a）陶瓷地砖地面；（b）陶瓷锦砖地面

（2）石板地面。石板地面有天然石板和人造石板两种。

天然大理石颜色艳丽，具有各种纹理，装饰效果好，用于装修标准较高的公共建筑的门厅、大厅，大理石板规格一般为 500mm×500mm～1000mm×1000mm。

石板地面铺贴，先在基层上洒水润湿，铺 20～30mm 厚 1：3 干硬性水泥砂浆找平，用 5～10mm 厚的 1：1 素水泥浆将石板均匀粘贴，待能上人后撒干水泥粉擦缝。如图 7－14 所示。

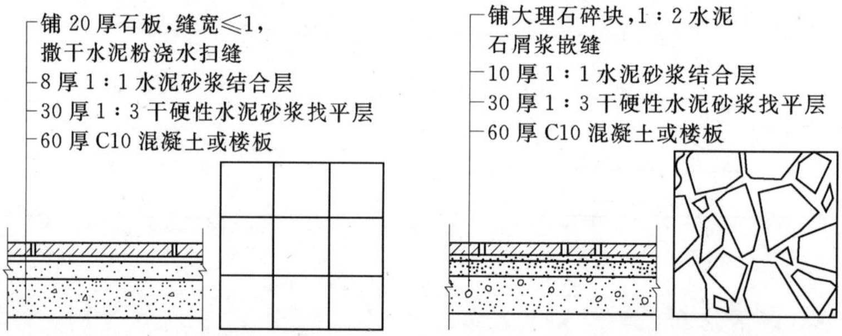

（a）　　（b）

图 7－14　石板楼地面

（a）方形石板地面；（b）碎石板地面

3. 木地面

木地面是指用实木板材铺设或用复合地板粘贴而成的地面。使用广泛的一种地面，具有弹性、保温、隔声性能好等特点，适用于民用建筑使用房间的地面。

木地面可采用实铺式、粘贴式两种构造。

（1）实铺式木地面。直接在楼板基层上铺设的地面，常用铺钉式做法。

铺钉式木地面有单层、双层木地面做法。单层做法可用钢钉直接将木搁栅（龙骨）钉在结构层上，用镀锌铁丝将木搁栅与结构层内预埋钢筋绑牢，木搁栅的断面尺寸为 50mm×70mm，间距为 300～400mm。如在木搁栅上设 30°或 45°斜铺 20～25mm 厚的木毛板，其面板则采用硬木拼花板，即为双层木地板做法。为防止木地板受潮变形，常在结构层上涂刷一道冷底子油或热沥青，木龙骨要做防腐处理，在踢脚处设通风口，如图 7－15 所示。

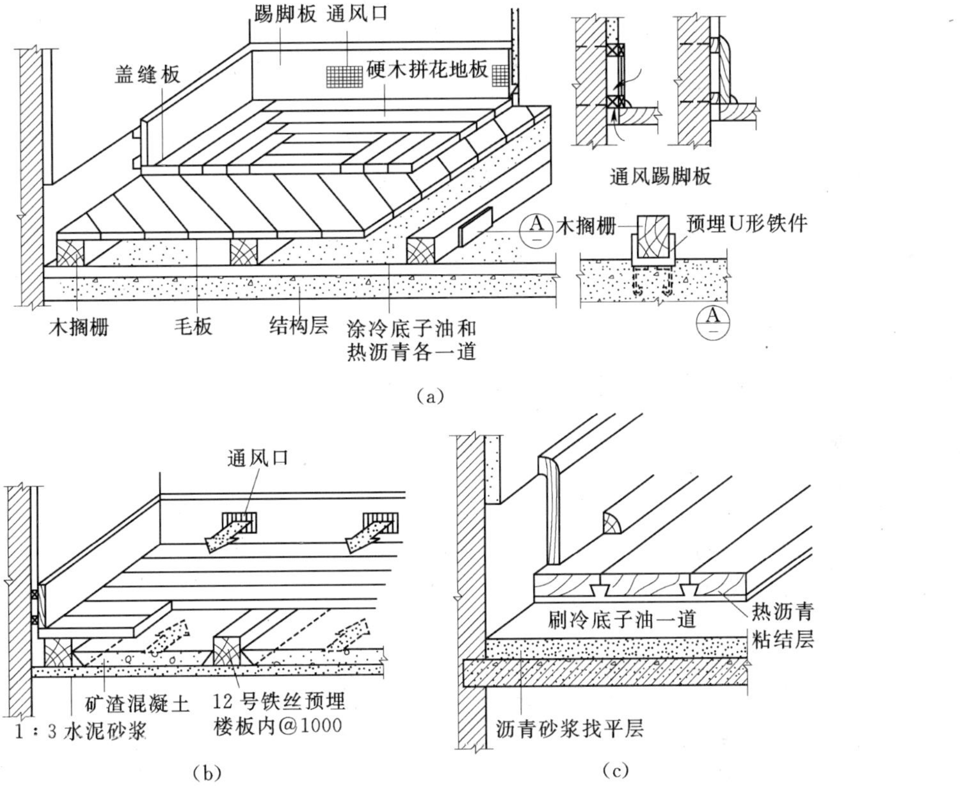

图 7－15 实铺式木地面构造

(a) 双层铺钉式木地面；(b) 单层铺钉式木地面；(c) 粘贴式木地面

(2) 粘贴式木地面。是将木地板用沥青胶或环氧树脂等粘结材料直接粘贴在找平层上，假如是底层地面应先在底层地面的找平层上作防潮层。

粘贴地面做法节省了龙骨木料，增加了房间的净高，适用于复合地板和复合实木地板。

复合地板有两面插口或三面插口，板与板安装能严丝无缝，可用粘贴式和无粘贴式构造，该地板具有耐磨、防水、防火等性能，如图 7－16 所示。

无粘贴式复合地板应直接在楼板基层上干铺 4～5mm 厚阻燃发泡型软泡沫塑料垫层，而后，在其上铺复合地板块。

粘贴式木地面在结构层做 15～20mm 厚 1：3 水泥砂浆找平层，找平层上刷冷底子油或热沥青一道，将木板条直接粘贴在沥青上，如图 7－16 所示。

4. 卷材地面

卷材地面是用成卷的卷材直接铺在平整的基层楼板上的地面。常见软质聚氯乙烯塑料地毡、化纤地毯、纯毛地毯卷材，可满铺、局部铺，用于公共建筑和居住建筑。

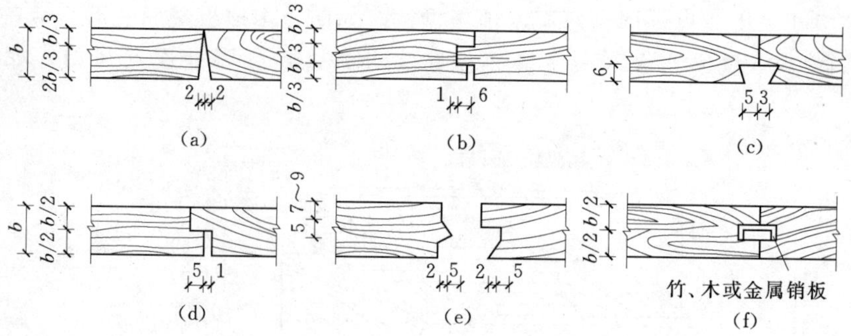

图 7-16 地板块的拼接形式

(a) 平口；(b) 企口；(c) 截口；(d) 压口；(e) 企口；(f) 销板

四、楼板层的防水与排水构造

1. 楼地面的排水

对于有水房间地面应设地漏，厨房、卫生间、浴室地面应设 1%～1.5%的坡度坡向地漏。有水房间地面应比无水房间地面标高低 20～30mm，如图 7-17 所示。

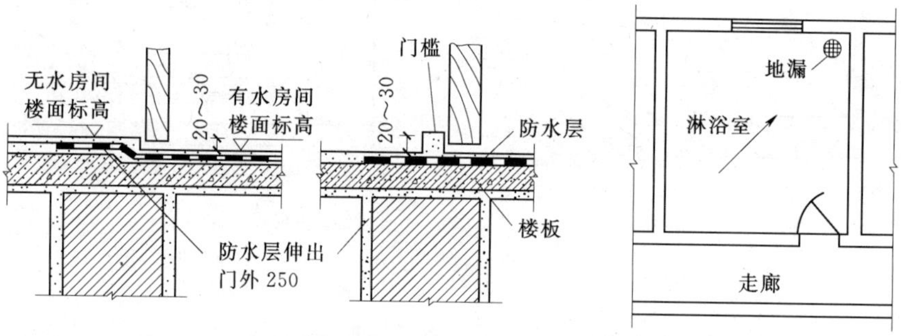

图 7-17 有水房间楼板层防水与排水

2. 楼地面防水

有水房间地面宜用现浇钢筋混凝土楼板，并增设一道卷材防水层（或防水涂料），应沿房间四周墙面向上做入踢脚线内 100～150mm 高，防水层应铺出门外至少 250mm。

五、顶棚的构造

顶棚又称天花板，是楼板下面的装修层。作为顶棚应表面光洁、美观，能反射光线改善室内照度，有特殊要求的房间顶棚应具有防火、保温、隔热、隔声等功能。

按其构造做法可分为直接式顶棚和悬吊式顶棚两种。

（一）直接式顶棚

直接式顶棚是直接在钢筋混凝土楼板下面喷刷涂料、抹灰或粘贴形成的顶棚如图 7-18 所示。直接式顶棚构造简单，施工方便，适用于大量性的民用建筑房间。

1. 直接喷、刷涂料顶棚

在楼板底面填缝刮平后，直接在板下喷或刷白色涂料，增加顶棚的反光效果。

2. 抹灰顶棚

当楼板底面不够平整或天棚装修标准较高时，可在板底抹灰后再喷刷涂料。

顶棚抹灰可采用水泥砂浆、混合砂浆、纸筋灰等，如图 7-19（a）所示。

3. 贴面顶棚

对于板底平整不需在顶棚敷设管线、装修标准较高的房间，宜用砂浆打底找平后，再用胶粘剂直接在板底粘贴墙纸、装饰吸声板等，如图 7-19（b）所示。直接式顶棚抹灰总厚度 10～15mm。

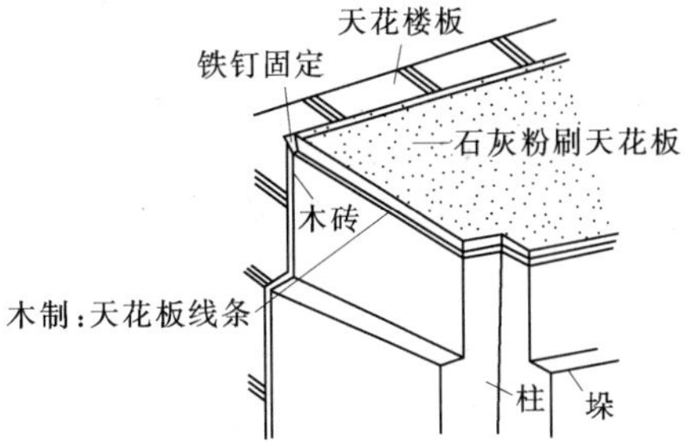

图 7-18　直接式贴面顶棚构造

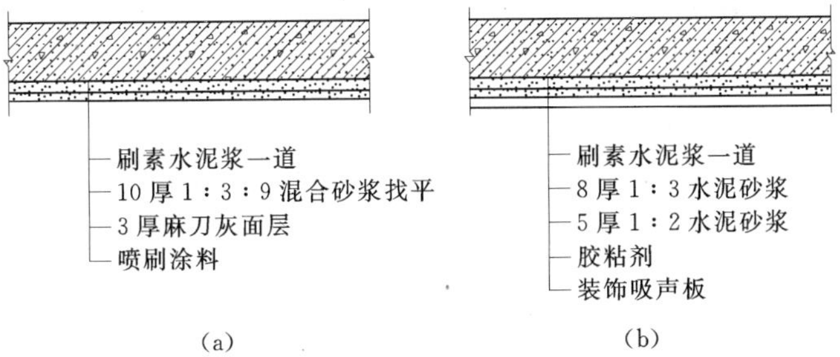

图 7-19　直接式顶棚构造

（a）抹灰顶棚；（b）贴面顶棚

4. 结构顶棚

利用结构本身暴露在外的结构构件，不做任何装饰处理的顶棚，称为结构顶棚。

（二）悬吊式顶棚

悬吊式顶棚简称吊顶。当房屋装修标准较高，楼板底部不平整或需要在楼板下敷设管线作设备夹层时，将天棚悬吊于楼板结构层下一定距离，形成吊顶，如图 7-20 所示。

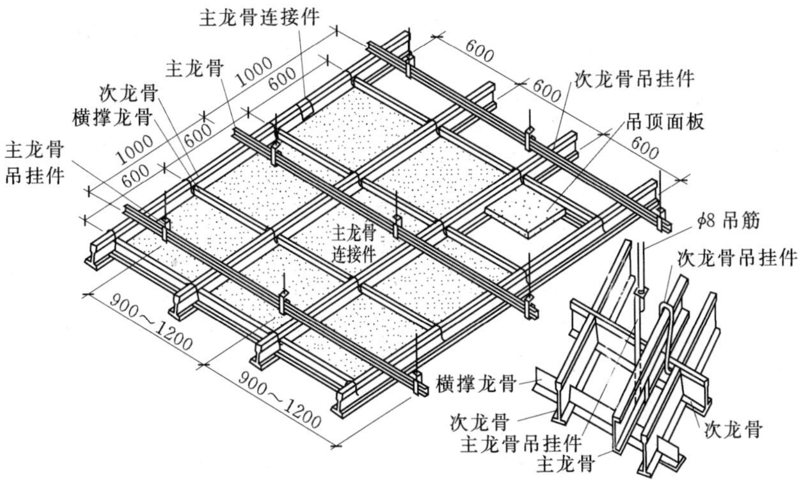

图 7-20　吊顶的构造

1. 吊顶的组成

吊顶是由悬吊构件（吊筋）、骨架（搁栅）、面层 3 部分组成。

（1）悬吊构件。吊筋即是悬吊构件，又称吊杆。借助射钉将吊筋一端固定在楼板的结构层上，另一端固定主搁栅，吊筋主要起承受吊顶棚和搁栅的荷载，并将该荷载传给屋面板、楼板、屋架等；吊筋高度即为吊棚空间高度，常用金属吊筋直径为 6～8mm 的钢筋，吊筋间距为 900～1200mm。

（2）骨架。骨架有主龙骨和次龙骨（主搁栅、次搁栅）组成。通常采用薄壁型钢和铝合金制作的轻钢龙骨，主龙骨与吊筋连接。通常主龙骨单向布置，主龙骨断面为[形、U 形，主龙骨借助于螺栓、钩挂、焊接等方法与吊筋连接，主龙骨的间距与吊筋相同，为 900～1200mm；次龙骨固定在主龙骨上，次龙骨断面有 U 形、倒 T 形、和 L 形等，次龙骨间距为 400～1200mm，龙骨之间用配套的连接件连接。

（3）面层。吊棚面层分为抹灰类面层、板材类面层、搁栅类面层。

2. 抹灰类顶棚

抹灰类顶棚是在木龙骨上（木质次龙骨）铺钉木条板，在其上抹纸筋石灰浆，其构造造价低，抹灰面易出现龟裂、破损脱皮，且防火性能极差，故作为顶棚面层现在不宜使用。

3. 板材类顶棚

将面层板材固定在龙骨上，龙骨可外露也可不外露，板材类金属龙骨有石膏板、铝塑板等人造板材、铝板、铝合金板、彩钢板、不锈钢板等金属板材做面层材料，如图 7－20 所示。

4. 搁栅类吊棚

搁栅类吊棚是通过单体构件组合而成的开敞式吊顶，如图 7－21 所示。

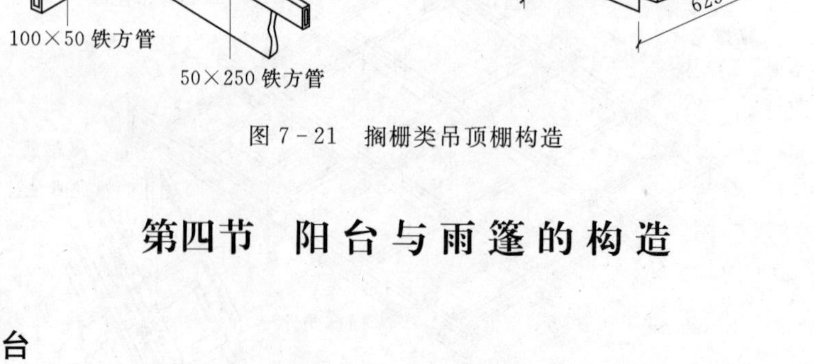

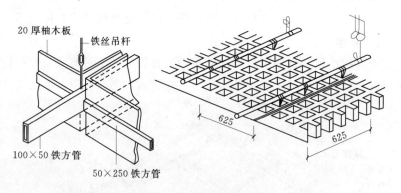

图 7－21　搁栅类吊顶棚构造

第四节　阳台与雨篷的构造

一、阳台

阳台是居住建筑中不可缺少的室内外过度空间，可供使用者在阳台上休息、眺望及从事家务活动，在建筑设计中规范明确规定住宅每户必设服务阳台。

（一）阳台的组成

阳台是由阳台板和阳台栏板或（栏杆、扶手）组成。

（二）阳台的分类

阳台按使用功能分有服务阳台和生活阳台。设于厨房上的阳台称为服务阳台；设于方厅、居室等使用房间上的阳台称为生活阳台。

阳台按其平面形状分有矩形、半圆形、梯形、弧形、多边形等形状。

阳台按与外墙的位置关系分有凹阳台、凸阳台、半凸半凹阳台。凹阳台是楼板层的一部分；凸阳台是悬挑受力构件，要涉及结构受力、倾覆等问题，因而构造上要特别重视，如图 7－22 所示。

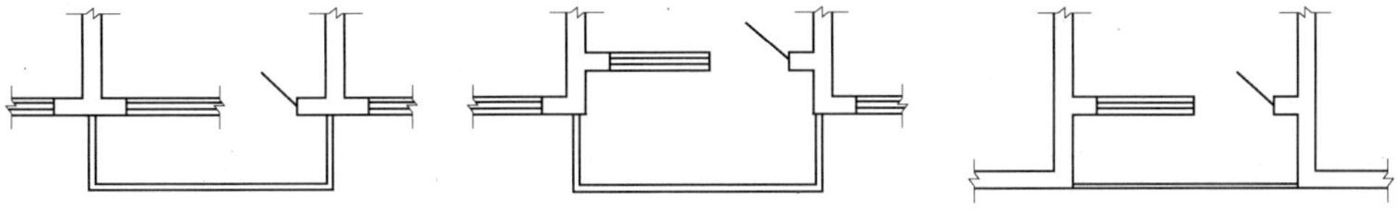

图 7－22 阳台的类型

阳台按结构布置分有挑板式阳台和挑梁式阳台。挑板式阳台是将现浇楼板挑出外墙面，即阳台板悬挑，如图 7－23（a）所示。挑梁式阳台是由内横墙上挑出悬臂梁，悬臂梁与阳台板整浇，为抗倾覆挑梁压入墙内的长度应大于 1.5 倍的悬挑长度。为保建筑立面造型美观，在挑梁端部设边梁，如图 7－23（b）所示。

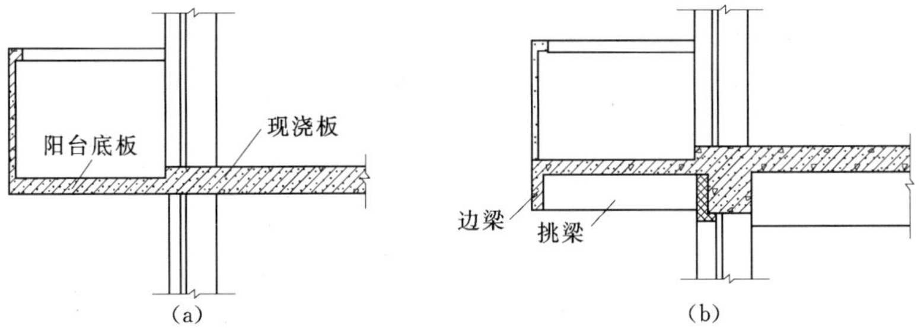

图 7－23 阳台结构形式

（a）挑板式阳台；（b）挑梁式阳台

阳台按保温方式分为封闭阳台和非封闭阳台。寒冷地区的居住建筑宜做成封闭阳台，在现浇钢筋混凝土栏板内侧设保温层，常用的做法为在栏板内侧粘贴保温材料，辅以锚栓固定于基层墙面，常用的保温材料主要有聚苯乙烯泡沫塑料板、胶粉聚苯颗粒保温浆料、岩棉板。阳台板上也可铺粘相同材料的保温板。

（三）阳台的构造

1. 阳台板

阳台板宜采用现浇钢筋混凝土制成，增强建筑物的整体性和抗震性。阳台板按悬臂构件进行结构计算配置钢筋，采用不小于 C20 的混凝土浇筑，阳台悬臂外伸长度 1200～1800mm。

2. 阳台栏板

（1）钢筋混凝土栏板。钢筋混凝土栏板应采用现浇制成，需按结构计算配置钢筋，且钢筋混凝土栏板与阳台板应整体浇筑，如图 7-24（a）所示。

现浇混凝土扶手宜用 C20 的细石混凝土，宽 150mm，厚为 50mm，配通长钢筋 2Φ12 或 3Φ12，分布筋Φ6@150，钢筋搭接处应焊接，将铁件砌入墙内与预埋铁件焊接，如图 7-24（b）所示。

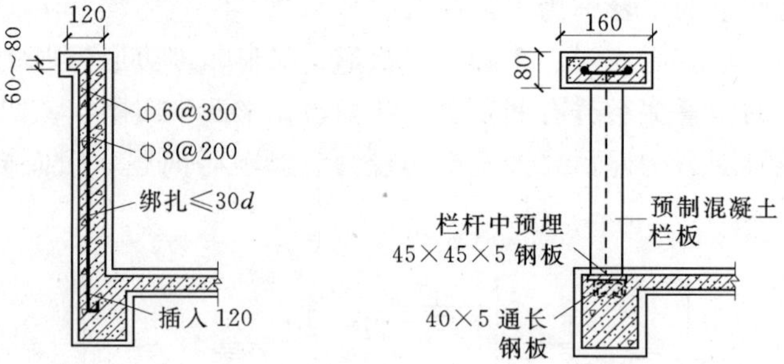

（a）　　　　（b）

图 7-24　阳台栏杆、扶手的连接

（a）现浇混凝土栏板；（b）预制混凝土扶手

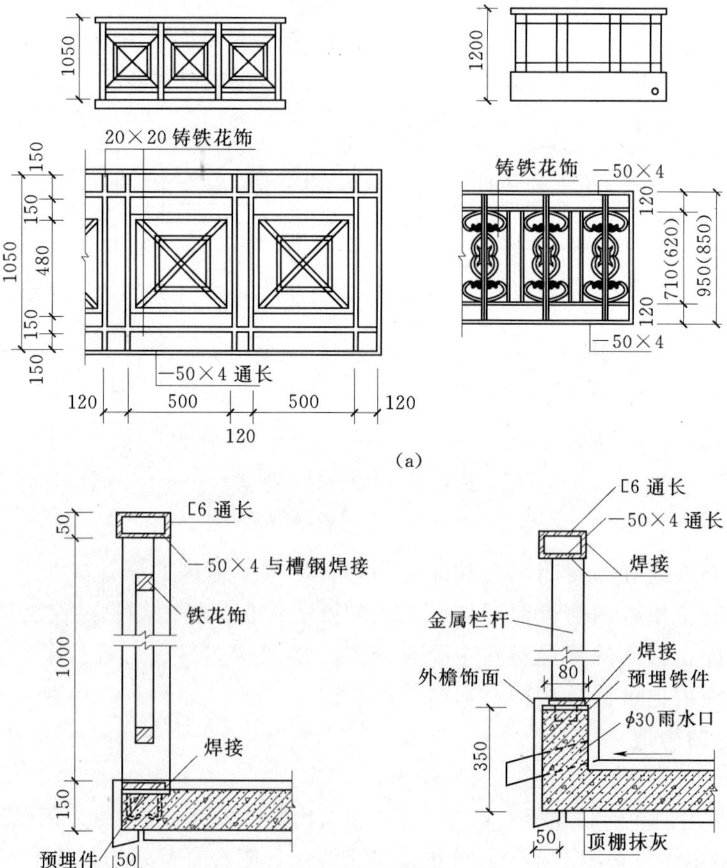

（b）

图 7-25　金属栏杆的形式和构造

(2) 栏杆与扶手。

1) 金属栏杆。由不锈钢管、铸铁花饰、方钢和扁钢制作，图案由建筑设计需要确定，如图 7-25 所示。不锈钢栏杆一般用于公共建筑和高档住宅的阳台。金属栏杆与阳台板的连接一般有两种方法：一是在阳台板上预留孔槽，将栏杆立柱插入，用细石混凝土浇灌；二是在阳台板上预埋钢板或钢筋，将栏杆与钢筋焊接在一起，如图 7-25 (b) 所示。

2) 扶手。可分为金属扶手、木扶手等。

扶手与墙的连接是将扶手或扶手中的预埋铁件伸入墙内预留孔中，与墙内的预埋件焊接牢固，用混凝土灌实，如图 7-26 所示。

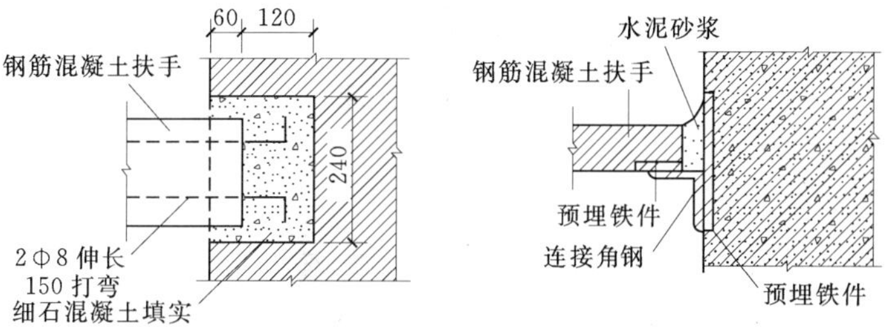

图 7-26　扶手与墙的连接构造

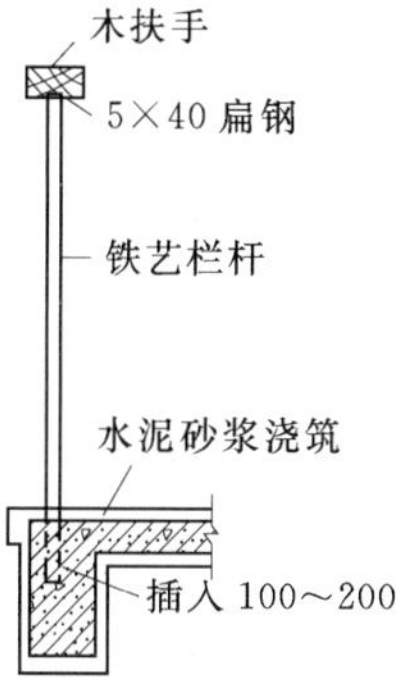

图 7-27　木扶手与栏杆的构造

木扶手与栏杆连接是在木扶手下方预埋铁板，铁板与铁艺栏杆焊接或用螺栓固定；金属扶手与铁艺栏杆焊接固定，如图 7-27 所示。

(四) 阳台的保温

阳台栏板的保温构造如图 7-28 所示。

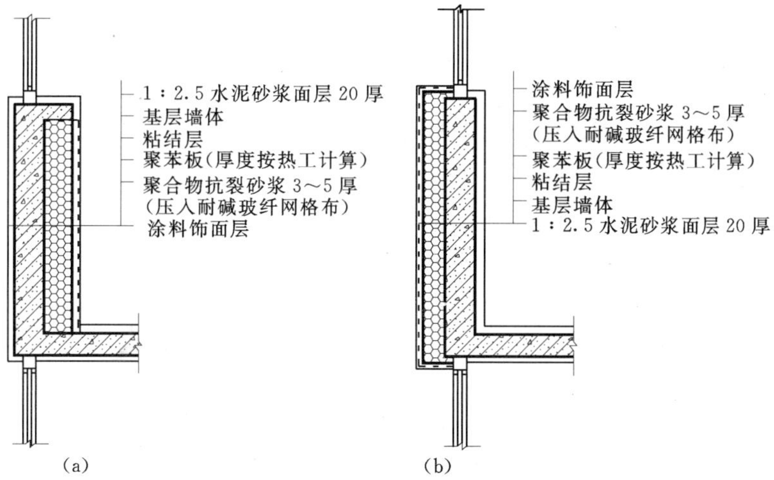

图 7-28　阳台栏板的保温构造

(a) 内保温；(b) 外保温

二、雨篷

雨篷设于建筑物入口处和顶层阳台之上的遮雨悬臂构件，是建筑物立面细部处理部位。

1. 雨篷的构造

过梁挑出板即由雨篷板与入口过梁浇筑在一起，挑出长度一般为 1～1.5m 较经济。挑梁上翻可使底面平整，当雨篷挑出长度大于 1.5m 时，须在雨篷下设受力柱形成门廊。雨篷顶面应做好防水和排水，常用最薄处 20mm 1∶3 防水砂浆抹面，并向出水口找 1% 坡度，应顺墙上抹不小于 300mm 高的防水砂浆，雨篷板下应做好滴水口的抹灰，梁端留出泄水孔，采用 50mm 硬塑料管，外露至少 50mm，如图 7-29（a）、（b）所示。当雨篷的面积较大时，采用卷材防水构造，排水方向、雨水口位置如图 7-29（c）所示。

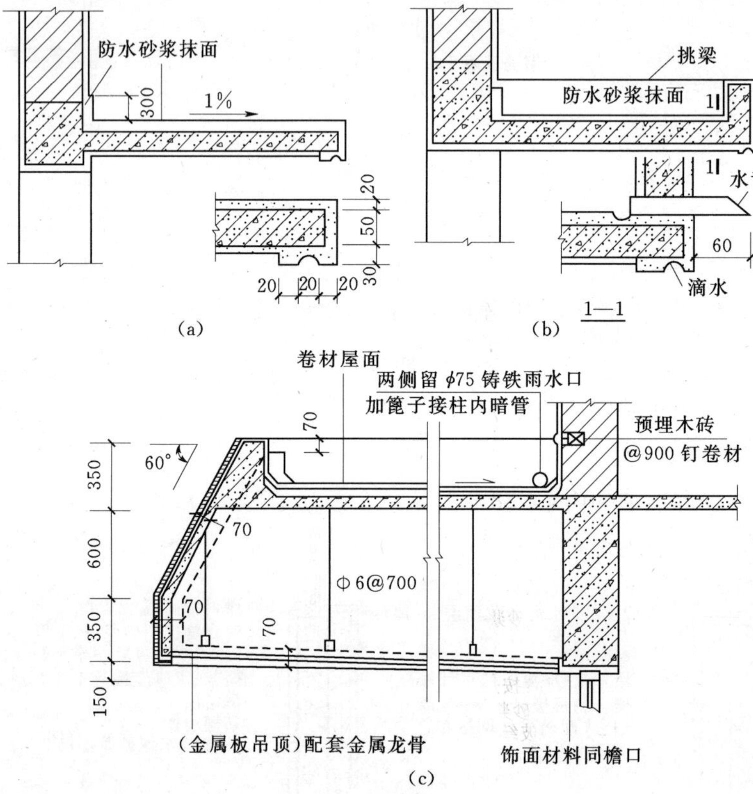

图 7-29　雨篷构造做法

2. 雨篷梁的形式

较小的雨篷多为压梁式雨篷，其悬臂构件长 900～1500mm，如图 7-29（a）、（b）所示。

知识梳理与小结

本章是对钢筋混凝土楼板的 3 种类型和作用进行认知，学生应理解钢筋混凝土楼板的设计要求，重点学习现浇钢筋混凝土楼板的基础知识和构造，掌握5种钢筋混凝土楼板的荷载传递路线和构造做法，了解装配整体式钢筋混凝土楼板的叠合板。还应结合本地区地方标准的规定，能够绘制现浇钢筋混凝土楼板、天棚的构造图，熟悉并掌握钢筋混凝土楼地面的常用做法，学习现浇阳台与雨篷构造的组成、形式及连接构造。

学　习　训　练

1. 楼板层和地坪层有哪些部分组成？各部分层次的构件有何作用？
2. 钢筋混凝土楼板按施工方式分几类？
3. 现浇钢筋混凝土楼板按受力和传力分几种？各有何特点？
4. 梁式楼板的荷载如何传递？
5. 楼地面按所用面层材料和施工方法分几类？
6. 用图说明水泥砂浆地面和陶瓷地砖地面的构造做法。
7. 顶棚按构造方式分几种？
8. 直接式顶棚有哪几种做法？
9. 吊棚有几部分组成？何时采用吊棚？简述常用的吊棚做法。
10. 阳台有哪些类型？阳台由哪几部分组成？
11. 阳台栏板和栏杆的作用是什么？阳台栏板和栏杆如何与阳台板连接？
12. 如何处理阳台的排水与保温？
13. 雨篷需设置的位置在哪？其作用是什么？
14. 雨篷梁的形式有几种？
15. 绘制钢筋混凝土楼地层的构造图。

第八章　楼梯的构造

学习目标

- 熟知现浇钢筋混凝土楼梯的组成与分类，掌握楼梯宽度、数量等设计要求。
- 掌握现浇钢筋混凝土板式、梁式楼梯的构造详图及荷载传递路线。
- 绘制现浇钢筋混凝土楼梯的踏步与栏杆、栏杆与扶手的节点详图。
- 熟悉建筑物室外台阶的尺寸、作用与构造要求。

第一节　楼梯认知与组成、类型和尺寸

楼梯是解决建筑物楼层之间垂直交通的重要构件，供人上下楼层、防火疏散之用。楼梯设计要具有足够的通行能力，即合适的梯段宽度和坡度，同时还要满足防火、防烟、防滑等要求，我国《建筑设计防火规范》（GB 50016—2012）、《高层民用建筑设计防火规范》（GB 50045—95）（2005年版）、《民用建筑设计通则》（GB 50352—2005）及其他一些单项建筑设计规范对楼梯设计都有规定。

一、楼梯的认知

1. 基本要求

布置楼梯的房间称为楼梯间。楼梯的位置应与建筑出入口密切、明显易找，交通流线简洁，方便使用；首层楼梯间到建筑物对外出口水平之距要满足规范的规定；北方建筑梯间内应设门斗或双层门，解决梯间的防寒要求。

公共建筑一般至少要设两部或两部以上的楼梯。

2. 楼梯的间距和位置

多层建筑的楼梯间的间距和位置应符合表8-1的要求。

表8-1　直接通向疏散走道的房间疏散门至最近安全出口的最大距离　单位：m

名　称	位于两个安全出口之间的疏散门			位于袋形走道两侧或尽端的疏散门		
	耐火等级			耐火等级		
	一、二级	三级	四级	一、二级	三级	四级
托儿所、幼儿园	25.0	20.0	—	20.0	15.0	—
医院、疗养院	35.0	30.0	—	20.0	15.0	—

续表

名　　称	位于两个安全出口之间的疏散门			位于袋形走道两侧或尽端的疏散门		
	耐火等级			耐火等级		
	一、二级	三级	四级	一、二级	三级	四级
学校	35.0	30.0	—	22.0	20.0	—
其他民用建筑	40.0	35.0	25.0	22.0	20.0	15.0
建筑内的观众厅、展览厅、多功能厅、餐厅、营业厅和阅览室等，其室内任何一点至最近安全出口的直线距离不宜大于 30.0m。						

注　1. 敞开式外廊建筑的房间疏散门至安全出口的最大距离可按本表增加 5.0m。

2. 建筑物内全部设置自动喷水灭火系统时，其安全疏散距离可按本表规定增加 25%。

3. 房间内任一点到该房间直接通向疏散走道的疏散门的距离计算：住宅应为最远房间内任一点到户门的距离，跃层式住宅内的户内楼梯的距离可按其梯段总长度的水平投影尺寸计算。

高层建筑的楼梯间的间距和位置应符合表 8-2 的规定。

表 8-2　　**高层建筑安全疏散距离**　　单位：m

高　层　建　筑		房间门或住宅户门至最近的外部出口或楼梯间的最大距离	
		位于两个安全出口之间的房间	位于袋形走廊两侧或近端的房间
医院	病房部分	24	12
	其他部分	30	15
旅馆、展览馆、教学楼		30	15
其他		40	20

二、楼梯的组成

楼梯由楼梯段、缓台（中间平台和楼层平台）、栏杆和扶手 4 部分组成，如图 8-1 所示。

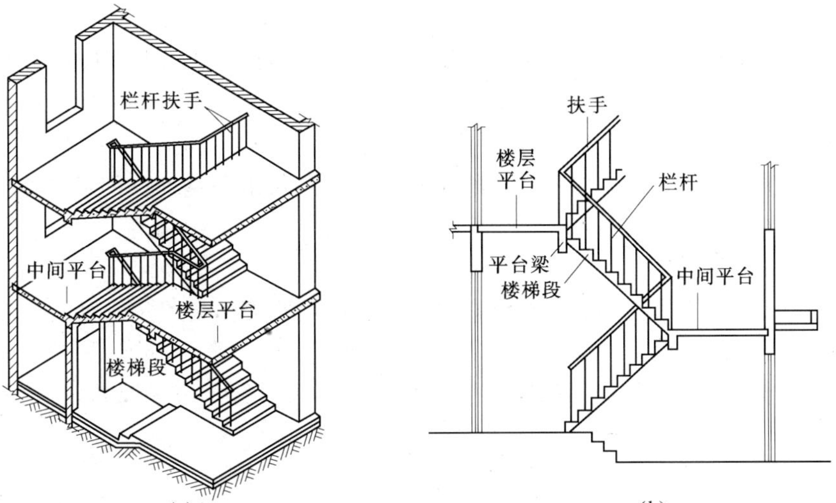

图 8-1　楼梯的组成

(a) 楼梯间立体图；(b) 楼梯间剖面图

楼梯段又称梯跑，由若干连续踏步组成的倾斜构件，位于楼层平台与中间平台之间。

缓台又称休息平台，它是连接上下两梯段之间的水平受力构件，供人上下楼层缓解疲劳、休息、转向之用。缓台指楼层平台即入户平台；中间平台指两个楼层平台之间的平台。

栏杆是为保证行人安全行走，设置在梯段和平台边缘处的围护构件。栏杆顶部连续设扶手，如图 8-1 所示。

三、楼梯的形式与分类

（一）楼梯按用途分类

楼梯按用途分，有主要楼梯、辅助楼梯（次要楼梯）、疏散楼梯和消防楼梯。

（二）楼梯按所用材料分类

楼梯按所用材料分，有木楼梯、钢筋混凝土楼梯、钢楼梯。

（三）按楼梯的平面形式分类

1. 直跑楼梯

直跑楼梯又称单跑楼梯，只有一个梯段，沿着一个方向上楼的楼梯，它适用于住宅设计的“L”形建筑平面中转角处楼梯间，它分为单梯段直跑［图 8-2（a）］、双梯段直跑［图 8-2（b）］。

2. 双跑楼梯

在一层有上和下两个相反的梯段，一个休息平台组成，又称为平行双跑楼梯，如图 8-2（c）所示。双跑楼梯的楼梯间进深小，布置紧凑，是目前广泛使用的一种楼梯形式。

3. 双分、双合楼梯

（1）双分楼梯。指在底层楼面的第一跑为一个较宽的梯段上至缓台，分成相等的两个较窄梯段上至楼层，通常用于公共建筑中设于建筑物的主入口处，如图 8-2（d）所示。

（2）双合楼梯。指在底层楼面的第一跑为两个平行的较窄梯段上至缓台，再合成一个较宽梯段上至楼层，如图 8-2（e）所示。

4. 转角楼梯

在公共建筑中，布置在靠房间一侧转角处的第二跑与第一跑梯段间成 90°的楼梯称为转角楼梯，如图 8-2（f）所示。

5. 交叉、剪刀楼梯

（1）交叉楼梯。在层高小的建筑中，由两个直行单跑楼梯交叉并列而成，交叉楼梯为上下楼层的人流提供了两个方向，如图 8-2（i）所示。

（2）剪刀楼梯。在层高较大的建筑中，相当于两个双跑式楼梯对接，如图 8-2（j）所示。

6. 弧形楼梯

公共建筑的门厅宜用弧形楼梯，它围绕一个较大的轴心空间旋转，且仅为一段弧环，其扇形踏步内侧宽度较大、坡度较缓，如图 8-2（l）所示。

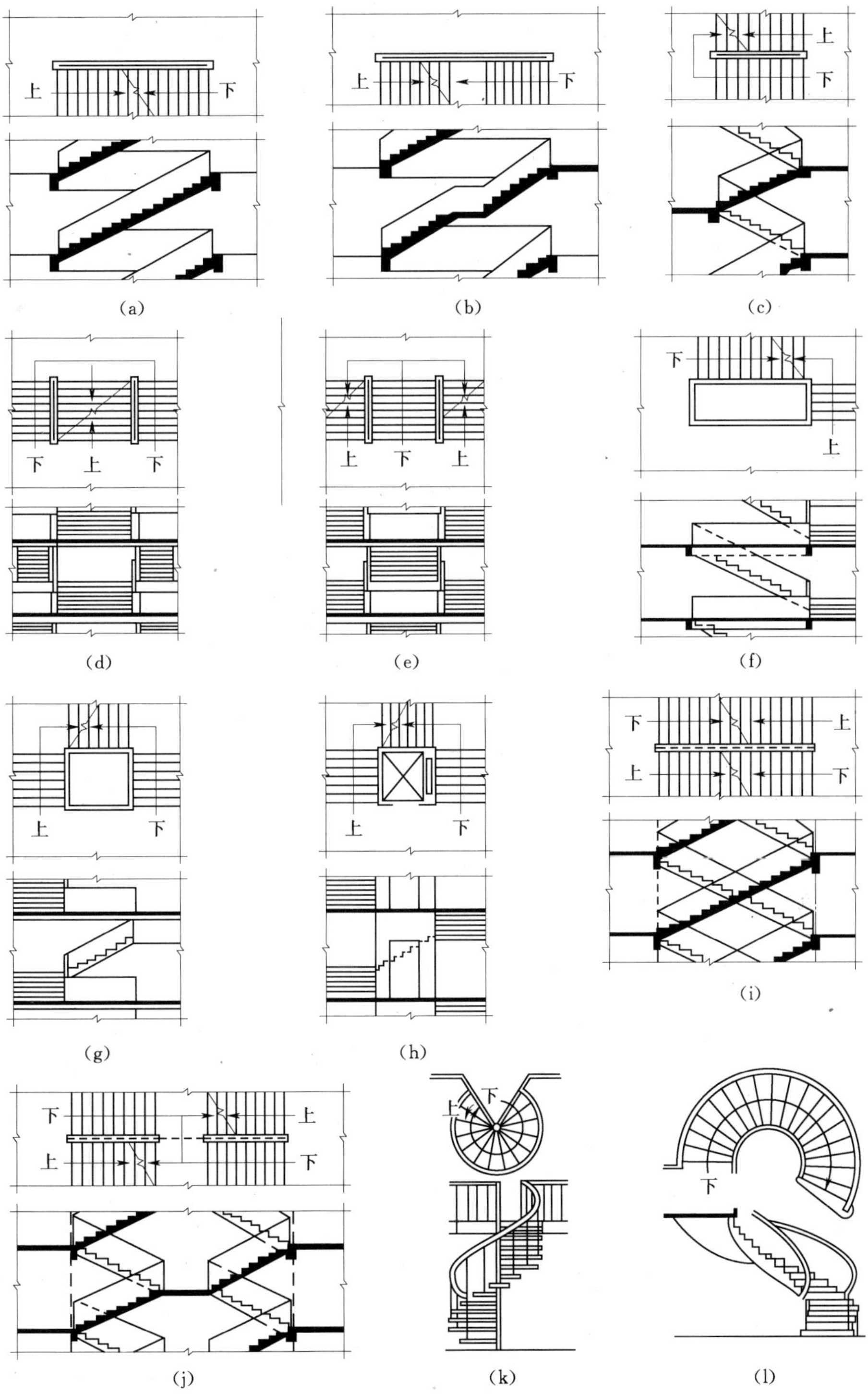

图 8－2　楼梯的形式

(a) 单梯段直跑楼梯；(b) 双梯段直跑楼梯；(c) 双跑楼梯；(d) 双分楼梯；(e) 双合楼梯；(f) 转角楼梯；(g) 三跑楼梯；(h) 四跑楼梯；(i) 交叉楼梯；(j) 剪刀楼梯；(k) 螺旋楼梯；(l) 弧形楼梯

四、楼梯的尺寸

1. 楼梯的踏步尺寸

楼梯段是由 $n-1$ 踏步面组成，每一踏步又是由踏面和踢面组成，（通常用 n 表示有几个踏面高，用 $n-1$ 表示有几个踏面宽）规范规定每个梯段的踏步数最少不得少于 3 步，最多不得超过 18 步，如图 8－3 所示。

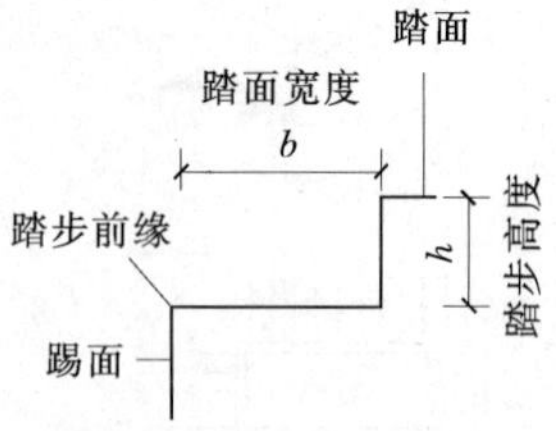

图 8－3　踏步形式和尺寸

通常踏面宽不宜小于 250mm，以保证人行走时脚跟部分不悬空，行走没有危险。人的步距与踢面高度与踏面宽度之和有关，要满足设计中的经验公式：

$$2h+b=600\sim620\text{mm} \text{ 或 } h+b=450\text{mm}$$

式中　h——踏步高度；

b——踏面宽度。

楼梯踏步尺寸应符合表 8－3 的规定。

表 8－3　　**常用楼梯踏步尺寸**　　单位：mm

名　　称	住　　宅	学校、办公楼	剧院、会堂	医院（病人用）	幼儿园
踏步高	155～175	140～160	120～150	150	120～150
踏面宽	260～300	280～340	300～350	300	260～300

楼梯段长度 L 指每一梯段的水平投影长度：

$$L=b\times(n-1)$$

2. 楼梯的坡度

楼梯的坡度指用楼梯踏面宽与踏面高投影长度之比表示，即梯段的坡度。楼梯的坡度取决于建筑物的用途合理选择。楼梯坡度小，行走方便舒适，但梯间进深加大，通常楼梯坡度为 23°～45°之间，最佳楼梯坡度是 26°33′，楼梯、坡道的坡度范围如图 8－4 所示。

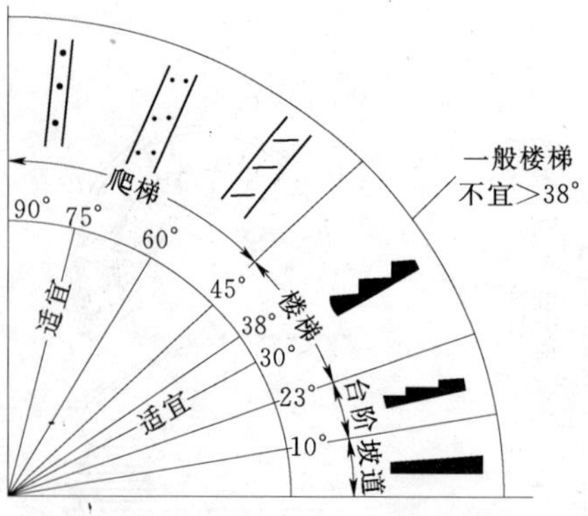

图 8－4　楼梯、坡道的坡度范围

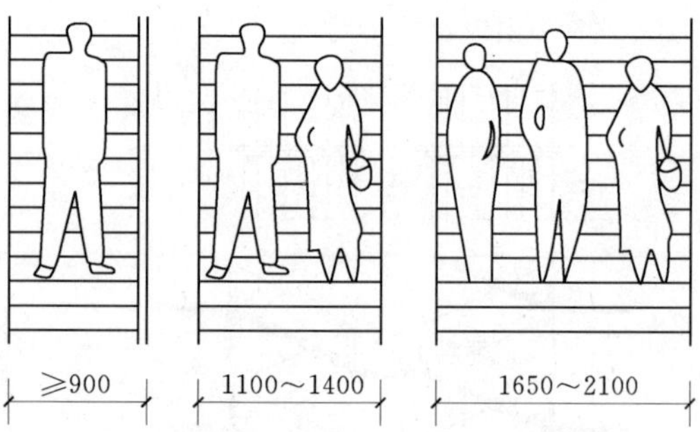

图 8－5　梯段宽度与人流股数的示意图

3. 梯段宽度

梯段宽度（B）是指梯间墙内侧到梯段扶手内侧的水平之距。应满足人流行走和搬运家具的通行能力，其宽应根据建筑物的使用性质确定，应不少于两股人流，每股人流宽度为 0.55m＋(0～0.15)m，其中 (0～0.15)m 是人行走中的摆幅，如图 8－5 所示。

楼梯宽度与人流股数关系见表 8－4。

表 8－4　　**楼梯梯段宽度与人流股数**　　单位：mm

类　别	梯 段 宽 度	备　注
单人通过	＞900	满足单人携物通过
双人通过	1100～1400	
三人通过	1650～2100	

4. 楼梯缓台宽度

楼梯缓台（休息平台）宽度分为中间缓台宽度 D_1 和楼层缓台宽度 D_2。

对于居住建筑，中间缓台宽度应不小于梯段宽度，即 $D_1 \geqslant B$，且 $D_2 \geqslant D_1$，$D_2 \geqslant D_1 \geqslant$ 1200mm，如图 8－6 所示。

5. 梯井宽度

梯井是指梯段上两扶手之间形成的间距，梯井宽度为 60～200mm，若梯井大于 200mm 宽时，需在梯井处设置安全防护措施，如图 8－6 所示。

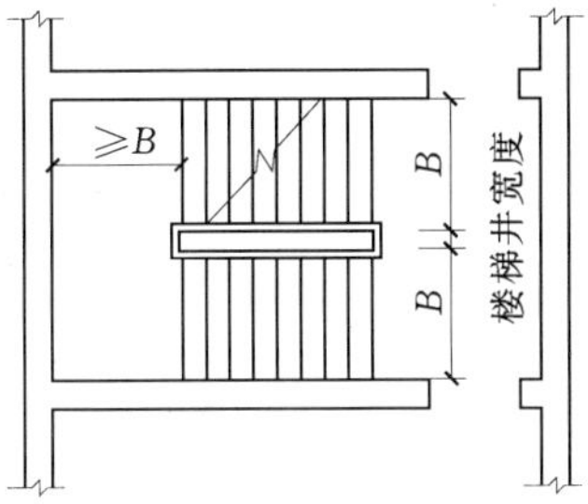

图 8－6　楼梯缓台宽度与梯段宽度

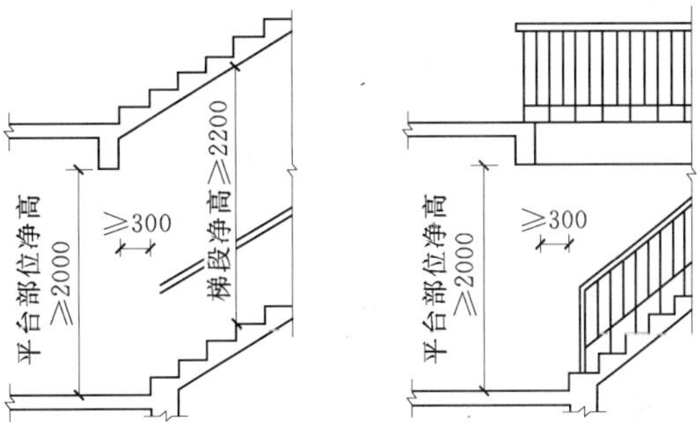

图 8－7　楼梯及楼梯缓台下的净空高度

6. 净空高度

楼梯净空高度包括梯段下净空高度和缓台下过道处的净空高度。梯段净高是指踏步前缘线（指最低和最高一级踏步前缘线以外 300mm 处）到梯段下表面的垂直距离，一般不小于 2200mm；楼梯缓台下过道处的结构下缘至人行通道的垂直高度不应小于 2000mm，如图 8－7 所示。

当底层缓台下设通道或出入口时，缓台不能满足 2000mm 净高的要求时，可采取以下方法解决。

(1) 在底层，将等跑两梯段做成不等长，第一跑梯段加长，抬高中间缓台标高，但会使楼梯间进深加大，如图 8－8 (a) 所示。

(2) 降低楼梯间底层地面标高，即将部分室外台阶移至室内。为防止雨水倒灌，梯间入口处的地面必须做 2 步台阶，以防雨水灌入梯间内，如图 8－8 (b) 所示。

(3) 将上述两种方法并用，以满足建筑物梯间净空高度的要求。

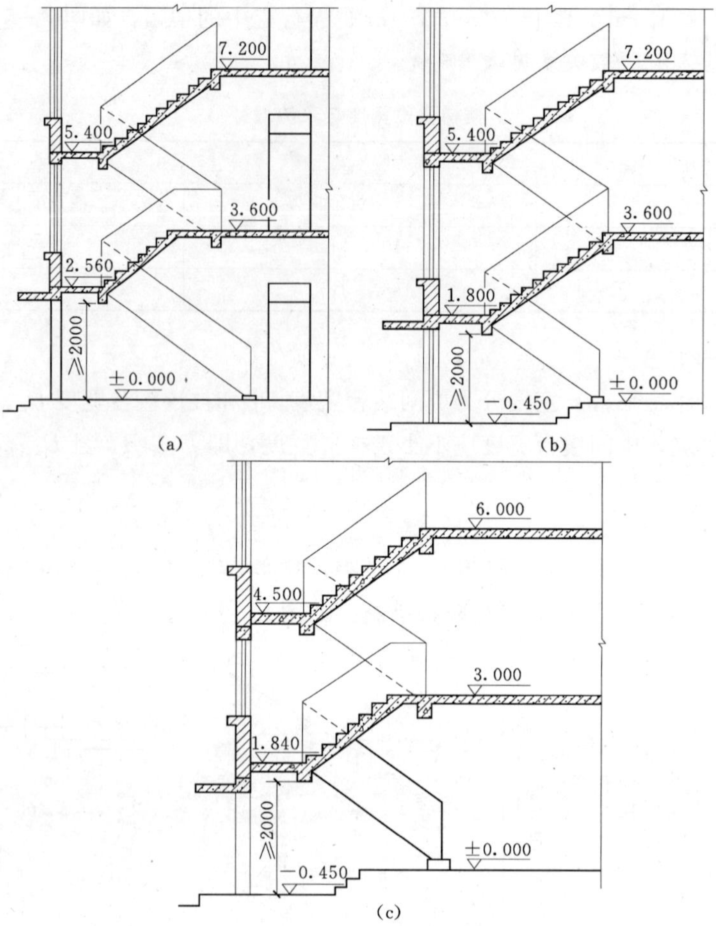

图 8-8　首层中间缓台下作出入口时的处理方法

7. 栏杆扶手高度

栏杆高度是指踏步的前缘至扶手顶面的垂直距离。一般建筑为 900mm 高；幼儿园为 600mm 高；室外建筑楼梯栏杆为 1100mm 高；高层建筑室外栏杆为 1200mm 高，如图 8-9 所示。

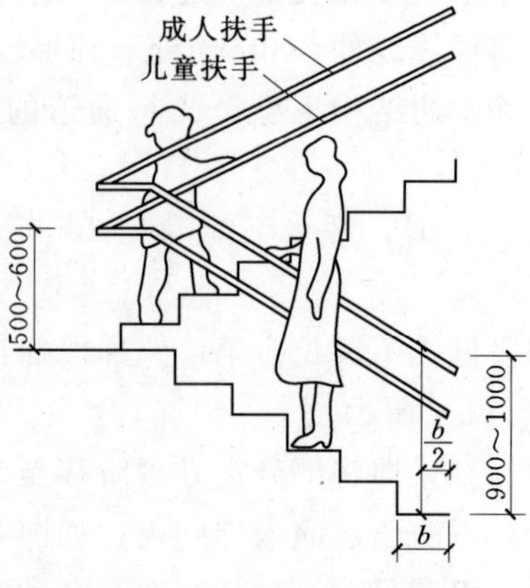

图 8-9　楼梯栏杆扶手的高度尺寸

第二节 钢筋混凝土楼梯

钢筋混凝土楼梯在建筑中广泛采用，它具有坚固耐久、防火性能好，尺寸灵活可塑性强等优点，按施工方式可分为现浇钢筋混凝土楼梯和预制装配式钢筋混凝土楼梯。

一、现浇钢筋混凝土楼梯

现浇钢筋混凝土楼梯是在施工现场将梯段、平台等构件支模，绑扎钢筋，浇筑混凝土制成的，它整体性好，刚度大，利于抗震设防。

现浇钢筋混凝土楼梯根据梯段的结构形式分为板式楼梯和梁式楼梯。

1. 板式楼梯

板式楼梯由梯段板、平台梁和平台板组成，如图 8－10（b）所示，将梯段板支承在平台梁上，平台梁支承在梯间墙上，其荷载传递为梯段板荷载→平台梁→梯间墙→基础→地基。梯段板下可无平台梁，而将梯段板与平台板合成一折板，可提高楼梯平台下的净高，如图 8－10（a）所示。

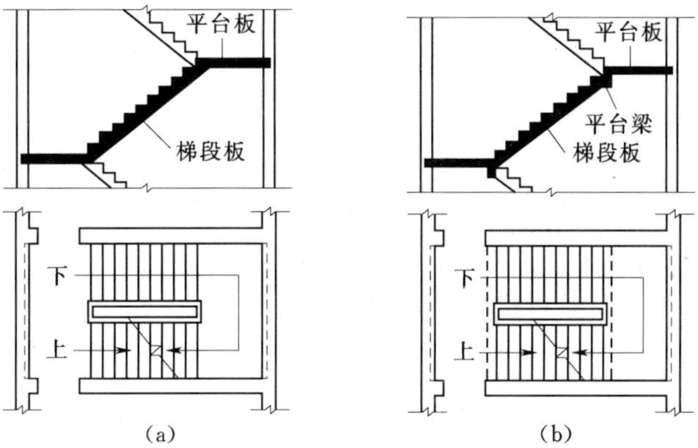

图 8－10 板式楼梯的构造组成

（a）无平台梁的板式楼梯；（b）有平台梁的板式楼梯

板式楼梯底面平整外形美观，便于支模装修，适用于梯段跨度较小建筑中，且要求梯段板的水平投影长度小于或等于 3000mm。

2. 梁式楼梯

梁式楼梯由梯段板、楼梯斜梁、平台梁和平台板组成。

梁式楼梯分单斜梁和双斜梁两种，双斜梁设两根梁在梯段板的两端，如图 8－11（b）所示；单斜梁在梯段板靠墙的一边不设，用承重墙代替，而梯段板另一端搁置在斜梁上，如图 8－11（a）所示。

梁式楼梯明步即斜梁在梯段板下方，斜梁在梯段板上方称为暗步，如图 8－11 所示。

梁式楼梯荷载传递：梯段上荷载→楼梯斜梁→平台梁上→梯间墙（柱）→基础→地基。

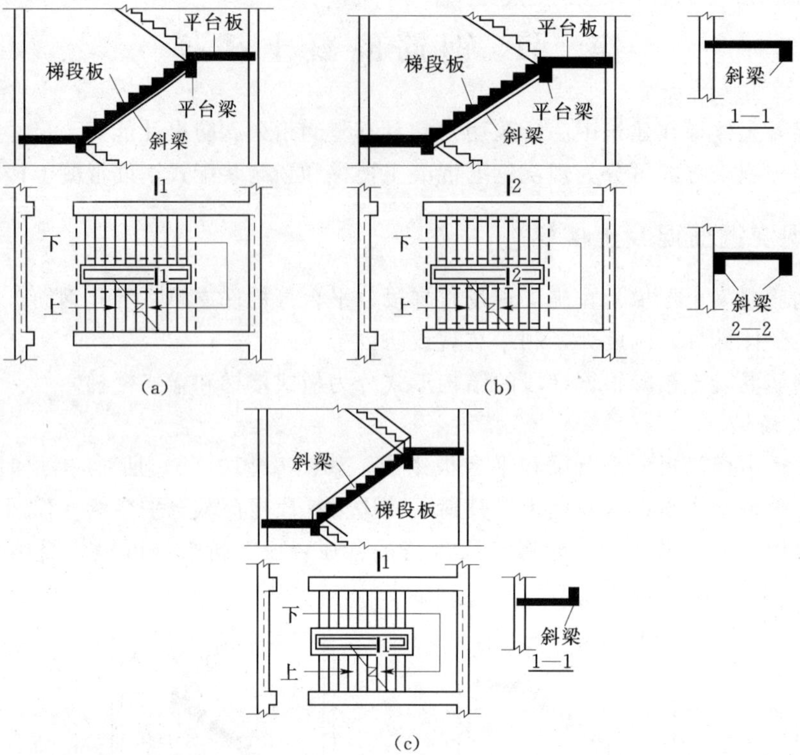

图 8－11　梁式楼梯

(a) 单斜梁梯段；(b) 双斜梁梯段；(c) 梁式（暗步）楼梯

梁式楼梯受力合理，荷载传递明确，适用于大跨度建筑荷载较大的建筑中。

二、楼梯细部构造

(一) 踏步面层及防滑措施

1. 踏步面层

楼梯踏步面层要求行走安全、防滑、坚固耐磨、易洗、美观，踏面层的材料应由建筑装修标准确定。

常用水泥砂浆、水磨石、大理石、地砖和缸砖做法如图 8－12 所示。

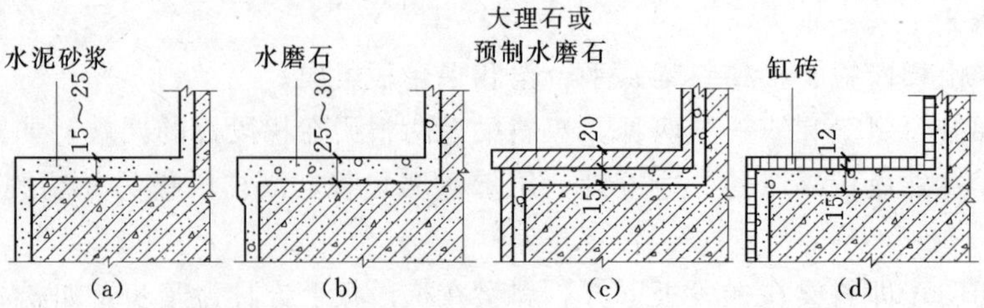

图 8－12　踏步面层构造做法

(a) 水泥砂浆面层；(b) 水磨石面层；(c) 石材面层；(d) 缸砖面层

2. 踏面防滑构造

踏步口处应采取防滑和耐磨措施，有两种方法：一种是在距踏步前缘 40mm 处用橡胶、金属等材料做防滑条，防滑条长度一般按踏步长度每边减去 150mm；另一种是采用缸砖、铸铁等耐磨防滑材料设防滑包口，既防滑又起保护作用，如图 8－13 所示。

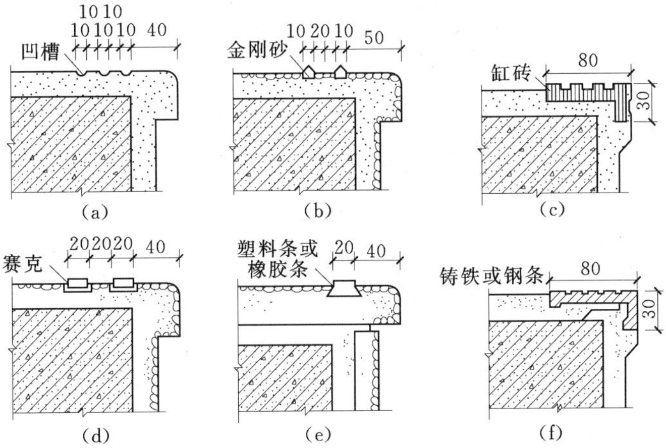

图 8－13 踏步防滑构造

（a）防滑凹槽；（b）金刚砂；（c）缸砖；（d）马赛克；（e）嵌橡皮防滑条；（f）铸铁包口

踏面除设防滑措施外，在建筑施工中规定，踏面与踢面相交处用等边角钢∟ 20mm×20mm 或直径 10～12mm 钢筋做护角筋，保证踏步的正常使用，如图 8－14 所示。

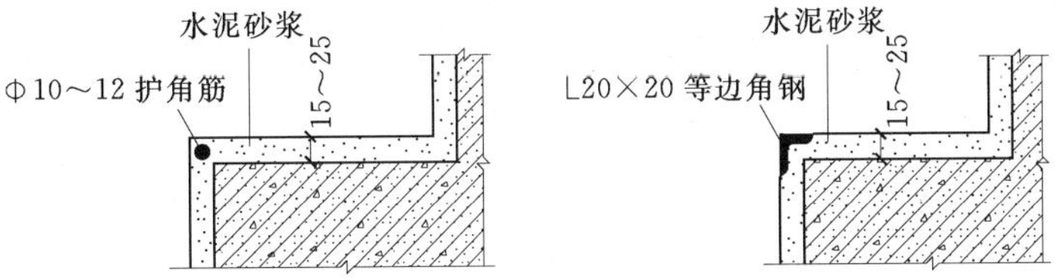

图 8－14 护角筋的构造

（二）栏杆、栏板与踏步面的构造

1. 栏杆、栏板的形式

栏杆、栏板的形式有空花栏杆、实心栏板和组合式 3 种。

（1）空花栏杆。空花栏杆多用方钢、圆钢、扁钢等型材焊接或铆接成各种图案，具有防护安全和装饰效果，如图 8－15 所示。

（2）栏板构造。栏板多由钢筋混凝土、加筋砖砌体、有机玻璃、钢化玻璃等制作。砖砌栏板，当栏板厚度为 60mm 时，外侧要用 $\phi6@100mm$ 的钢

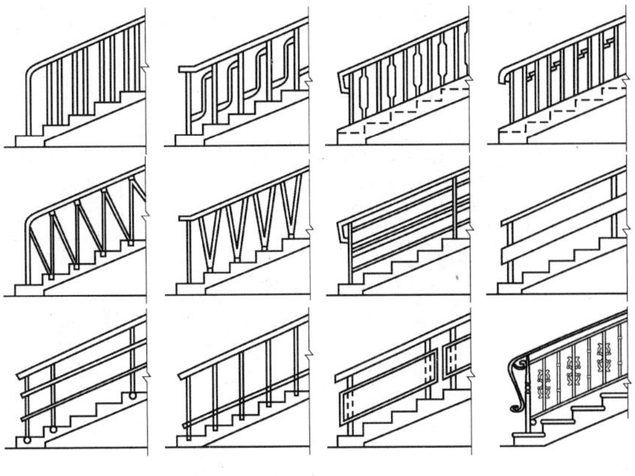

图 8－15 楼梯栏杆的形式

筋网加固，再用 C20 钢筋混凝土扶手与栏板连成整体；现浇钢筋混凝土楼梯栏板经支模、绑筋后与楼梯段整浇，如图 8-16 所示。

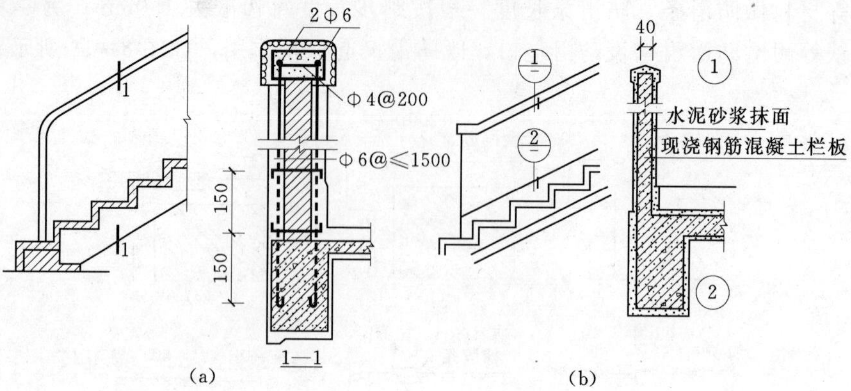

图 8-16　楼梯栏板的构造

(a) 60 厚砖砌栏板；(b) 现浇钢筋混凝土栏板

2. 栏杆与踏面的连接

栏杆与踏面应有可靠的连接方法。

(1) 预埋铁件焊接。将栏杆与踏面中预埋钢板或套管焊接在一起，如图 8-17 (a)、(f) 所示。

(2) 预留孔洞焊接。将栏杆的下端做成开脚插入踏步内预留的孔洞，用细石混凝土、水泥砂浆填实，如图 8-17 (b)、(e) 所示。

(3) 螺栓固定。将栏杆用螺栓固定在踏步上，如图 8-17 (c)、(d) 所示。

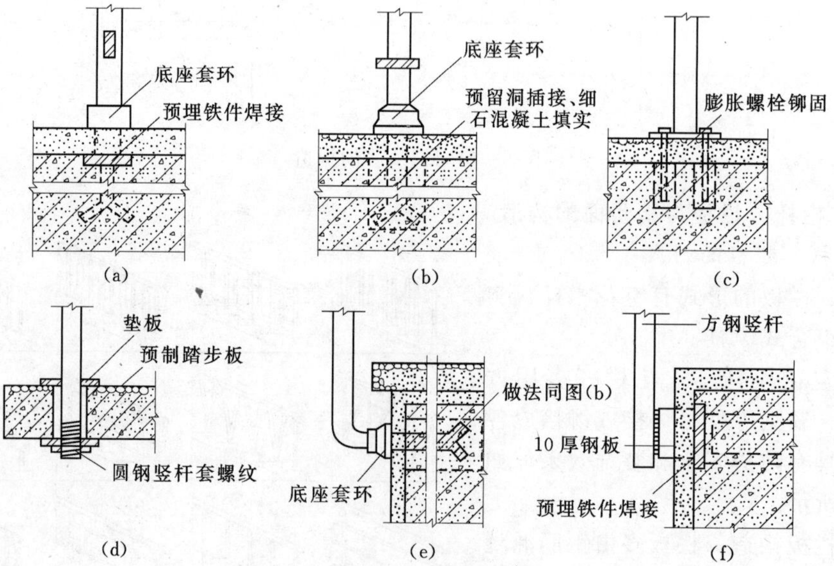

图 8-17　栏杆与踏面的连接

(a)、(f) 预埋铁件焊接；(b)、(e) 预留孔洞焊接；(c)、(d) 螺栓固定

(三) 栏杆与扶手连接构造

扶手一般采用硬木、塑料或金属材料制作。

1. 栏杆与扶手的连接

采用金属栏杆和钢管扶手时，扶手和栏杆之间应焊接，如图 8－18（b）所示。

采用硬木扶手与金属栏杆的连接，用一根通长扁钢每隔 300mm 左右钻一小孔，焊接在金属栏杆的顶部，用木螺钉通过扁铁上预留小孔，将木扶手和栏杆连接成整体，如图 8－18（a）所示。

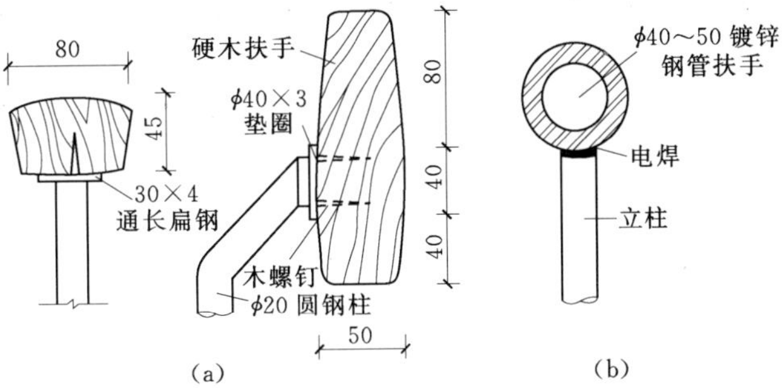

图 8－18　扶手与栏杆的连接

（a）木扶手；（b）金属扶手

2. 扶手与墙的连接

在民用建筑中，为行人在梯段上下楼层行走安全，扶手必须固定于侧墙上，如顶层梯间水平栏杆与靠墙扶手，有两种连接方法，如图 8－19（c）、（d）所示。

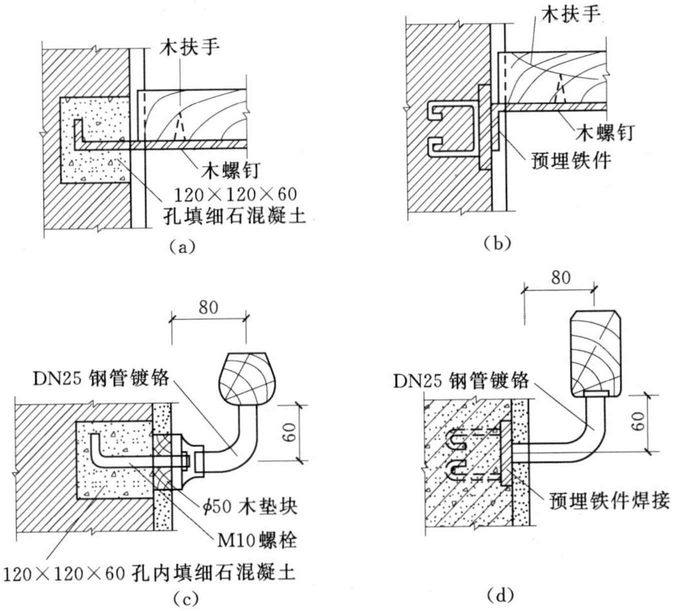

图 8－19　扶手与墙体的连接

（a）木扶手与墙体的连接；（b）木扶手与混凝土墙、柱连接；（c）靠墙木扶手与砖墙的连接；（d）靠墙木扶手与混凝土墙、柱的连接

(1) 扶手与砖墙连接。将扶手及铁件伸入砖墙上预留120mm×120mm×120mm的孔洞，用细石混凝土或水泥砂浆填实牢固，如图8-19(a)所示。

(2) 扶手与混凝土墙、柱连接。一般在混凝土墙、柱上预埋铁件与扶手焊接，铁件与扶手也可用膨胀螺栓连接，如图8-19(b)所示。

第三节 室外台阶与坡道

在建筑入口处为解决建筑物的室内外高差，需设置台阶。当有车辆通行、室内外地面高差较小或有无障碍要求时，需设置坡道，满足人和车辆通行的需要。

一、室外台阶

1. 组成与形式

台阶由踏步和平台两部分组成。台阶有单面踏步、双面踏步、三面踏步，如图8-20所示。其形式由建筑物性质确定。

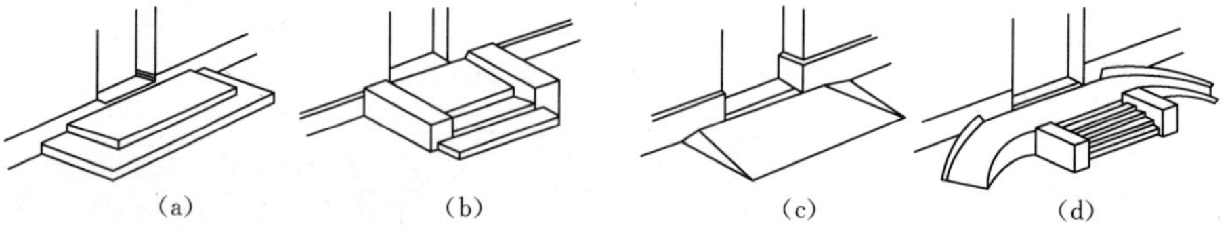

图8-20 台阶与坡道的形式

(a) 三面台阶；(b) 单面台阶；(c) 坡道；(d) 踏步与坡道

2. 类型与尺寸

按结构层所用材料有混凝土台阶、石台阶、钢筋混凝土台阶等类型，常用混凝土台阶。

通常台阶踏步高度为100～150mm，宽度为300～400mm，平台位于出入口与踏步之间的构件，起缓冲作用，平台深度应不小于900mm，平台表面应并向外找坡1%～3%且比室内地面低20～50mm，防止雨水积聚，以利排水。

3. 材料与构造

建筑物室外台阶应坚固耐磨，具有较好的抗冻性、抗水性。台阶面层材料宜用水泥砂浆、水磨石面层、天然石及人造石等块材，垫层可采用灰土、碎石等，如图8-21所示。

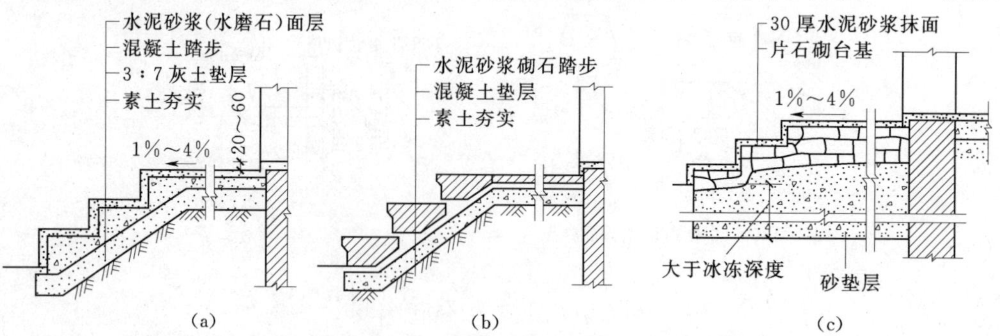

图8-21 台阶的构造

(a) 混凝土台阶；(b) 石台阶；(c) 换土地基台阶

实铺台阶构造层次为面层、结构层、垫层。台阶构造如图 8－21 所示。

在严寒地区，实铺的台阶地基为冻胀土如黏土、亚黏土，则容易使台阶出现开裂等破坏，为保证其稳定，可以采用换土法，即在北方寒冷地区，台阶下铺 300～500mm 砂或炉渣松散的材料防冻层，如图 8－21（c）所示，或做成架空式台阶，以防冻胀，如图 8－22（a）所示。

房屋主体的沉降、热胀冷缩等因素，在建筑构造上都可能造成台阶的变形破坏，可采用以下解决方法。

（1）加强建筑物主体与台阶之间的联系，以形成整体沉降。

（2）将台阶和建筑主体完全分离，设置沉降缝，确保主体与台阶相互自由沉降变形，如图 8－22 所示。

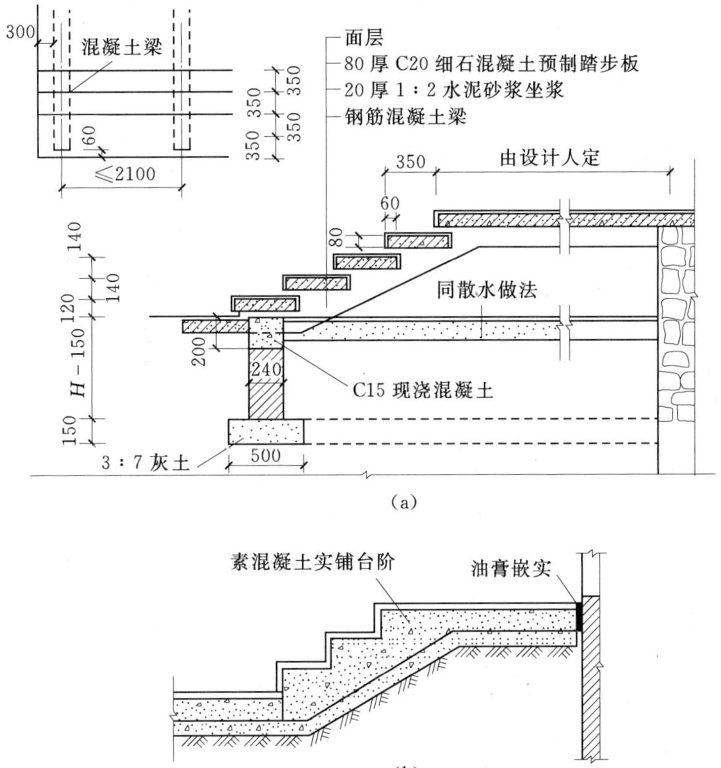

图 8－22　台阶的构造处理

（a）钢筋混凝土架空台阶；（b）实铺台阶

二、坡道

在公共建筑中，为方便车辆的出入通行需在建筑的出入口处设坡道。

1. 坡道坡度

根据建筑物的使用性质、面层材料和做法选择坡道的坡度。

通常坡道的坡度为 1/6～1/12，最佳坡度为 1/10 为舒适坡道。面层粗糙材料和设防滑条的坡道，坡度不应大于1/6；锯齿形坡道的坡度为1/4；残疾人通行的坡道坡度不大于1/12。

2. 坡道的构造

坡道与台阶材料一样，材料应耐久、耐磨和抗冻性好，宜采用混凝土坡道。坡道的构造和做法与台阶相似，加强其变形的处理。对坡度大于1/8防滑要求较高的坡道，需设防滑条或做成锯齿形，如图8-23所示。

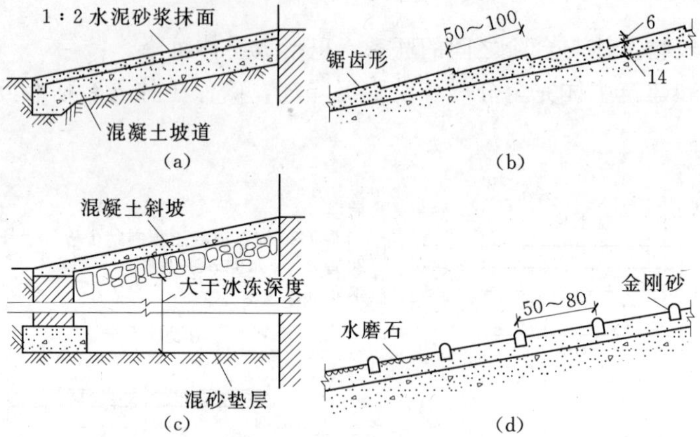

图8-23 坡道的构造

(a) 混凝土坡道；(b) 锯齿形坡道；(c) 换土地基坡道；(d) 防滑条坡道

知识梳理与小结

本章主要对钢筋混凝土楼梯的类型和作用进行认知，学生应重点掌握楼梯的组成和规范规定的设计尺寸，板式、梁式钢筋混凝土楼梯的组成及常用板式楼梯的构造，在地方标准中掌握踏面护角筋的使用，能区分板式、梁式楼梯的构造图，熟知建筑物室外台阶和坡道的作用、尺寸构造图，对于寒冷地区台阶抗冻的构造。

学 习 训 练

1. 楼梯由几部分组成？各部分有何作用？
2. 楼梯按平面形式分几种类型？常用哪些形式？
3. 梯段的最小净宽有何规定？平台宽度与梯段宽度关系如何？
4. 楼梯坡度如何确定？何谓楼梯的经验公式？
5. 何谓楼梯平台下净高？住宅要求楼梯平台净高一般设多高？
6. 当建筑物底层楼梯平台下做出入口时，平台下净高不满足时可采取哪些措施？
7. 楼梯栏杆的高度一般为多少？
8. 现浇钢筋混凝土楼梯有几种结构形式？其荷载如何传递？
9. 楼梯踏面采取哪些防滑措施？
10. 栏杆与踏步、扶手与栏杆如何进行连接？

11. 室外台阶的组成、形式、构造做法如何？

12. 当剖切平面垂直于水平面剖切后，现浇钢筋混凝土楼梯能够得到几种剖面图？

13. 楼梯的剖面图、平面图能反映哪些建筑构件与尺寸？

14. 识读楼梯施工图包括哪些内容？

15. 绘制现浇钢筋混凝土楼梯踏步面节点详图的步骤有哪些？

16. 如何正确绘制现浇钢筋混凝土楼梯详图？

第九章 屋面的构造

学习目标

- 了解并掌握建筑物屋面的组成及类型。
- 理解屋面坡度的表示方法，掌握屋面按坡度的分类。
- 了解建筑物柔性屋面的构造组成，掌握现行规范的规定，能绘制寒冷地区平屋面保温防水的构造图。
- 清楚现浇钢筋混凝土屋面防水使用年限的规范要求。
- 绘制现浇钢筋混凝土屋面的构造详图。

第一节 屋面的认知

一、屋面的作用与要求

屋面是建筑物最上面的覆盖构件，要抵御自然界气候因素和外界不利因素的对房屋内部使用空间的影响，同时还要承受作用于屋面上的各种荷载作用，因而屋面既是承重构件又是围护构件，还可直接影响建筑物立面和整体建筑形象的美观，故屋面应满足正常使用要求，具有防水、保温、防火、隔热等建筑功能。

二、屋面的类型

屋面类型按其坡度和结构形式分为平屋面、坡屋面、曲面屋面3种，如图9-1所示。

1. 平屋面

平屋面指坡度小于10%的屋面（一般不超过5%的屋面），可分为单坡、双坡屋面。建筑工程中常用2%～3%的双坡屋面。

2. 坡屋面

坡屋面指坡度大于10%的屋面，可分为单坡、双坡、四坡屋面。

当建筑物进深不大时，可选用单坡屋面；当建筑物进深较大时，宜采用双坡或四坡屋面。双坡屋面分硬山和悬山两种，硬山是指房屋两端山墙封住屋面且高于屋面；悬山是指屋顶的两端挑出山墙之外，屋面封住山墙；在我国古建筑中，庑殿和歇山屋面都是四坡屋面。

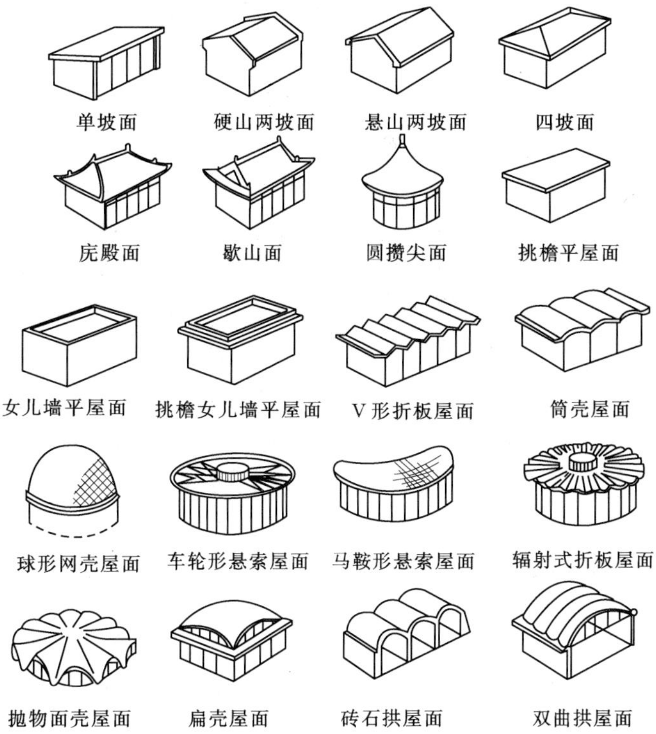

图 9-1 屋面的类型

3. *曲面屋面*

曲面屋面由各种薄壳结构或网架结构、悬索结构等作为承重结构的屋面，如马鞍形悬索屋面、扁壳屋面等造型美观、施工复杂、造价高，适用于大跨度、有特殊要求的公共建筑中。

三、屋面的坡度

(一) 坡度表示方法

屋面坡度有斜率法、百分比法、角度法 3 种表示方法，如图 9-2 所示。

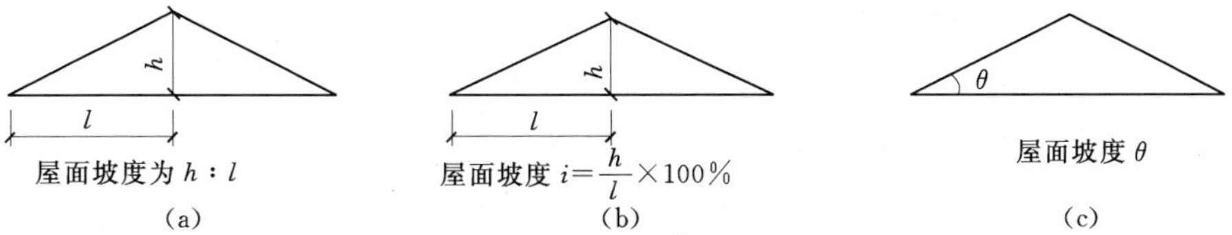

图 9-2 屋面坡度表示方法

(a) 斜率法；(b) 百分比法；(c) 角度法

斜率法是以屋面的斜面垂直投影高度与其水平投影长度之比来表示，如图 9-2 (a) 所示；角度法是以倾斜的屋面与水平面所成的夹角来表示，用于坡屋面，如图 9-2 (c) 所示；百分比法是以屋面倾斜的垂直投影高度与其水平投影长度的百分比值来表示，用于平屋面，如图 9-2 (b) 所示。

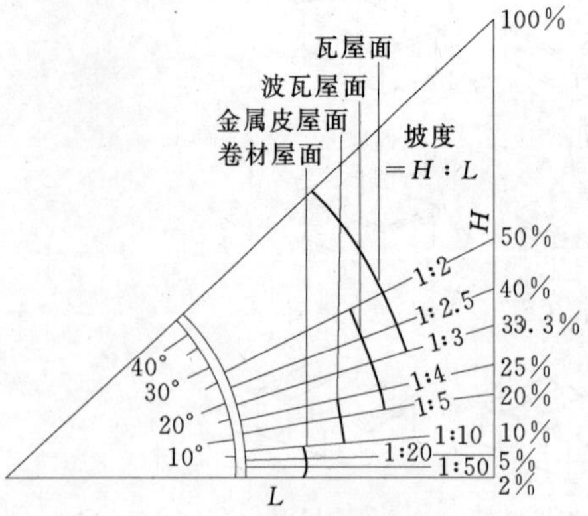

图 9－3　屋面坡度示意

(二) 影响屋面坡度的因素

屋面坡度大小与屋面选用的材料、屋面结构类型、当地的降雨量、建筑造型要求有关。

1. 屋面防水材料与坡度的关系

通常，屋面防水材料尺寸小，防水层接缝多，易漏雨，故屋面宜选坡度大些，以便迅速排走雨水；反之，屋面防水材料尺寸大、防水层密封整体性好，接缝少，屋面坡度就可以小。不同屋面防水材料的排水坡度范围如图 9－3 所示。

2. 降雨量大小与坡度的关系

该地区建筑物降雨量的大小对屋面坡度有较大影响。降雨量大易漏水，用坡度大的屋面。我国南方地区的降雨量和每小时最大降雨量都大于北方地区，故南方建筑物的屋面坡度要大于北方地区屋面的坡度。

(三) 屋面坡度形成方法

1. 材料找坡

材料找坡又称垫置坡度，适用于坡度较小的平屋面，即在屋面结构层上用导热系数小的轻质保温材料铺设找坡层，保温层找坡最薄处 120mm 厚，在其上做找平层后再做防水层，如图 9－4 (a) 所示。

2. 结构找坡

结构找坡又称搁置坡度，通常适用于屋面坡度大的建筑中。即是在墙搁置钢筋混凝土屋架或屋面大梁，在其上直接铺设屋面板，就形成屋面排水坡度，如图 9－4 (b) 所示。搁置坡度不需设找坡。

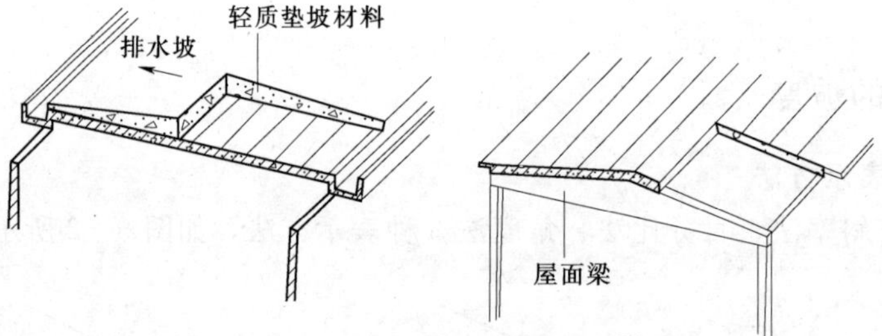

(a)　　(b)

图 9－4　屋面坡度的形成

(a) 材料找坡；(b) 结构找坡

四、屋面的排水方式

屋面分为无组织排水和有组织排水两类。

(一) 无组织排水

无组织排水又称自由落水，是指屋面雨水直接从挑出的檐口自由流淌至室外地面，用于年降雨量少雨地区的低层建筑中，如图 9－5 所示。

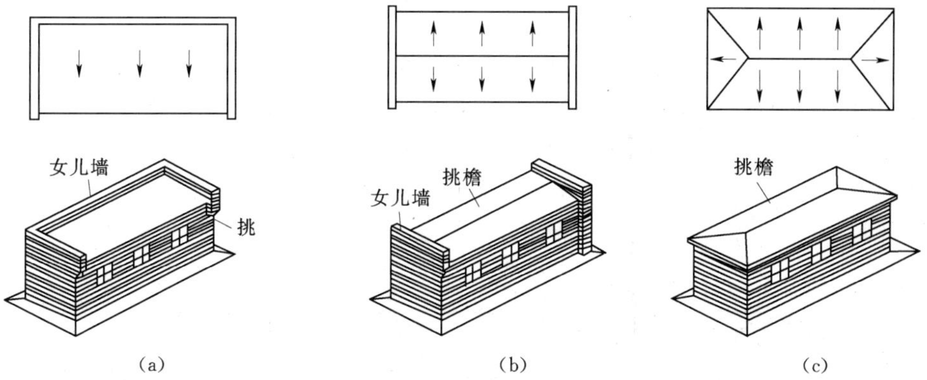

图 9-5　无组织排水

(a) 单坡排水；(b) 双坡排水；(c) 四坡排水

（二）有组织排水

有组织排水是指屋面雨水通过雨水斗流经雨水管将雨水有组织的排至地面进入地下排水管网系统的一种排水方式，有组织排水的设置条件见表 9-1。

表 9-1　　有组织排水的设置条件

年降雨量（mm）	檐口离地面高度（m）	相邻屋面高差（m）
≤900	>10	>4 的高处檐口
>900	≥4	≥3 的高处檐口

有组织排水又可分为外排水和内排水。通常建筑物多用有组织外排水方式。

1. 有组织外排水

在建筑物外墙上设水落管的一种排水方式，通常做成双坡屋面或四坡屋面，天沟设在墙外，称外檐沟外排水；女儿墙内设天沟，称女儿墙外排水；为了建筑物造型和上人检修屋面的需要可在外檐沟内设置女儿墙，如图 9-6 所示。

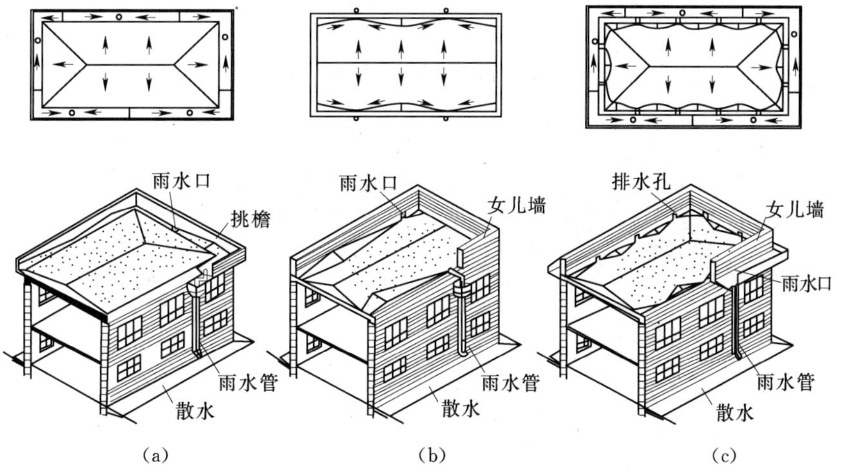

图 9-6　有组织外排水

(a) 檐沟外排水；(b) 女儿墙外排水；(c) 带女儿墙的檐沟外排水

2. 有组织内排水

在建筑物室内设水落管的一种排水方式。在寒冷地区，对立面有特殊要求的建筑或多跨厂房，水落管可设于跨中的管道井内，也可设于外墙内侧或采用内落外排水，如图9-7所示。

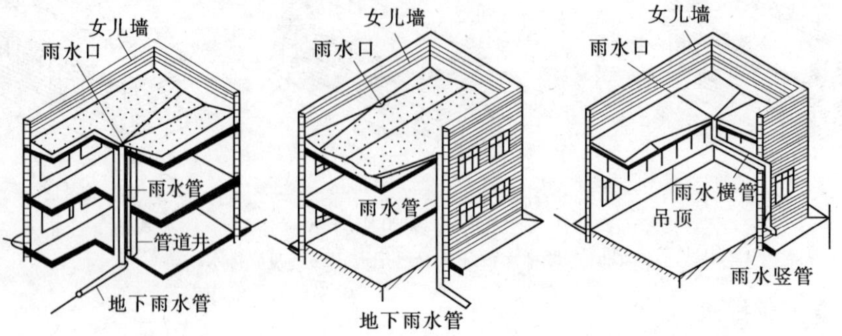

图9-7　有组织内排水

(a) 屋顶中部内排水；(b) 外墙内侧内排水；(c) 内落外排水

3. 排水构件要求

每个雨水口、水落管的汇水面积小于200m²；一般民用建筑常用管径为100mm的PVC管，排水管间距宜在18m以内，最大不超过24m。水落管应安装于建筑物的实墙处，用管箍将管身与墙面固定，且距墙面不应小于20mm，管箍的竖向间距不大于1200mm，水落管下端出水口距散水距离不应大于200mm。

第二节　平屋面的构造

一、平屋面的构造组成

屋面是由面层、功能层、承重结构、顶棚层等组成，如图9-8所示。

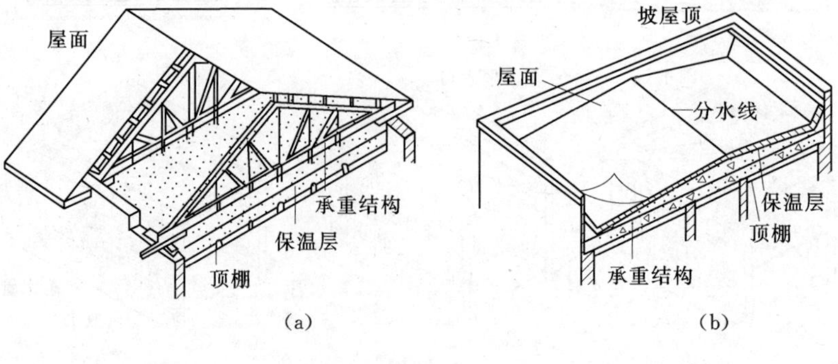

图9-8　屋面的构造组成

(a) 坡屋顶；(b) 平屋顶

1. 屋面面层

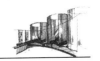

屋面面层是建筑物最上面的围护构件，直接受自然界各种气候的长期影响，因而它应具有防水性和抗渗性能。建筑工程中常用柔性防水、刚性防水、涂料防水屋面。

2. 功能层

功能层是根据建筑物所在区域的气候条件要求，建筑构件所做的构造层。严寒和寒冷地区建筑屋面需增设保温层，防止冬季室内热量从屋面散失。要防止室内的水蒸气向屋面保温层一侧渗透，保持保温层下干燥不受潮，使保温层的保温效果更好，需在保温层下设置隔汽层。炎热温暖地区，需设置隔热（通风）层，以防止夏季太阳辐射热进入室内，减少屋面的热量对室内的影响。

3. 承重结构

承重结构要承受屋面传来的各种荷载和屋面自重。

4. 顶棚层

顶棚层是屋面楼板的底面。屋面楼板可做直接顶棚和装修标准较高的吊顶。

二、平屋面的构造

平屋面按防水层所用材料不同，分为卷材（柔性）防水屋面、刚性防水屋面、涂膜防水屋面；按屋面保温隔热要求可分为保温平屋面、隔热平屋面。

（一）柔性防水平屋面

柔性防水屋面又称卷材防水屋面，是在屋面结构层的二次找平层之上用胶结材料相互搭接粘贴防水卷材，形成一个整体封闭的防水屋面。柔性防水屋面具有良好的防水性、抗渗性能，具有一定的延伸性和变形的能力。柔性防水适用于 Ⅰ～Ⅱ 级的屋面工程，见表 9-2。

表 9-2　　屋面防水等级和设防要求

防水等级	建筑类别	设防要求
Ⅰ	重要建筑和高层建筑	两道防水设防
Ⅱ	一般建筑	一道防水设防

1. 柔性防水平屋面的组成

柔性防水平屋面由多层材料叠合而成。地域不同，建筑物的平屋面构造层次也不同，通常包括结构层、找平层、结合层、防水层、保护层、保温层、隔热层，如图 9-9 所示。

（1）结构层。采用现浇钢筋混凝土板。结构层要承受屋面上的所有荷载，具有足够的强度和刚度，满足由于建筑物结构变形过大引起防水层开裂。

（2）找平层。找平层一般需设两道即在结构层和保温层之上，用 1∶3 水泥砂浆找平 20mm 厚，应二次压光、充分养护，保证抹灰质量不能有起砂、起皮现象，找平层宜留 20mm 分格缝，并嵌填密封材料，确保屋面基层平整，避免卷材凹陷和断裂，利于铺贴卷材防水层，找平层厚度见表 9-3。

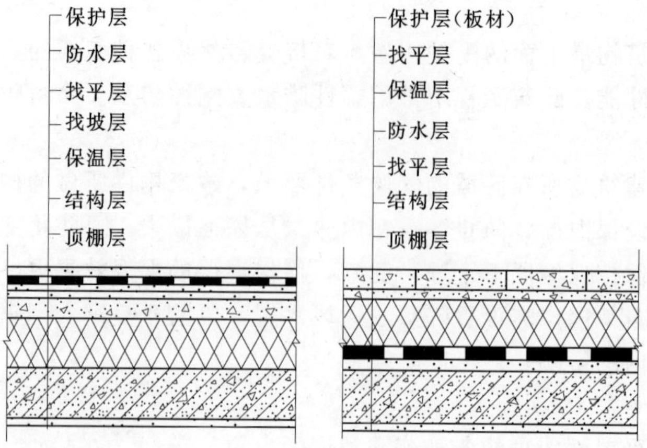

图 9-9　柔性防水屋面构造层次

表 9-3　**找平层的厚度**　单位：mm

找平层分类	适用的基层	厚　度	技术要求
水泥砂浆	整体现浇混凝土板	15～20	1∶2.5 水泥砂浆
	整体材料保温层	20～25	
细石混凝土	装配式混凝土板	30～35	C20 混凝土，宜加钢筋网片
	板状材料保温层		C20 混凝土

(3) 隔汽层。寒冷地区冬季室内外温差大，水蒸气向屋面保温层渗透，使保温材料受潮产生凝聚水，降低保温效果，因此要阻止外界水蒸气渗入保温层，在保温层下设置一道防止室内水蒸气渗透的防水卷材（或防水涂膜）隔蒸汽层，在结构层上设通风孔或在保温层中设排气口，排气孔上要盖一小铁帽且比屋面高出 300～500mm，排气道应纵横连通不得堵塞，纵横间距 6m，如图 9-10 所示。

屋面泛水处，隔汽层应沿墙面向上连续铺设，高出保温层表面不得小于 150mm，以便严密封闭保温层，如图 9-11 所示。

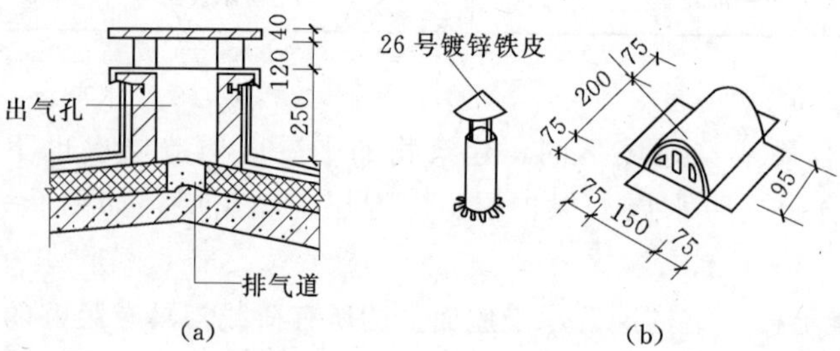

图 9-10　卷材屋面排气构造

(a) 排气孔；(b) 通风帽

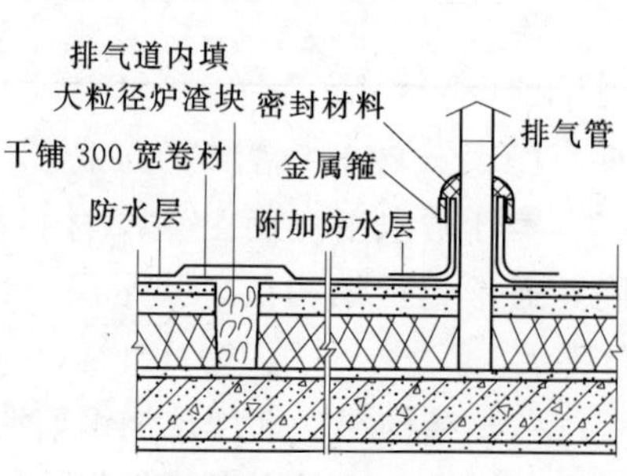

图 9-11　排气通道与排气口的构造

(4) 找坡层。找坡层设于结构层上，应选用水泥焦渣或水泥膨胀蛭石作找坡材料，通常保温层也可兼作找坡层。

（5）保温层。通常保温层设于结构层之上防水层之下，即正置式保温屋面体系，如图9-12（a）所示，它能防止室内热量由屋面向室外散失，适用于寒冷地区。常用的保温材料为导热系数小的轻质多孔材料，有散状（膨胀珍珠岩、矿渣、炉渣等）、整体浇筑的拌合料（水泥珍珠岩、沥青膨胀珍珠岩等）、板块料（泡沫混凝土板、水泥蛭石板、矿棉板、聚苯乙烯泡沫塑料板、硬质聚氨酯泡沫塑料板等）3种。保温层的厚度需要进行热工计算确定。

屋面保温层设置位置有两种：①正置式保温体系，即保温层设在结构层之上，防水层之下，形成封闭的保温层的做法，也叫内置式保温，如图9-12（a）所示；②倒置式保温体系，即保温层设置在防水层之上，防水层不受外界气温变化的影响，不易受外界作用的破坏，如图9-12（b）所示。

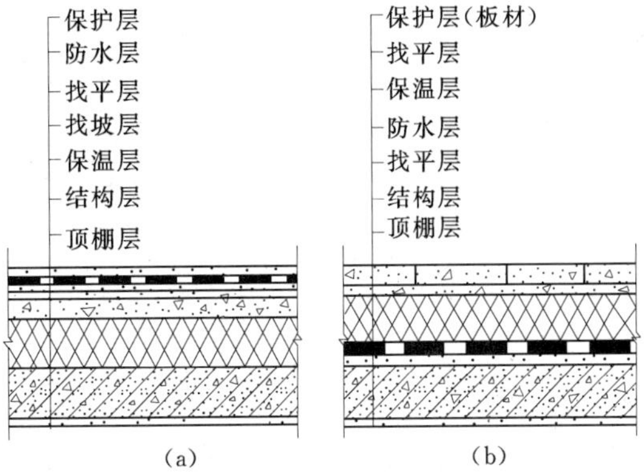

图9-12　保温屋面的构造层次

（6）隔热层。隔热层主要用于炎热和温暖地区，为防止和减少太阳辐射热传入室内，降低屋面热量对室内的影响，可采用屋面通风隔热、蓄水屋面隔热、种植屋面隔热做法、反辐射屋面隔热。

（7）防水层。屋面一般采用“阻”和“导”两种方法解决防水和排水的问题。

阻：在屋面上满铺防水卷材，处理好卷材间的搭接缝隙，形成一个封闭的防水覆盖层阻止雨水渗漏，达到防水的目的。

导：在屋面上设置适宜的坡度，采取合理的构造措施，迅速排走屋面雨水。

屋面防水等级由《屋面工程技术规范》（GB 50345—2012）规定，屋面防水设防分两个等级，见表9-2。

工程中目前大量采用高聚物改性沥青卷材、合成高分子防水卷材、防水涂料卷材等新型防水材料。刚性防水屋面因其适应范围小、构造复杂，已被《屋面工程技术规范》（GB 50345—2012）所淘汰。常用防水材料有以下几类。

1）高聚物改性沥青卷材。是以高分子聚合物改性沥青为涂盖层，纤维织物为胎体，复面材料为片状、粉状、粒状制成的成卷防水材料，常用SBS、APP改性沥青防水卷材，再生橡胶防水卷材，铝箔橡胶改性沥青防水卷材，在一定的温度适应范围使用，其抗拉强度高，抗裂性好。

2）合成高分子防水卷材。是以各种合成橡胶或合成树脂为主要原料，加入适量的填充料和加工化学助剂制成的弹塑性防水卷材，它具有冷施工特性。常用三元乙丙橡胶、聚氯乙烯（PVC）、氯化聚乙烯橡胶共混防水卷材等。其抗拉强度、抗撕裂强度高，低温柔性好，抗老化性能好。

3）防水涂料常用沥青基防水涂料、高聚物改性沥青防水涂料、合成高分子涂料。具有施工温度适应性强，操作方便，污染少，易于修补等特性，适用于有特殊要求屋面的防水。

防水层设于保温层之上，可用柔性卷材防水、刚性、刚柔结合等材料做屋面防水层，来阻止屋面上的雨水及融化，延长建筑物屋面的使用寿命，见表 9-4。

表 9-4　　卷材防水屋面的防水层

卷 材 分 类	卷 材 名 称 举 例	卷 材 胶 粘 剂
沥青类卷材	石油沥青油毡	石油沥青玛𤧛脂
	焦油沥青油毡	焦油沥青玛𤧛脂
高聚物改性沥青防水卷材	SBS 改性沥青防水卷材	热熔、自粘、粘结均有
	APP 改性沥青防水卷材	
合成高分子防水卷材	三元乙丙丁基橡胶防水卷材	丁基橡胶为主体的双组分 A 与 B 液按 1∶1 配比搅拌均匀
	三元乙丙橡胶防水卷材	
	氯磺化聚乙烯防水卷材	CX—401 胶
	再生橡胶防水卷材	氯丁胶粘合剂
	氯丁橡胶防水卷材	CY—409 液
	氯丁聚乙烯-橡胶共混防水卷材	胶粘剂配套供应
	聚氯乙烯防水卷材	胶粘剂配套供应

防水层的厚度是影响防水层使用年限的主要因素之一，每道防水材料的厚度应大于或等于表 9-5 的厚度要求。

表 9-5　　每道防水材料厚度要求　　单位：mm

防水等级	合成高分子防水卷材	高聚物改性沥青防水卷材		
		聚酯胎、玻纤胎、聚乙烯胎	自粘聚酯胎	自粘无胎
Ⅰ	1.2	3.0	2.0	1.5
Ⅱ	1.5	4.0	3.0	2.0

（8）保护层。设保护层的目的是保护防水层，防止雨水、人对屋面防水层的踩踏、阳光辐射和大气作用下防水卷材老化，常用绿砂、铝银粉涂料、彩砂、涂料等作保护层，如图 9-13 所示。

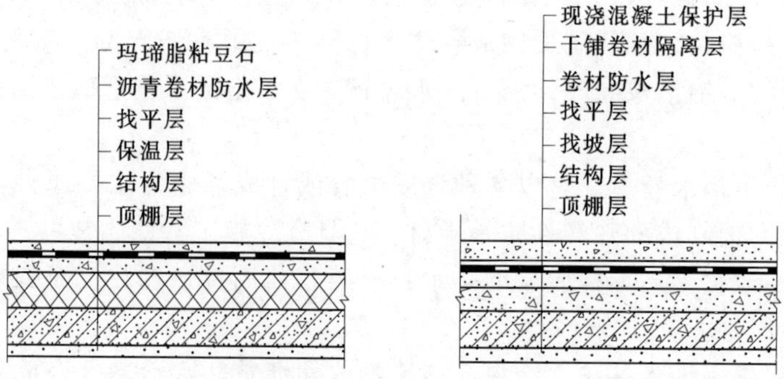

图 9-13　卷材防水屋面的保护层

【实例】 寒冷地区平屋面柔性（卷材）保温防水的构造做法如图 9－14 所示。

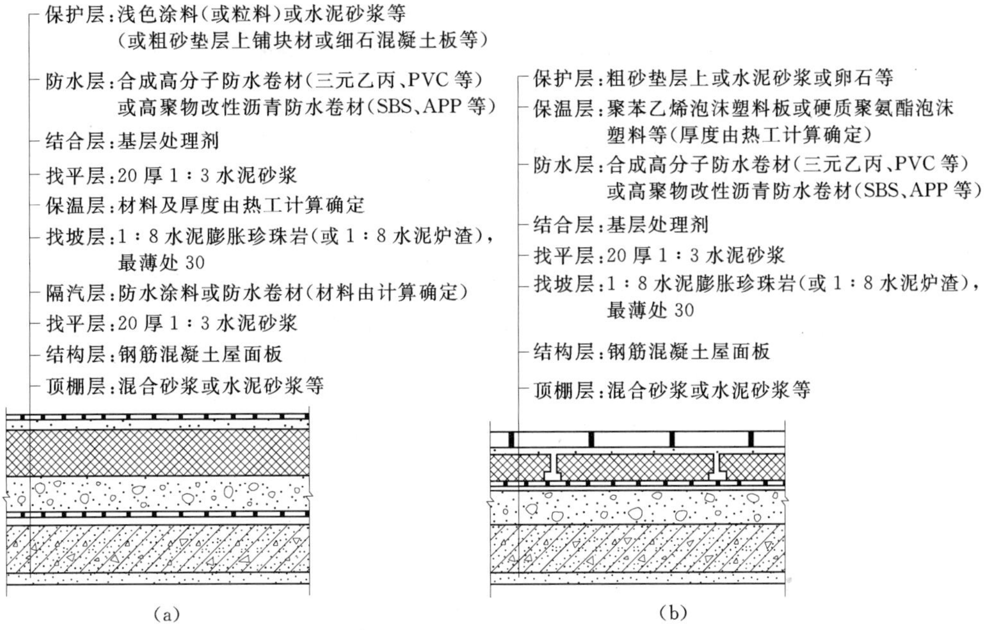

图 9－14　平屋面的保温防水构造

(a) 正铺法保温卷材屋面；(b) 倒铺法保温卷材屋面

结构层：采用大于或等于 C20 的现浇钢筋混凝土屋面，其厚度由结构计算确定。

找平层：一次找平，为隔汽层下有一个平整的基层，用 1：3 水泥砂浆打底找平 20mm 厚。

结合层：刷底胶或冷底子油一道。

隔汽层：采用高聚物改性沥青卷材 SBS、SBC120、或合成高分子防水卷材三元乙丙等。

保温层：1：10 水泥珍珠岩并找坡，保温层的厚度由热工计算，最薄处 120mm 厚。

找平层：二次找平，为使保温层下基层平整，以免屋面上人踩破防水层，用 1：3 水泥砂浆打底找平 20mm 厚。

防水层：采用高聚物改性沥青卷材 SBS、SBC120、或合成高分子防水卷材三元乙丙等。

保护层：宜用浅色涂料即在防水层上刷银光涂剂。

防水卷材铺贴是先将屋面基层必须干燥清洁，作结合层即在基层涂刷处理剂，以保证防水层与基层粘结牢固。例如，三元乙丙橡胶卷材接缝构造，用与卷材配套的胶粘剂粘结，接缝处卷材严密，如图 9－15 所示。

常用的卷材铺贴方法有冷粘法、热熔法、自粘法、热风焊接法等。卷材应分层铺设，当屋面坡度小于 3%时，卷材平行屋脊铺设从檐口至屋脊，搭接缝应顺水流方向；当坡度在 3%～5%时，卷材可平行或垂直屋脊铺贴，卷材上下层及相邻两幅卷材要错缝搭接，垂直屋脊的搭接缝应顺年最大频率风向搭接，如图 9－16 所示。

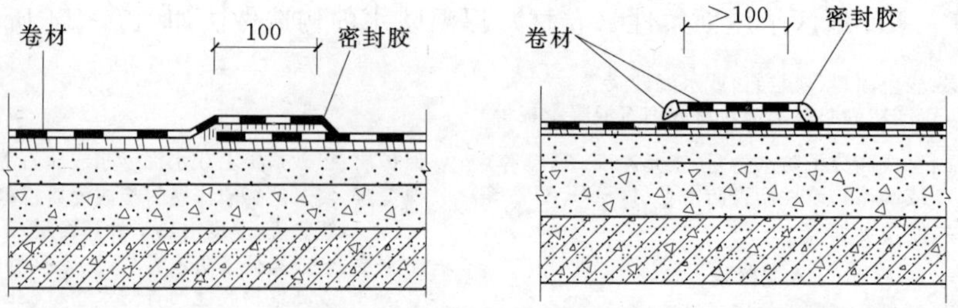

图 9-15 卷材接缝的构造

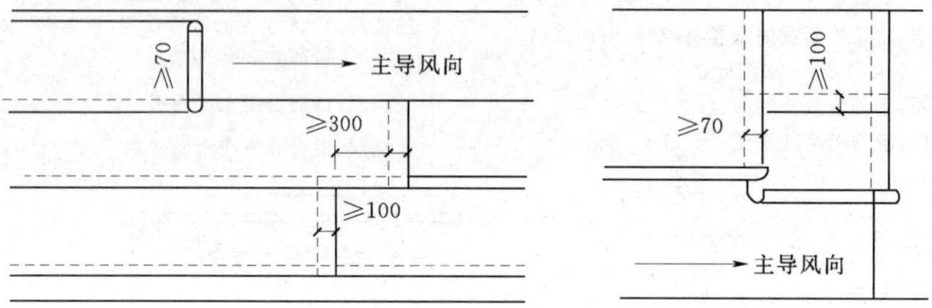

(a) (b)

图 9-16 卷材铺贴方向与搭接构造尺寸

(a) 卷材平行屋脊铺贴；(b) 卷材垂直屋脊铺贴

卷材搭接时，搭接宽度由卷材种类和铺贴方法确定，见表 9-6。

表 9-6 **卷材铺贴搭接宽度** 单位：mm

卷材类别		搭接宽度
合成高分子防水卷材	胶粘剂	80
	胶粘带	50
	单缝焊	60，有效焊接宽度不小于 25
	双缝焊	80，有效焊接宽度 10×2＋空腔宽
高聚物改性沥青防水卷材	胶粘剂	100
	自粘	80

结合层花油法包括空铺法、点粘法和条粘法。在铺贴防水卷材只在基层四周一定宽度内粘结称空铺法；若将胶粘剂涂成不小于 150mm 宽的条状进行粘结称为条粘法；若将胶粘剂涂成每点 100mm×100mm 形状进行粘结称为点粘法，如图 9-17 所示，点与条之间形成的空隙即为排蒸汽的通道。

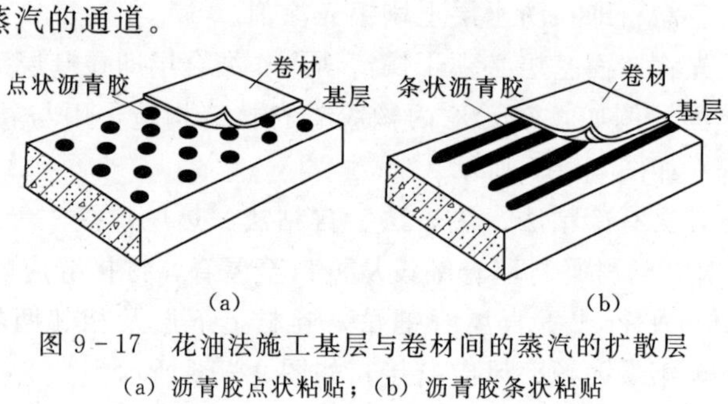

(a) (b)

图 9-17 花油法施工基层与卷材间的蒸汽的扩散层

(a) 沥青胶点状粘贴；(b) 沥青胶条状粘贴

2. 柔性防水屋面的细部构造

泛水是指屋面防水层与女儿墙垂直墙面交接处的防水构造处理。泛水应重点应做成防水层的弧形转折，泛水处采用满贴法，且应加铺一层卷材防水层，卷材上卷至泛水高度不小于 250mm，在女儿墙内侧预留槽嵌入木条，泛水上端用钢钉与墙中间隔 500mm 预埋防腐木砖固定或用水泥砂浆固定，在其外钉镀锌铁皮防止雨水渗入女儿墙中；防水层与女儿墙垂直墙面上的固定及收头是泛水构造的重点。

墙体为较高砖墙时可在墙上留凹槽，卷材收头压入凹槽内固定密封，凹槽上部的墙也应做防水处理，如图 9－18（a）所示；女儿墙檐口的构造是檐沟和泛水构造的结合，如图 9－18（b）所示，钢筋混凝土墙泛水收头可采用金属条钉压，并用密封材料封固，如图 9－18（c）所示。

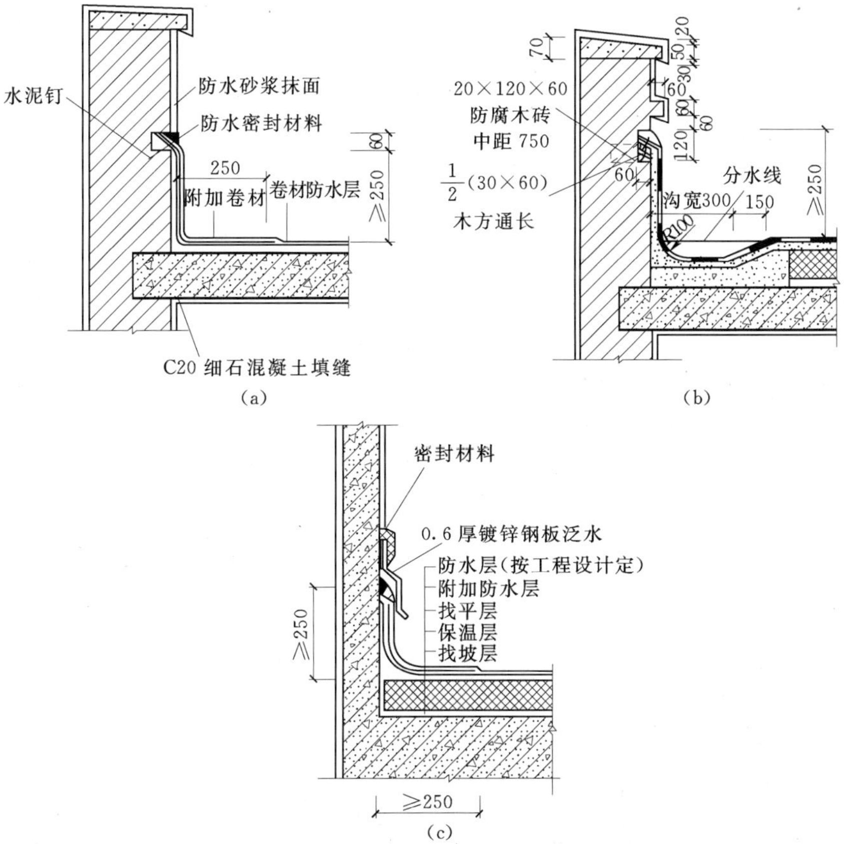

图 9－18　卷材防水屋面泛水构造

（a）砖砌女儿墙泛水构造；（b）女儿墙檐沟檐口及泛水构造；（c）混凝土墙泛水构造

3. 檐口构造

（1）挑檐。指建筑屋面板伸出墙体外侧的构件。按屋面排水方式可分为无组织排水檐口、有组织排水挑檐沟两种。

无组织排水檐口又称自由落水挑檐，即檐口内满粘防水层，收头应固定密封，如图

9 - 19 所示。

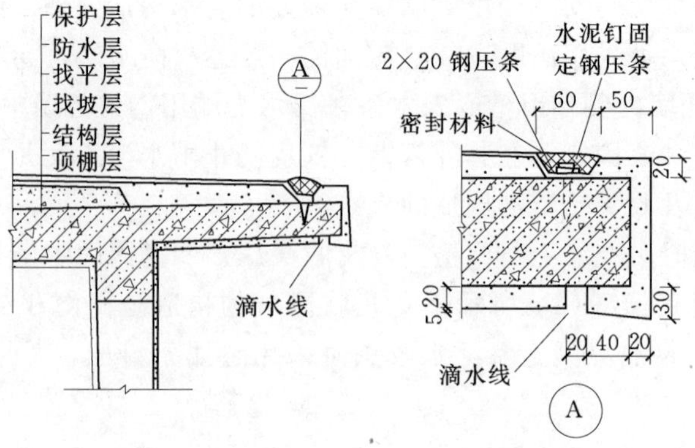

图 9 - 19　卷材防水屋面自由落水挑檐构造

(2) 天沟。指有组织排水檐沟，屋面天沟与屋面的交接处应做成弧形，沟内加铺卷材层，在屋面交界处 200mm 内空铺卷材，如图 9 - 20 所示。

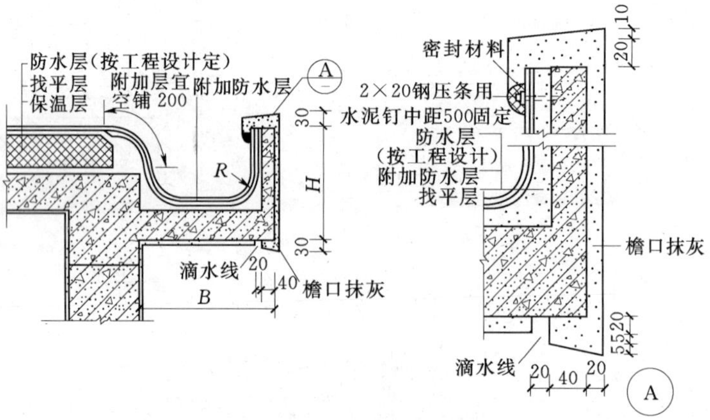

图 9 - 20　卷材防水屋面天沟构造

(3) 雨水口。是屋面雨水排至水落管的关键构件，使雨水流经地下管网，雨水口要排水通畅、防止堵塞。常用铸铁和 UPVC 塑料，有直管式檐沟内雨水口和弯管式女儿墙雨水口两种。

直管式雨水口用于檐沟、天沟沟底开洞，UPVC 塑料雨水口做法如图 9 - 21 (a) 所示。

弯管式雨水口用于女儿墙外排水，UPVC 塑料雨水口做法如图 9 - 21 (b) 所示。

雨水斗排水宜最低点，雨水口直径 500mm 周围范围内其坡度不应小于 5%。

(二) 涂膜防水屋面

涂膜防水屋面又称涂料防水屋面，是指用粘结力较强的高分子防水涂料直接涂刷在屋面基层上，形成不透水的薄膜层，来达到防水目的的屋面做法。

厚质防水涂料膜厚一般在 4～8mm 之间；薄质防水涂料膜厚一般为 2～3mm。厚质涂料指水性石棉沥青防水涂料、石灰乳化沥青等沥青基防水涂料；薄质涂料指高聚物改性沥

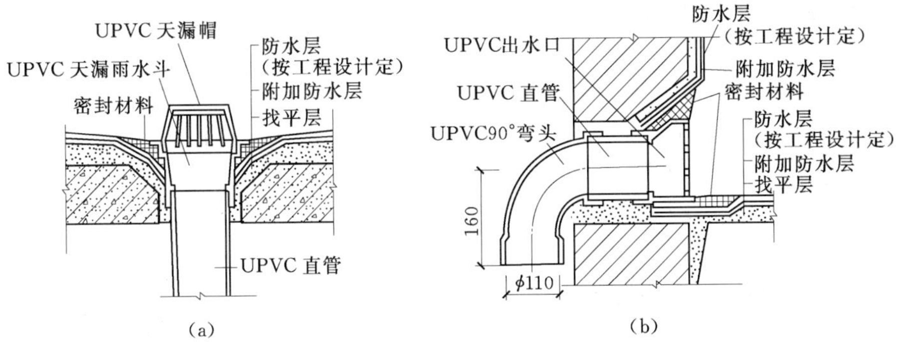

图 9-21 雨水口的构造

(a) UPVC 直管式雨水口；(b) UPVC 弯管式雨水口

青防水涂料和合成高分子防水涂料涂。

防水涂料用途广泛，具有防水性能好、粘结力强、耐腐蚀、耐老化、整体性好、冷作业、施工方便等优点，主要适用于Ⅲ级、Ⅳ级的屋面防水，或可用于Ⅰ级、Ⅱ级屋面多道防水层中其中的一道防水。

1. 涂膜防水屋面构造做法

涂膜防水屋面由结构层、找平层、找坡层、结合层、防水层、保护层组成。涂膜防水屋面分为沥青基防水涂料、改性沥青防水材料、合成分子防水涂料 3 类。

涂膜防水层是通过分层、分遍的涂布，等待先涂的涂层干燥成膜后，再涂下一层，最后形成一道防水层。平行屋脊铺设适用于屋面小于 15%的坡度，由檐口向屋脊铺设；垂直屋脊铺适用于屋面大于 15%的坡度，涂布长边搭接宽度大于 50mm，短边搭接宽度大于 70mm，采用两层胎体涂布搭接上下层不得互相垂直铺设，接缝间距大于幅宽的 1/3，接缝位置应错开，涂膜的厚度、屋面防水等级和所用涂料均要对应，见表 9-7。

表 9-7　　每道涂膜防水层的最小厚度　　单位：mm

防水等级	合成高分子防水涂膜	聚合物水泥防水涂膜	高聚物改性沥青防水涂膜
Ⅰ	1.5	1.5	2.0
Ⅱ	2.0	2.0	3.0

涂膜防水屋面找平层的分格缝应设在板的支承处，其间距宜小于等于 6000mm，缝宽 20mm，分格缝内应嵌入密封材料，如图 9-22 所示。

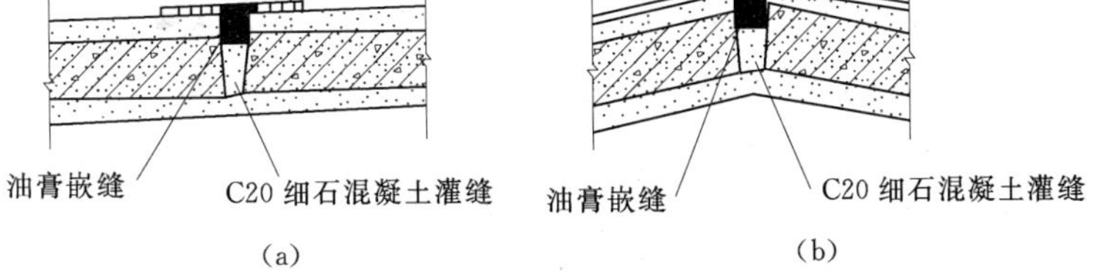

图 9-22 分格缝的构造做法

(a) 屋面分格缝；(b) 屋脊分格缝

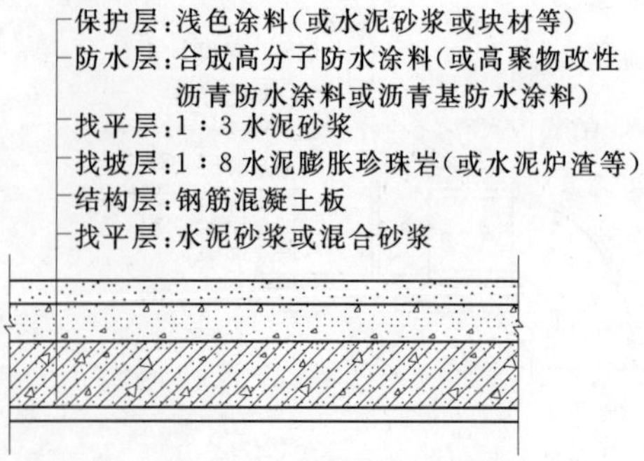

图 9-23 涂膜防水屋面的构造层次和做法

涂膜防水层的基层为混凝土或水泥砂浆时，其质量要求同卷材防水屋面的找平层要求。

涂膜防水屋面保护层的材料采用水泥砂浆或块材时，应在涂膜和保护层之间设置隔离层，水泥砂浆保护层厚度大于20mm。

2. 涂膜防水屋面的细部构造

涂膜防水屋面细部构造与卷材防水构造基本相同，如图9-23所示。

第三节 坡屋面的构造

坡屋面是我国传统的屋面形式，坡度大，排水迅速，可以满足复杂的建筑造型需要，是由带坡度的多个倾斜屋面相互交接而成。两斜面相交的阳角称为脊；两斜面相交的阴角称为沟，如图9-24所示。

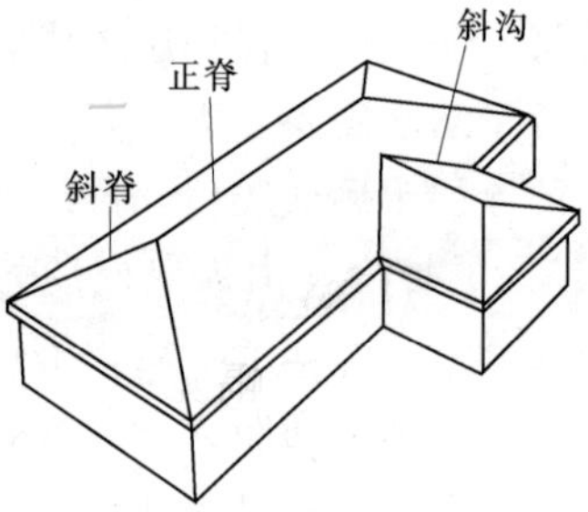

图 9-24 坡屋面屋脊的名称

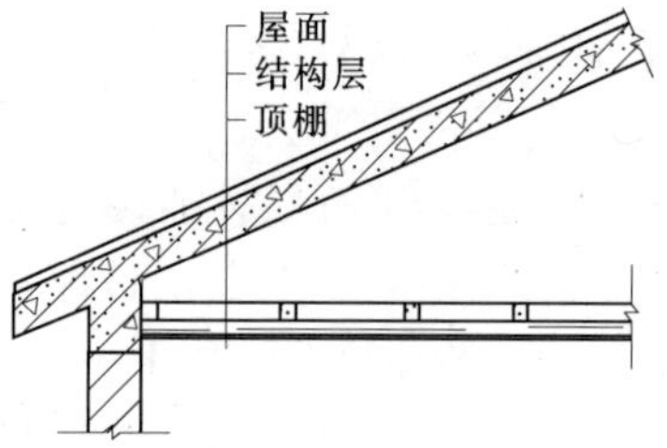

图 9-25 坡屋面的组成

一、坡屋面的组成及类型

1. 坡屋面的组成

坡屋面由屋面面层、承重结构、功能层（保温、隔热层）顶棚层组成，如图9-25所示。

承重结构指钢筋混凝土结构层、钢结构层等，它承受屋面各种荷载并传到墙或柱上。

屋面既承重又起围护作用，常用波形水泥石棉瓦、彩色钢板波形瓦、玻璃板、PC板等。

顶棚是屋面结构层的装饰层，起安装灯具美化室内空间的作用，可以做直接顶棚或吊棚。

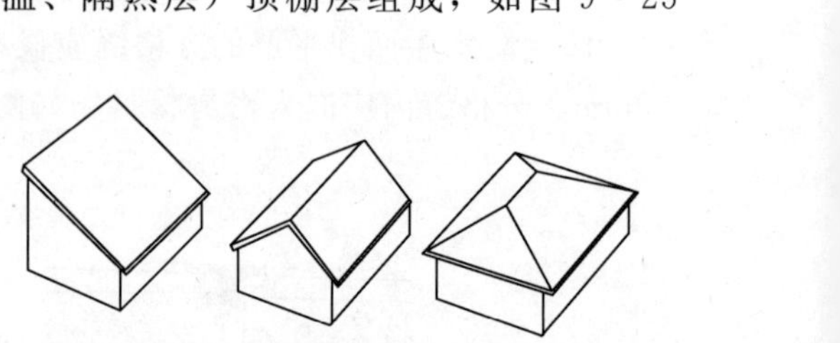
图 9-26 坡屋面的形式

功能层是根据建筑物所在地域不同而考虑设置的保温、隔热、隔声等构造。

2. 坡屋面的形式

坡屋面是一种传统的屋面做法，主要有单坡、双坡及四坡，如图9-26所示。

二、坡屋面承重结构体系

1. 山墙承重

又称硬山架凛，将房屋横墙上部砌成山尖形，檩条直接搁在横墙山尖上，檩条的跨度即是房屋开间尺寸，适用于多数小开间的房屋，如图 9-27（a）所示。

2. 屋架承重

将屋架支承在外纵墙或承重柱子上，檩条搁置在屋架上，屋架的间距是檩条的长度尺寸，如图 9-27（b）所示。

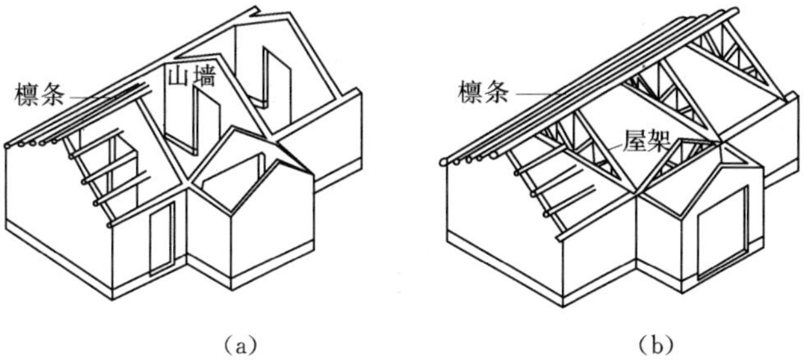

图 9-27 坡屋面的承重结构

（a）山墙承重；（b）屋架承重

三、钢筋混凝土结构坡屋面保温

1. 金属压型钢板屋面

在金属压型钢板或金属夹心板上铺乳化沥青珍珠岩或硬质聚氨酯泡沫塑料等轻质保温材料，保温层上再做防水层，即为金属压型钢板屋面，如图 9-28 所示。

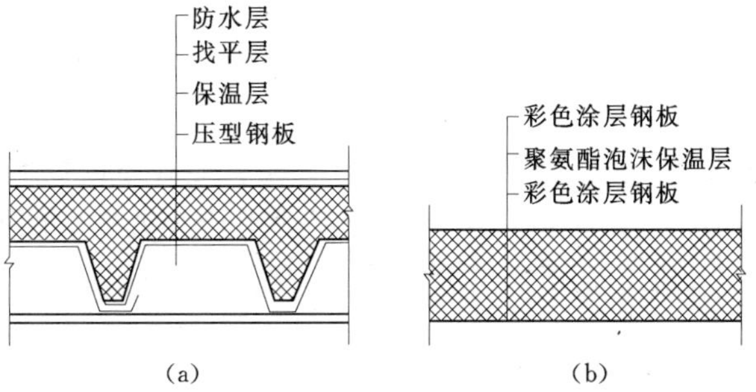

图 9-28 金属压型钢屋面保温构造

2. 钢筋混凝土结构坡屋面

钢筋混凝土坡屋面有屋面保温和顶棚层保温两种。屋面保温是在屋面板下，用聚合物砂浆粘贴聚苯乙烯泡沫塑料板，形成保温层，如图 9-29（a）所示；也可在瓦材和屋面板之间铺设一层保温层，如图 9-29（b）所示。顶棚层保温在顶棚格栅上先铺板，板上铺卷材隔汽层，用纤维保温板、泡沫塑料板、膨胀珍珠岩铺设成保温层，使其具有保温和隔热双重效果，构造如图 9-29（c）所示。

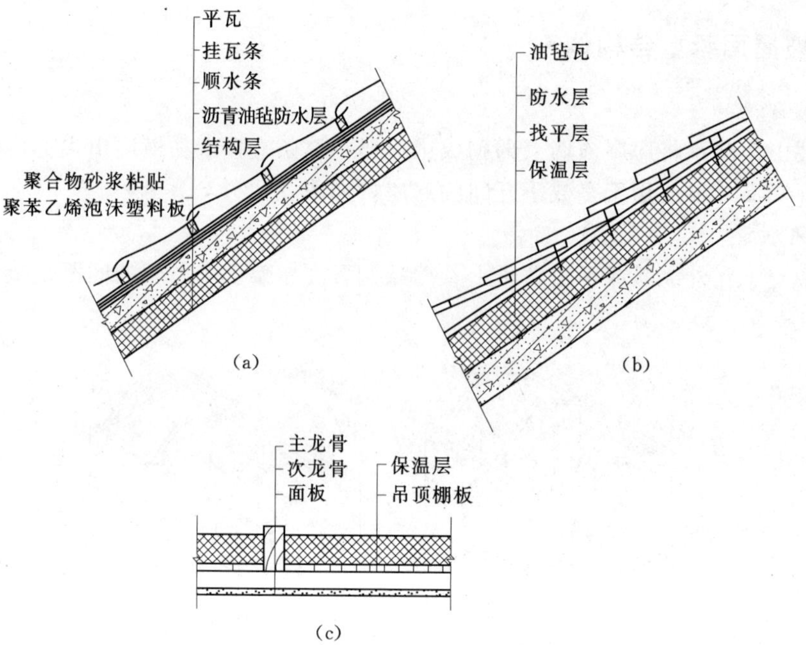

图 9-29　钢筋混凝土结构屋面保温构造

(a)、(b) 屋面保温；(c) 顶棚层保温

四、坡屋面的构造

(一) 钢筋混凝土平瓦屋面的构造

分为黏土平瓦和水泥平瓦，适用 20%～50%的排水坡度，坡度大于 50%时需加强固定。

1. *屋面做法*

将结构层作为屋面基层，直接在其上铺平瓦作为现浇钢筋混凝土屋面板。

瓦屋面铺挂有钉挂瓦条挂瓦、钢筋混凝土挂瓦板直接挂瓦和用 30～50mm 草泥或煤渣灰窝瓦 3 种方式。

瓦的铺设可以根据屋面坡度选用窝瓦或挂瓦。窝瓦是在屋面板上抹水泥砂浆或石灰砂浆将瓦粘结，如图 9-30 (a) 所示；挂瓦条挂瓦适用于大坡度的屋面，即在钢筋混凝土屋面板上用水泥钉钉挂瓦条，瓦下坐混合砂浆，在用双股铜丝将平瓦钻孔绑于挂瓦条上，如图 9-30 (b) 所示。

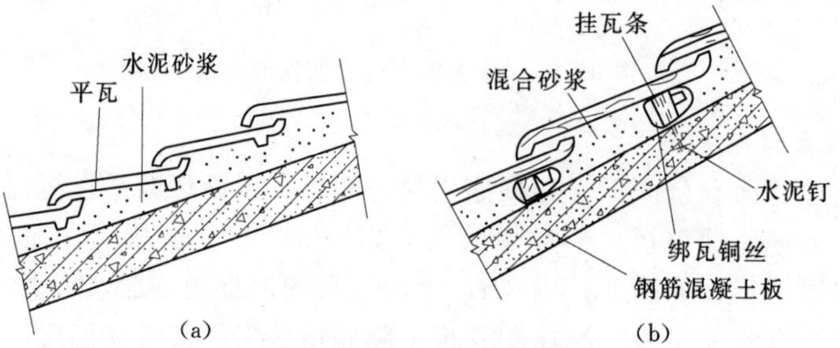

图 9-30　混凝土屋面板铺瓦

(a) 窝瓦；(b) 挂瓦

2. 平瓦屋面的细部构造

(1) 纵墙檐口构造。纵墙檐口可做成无组织自由落水檐口和有组织排水檐口两种，如图 9-31 所示。

无组织自由落水檐口由钢筋混凝土屋面板直接悬挑于外墙的构造，如图 9-31（a）所示；有组织排水檐口用钢筋混凝土屋面板直接形成外挑檐沟，如图 9-31（b）所示。

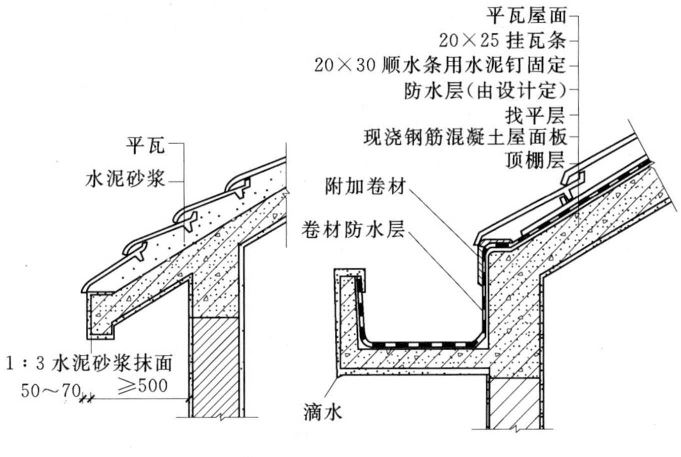

图 9-31 纵墙檐口

(a) 无组织自由落水檐口；(b) 有组织排水檐口

(2) 山墙檐口构造。

1) 山墙挑檐构造。山墙檐口按屋面形式有硬山和悬山两种做法。悬山由钢筋混凝土板出挑山墙的构造，如图 9-32（a）所示。

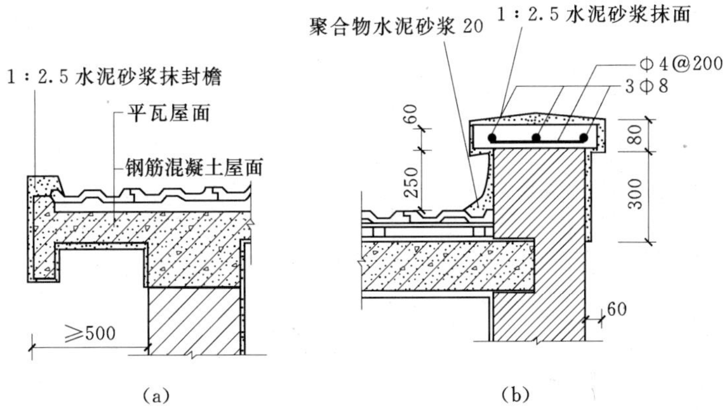

图 9-32 山墙檐口构造

(a) 悬山；(b) 出山

2) 山墙封檐构造。指硬山和出山两种构造。硬山是屋面和山墙平齐，用水泥砂浆抹瓦出线。出山是将山墙高于屋面 500mm 以上可作防火墙使用，在山墙与屋面交接处做泛水，如图 9-32（b）所示。

3. 屋脊和天沟

平瓦屋面屋脊铺瓦应采用1：1：4（水泥：石灰：砂子）混合砂浆铺贴，如图9-33（a）所示。对于钢筋混凝土屋面板可在天沟上做防水层，如图9-33（b）所示。

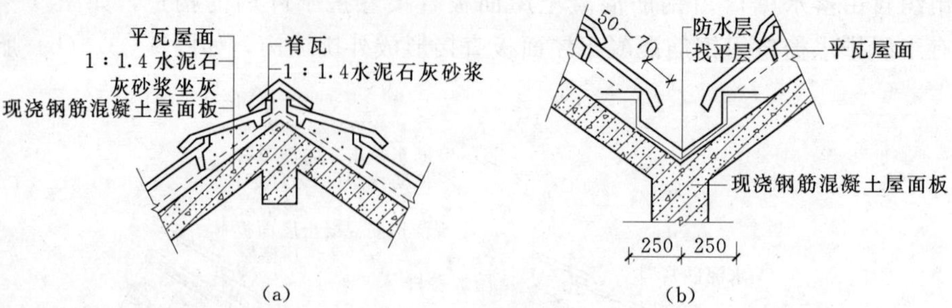

(a)　　(b)

图9-33　屋脊和天沟

4. 斜屋面窗

阁楼是利用坡屋面建筑中的上部空间作为使用房间，故阁楼采光和通风应设置斜屋面窗。窗洞口构造做法如图9-34所示，斜屋面窗应具有防水、排水要求外，还要做好窗洞

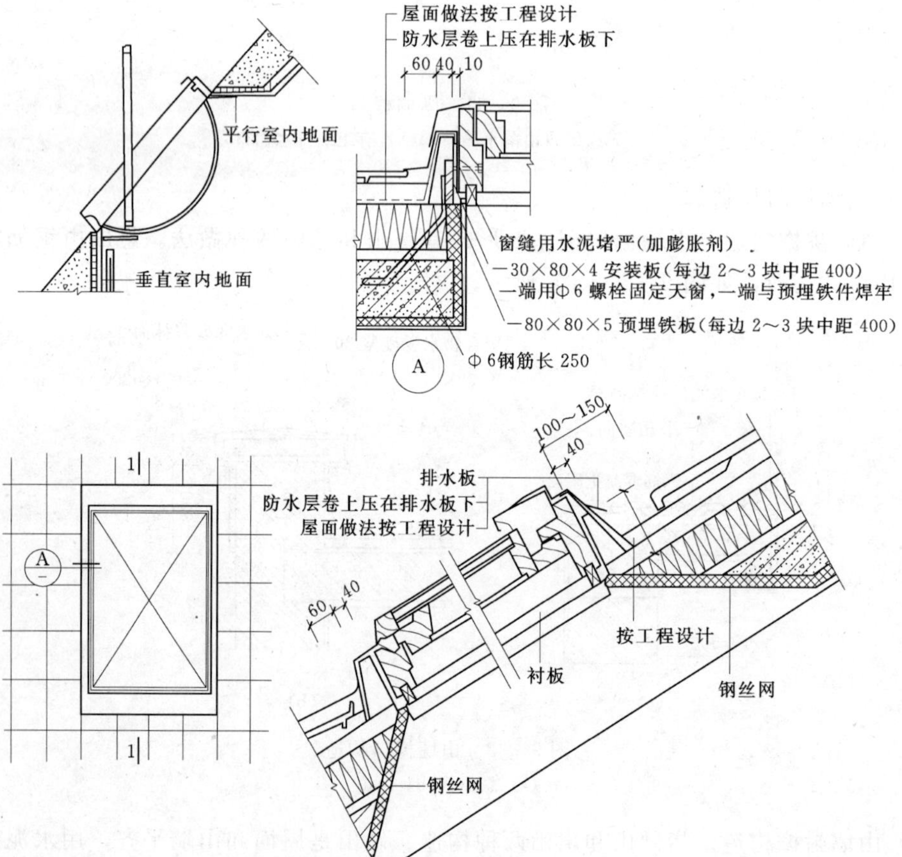

1—1

图9-34　斜屋面窗构造做法

口周围与屋面之间的防水，斜屋面窗构造做法如图 9－34 所示。

（二）金属压型钢板屋面

金属压型钢板屋面以镀锌钢板为基层材料，经热轧成型再涂敷各种防腐涂层和彩色烤漆制成的轻质屋面板，作为防水覆盖材料铺设在钢结构骨架上。它具有维护和防水双重功能，自重轻强度高，施工方便，耐久性强，色彩鲜艳，艺术效果好，适用于防水等级为Ⅰ～Ⅲ级建筑，近代在大空间建筑中被广泛采用。

金属压型屋面板根据使用要求分为单层保温屋面彩板、双层夹心保温屋面彩板等，通常保温夹心板间填充自熄性硬质聚氨酯泡沫塑料或硬质聚氨酯乳泡沫塑料做保温材料，能提高屋面的保温效果，集防水、承重和保温的三重功能，广泛应用于民用建筑和厂房建筑中。

1. 压型板的铺设

金属压型板铺设时应先在檩条上安装固定支架，然后用螺栓或自攻螺栓连接固定，采用错缝法错开一到两波铺板，尽量采用长尺寸压型板，以减小接缝的长度，长向搭接处上下两块板均应伸至支架上，横向搭接应与主导风向一致，连接紧固件一般要设在波峰上，外露螺栓帽或钉头均需做防水处理。

当压型钢板波高大于 35mm 时，压型钢板应通过铁支架与檩条连接，檩条为槽钢、工字钢。

金属压型板屋面做法如图 9－35 所示。

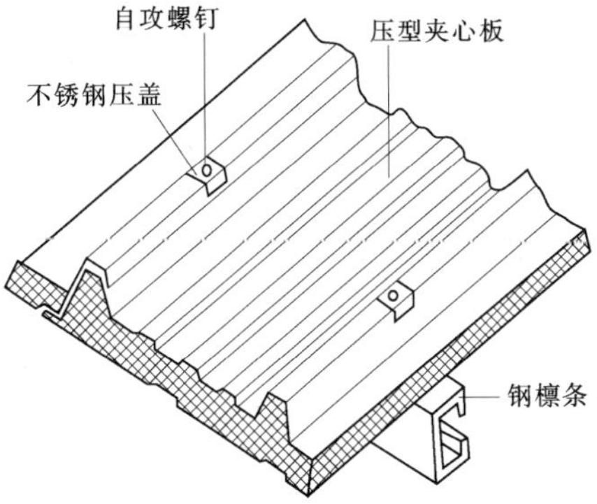

图 9－35　金属压型板屋面

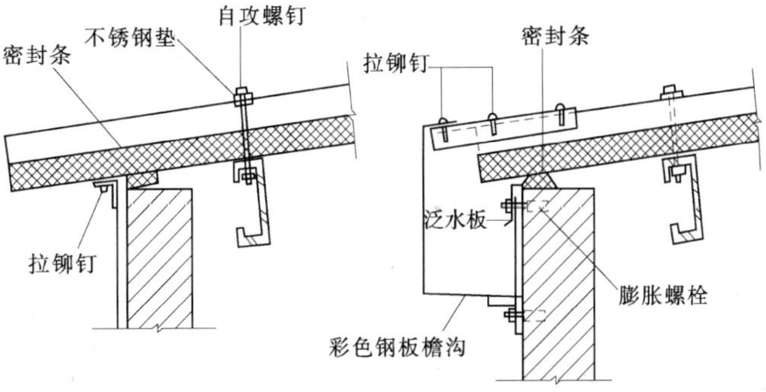

(a)　(b)

图 9－36　金属压型屋面檐口与檐沟构造

2. 金属压型屋面细部构造

（1）檐口与檐沟构造如图 9－36 所示。

（2）泛水构造如图 9－37 所示。图 9－37（a）为山墙处泛水，图 9－37（b）为山墙不高出屋面时的包角处理。

（3）屋脊构造。屋面采用压型屋脊板用铆钉固定，如图 9－38 所示。

（4）板的搭接。图 9－39 所示为屋面板的长向搭接，高位板割掉 250～350mm 长的下层板和保温层后搭盖在下位板上，

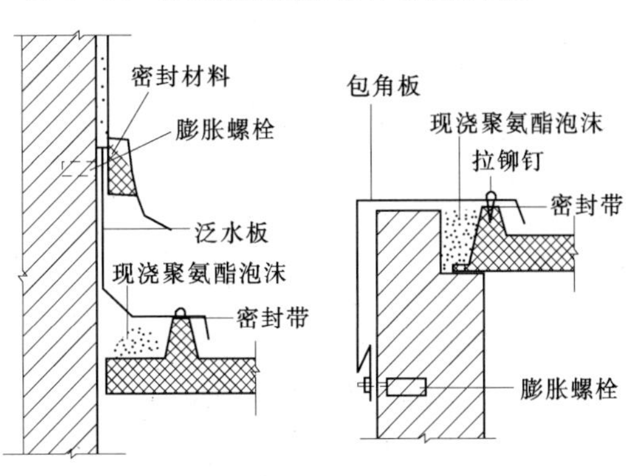

(a)　(b)

图 9－37　金属压型屋面泛水构造

加密封带后用铆钉固定。

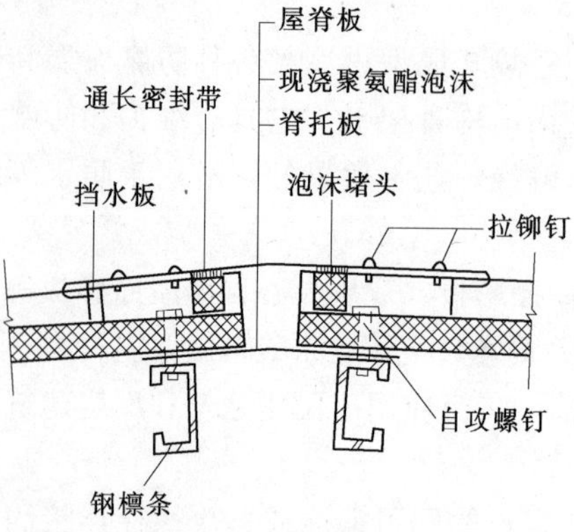

图 9－38 金属压型屋面屋脊构造

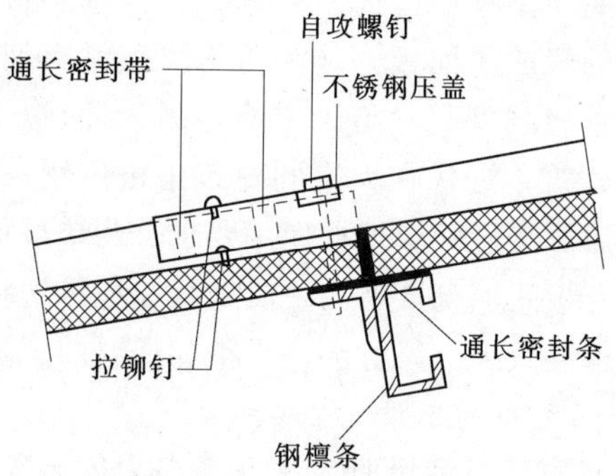

图 9－39 金属压型屋面板的搭接构造

知识梳理与小结

本章主要介绍了屋面的分类及组成，学生应重点学习并掌握现浇钢筋混凝土平屋面柔性保温防水的构造层次，防水卷材搭接的规范要求，刚性混凝土平屋面的分仓缝设置的规定与构造；熟悉建筑物坡屋面的组成和承重结构体系；学习新型压型彩钢板保温防水屋面的构件的连接。

学习训练

1. 屋面按坡度分为哪几种形式？
2. 何谓屋面坡度？坡度的表示方法有几种？坡度形成有哪些方法，其使用范围是什么？
3. 什么是有组织排水，无组织排水？它们主要包括哪些形式？
4. 屋面有几部分组成？它们各有何作用？
5. 试画出寒冷地区平屋面保温防水的构造层次。
6. 为何保温屋面下常设隔汽层？其构造做法是什么？为何卷材防水屋面要考虑排气措施？
7. 柔性防水层铺贴有几种方法？卷材铺贴要注意哪些问题？
8. 何谓泛水？画出泛水构造做法。
9. 刚性防水屋面有哪些构造层次？各层做法如何？
10. 刚性防水屋面为何设分格缝？分格缝如何布置？防水构造如何处理？
11. 在屋面中保温层设置位置有几种？
12. 刚性防水屋面中檐口、泛水的构造如何处理？
13. 坡屋面由哪几部分组成？
14. 屋面的隔热措施有哪些？各有何特点？
15. 坡屋面的承重体系有几种形式？
16. 钢筋混凝土平瓦屋面的铺设要点是什么？檐口及屋脊的构造如何？

第十章 门与窗的构造

学习目标

- 熟知门和窗是建筑物的围护构件，门和窗的组成及各种分类的方法。
- 了解并掌握木门和窗的构造。
- 了解并掌握塑钢门窗的构造。

第一节 木门窗的认知

一、门和窗的作用及要求

建筑物中门和窗是两个重要的维护构件。门可供人通行搬运家具、设备及防火疏散，还具有采光和通风、分隔联系建筑空间的作用。窗户为人提供采光、通风及眺望的功能，同时门和窗是建筑物立面造型和装饰效果不可分割的组成部分。作为建筑物的维护构件，门和窗应具有保温、隔热、隔声、防水、防火、防风沙及防盗等作用。因此在门窗设计时，要本着坚固耐用、开启灵活、关闭严密、造型美观、建筑功能合理，特别是高层建筑要便于维修和擦洗的原则，门窗规格应尽量采用标准图集构件，以适应建筑构件生产标准化的需要。

二、门窗的类型

（一）门的类型

1．按所用材料分类

依据门所用材料的不同，可分为下面几种。

（1）木门。木门制作方便、密封性能好、较经济，广泛应用，但防火能力差。

（2）钢门。强度高，耐久防火性能好，易腐蚀，多用于有防盗要求的门。

（3）铝合金门。自重轻，强度高，装饰密闭性好，耐腐蚀，成本高，公共建筑应用较多。

（4）塑钢门。是一种新型门装饰性强，密闭性好，保温隔热性高，耐腐蚀，耐老化，安装方便，建筑物的内门广泛使用。

（5）无框玻璃门、玻璃钢门。美观大气，装饰性好，但成本较高，适用于大型建筑和商业建筑的出入口。

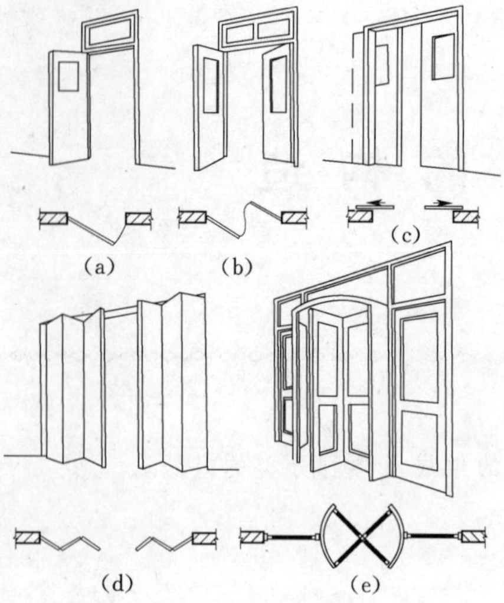

图 10-1 门的开启方式
(a) 平开门；(b) 弹簧门；(c) 推拉门；(d) 折叠门；(e) 转门

2. 按开启方式分

门按开启方式可以分为下面几种，如图 10-1 所示。

(1) 平开门。有单扇和双扇、内开和外开之分。平开门开启灵活，构造简单，密封性能好，制作和安装较为方便，是目前使用广泛常见的门，但门开启时占用空间较大。

(2) 推拉门。分双扇左右推拉，推拉门不占室内空间，但密封性能较差。自动推拉门多用于办公、商业建筑中，公共建筑根据需要还可以采用触动式自动启闭推拉门。

(3) 折叠门。用合页将几个较窄的门扇相互间连接而成，多用于建筑内门尺寸较大的洞口，开启后门扇相互折叠，占用空间较少。

(4) 弹簧门。是在水平方向开启的门，密封性能差，采用铝合金材料制成，用地弹簧在门扇侧边代替普通铰链，开启后可自动关闭，多用于人流多的公共建筑的出入口。

(5) 转门。由三扇或四扇用同一竖轴组成、各门扇夹角相等、在弧形门套内各门扇绕中竖轴水平旋转的门。其密封性能好，卫生方便，通常作外门使用，在转门的两旁应设置平开门，多用于宾馆、饭店、公寓等大型公共建筑。

(6) 卷帘门。门扇是由连锁金属片条一片片地组成，有手动和自动、正卷和反卷之分，卷帘门开启时不占用空间，多用于民用建筑中。

(7) 翻板门。是电动门，外表平整，不占空间，多用于仓库、车库。

3. 按门所在位置分类

按门所处位置不同，可分为内门和外门。

4. 按门的层数分类

门按层数不同，可分为单层门、双层门。

(二) 窗的类型

1. 按窗的开启方式分类

窗户按开启方式可以分为下面几种，如图 10-2 所示。

(1) 平开窗。是水平方向开启的窗户，在窗樘侧边用铰链固定窗扇，窗扇可内开、外开，构造简单、制作安装方便，易维修，是常用的一种窗户形式。

(2) 推拉窗。可分为水平推拉窗和竖向推拉窗。窗扇沿导轨槽可左右水平推拉或上下竖向推拉，不占建筑空间，但通风

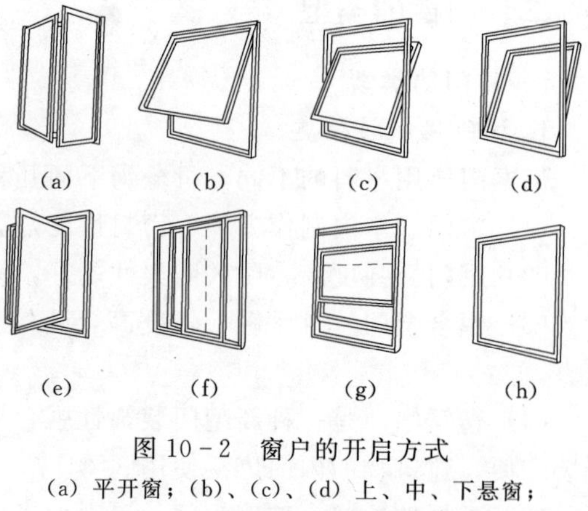

图 10-2 窗户的开启方式
(a) 平开窗；(b)、(c)、(d) 上、中、下悬窗；(e) 立转窗；(f) 水平推拉窗；(g) 垂直推拉窗；(h) 固定窗

面积小，目前铝合金窗和塑钢窗可采用这种开启方式。

(3) 悬窗。按窗户悬转轴的位置不同分为上悬窗、中悬窗和下悬窗3种。上悬窗向外开启，防雨和通风效果较好，中悬窗上半部内开、下半部外开，有利通风，开启方便，适于高窗和上亮子窗；下悬窗可内开，一般不防雨，一般在建筑中不用。

(4) 立转窗。是窗扇上下围绕竖向转轴转动的窗户，竖向转轴设在窗扇中心，通风效果较好。

(5) 固定窗。不能开启的窗扇，通常将玻璃直接安装在窗框上，仅仅用于采光、眺望。

2. 按所使用的材料分类

(1) 木窗。是用松、杉木制作而成，具有制作简单、密封性及保温性好等优点，但防火性能差，耗用木材量大，木材的耐久性能低，相对透光面积小，易变形损坏等。

(2) 钢窗。用型钢材料经焊接而成的窗。钢窗与木窗相比较，具有坚固不易变形、防火性能高、便于安装组合、透光率大等优点，但密封性能差，保温性能低，耐久性差，易锈蚀维修费用较高。

(3) 铝合金窗。用铝合金型材与拼接构件装配而成，具有轻质高强、刚度大、变形小、美观耐久、耐腐蚀、开启方便等优点，但造价成本费用较高。

(4) 塑钢窗。是近年窗户使用的新型材料，由塑钢型材装配而成，具有密闭性能好、保温、隔热、隔声、表面光洁、便于开启等优点，目前塑钢窗应用广泛，但成本较高。

(5) 玻璃钢窗。是由玻璃钢型材装配而成，其刚度大，具有耐腐蚀性强、质量轻等优点，但表面粗糙度较大，适用于化工类的工业建筑。

三、门窗的设计尺寸

1. 门设置的数量及门洞口尺寸

一个房间门的位置、数量、洞口尺寸及开启方式的确定是由建筑物的使用功能、使用人数、防火疏散的要求来综合确定。通常情况下，公共建筑的安全出入口应不少于两个；当使用房间面积大于60m^2、使用人数超过50人时，房间应设置两扇门。

门洞口尺度是指门洞口的高度尺寸和宽度尺寸。门洞口尺寸为保证行人正常通过和搬运家具、设备的需要，一般单扇门的洞口宽度为700～1000mm；双扇门为1200～1800mm；当洞口宽度大于3000mm时，应设四扇门。门的洞口高度一般为2000～2100mm，当门洞口高度不小于2400mm时，应设亮子窗高度为300～600mm。

在居住建筑中，卫生间门的洞口宽度不小于700mm，厨房门的洞口宽不小于800mm，居室门宽不小900mm，门洞口高度都不小于2000mm。

2. 窗洞口尺寸

窗洞口尺寸主要取决于建筑物的功能要求及房间室内采光要求。窗口面积用采光系数来表示（采光系数是指窗口透光面积与房间地面面积之比），在规范中采光系数规定如下：教室、阅览室为1/4～1/6；居室、办公室、客厅为1/6～1/8；厨房、盥洗室为1/8～1/10等。

通常窗洞口的高度尺寸与宽度尺寸应采用扩大模数3M数列作为洞口的标志尺寸，即窗洞口高度为 900～2100mm，窗洞口宽度为 600～2400mm（还可根据建筑立面造型的要求更宽些）。门窗在使用中为满足其强度、刚度、构造、安全和开启方便，窗洞口高度大于 1500mm 时，需设亮子窗，亮子窗的高度一般为 300～600mm，洞口高度大于或等于 2400mm 时，可将窗组合成上下扇窗。

全国各地区门窗构件均有定型图集和标准，设计时可按所需类型及尺寸大小直接选用。

第二节　木门窗的构造

一、木门

（一）门的组成

通常无论用任何材料制成的门都是由门框、门扇、亮子和五金、附件组成。

1. 门框

门框是由上框、边框、中横框（有亮子时需设）、中竖框（多扇门时需加设）等榫接而成，如图 10-3 所示，如需设门槛时在门框下端应设临时固定拉条，待门框固定后取消，现少用。

2. 门扇

门扇是由骨架和面层（或称门芯板）组成，如图 10-3 所示。

骨架是由上冒头、下冒头、中冒头、边梃等木料组成，如图 10-3 所示。

面层（门芯板）：有胶合板、纤维板、实心木板等。

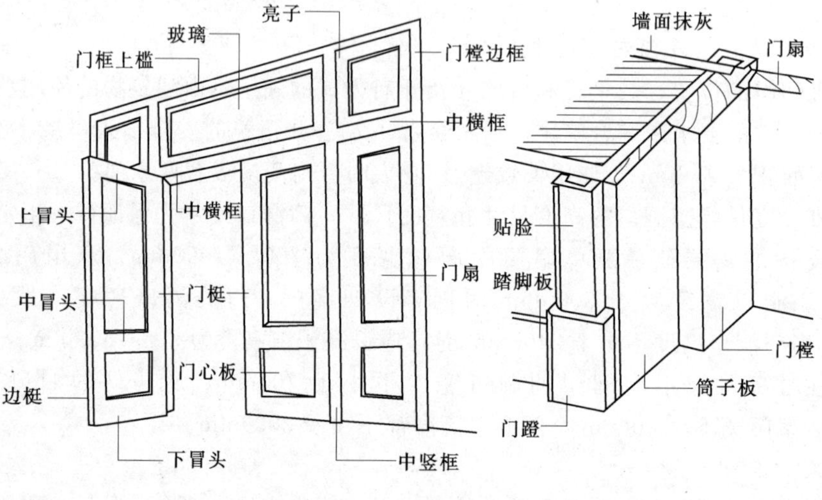

图 10-3　门的组成

3. 五金、附件

五金、附件有铰链（合页）、插锁、门锁、拉手、门碰头、铁三角等，如图 10-4 所示。

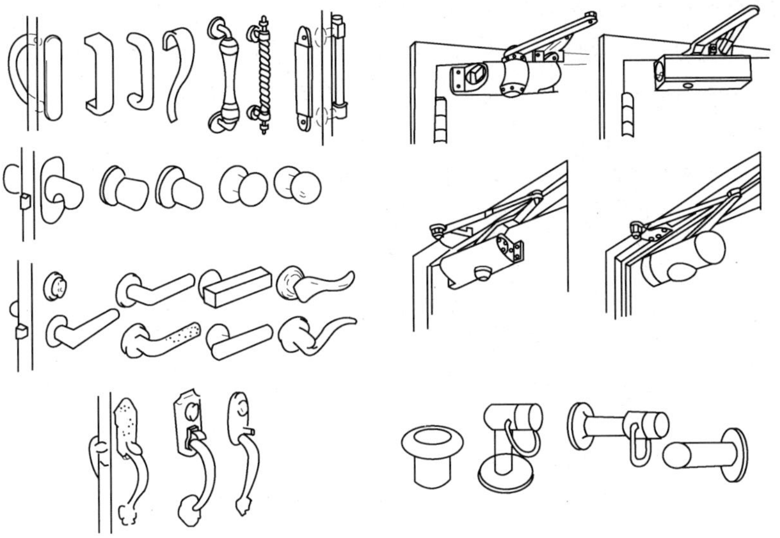

图 10-4 木门的五金

(二) 门与墙体的构造

1. 门框与墙体的连接

先立套（又称先立口）：先立门框后再砌筑墙体，适用于木门与墙体的连接。

后塞套（又称后塞口）：在砌筑墙体时先留出门洞口，待建筑主体工程施工结束后，再在门洞内安装门框，适用于钢门、铝合金门、塑钢门等构造要求，如图 10-5 所示。

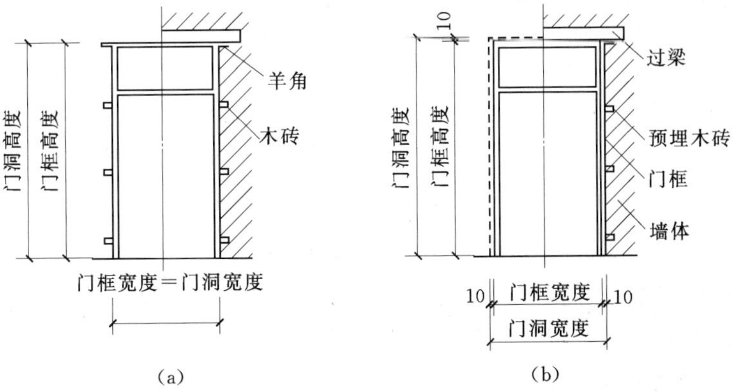

图 10-5 门框的安装方式

(a) 先立套；(b) 后塞套

门框与墙体的连接构造：先将木门框涂防腐油做防腐处理，在其上钉毛毡，按平面尺寸将木门定位、校核，再立框。为使门框与墙体连接牢固，门框的上下框两端各伸 40mm 槛头（即“羊角”），并在边框两侧沿门高间隔 500～800mm 在墙中预埋防腐木砖（木砖 40mm×40mm×60mm），用钉将门框钉在木砖上，或在门框上固定铁脚，用膨胀螺栓固定，每边的固定点不少于两个，如图 10-5 所示，门框与墙体间用水泥砂浆填塞缝隙，寒冷地区缝内应塞毛毡或矿棉、聚乙烯泡沫塑料等。

门框分单裁口和双裁口两种形式，一般裁口深度为10～12mm，门框的截面尺寸和形状取决于门的开启方向、裁口的大小等，单扇门门框断面为60mm×90mm，双扇门门框断面为60mm×100mm，门框断面形状与尺寸如图10-6所示。

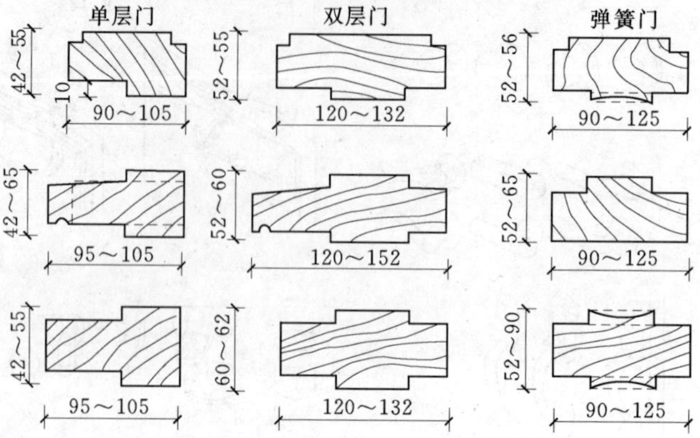

图10-6　平开门门框断面形状与尺寸

门框与墙及接缝构造处理如图10-7所示。

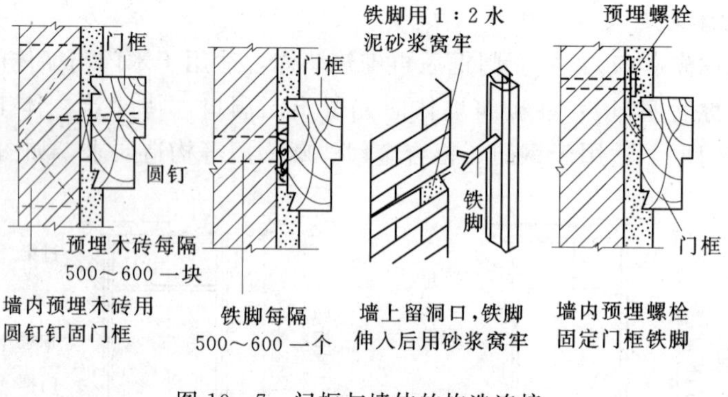

图10-7　门框与墙体的构造连接

2. 门框与门扇的连接

由门使用的材料来选择相应的金属合页，将门框与门扇连接牢固。

门框和门扇间用金属合页连接。

3. 门扇的类型与构造

（1）平开木门。

在民用建筑中常见有夹板门、镶板门、拼板门、百叶门等形式。

门一般以门扇所用的面层材料和构造来命名。

1）夹板门。夹板门是在门内用（32～35）mm×（34～60）mm方木作密肋骨架，在骨架两面贴胶合板、硬质纤维板等制成，如图10-8所示。夹板门用于内门，保温性、隔音性能较好，自重轻，但牢固性差。

2）镶板门。可作为建筑的外门或内门使用。镶板门是在骨架（由上冒头、下冒头、中冒头、边梃等组成）内镶入门心板（木板、胶合板、纤维板、玻璃等）而制成的门。实木门用 10～15mm 厚木板作门心板，为防板吸潮膨胀鼓起，门心板端头与骨架裁口内应留一定空隙，门芯板下冒头比上冒头尺寸要大，门扇的底部要留出 5mm 空隙，以保证门的自由开启，镶板门广泛用于室内，其构造如图 10－9 所示。

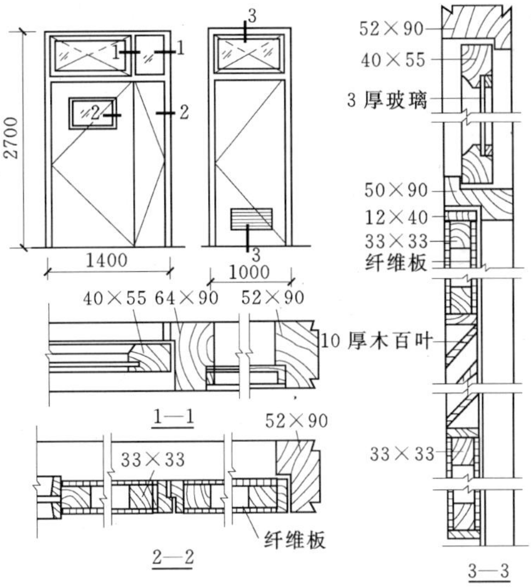

图 10－8　夹板门的构造

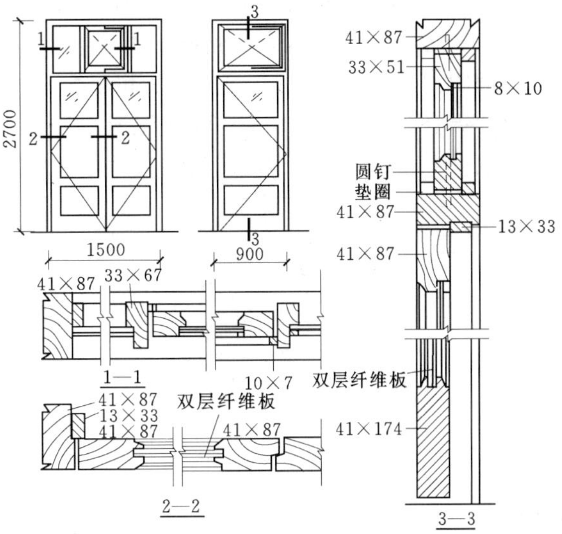

图 10－9　镶板门的构造

3）拼板门。拼板门构造与镶板门构造相似，只是区别竖向拼接的门心板规格为 15～20mm 厚，中冒头一般只设一道，无门框直接用门合页与墙上预埋件连接，拼板门坚固耐久，自重较大，如图 10－10 所示。

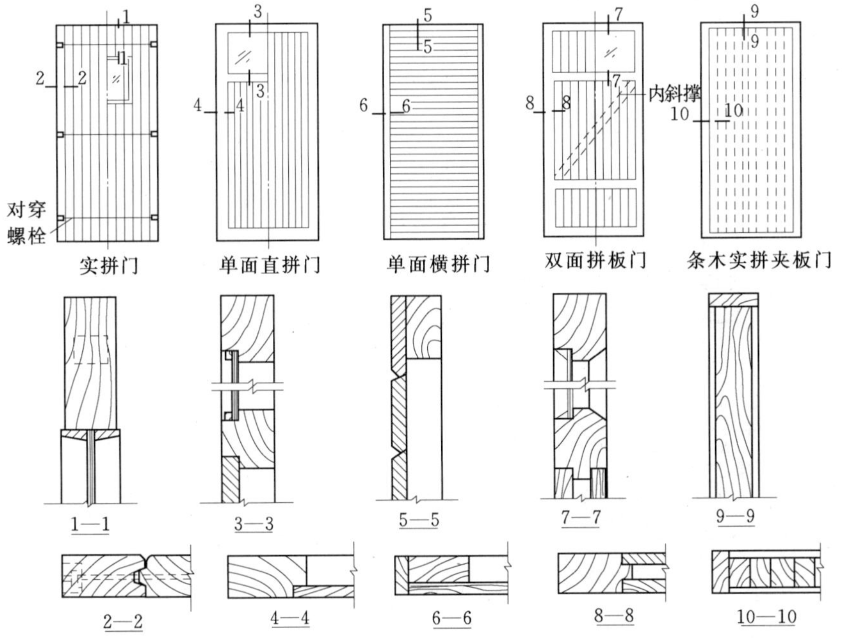

图 10－10　拼板门的类型与构造

4）百叶门。全部或部分百页片安装在门扇的骨架内称百叶门。它透气性好，用于卫生间、储藏间。

5）铝合金门。铝合金门常采用推拉门和地弹簧门两种形式。

a. 铝合金门框与墙体的连接。铝合金门框采用后塞口安装做法。门框与墙体连接固定点，每边不得少于两点，且间距不得大于700mm；在基本风压大于或等于0.7kPa的地区，间距不得大于500mm。边框端部的第一固定点距上下边缘不得大于200mm。当砖墙结构时，铝合金门框与砖墙应采用燕尾形铁脚灌浆连接或射钉连接；当墙体为钢筋混凝土结构时，铝合金门框与钢筋混凝土墙应采用预埋件焊接或膨胀螺栓锚接，如图10－11所示。

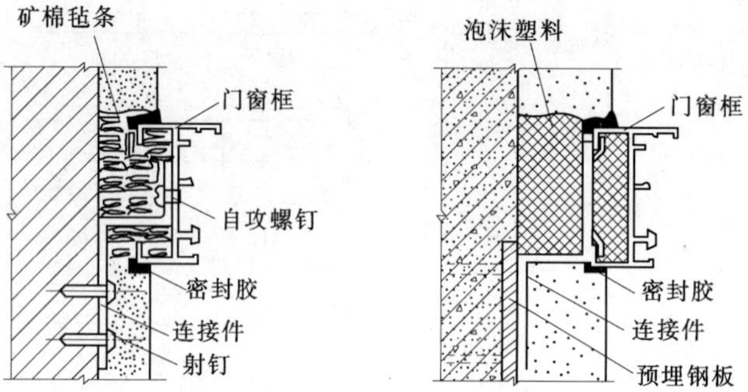

图10－11　铝合金门框与墙体的连接

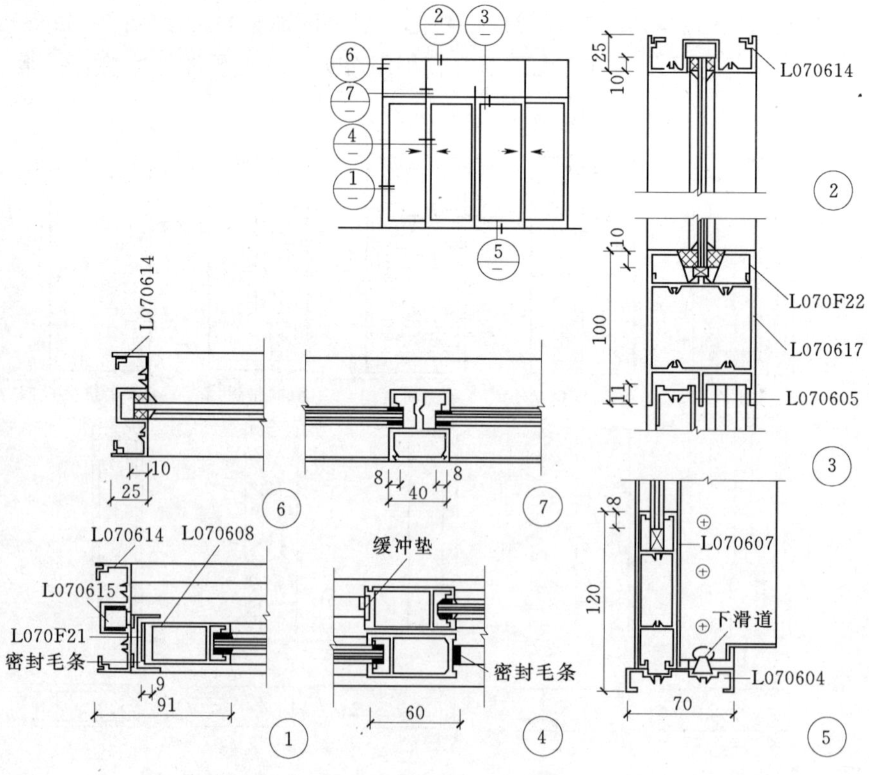

图10－12　铝合金门的构造

b. 门框与墙缝的构造。门框固定好后用软质保温材料（泡沫塑料条、泡沫聚氨酯条、矿棉毡条或玻璃丝毡条）等分层填实在门洞四周的缝隙，以防止门框四周形成冷热交换区产生结露，利于隔声、保温，同时还可避免门框与混凝土、水泥砂浆接触，消除碱对门窗框的腐蚀，如图 10－11 所示。

c. 铝合金门窗的玻璃安装。玻璃可选择 3～8mm 厚的普通平板玻璃、热反射玻璃、钢化玻璃或中空玻璃等。玻璃安装采用橡胶压条或硅硐密封胶密封，窗框与窗扇中梃、边梃交接结合部应密封，设置塑料垫块或密封毛条。

铝合金门的构造，如图 10－12 所示。

（2）地弹簧门。

地弹簧门系使用地弹簧作开关装置的平开门，门可以向内或向外开启。弹簧门可分为木弹簧门和铝合金弹簧门，目前铝合金门使用广泛。

铝合金地弹簧门可分为无框地弹簧门和有框地弹簧门，如图 10－13 所示。

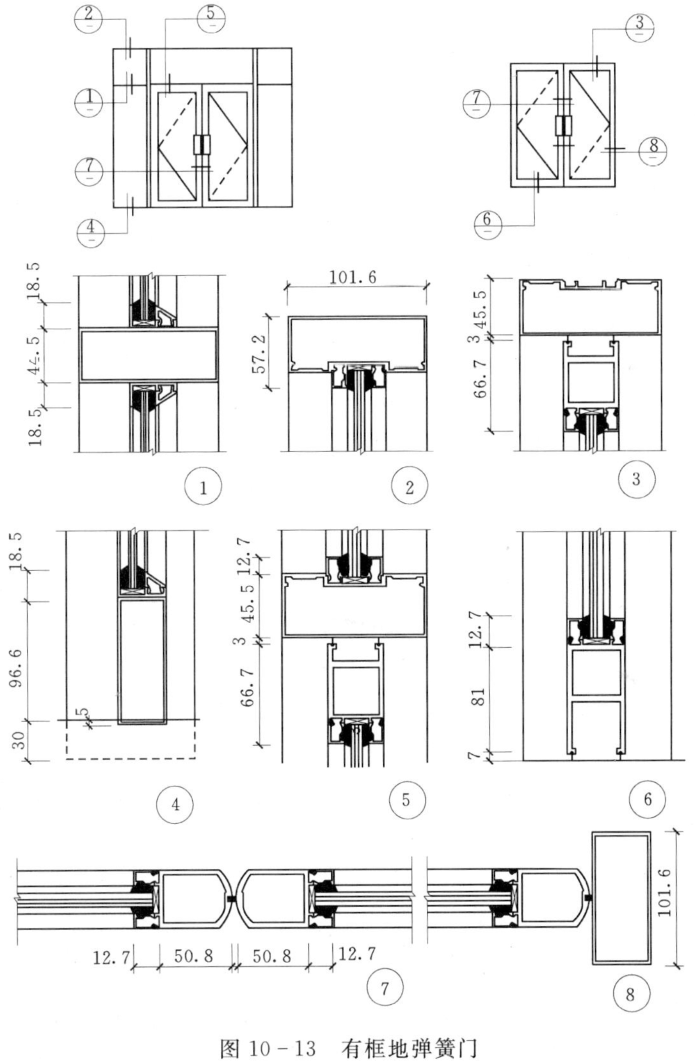

图 10－13　有框地弹簧门

地弹簧门通常采用铝合金型材70系列和100系列。地弹簧门向内或向外开启小于90°时，门扇自动关闭；当门扇开启90°时，可固定不动，门扇上玻璃应用6mm以上钢化玻璃。

(3) 弹簧门。

用弹簧合页安装在普通镶板门或夹板门上，称之为弹簧门，门扇开启后能自动关闭，目前铝合金弹簧门使用较多。

二、木窗

(一) 窗户的组成

窗户主要是由窗框、窗扇、亮子、五金零件组成，如图10-14所示。

1. 窗框

窗框由上框、下框、中横框（中横档）、中竖框、边框等木料榫接而成。当窗高大于或等于1500mm时，需设中横框，若有多个窗扇组合，则需设中竖框，如图10-14所示。

2. 窗扇

窗扇由上冒头、下冒头、边梃、窗芯等木料榫接而成，木料厚35～42mm，如图10-14所示。

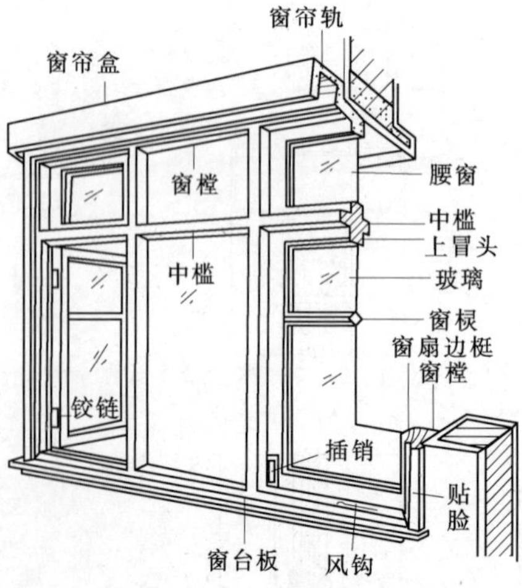

图10-14 窗户的组成

3. 亮子

亮子又称腰窗。当窗户高大于或等于1500mm时，窗户需设300～600mm的亮子。

4. 五金零件

常用的五金零件有铰链（合页）、拉手、插销、风钩等。

(二) 窗框与墙体的连接

窗框的连接方法与门框的连接构造相同，如图10-5所示。

先立套（又称先立口）：先立窗框后砌窗间墙，适用于木窗与墙体的连接。

后塞套（又称后塞口）：在砌墙时留出比窗框四周大（30～50mm）的洞口，墙体砌筑完成后将窗框塞墙体中，适用于钢窗、铝合金窗、塑钢窗等。

窗框安装与接缝处理构造基本上与门框的构造做法相同，窗框与墙体之间的缝隙一般用水泥砂浆填晒塞，寒冷地区缝内应塞聚乙烯泡沫塑料等。

第三节 塑钢门窗的构造

塑钢门窗是以聚氯乙烯（PVC）为主要原料，添加适量助剂和改性剂，挤压成各种截面的空腹异型材组装而成。塑钢门窗保温隔热性、密封性好，耐老化，耐腐蚀，气密、水密性好，装饰性强等优点，它已代替了钢、铝门窗被广泛应用。通常在塑料型材内腔加入钢衬为其骨架，以增强型材抗弯曲变形能力，这就是目前使用的塑钢门窗，如图 10-15 所示。

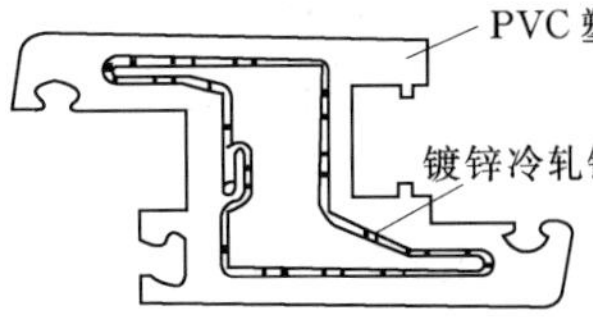

图 10-15 塑钢共挤型材的断面

（一）塑钢门窗的构造

《塑料门窗工程技术规程》（JGJ 103—2008）规定，塑钢门窗应采用固定片法安装。

1. 门窗框与墙体、框与扇、玻璃、五金的连接构造

塑钢门窗应采用后塞口安装。门窗在安装时应确保门窗框上下边位置及内外朝向准确，安装应符合下列要求。

（1）当门窗框与墙体间采用固定片固定时，应使用单向固定片，固定片应双向交叉安装。与外保温墙体固定的边框固定片宜朝向室内。固定片与窗框连接应采用十字槽盘头自钻自攻螺钉直接钻入固定，不得直接锤击钉入或仅靠卡紧方式固定。

（2）当门窗框与墙体间采用膨胀螺钉直接固定时，应按膨胀螺钉规格先在窗框上打好基孔，安装膨胀螺钉时应在伸缩缝中膨胀螺钉位置两边加支撑块。膨胀螺钉端头应加盖工艺孔帽，并应用密封胶进行密封，如图 10-16 所示。

（3）固定片或膨胀螺钉的位置应距门窗端角、中竖挺、中横挺 150～200mm，固定片或膨胀螺钉之间的间距应符合设计要求，并不得大于 600mm，如图 10-17 所示，不得将固定片直接装在中横挺、中竖挺的端头上。平开门安装铰链的相应位置宜安装固定片或采用直接固定法固定。

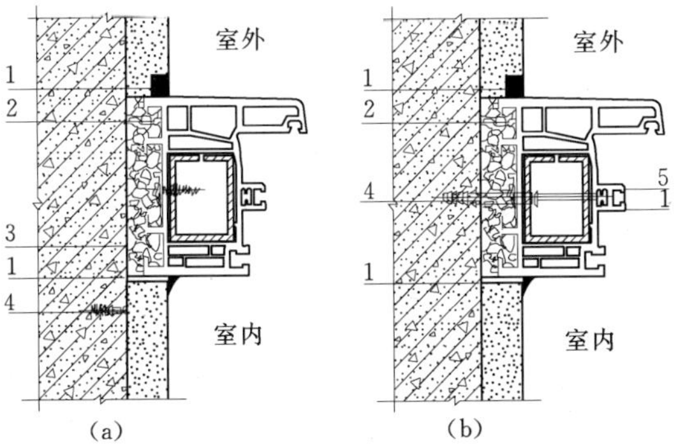

图 10-16 塑钢门窗安装节点图

1—密封胶；2—聚氨酯发泡胶；3—固定片；4—膨胀螺钉；5—工艺孔帽

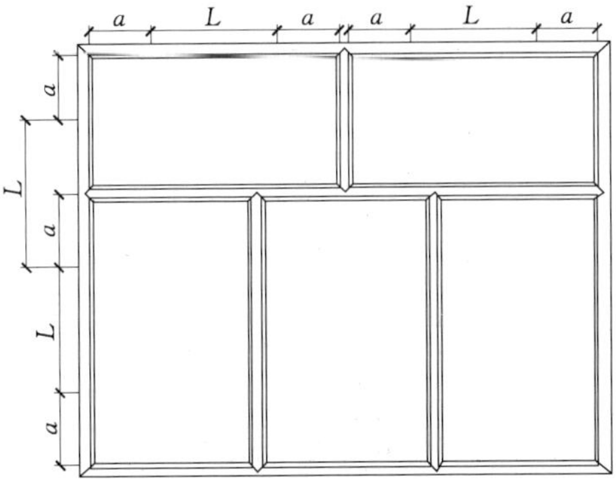

图 10-17 固定片或膨胀螺钉的安装位置

a—端头（或中框）至固定片（或膨胀螺钉）的距离；L—固定片（或膨胀螺钉）之间的间距

（4）建筑外窗的安装必须牢固可靠，在砖砌体上安装时，严禁用射钉固定。

（5）门窗与墙体固定时，应先固定上框，后固定边框。固定片形状应预先弯曲至贴近洞口固定面，不得直接锤打固定片使其弯曲。固定片固定方法应符合下列要求。

1）混凝土墙洞口应采用射钉或膨胀螺钉固定。

2）砖墙洞口或空心砖洞口应用膨胀螺钉固定，并不得固定在砖缝处。

3）轻质砌块或加气混凝土洞口可在预埋混凝土块上用射钉或膨胀螺钉固定。

4）设有预埋铁件的洞口应采用焊接的方法固定，也可先在预埋件上按紧固件规格打基孔，然后用紧固件固定。

5）窗下框与墙体的固定可按照图 10－18 所示进行。

（6）安装组合窗时，应从洞口的一端按顺序安装，拼樘料与洞口连接应符合下列要求。

1）不带附框的组合窗洞口，拼樘料连接件与混凝土过梁或柱的连接应采用焊接的方法固定，也可先在预埋件上按紧固件规格打基孔，然后用紧固件固定。拼幢料可与连接件搭接，如图 10－19 所示。

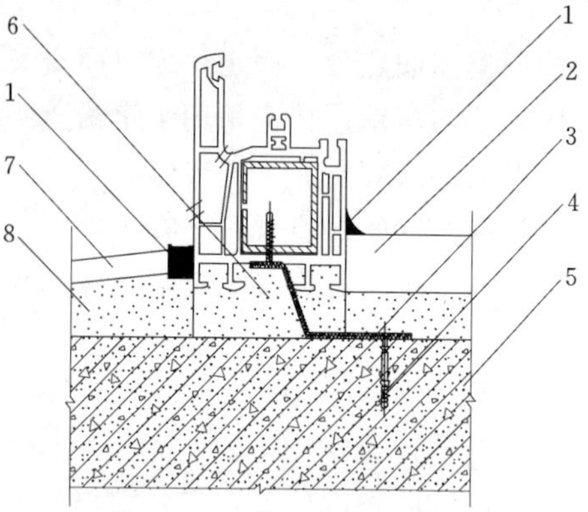

图 10－18　窗下框与墙体固定节点

1—密封胶；2—内窗台板；3—固定片；4—膨胀螺钉；5—墙体；6—防水砂浆；7—装饰面；8—抹灰层

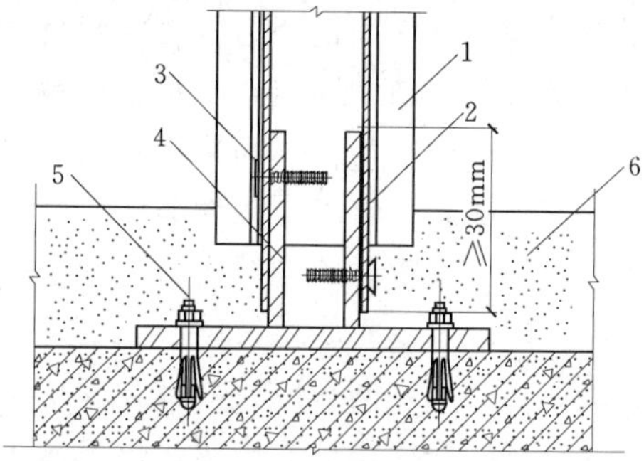

图 10－19　拼樘料安装节点图

1—拼樘料；2—增强型钢；3—自攻螺钉；4—连接件；5—膨胀螺钉或射钉；6—伸缩缝填充物

拼樘料与连接件的搭接量不应小于 30mm，如图 10－20 所示。

2）当拼樘料与砖墙连接时，应采用预留洞口法安装。拼樘料两端应插入预留洞中，插入深度不应小于 30mm，插入后应用水泥砂浆填充固定，如图 10－21 所示。

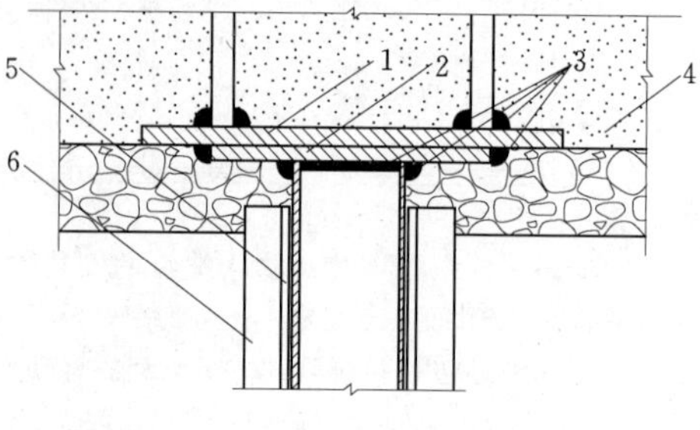

图 10－20　拼樘料安装节点图

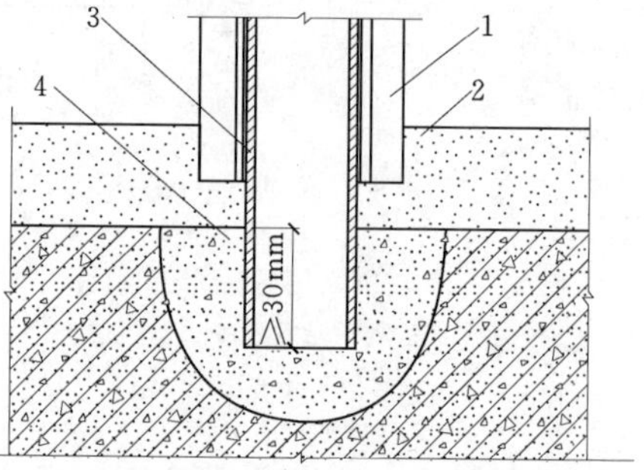

图 10－21　预留洞口法拼樘料与墙体的固定

1—拼樘料；2—伸缩缝填充物；3—增强型钢；4—水泥砂浆

（7）当门窗与拼樘料连接时，应先将两窗框与拼樘料卡接，然后用自钻自攻螺钉拧紧，其间距应符合设计要求并不得大于 600mm，紧固件端头应加盖工艺孔帽，如图 10－22 所示，并用密封胶进行密封处理，拼樘料与窗框间的缝隙也应采用密封胶进行密封处理。

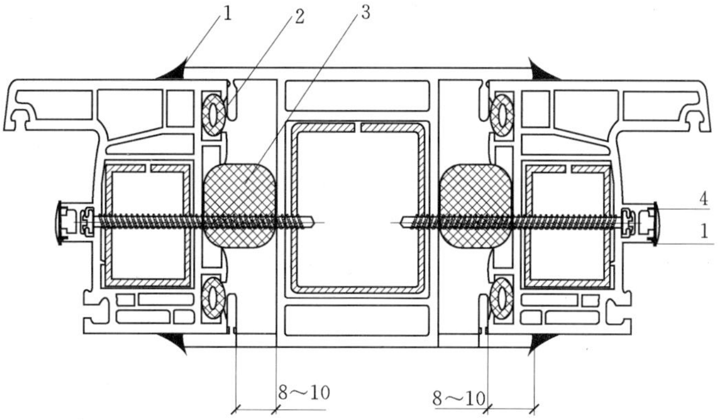

图 10－22　拼樘料连接节点图

1—密封胶；2—密封条；3—泡沫棒；4—工艺孔帽

（8）当门连窗的安装需要门与窗拼接时，应采用拼樘料，其安装方法应符合第 6 条及 7 条的规定。拼樘料下端应固定在窗台上。

（9）窗下框与洞口缝隙的处理应符合下列规定。

1）普通墙体。应先将窗下框与洞口间缝隙用防水砂浆填实，填实后撤掉临时固定用木楔或垫块，其空隙也应用防水砂浆填实，并在窗框外侧做相应的防水处理。当外侧抹灰时，应做出披水坡度，并应采用片材将抹灰层与窗框临时隔开，留槽宽度及深度宜为 5～8mm，抹灰面应超出窗框，如图 10－18 所示。但厚度不应影响窗扇的开启，并不得盖住排水孔，待外侧抹灰层硬化后，应撤去片材，然后将密封胶挤人沟槽内填实抹平。打胶前应将窗框表面清理干净，打胶部位两侧的窗框及墙面均应用遮蔽条遮盖严密，密封胶的打注应饱满，表面应平整光滑，刮胶缝的余胶不得重复使用。密封胶抹平后，应立即揭去两侧的遮蔽条。内侧抹灰应略高于外侧，且内侧与窗框之间也应采用密封胶密封。当需要安装窗台板时，将窗台板顶住窗下框下边缘 5～10mm，不得影响窗扇的开启，窗台板安装的水平精度应与窗框一致。

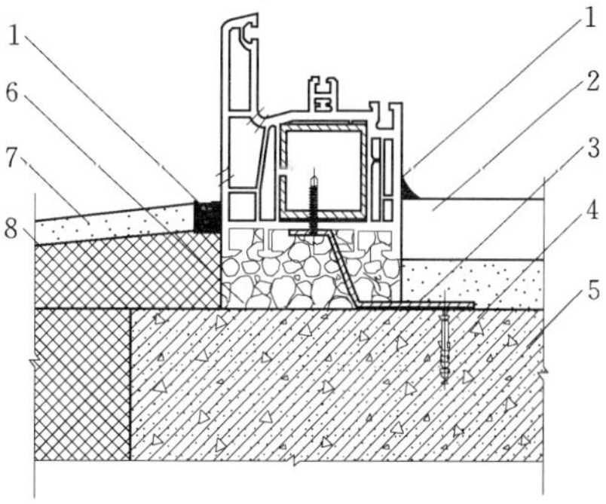

图 10－23　外保温墙体窗下框安装节点图

1—密封胶；2—内窗台板；3—固定片；4—膨胀螺钉；5—墙体；6—聚氨酯发泡胶；7—防水砂浆；8—保温材料

2）保温墙体。应将窗下框与洞口间缝隙全部用聚氨酯发泡胶填塞饱满。外侧防水密封赴理碰符合设计要求。外贴保温材料时，保温材料应略压住窗下框，如图 10－23 所示，其缝隙应用密封胶进行密封处理。当外侧抹灰时，应做出披水坡度，并应采用片材将抹灰层与窗框临时隔开，留槽宽度及深度宜为 5～8mm。

（10）窗框与洞口之间的伸缩缝内应采用聚氨酪发泡胶填充，发泡胶填充应均匀、密实。发泡胶成型后不宜切割。打胶前，框与墙体间伸缩缝外侧应用挡板盖住；打胶后，应及时拆下挡板，并在 10～15min 内将溢出泡沫向框内压平。对于保温、隔声等级要求较高的工程，应先按设计要求采用相应的隔热、隔声材料填塞，然后再采用聚氨酯发泡胶封堵。填塞后，撤掉临时固定用木楔或支撑垫块，其空隙也应用聚氨酯发泡胶填塞。

（11）门、窗洞口内外侧与门、窗框之间缝隙的处理应在聚氨酯发泡胶固化后进行，处理过程应符合下列要求。

1）普通门窗工程。其洞口内外侧与窗框之间均应采用普通水泥填实抹平，抹灰及密封胶的打注应符合（9）中 1）的规定。

2）装修质量要求较高的门窗工程，室内侧窗框与抹灰层之间宜采用与门窗材料一致的塑料盖板掩盖接缝。外侧抹灰及密封胶的打注应符合（9）中 1）的规定。

（12）门窗（框）扇表面及框槽内粘有水泥砂浆时，应在其硬化前，用湿布擦拭干净，不得使用硬质材料铲刮门窗（框）扇表面。

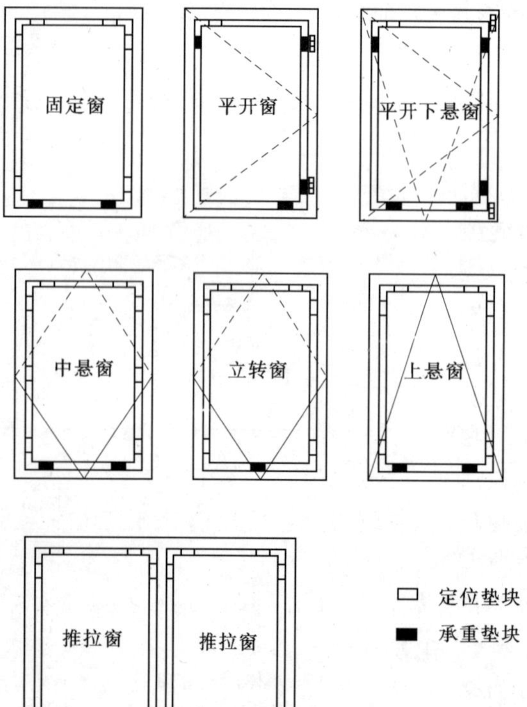

图 10 - 24　承重垫块和定位垫块位置示意

（13）门窗扇应待水泥砂浆硬化后安装。安装平开门窗时，宜将门窗扇吊高 2～3mm，门扇的安装宜采用可调节门铰链，安装后门铰链的调节余量应放在最大位置。平开门窗固定合页（铰链）的螺钉宜采用自钻自攻螺钉。门窗安装后，框扇应无可视变形，门窗扇关闭应严密，搭接量应均匀，开关应灵活。

（14）玻璃的安装应符合下列规定。

1）玻璃应平整，安装牢固，不得有松动现象，内外表面均应洁净，玻璃的层数、品种及规格应符合设计要求，单片镀膜玻璃的镀膜层及磨砂玻璃的磨砂层应朝向室内。

2）镀膜中空玻璃的镀膜层应朝向中空气体层。

3）安装好的玻璃不得直接接触型材，应在玻璃四边垫上不同作用的垫块，中空玻璃的垫块宽度应与中空玻璃的厚度相匹配，其垫块位置宜按图 10 - 24 所示放置。

4）竖框（扇）上的垫块，应用胶固定。

5）当安装玻璃密封条时，密封条应比压条略长，密封条与玻璃及玻璃槽口的接触应平整，不得卷边、脱槽，密封条断口接缝应粘牢。

6）玻璃装入框（扇）后，应用玻璃压条将其固定，玻璃压条必须与玻璃全部贴紧，压条与型材的接缝处应无明显缝隙，压条角部对接缝隙应小于 1mm，不得在一边使用 2 根（含 2 根）以上压条，且压条应在室内侧。

（15）安装窗五金配件时，应将螺钉固定在内衬增强型钢或内衬局部加强钢板上，或使螺钉至少穿过塑料型材的两层壁厚。紧固件应采用自钻自攻螺钉一次钻入固定，不得采用预先打孔的固定方法。五金件应齐全，位置应正确，安装应牢固，使用应灵活达到各自的使用功能。平开窗扇高度大于 900mm 时，窗扇锁闭点不应少于 2 个。

（16）安装滑撑时，紧固螺钉必须使用不锈钢材质，并应与框扇增强型钢或内衬局部加强钢板可靠连接。螺钉与框扇连接处应进行防水密封处理。

（17）安装门锁与执手等五金配件时，应将螺钉固定在内衬增强型钢或内衬局部加强钢板上，五金件应齐全，位置应正确，安装应牢固，使用应灵活，达到各自的使用功能。

2. 门窗框与墙洞口缝隙的处理

门窗框与洞口的缝隙内应采用闭孔泡沫塑料、发泡聚苯乙烯或毛毡等弹性材料分层填塞，填塞不宜过紧以适应塑钢门窗的自由胀缩。对于保温、隔声要求较高的工程，应采用相应隔热、隔声材料填塞。墙体面层与门窗框之间接缝用密封胶进行密封处理，如图 10－25 所示。

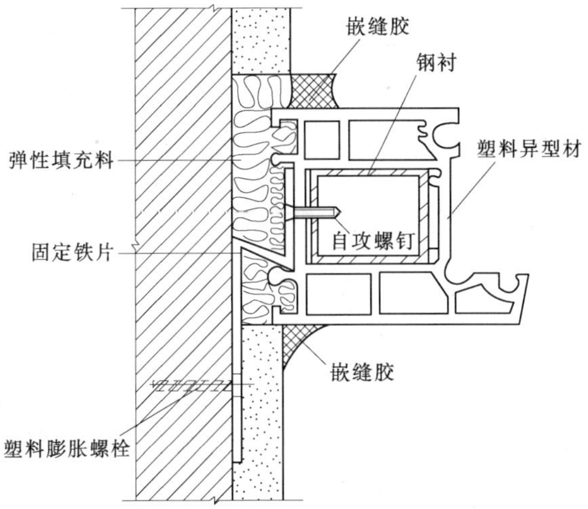

图 10－25　塑钢门窗框与墙体的连接及缝隙处理

（二）塑钢门窗的构造

塑钢窗的开启方式有平开窗、推拉窗、固定窗及平开推拉综合窗等。

塑钢门窗的构造：门窗框与墙体应先固定上框，而后固定边框。门框每边的固定点不得少于 3 个，且间距小于等于 600mm，门窗框与混凝土墙应用射钉、塑料膨胀螺栓或预埋铁件焊接固定；与砖墙多采用塑料膨胀螺栓或水泥钉固定，且不得固定在砖缝处；与加气混凝土墙采用木螺钉将固定片固定在已预埋的胶粘木块上，如图 10－26 所示。

玻璃的选择和安装与铝合金门窗基本相同。目前按规范的规定，窗扇的玻璃必须采用 3 层玻璃，形成密闭的中空渐层，隔声和防震效果较好，如图 10－26 所示。

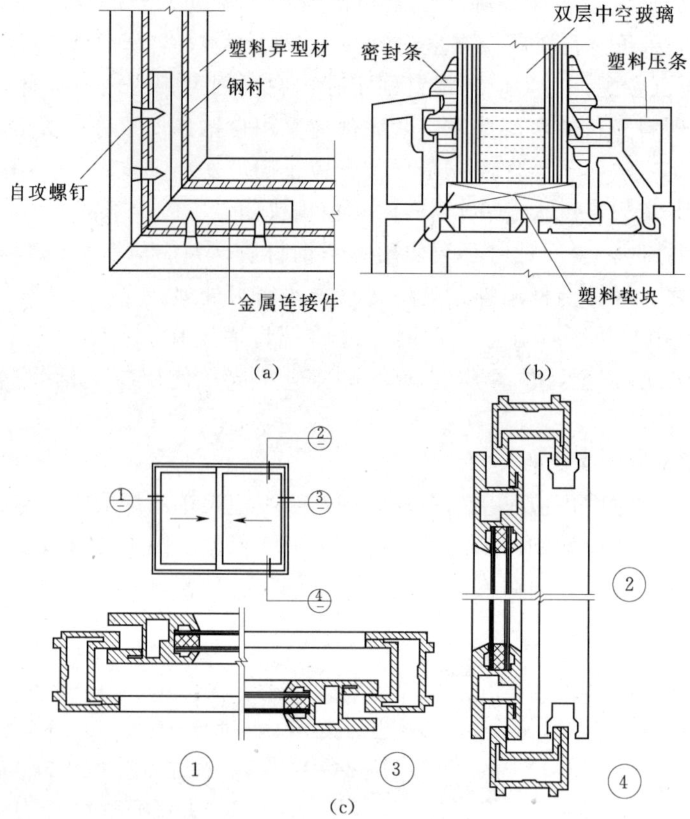

图 10-26　塑钢门窗的构造

(a) 塑钢门窗角部连接；(b) 塑钢门窗玻璃的安装；(c) 塑钢推拉窗的构造

知识梳理与小结

本章主要介绍了门和窗是建筑物的围护构件，门和窗的组成、命名、按开启方向的分类；木门窗与墙体的构造连接，主要是对塑钢门窗进行认知，掌握新型塑钢门窗的规范要求及《塑料门窗工程技术规程》(JGJ 103—2008) 的规定内容。

学　习　训　练

1. 窗由哪些构件组成？其有何作用？
2. 窗按开启方式有哪几种？
3. 门由哪些构件组成？其有何作用？
4. 门按开启方式有哪几种？
5. 平开木窗、铝合金窗、塑钢窗与墙体如何进行构造连接？
6. 平开木门按门芯板不同分哪几种？
7. 平开木门、铝合金门、塑钢门的使用范围各是什么？

第十一章　变形缝构造

学习目标

- 学会正确设置伸缩缝、沉降缝、防震缝，掌握规范设缝的条件。
- 学习并掌握墙体伸缩缝、沉降缝、防震缝的构造作法和尺寸。
- 学习绘制墙体变形缝、楼地层变形缝、屋面变形缝、基础变形缝的构造做法。

第一节　变形缝的认知

建筑物处在自然界中，受到受温度变化、地基不均匀沉降以及地震等因素的影响，会使建筑构件内部结构产生附加应力和变形，在建筑构造上如不采取措施，会引起建筑物结构易产生变形的敏感部位产生裂缝，致使建筑物倒塌，影响其正常使用与安全，造成严重破坏。因此，可采取“阻”和“让”的构造措施。“阻”即是在多层混合建筑物中，需设置圈梁、构造柱、拉结钢筋等构造措施，加强建筑物的整体性，阻止建筑物结构的破坏；“让”即是在建筑物的易变形的敏感部位，将其墙体、楼板、屋面、基础重要结构构件分成若干独立的单元断开。“让”是设置预留缝隙，使建筑物各部分结构构件能不受约束，自由变形，以避免破坏。

变形缝是为防止建筑物在气温、地基不均匀沉降和地震的外界因素作用下，产生变形导致开裂甚至破坏，在建筑物结构敏感部位，沿整个建筑物高度预先设置的构造缝，称为变形缝。

变形缝按使用功能分为伸缩缝、沉降缝和抗震缝 3 种类型。

一、伸缩缝

建筑物由于受外界温度变化的影响，其结构构件内部会产生温度应力和应变，在建筑物长度超过规定要求或结构型式变化较大，建筑构件就会出现材料的热胀冷缩变形而使结构开裂，为适应温度变化沿建筑物长度方向每隔规定距离设置构造缝隙，将建筑物基础以上部分全部断开，将该缝称为伸缩缝又叫温度缝。

1. 伸缩缝设置的间距

结构设计规范对于建筑物伸缩缝的设置间距，由建筑物连续长度、屋面刚度、结构类型以及屋面是否设保温层来决定。砌体房屋伸缩缝的最大间距见表 11 - 1。

钢筋混凝土结构房屋伸缩缝的最大间距见表 11 - 2。

表 11－1　　砌体结构房屋伸缩缝的最大间距　　单位：m

砌体房屋屋盖或楼盖类别		间距
整体式或装配整体式钢筋混凝土结构	有保温层或隔热层的屋盖、楼盖	50
	无保温层或隔热层的屋盖	40
装配式无檩体系钢筋混凝土结构	有保温层或隔热层的屋盖、楼盖	60
	无保温层或隔热层的屋盖	50
装配式有檩体系钢筋混凝土结构	有保温层或隔热层的屋盖	75
	无保温层或隔热层的屋盖	60
瓦材屋盖、木屋盖或楼盖、轻钢屋盖		100

注　1. 对烧结普通砖、烧结多孔砖、配筋砌块砌体房屋，取表中数值；对石砌体、蒸压灰砂普通砖、蒸压粉煤灰普通砖、混凝土砌块、混凝土普通砖和混凝土多孔砖房屋，取表中数值乘以 0.8 的系数，当墙体有可靠外保温措施时，其间距可取表中数值。

2. 在钢筋混凝土屋面上挂瓦的屋盖应按钢筋混凝土屋盖采用。
3. 层高大于 5m 的烧结普通砖、烧结多孔砖、配筋砌块砌体结构单层房屋，其伸缩缝间距可按表中数值乘以 1.3。
4. 温差较大且变化频繁地区和严寒地区不采暖的房屋及构筑物墙体的伸缩缝的最大间距，应按表中数值予以适当减小。
5. 墙体伸缩缝应与结构的其他变形缝相重合，缝宽度应满足各种变形缝的变形要求；在进行立面处理时，必须保证缝隙的变形作用。

表 11－2　　钢筋混凝土结构伸缩缝的最大间距　　单位：mm

结 构 类 别		室内或土中	露天
排架结构	装配式	100	70
框架结构	装配式	75	50
	现浇式	55	35
剪力墙结构	装配式	65	40
	现浇式	45	30
挡土墙、地下室墙壁等类结构	装配式	40	30
	现浇式	30	20

注　1. 装配整体式结构的伸缩缝间距，可根据结构的具体情况取表中装配式结构与现浇式结构之间的数值。

2. 框架-剪力墙结构或框架-核心筒结构房屋的伸缩缝间距，可根据结构的具体情况取表中框架结构与剪力墙结构之间的数值。
3. 当屋面无保温或隔热措施时，框架结构、剪力墙结构的伸缩缝间距宜按表中露天栏的数值取用。
4. 现浇挑檐、雨罩等外露结构的局部伸缩缝间距不宜大于 12m。
5. 本表参见《混凝土结构设计规范》(GB 50010—2010)。

2. 伸缩缝构造

伸缩缝从基础顶面开始将建筑物的墙体、楼地层、屋顶构件全部断开，伸缩缝缝宽 20～30mm，用沥青麻丝填塞。因基础埋置于地下，受温度变化影响较小，可不必断开。

二、沉降缝

沉降缝是为了防止建筑物由于地基不均匀沉降，使建筑物的薄弱部位发生竖向错动，引起建筑构件的破坏而设置的构造缝。

1. 沉降缝的设置条件

（1）当建筑物建造的地基土质不同，无法保证建筑物均匀下降。

（2）建筑物形体的连接部位比较薄弱，建筑平面形式较复杂，建筑物易下沉，如图 11－1 所示。

（3）在同一栋建筑物中相邻部分的高差较大、作用建筑物的荷载相差悬殊或结构形式不同，就会造成基础底部压力有很大差异，易形成建筑物不均匀沉降。

（4）建筑物相邻两部分的基础结构形式、宽度及埋深相差较大，基础底部压力也存在很大差异，易形成建筑物的不均匀沉降。

（5）对于新建、扩建的建筑物与原有建筑物相毗连时，基础埋深也会对建筑物产生下沉。

以上条件只要具有其中一个条件，就必须设置沉降缝。

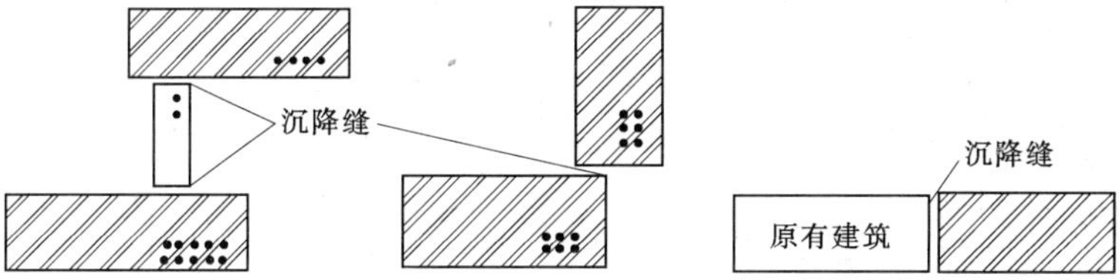

图 11－1　建筑物沉降缝设置位置示意

2. 沉降缝的构造

为保证建筑物沉降缝两侧构件不受约束自由沉降变形，沉降缝必须从基础到屋顶沿着建筑物的全高设置沉降缝，即沉降缝应从基础底面断开（包括建筑物的基础、墙体、楼地层、屋顶构件全部断开），沉降缝缝宽 30～120mm，用沥青麻丝填塞。

沉降缝的宽度与建筑物的高度和地基的性质有关，见表 11－3 中的规定。

沉降缝和伸缩缝的最大区别在于伸缩缝只需保证建筑物在水平方向的自由伸缩变形，而沉降缝应满足建筑物构件在竖直方向的自由变形，故应将建筑物从基础到屋顶全部断开。沉降缝在构造上能兼起伸缩缝的作用，具有伸缩缝与沉降缝的双重要求。

表 11－3　　**建筑物的沉降缝宽度**　　单位：mm

地 基 情 况	建 筑 物 高 度	沉 降 缝 宽 度
一般地基	$H<5$m	30
	$H=5\sim10$m	50
	$H=10\sim15$m	70
软弱地基	2～3 层	50～80
	4～5 层	80～120
	5 层以上	大于 120
湿陷性黄土地基		不小于 30～70

在高层建筑与低层建筑之间，可用以下构造措施，将两部分连成整体而不必设沉降缝。

（1）裙房等低层部分不设基础，由高层伸出悬臂梁来支撑，以保证其同步沉降。

（2）采用后浇带。近年来，许多建筑用后浇带代替沉降缝，即在高层和裙房之间留出800～1000mm的后浇带，待两部分主体施工完成一段时间，沉降基本稳定后，再浇筑后浇带，使两部分连成整体。

三、抗震缝

抗震缝是设在地震区的构造缝，在6～9度抗震设计烈度地区，为防止建筑物的各部分在地震荷载的作用下相互碰撞造成变形和破坏可在建筑物变形敏感部位沿建筑物全高而设置的构造缝，称之为抗震缝。

1. 抗震缝设置原则

对多层砌体建筑，有下列情况之一时，宜设抗震缝：

（1）建筑物立面高差在6m以上。

（2）建筑物错层，且楼层错开距离较大。

（3）建筑物相邻各部分的结构刚度、重量相差悬殊。

（4）建筑平面形体复杂，U形、山形、L形、T形等，如图11-2所示。

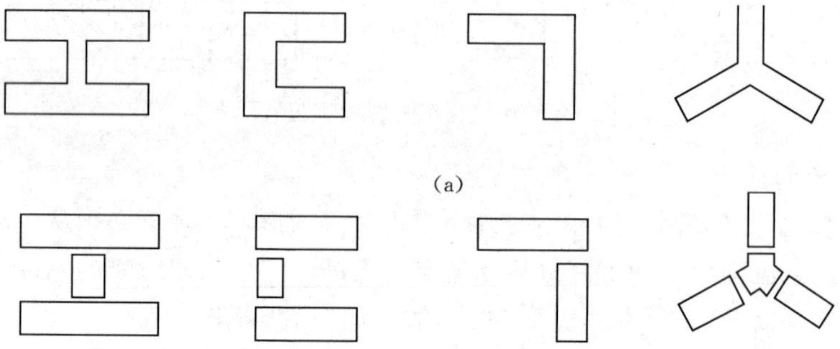

(a)

(b)

图11-2　抗震缝设置部位

(a) 对抗震不利的建筑平面；(b) 用防震缝分割成独立建筑单元

2. 防震缝的构造

为保证建筑物抗震缝两侧各部分自由沉降变形，不受约束，对于复杂工程，抗震缝宜从基础到屋面沿建筑物全高设置构造缝，即抗震缝应从基础底面开始断开至屋顶，包括建筑物的基础、墙体、楼地层、屋顶构件全部断开；对于简单工程，防震缝的基础可以不断开。

抗震缝的两侧应布置墙或柱，形成双墙、双柱或一墙一柱，使各部分结构封闭，有较好的刚度，如图11-3所示。

抗震缝的宽度由建筑物高度和抗震设防烈度来确定。

对多层砌体建筑的缝宽取50～100mm，用沥青麻丝填塞；多层钢筋混凝土框架结构建筑，当建筑高度小于15m时，缝宽为70mm，当建筑高度大于15m时，缝宽以70mm为基础。按抗震设防烈度的提高而加大缝宽：

抗震设防烈度6度地区，建筑每增高5m，缝宽增加20mm。

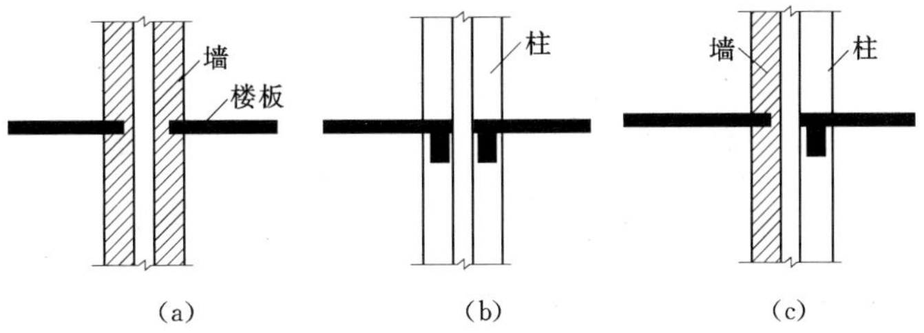

图 11-3　抗震缝两侧结构布置
(a) 双墙方案；(b) 双柱方案；(c) 一墙一柱方案

抗震设防烈度 7 度地区，建筑每增高 4m，缝宽增加 20mm。

抗震设防烈度 8 度地区，建筑每增高 3m，缝宽增加 20mm。

抗震设防烈度 9 度地区，建筑每增高 2m，缝宽增加 20mm。

建筑设计可将伸缩缝、沉降缝、抗震缝统一考虑，故在工程施工中可简化构造做法。

伸缩缝、沉降缝、抗震缝在建筑构造上既有区别又有联系，3 种变形缝间比较见表 11-4。

表 11-4　　3 种变形缝的比较

缝的类型	伸缩缝	沉降缝	防震缝
对应变形原因	温度变化	不均匀沉降	地震作用
墙体缝的形式	平缝、错口缝、企口缝	平缝	平缝
缝的宽度	20～30	见表 11-3	见本节三、(二)
盖缝板的允许变形方向	水平方向自由变形	垂直方向自由变形	水平与垂直方向自由变形
基础是否断开	可不断开	必须断开	宜断开

在建筑物中，伸缩缝、沉降缝、防震缝三者存在着一定的关系，即当伸缩缝、沉降缝、防震缝同时出现在一栋建筑物中时，沉降缝构造可代替伸缩缝和抗震缝构造使用。

第二节　变形缝的构造

一、墙体变形缝的构造

由墙体的厚度确定墙体的变形缝可做成平缝、错口缝和企口缝 3 种，错口缝和企口缝有利于保温与防水，抗震缝为适应地震时的水平相对位移，应选择平缝。墙体伸缩缝一般做成平缝、错口缝、企口缝，如图 11-4 所示，也可做成凹缝。

1. 伸缩缝

伸缩缝受外界自然因素对墙体及对室内环境的侵袭，故对伸缩缝应进行构造处理，以达到防水、保温、防风等要求。外墙伸缩缝应填塞防水、保温和防腐性能好的弹性材料沥青麻丝、泡沫塑料条、橡胶条、油膏，外墙外侧用镀锌铁皮、铝板等金属调节片覆盖，如图 11-5 所示，还可在金属片上加钉钢丝网后再抹灰。为建筑立面美观，将水落管布置在

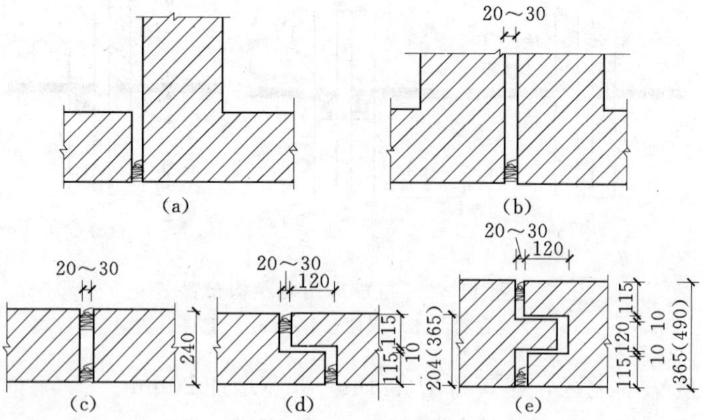

图 11-4　砖墙伸缩缝形式

(a)、(b)、(c) 平缝；(d) 错口缝；(e) 企口缝

缝隙处，做隐蔽处理。内墙伸缩缝通常用具有一定装饰效果的木质盖缝板遮盖，或金属装饰板盖缝，建筑内、外墙伸缩缝填缝及盖缝材料和构造处理应保证其结构在水平方向自由伸缩而不破坏，如图 11-6 所示。

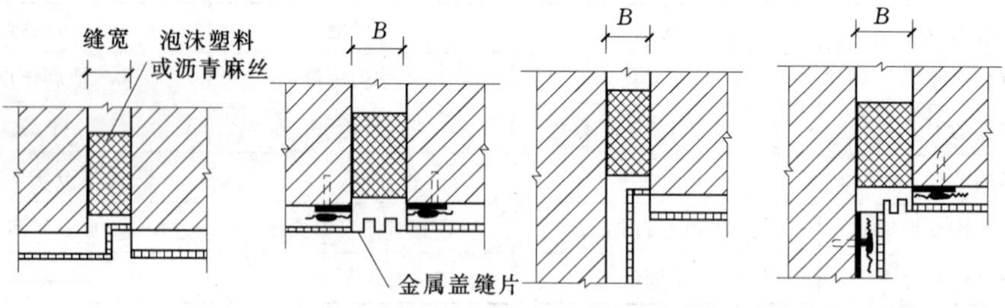

图 11-5　外墙伸缩缝构造

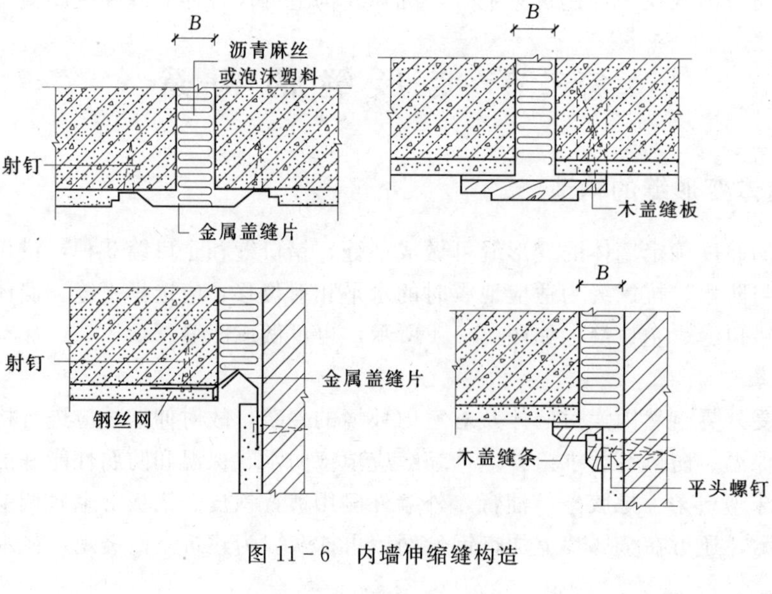

图 11-6　内墙伸缩缝构造

2. 沉降缝

墙体沉降缝构造与伸缩缝构造基本相同，应满足水平伸缩和竖向变形要求，只是调节片或盖缝板在构造上保证两侧结构在竖向设活动支座满足沉降的需求，沉降缝构造如图11－7所示。

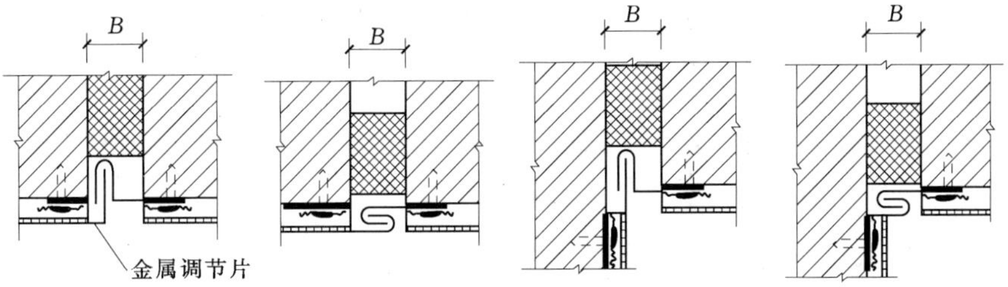

图 11－7　外墙沉降缝构造

3. 抗震缝

墙体抗震缝构造与伸缩缝、沉降缝构造基本相同，只是抗震缝一般较宽，寒冷地区应采用具有弹性的软质聚氯乙烯泡沫塑料、聚苯乙烯泡沫塑料等保温材料填缝。构造如图11－8所示。

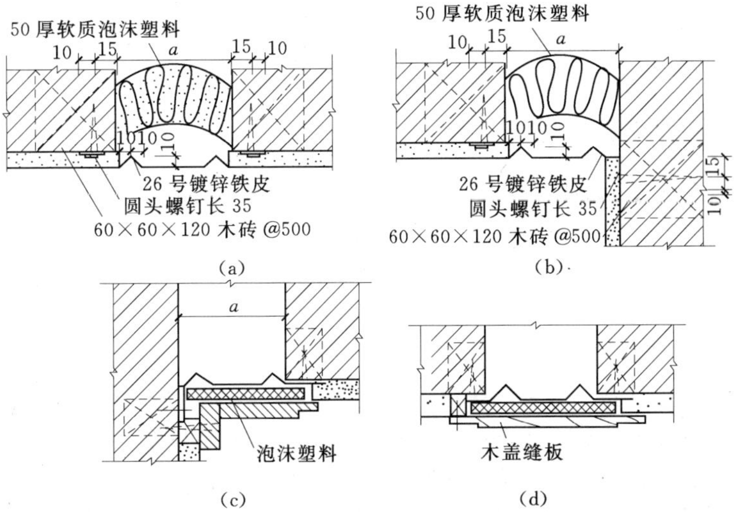

图 11－8　抗震缝的构造

(a) 外墙平缝处；(b) 外墙转角处；(c) 内墙转角处；(d) 内墙平缝处

二、楼地层变形缝的构造

楼地面变形缝的位置与墙体变形缝应上下位置一致，应贯通楼板层和地坪层。

楼地面的伸缩缝、沉降缝、抗震缝的构造做法相同，只不过伸缩缝、沉降缝、防震缝的构造尺寸不同，构造做法的位置为地面和天棚。

伸缩缝、沉降缝、抗震缝内一般采用沥青麻丝，金属调节片等弹性材料做填缝或封缝处理，变形缝处上铺与地面材料相同的活动盖板或橡胶条等，地面处也可用沥青胶嵌缝，满足地面耐磨、防水及防尘等要求；顶棚用木质盖板、金属板或吊顶覆盖，（除伸缩缝外）盖缝板一侧固定另一侧自由，从而保证缝两侧结构构件能自由变形和沉降变形；顶棚处应用木板、金属调节片等做盖缝处理，盖缝板应保证缝两侧结构构件能自由变形，如图11-9所示。

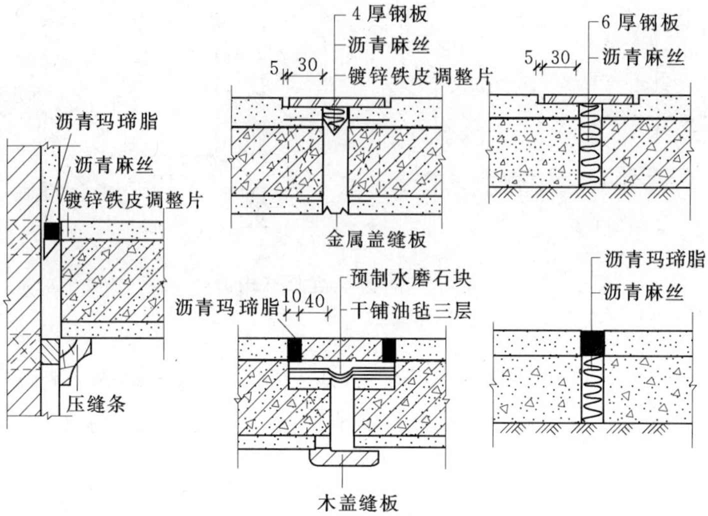

图11-9　楼地面变形缝的构造

三、屋顶变形缝的构造

屋顶变形缝有同一标高屋顶处变形缝，又称等高屋面变形缝；高低错落屋顶处变形缝又称高低屋面变形缝。

屋顶变形缝即伸缩缝、沉降缝、抗震缝的构造做法相同，只不过伸缩缝、沉降缝、抗震缝的构造尺寸有区别。

1. *卷材屋面变形缝*

等高屋面处的变形缝，可采用平缝做法。

不上人屋顶通常在变形缝两侧或一侧加砌矮墙，其构造做法同屋顶泛水构造，即将两侧防水层在墙顶采用泛水方式收头，再用卷材封盖后，顶部加混凝土盖板或镀锌钢盖板。

寒冷地区屋面应填塞岩棉、沥青麻丝或泡沫塑料等保温材料在两侧矮墙缝隙中，其上部填放衬垫材料，顶部缝隙用镀锌铁皮或混凝土板等盖缝，再做防水层，如图11-10所示。

上人屋顶变形缝因使用要求一般不设矮墙，避免雨水渗漏需做好防水。

2. *刚性屋面变形缝*

刚性屋面一般在变形缝两侧加砌矮墙按泛水处理，并将上部用盖缝板盖缝，盖缝板要能自由变形并不渗漏，常见构造如图11-11所示。

四、基础变形缝的构造

基础的沉降缝应适应建筑物各部分在垂直方向的自由沉降变形，避免因不均匀沉降造

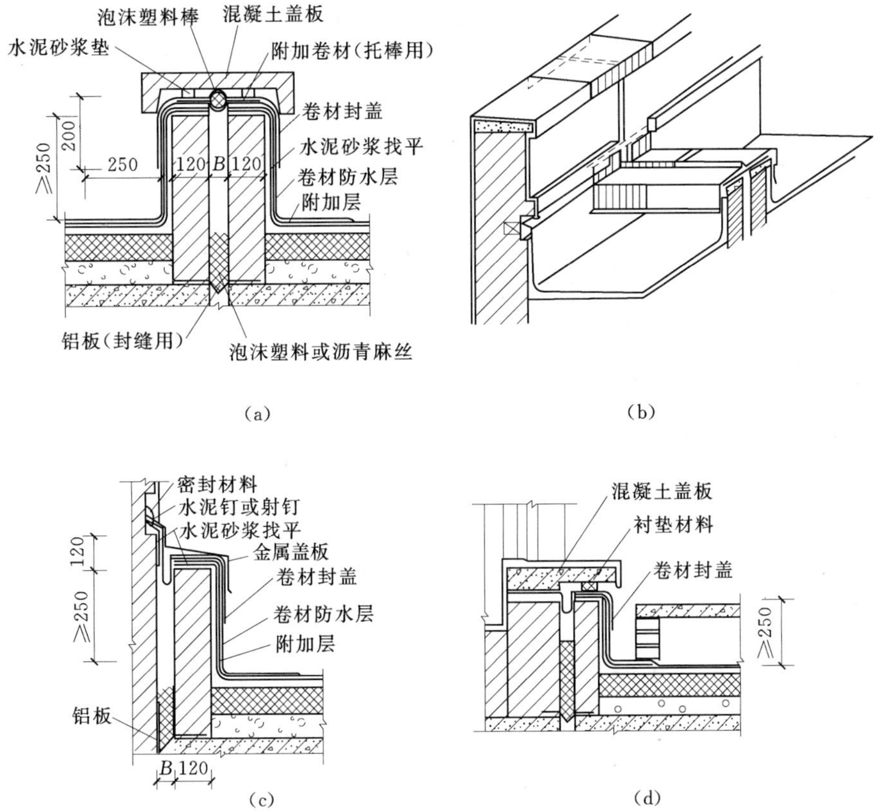

图 11－10　卷材防水屋面变形缝构造

(a) 等高屋面变形缝；(b) 变形缝透视图；(c) 高低屋面变形缝；(d) 屋面出入口变形缝

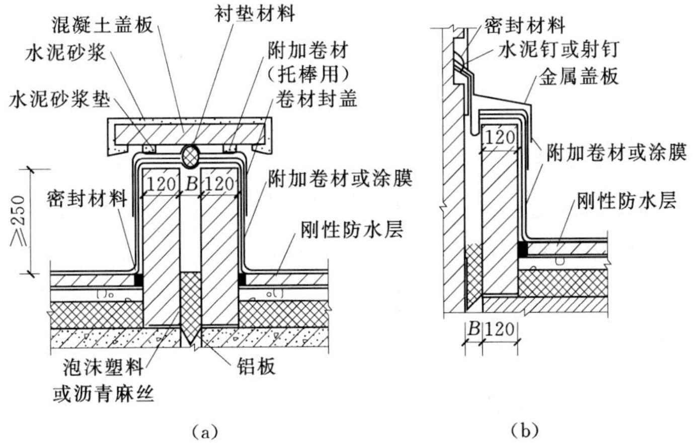

图 11－11　刚性防水屋面伸缩缝构造

(a) 等高屋面变形缝；(b) 高低屋面变形缝

成建筑物相互碰撞，其构造沉降缝两侧多设双墙，双墙缝隙使建筑物基础底面到屋顶全部断开，通常墙下沉降缝基础采取双墙式基础、交错式基础和悬挑式基础 3 种做法。

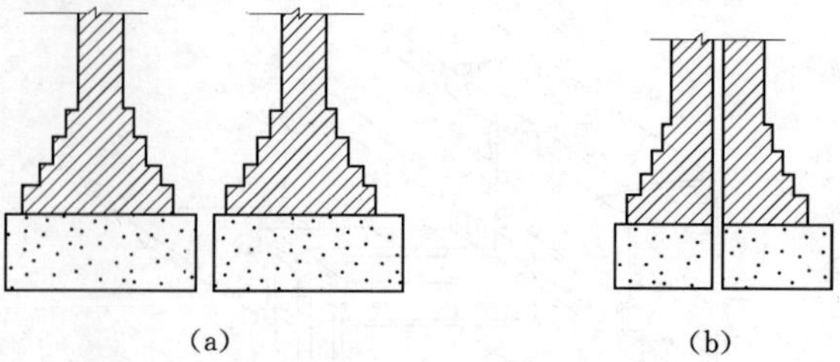

图 11－12 基础沉降缝处双墙式构造方案

1. 双墙式基础

沉降缝两侧的墙下有各自的基础，且两建筑物基础平行设置，沉降缝两侧的墙体均位于基础的中心，如图 11－12（a）所示。若两墙间距小，基础则受偏心荷载，适用于荷载较小的建筑，如图 11－12（b）所示。这种形式的基础构造简单，结构整体刚度较大。

2. 悬挑式基础

为保证建筑物沉降缝两侧的结构单元能自由沉降又互不影响，在沉降缝一侧的墙下做基础，而另一侧墙利用悬挑梁上设置钢筋混凝土基础（进深）梁支承，如图 11－13 所示，而后在基础梁上用轻质材料砌墙，多用于沉降缝两侧基础埋深相差较大及新旧建筑物交接处的基础沉降缝处理。

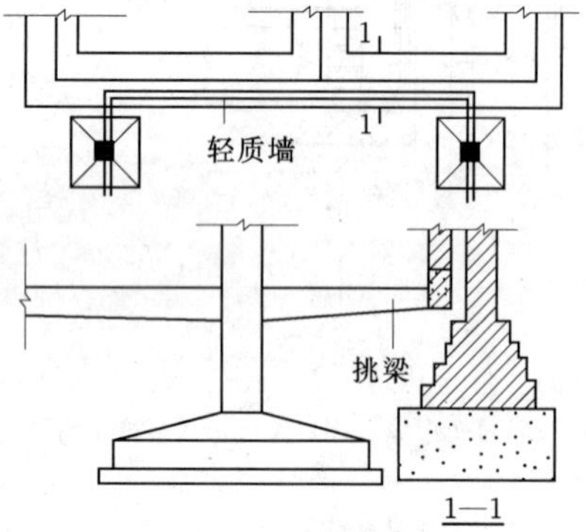

图 11－13 基础沉降缝处悬挑构造方案

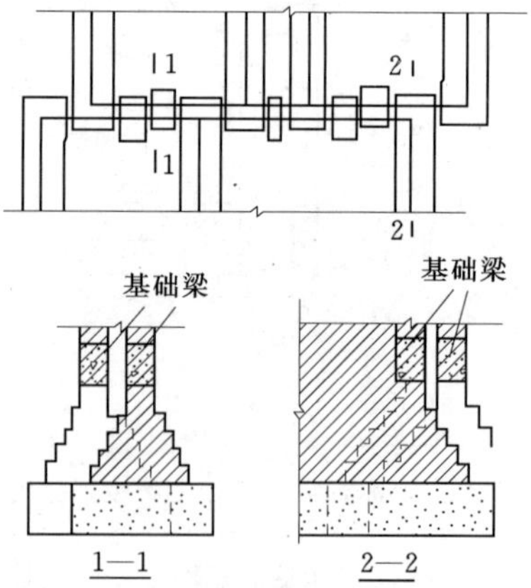

图 11－14 基础沉降缝处交叉构造方案

3. 交错式基础（又称交叉式基础）

建筑物沉降缝两侧的墙下仍设有各自的基础，将沉降缝两侧的基础交叉设置。由于基础偏心受力，需将墙下基础采用独立式基础或分段错开布置，各自基础上需支承基础梁，其上砌墙，适用于沉降缝两侧的墙体间距较小而荷载较大的新建建筑物的基础沉降缝中，如图 11－14 所示。

知识梳理与小结

本章主要介绍了变形缝的定义与分类，伸缩缝、沉降缝、防震缝的设置条件及规范要求，在实际建设的工程中变形缝应视当地建筑物的建造情况而使用。学生应熟知伸缩缝、沉降缝、防震缝的墙体、楼地层、屋面、基础的构造图的共同点及区别，掌握伸缩缝、沉降缝、抗震缝三者之间的关系，能够绘制其构造作法。

学　习　训　练

1. 何谓变形缝？其作用是什么？它有几种类型？

2. 伸缩缝有什么作用？其构造宽度为多少？

3. 结构设计规范对伸缩缝的间距是怎样规定的？

4. 什么条件下需设沉降缝？沉降缝宽度由何因素决定？

5. 什么条件下需设防震缝？确定防震缝宽度的主要依据是什么？

6. 比较3种变型缝在盖缝板允许变形方向的不同。

7. 伸缩缝与沉降缝在构造上有何不同，绘图说明。二者之间有何关系？

8. 外墙伸缩缝的填塞材料都有哪些？

9. 绘制平缝、错口缝、企口缝的简图。

10. 楼地面的变形缝多采用何种封缝材料？具体做法又是怎样的？

11. 在顶棚变形缝中，为了保证缝两侧结构构件能自由变形和沉降，如何设置盖缝板？

12. 等高屋面的变形缝如何设置？高低屋面的变形缝如何设置？

13. 刚性防水屋面与柔性防水屋面变形缝做法有何不同？

14. 基础沉降缝的构造方法有几种？

15. 双墙式基础的优缺点及其适用范围有哪些？

16. 何谓悬挑式基础？何为交错式基础？画简图以示之。

附录　××学校易地新建项目生活区4#宿舍楼施工图

	图纸目录	专业	建筑	设计阶段	施工图
		工程编号			2012-10
建设单位	××学校	校对			第1页
工程名称	××学校易地新建项目生活区4#宿舍楼	编制			共1页

序号	图号	图名	张数	折A1图	备注
1	建施—01	建筑设计总说明　室内装修表	1	A2	
2	建施—02	建筑总平面图	1	A3	
3	建施—03	一层平面图	1	A1	
4	建施—04	二层平面图	1	A1	
5	建施—05	标准层平面图	1	A1	
6	建施—06	六层平面图	1	A1	
7	建施—07	屋顶平面图	1	A1	
8	建施—08	⑩～①轴立面图	1	A1	
9	建施—09	Ⓐ～Ⓕ轴立面图　Ⓕ～Ⓐ轴立面图	1	A1	
10	建施—10	1—1、2—2剖面图	1	A1	
11	建施—11	墙身详图（一）	1	A2+1/2	
12	建施—12	门窗表　门窗立面详图	1	A1	
13	建施—13	1#楼梯平面详图	1	A2	
14	建施—14	1#楼梯剖面详图	1	A1	
15	建施—15	六人间宿舍布置平面图　1#卫生间详图	1	A2	

注册工程设计师		注册建筑师	
签字		签字	

其中：复用图/　张（折1号图/　张）　　　　合计15张（折A1图　12.75张）

说明：为清楚显示图纸内容，后附建施—01～建施—15施工图图框简化。

	图纸目录	专业	结构	设计阶段	施工图
		工程编号	2011-01-22		2012-10
建设单位	××学校	校对			第 1 页
工程名称	××学校易地新建项目生活区 4# 宿舍楼	编制			共 1 页

序号	图号	图名	张数	规格	备注
1	结施—01	结构设计总说明	1	A1	
2	结施—02	基础平面布置图	1	A1	
3	结施—03	基础详图	1	A1+1/2	
4	结施—04	基础梁配筋图	1	A1+1/4	
5	结施—05	一～二层框架柱平面定位图	1	A1	
6	结施—06	三～四层框架柱平面定位图	1	A1	
7	结施—07	五～六层框架柱平面定位图	1	A1	
8	结施—08	一层顶梁配筋图	1	A1	
9	结施—09	一层顶板配筋图	1	A1	
10	结施—10	二～五层顶梁配筋图	1	A1	
11	结施—11	二～五层顶板配筋图	1	A1	
12	结施—12	六层顶梁配筋图	1	A1	
13	结施—13	六层顶板配筋图	1	A1	
14	结施—14	1# 楼梯配筋图	1	A1	

注册工程设计师		注册建筑师	
签字		签字	

其中：复用图/　张（折 1 号图/　张）　　　　合计 14 张（折 A1 图　14.75 张）

说明：为清楚显示图纸内容，后附结施—01～结施—14 施工图图框简化。

参 考 文 献

[1] 尚久明．建筑识图与房屋构造［M］．北京：电子工业出版社，2010.

[2] 张威琪．建筑识图与房屋构造［M］．北京：中国计量出版社，2009.

[3] 魏琳．建筑构造与识图［M］．郑州：黄河水利出版社，2010.

[4] 魏松，林淑芸．建筑识图与构造［M］．北京：机械出版社，2009.

[5] 崔艳秋，吕树俭．房屋建筑学［M］．北京：中国电力出版社，2008.

[6] 许光，袁雪峰．建筑识图与房屋构造［M］．重庆：重庆大学出版社，2006.

[7] 李必瑜．房屋建筑学［M］武汉：武汉理工大学出版社，2007.

[8] 建筑设计资料集编委会．建筑设计资料集 1、8［M］．北京：中国建筑工业出版社，1994、1996.

[9] 中国建筑标准设计研究院．03 J201—2 国家建筑标准设计图集——平屋面建筑构造（二）［M］．北京：中国计划出版社，2007.

[10] 中国建筑标准设计研究所．GB/T 50001—2010 房屋建筑制图统一标准［S］．北京：中国计划出版社，2010.

[11] 中国建筑标准设计研究所．GB/T 50105—2010 建筑结构制图标准［S］．北京：中国计划出版社，2010.

[12] 中国建筑科学研究院．GB 50011—2010 建筑抗震设计规范［S］．北京：中国建筑工业出版社，2010.

[13] 公安部天津消防研究所．GB 50016—2006 建筑设计防火规范［S］．北京：中国计划出版社，2006.

[14] GB 50045—1995 高层民用建筑设计防火规范［S］．北京：中国计划出版社，2005.

[15] 中国建筑东北设计研究院．GB 50003—2011 砌体结构设计规范［S］．北京：中国建筑工业出版社，2011.

[16] 中国建筑技术研究院．GB 50096—2011 住宅设计规范［S］．北京：中国建筑出版社，2011.

[17] 建设部科技发展促进中心．JGJ 144—2004 外墙外保温工程技术规程［S］．北京：中国建筑工业出版社，2004.

[18] 中国建筑标准设计研究所．GBJ 2—1986 建筑模数协调统一标准［S］．中国计划出版社，1986.

[19] 中国建筑科学研究院．JGJ 103—2008 塑料门窗工程技术规程［S］．北京：中国建筑工业出版社，2008.

[20] 中华人民共和国住房和城乡建设部．GB 50203—2011 砌体结构工程施工质量验收规范［S］．北京：中国建筑工业出版社，2011.

[21] 中国建筑标准设计研究院．11G101—1 混凝土结构施工图平面整体表示方法制图规则和构造详图（现浇混凝土框架、剪力墙、梁、板）［S］．北京：中国计划出版社，2011.

[22] 山西省建筑工程（集团）总公司．GB 50345—2012 屋面工程技术规范［S］．北京：中国建筑工业出版社，2012.

[23] 山西省建筑工程（集团）总公司．GB 50207—2012 屋面工程质量验收规范［S］．北京：中国建筑工业出版社，2012.

[24] 中国建筑科学研究院．GB 50010—2010 混凝土结构设计规范［S］．北京：中国建筑工业出版社，2010.

[25] 中华人民共和国机械工业部．GB 50037—2013 建筑地面设计规范［S］．北京：中国计划出版

社，2013.

[26] 总参工程兵科研三所．GB 50108—2008 地下工程防水技术规范［S］．北京：中国计划出版社，2008.

[27] 中华人民共和国住房和城乡建设部．GB/T 50103—2010 总图制图标准［S］．北京：中国计划出版社，2010.

[28] 中华人民共和国住房和城乡建设部．GB/T 50104—2010 建筑制图标准［S］．北京：中国计划出版社，2011.

建筑设计总说明

一、设计依据

1. 建设单位提供的设计任务书及审查通过的设计方案。

2. 建设单位提供的地质报告书。

3.《建筑设计防火规范》(GB 50016—2006)。

4.《宿舍建筑设计规范》(JGJ 36—2005)。

5.《民用建筑设计通则》(GB 50352—2005)。

6.《严寒和寒冷地区居住建筑节能设计标准》(JGJ 26—2010)。

7.《屋面工程技术规范》(GB 50345—2004)。

8.《建筑灭火器配置设计规范》(GBJ 140－90—1997)。

9.《城市道路和建筑物无障碍设计规范》(JGJ 50—2001)。

10. 现行的国家有关建筑设计规范、规程和规定。

二、工程概述

1. 本工程为××学校易地新建项目生活区 4# 宿舍楼，建设单位为××学校。新校区建设地点在和平路和南京路的交汇处，4# 宿舍楼位于新校区场地西南方向，详见总平面位置图。

2. 建筑规模：总建筑面积：5416.50m^2，占地面积为 896.25m^2。其中 8 人间 5 间，6 人间 136 间，4 人间 12 间，共可容纳 904 人住宿使用。

3. 建筑层数与总高度：主体建筑为 6 层，建筑总高度：23.750m。

4. 建筑功能布局：一层为值班室、收发室、小型超市、会客室，其他房间为学生宿舍；二～六层为学生宿舍。

5. 本工程的结构形式为框架结构，建筑的设计使用年限为 50 年。

6. 本工程抗震设防等级为 8 度。

7. 本工程为多层建筑，建筑物耐火等级为二级，每层为一个防火分区，设有 2 部封闭楼梯间，疏散距离，各部分防火构造详见图纸。

8. 本工程为节能建筑，所在城市的建筑气候分区为严寒地区 B 区，建筑体型系数为 0.15，建筑耗热量指标及各部分构造及物理性能指标详见图纸和节能计算表。

三、标高标注及尺寸单位

1. 本套施工图纸所注尺寸，总平面图尺寸及标高以米 (m) 为单位，其他均以毫米 (mm) 为单位。

2. 本工程±0.00 相当于绝对标高 216.90，建筑室内外高差详见单体平面图。

3. 各层地面标高为建筑完成面标高，屋面、门窗洞口标高为结构标高。

四、墙体工程

1. 外墙：为 200 厚陶粒混凝土砌块（容重 700～800kg/m^3）＋100(180) 厚岩棉板保温（容重 140kg/m^3（燃烧性能为 A 级），导热系数为 0.04[W/(m·K)]，梁、柱外为钢筋混凝土梁柱＋100 厚岩棉板保温（容重 140kg/m^3 导热系数为 0.04[W/(m·K)]。

2. 本工程±0.000 以下墙体的砌筑详见结构专业图纸。

3. 墙身防潮层：所有墙身低于首层地面下标高－0.060 处铺设 20 厚 1：2 水泥砂浆掺 2% 防水剂。

4. 墙体预留洞及封堵：砌筑墙体上的预留洞见建筑专业图纸并于设备专业核对无误后方可施工，待管道设备安装完毕后用 C20 细石混凝土填实。

5. 凡不同墙体交接处及各种线盒箱体埋墙处及门窗周边做饰面前均钉金属网或加铺玻纤网布，每边搭接 150。消防栓箱、电表箱等均为半卧墙体，背后挂钢丝网抹灰，耐火极限要求满足规范要求。

五、屋面工程

1. 本工程屋面设计执行《屋面工程技术规范》(GB 50345—2004)。

2. 根据建筑性质及使用功能本工程屋面防水等级为Ⅱ级，防水层合理使用年限为 15 年。

3. 本工程屋面两道防水设防：一道柔性防水，一道刚性防水。屋面保温层厚度为 120 厚岩棉板，燃烧性能为 A 级，容重 180kg/m^3，导热系数 0.04W/(m·K)。本工程所有屋面均设配套防水涂料隔汽层做法为隔汽层沿墙上延与防水层相接，详细构造见墙身大样图。

4. 屋面排水为有组织内排水，雨水口的设置详见屋顶平面图，雨水管采用 PVC 管材。雨水管的公称直径为 100mm。

六、门窗工程

1. 建筑外门窗采用断桥铝合金门窗，抗风压性能分级为 3 级，保温性能分级为 9 级，气密性能分级为 4 级，水密性能分级为 5 级，隔声性能分级为 3 级。

2. 图中门窗的尺寸标注均为洞口尺寸，门窗加工尺寸应按照装修面的厚度由生产厂家进行调整生产厂家应按门窗立面图及技术要求结合该厂铝型材实际情况及建筑物实际洞口尺寸绘制加工图后方可施工。

3. 门窗玻璃的选用应遵照《建筑玻璃应用技术规程》和《建筑安全玻璃管理规定》及地方主管部门的有关规定。

4. 门、窗框与墙体相连接处用发泡聚胺脂灌缝，然后用 1：2 水泥砂浆抹面。

5. 防火门、防盗门的预埋件由厂家提供按要求进行预埋，门窗预埋在墙内或柱内的铁件应做防腐（防锈）处理。

6. 门窗的类型、材料、开启方式、保温性能详见门窗表。

7. 首层设置可向外开启的安全防护栏杆。

8. 外门窗采用增加钢附框的安装方式。钢附框采用壁厚不小于 1.5mm 的碳素结构钢和低合金结构钢制成，附框内、外表面均应进行防锈处理。

七、内装修工程

1. 内装修工程执行《建筑内部设计装修设计防火规范》楼地面工程执行《建筑地面设计规范》，具体设计见室内装修做法表。有特殊装修要求的房间另见二次装修设计。

2. 所有房间阳角均用 1：2 水泥砂浆做护角，护角宽 100、高 2000。

3. 凡用水房间楼地面应低于相邻房间地面 30mm，设地漏房间地面均以 0.5% 坡度坡向地漏，用水房间楼地面防水层均沿墙上卷 1800，并铺出门口 300。

4. 楼地面不同构造交接处及地坪标高变化处，除特殊标注外均位于齐平开启扇开启面处。

5. 各楼梯为花岗岩面层，水泥金刚砂防滑条，木扶手金属栏杆，详见楼梯间大样图。

室内装修一览表

序号	房间名称	部位					备注
		墙面	地面	楼面	踢脚	顶棚	
1	门厅	乳胶漆墙面 05J909 NQ13 内墙 7E1	花岗石 05J909 LD76 地 72B		黑色理石 05J909 TJ7 踢 4E	乳胶漆顶棚 05J909 DP7 棚 7A	
2	楼梯间	乳胶漆墙面 05J909 NQ13 内墙 7E1	花岗石 05J909 LD20 地 17B	花岗石 05J909 LD20 楼 17A	黑色理石 05J909 TJ7 踢 4E	乳胶漆顶棚 05J909 DP7 棚 7A	
3	走廊 宿舍 自习室	乳胶漆墙面 05J909 NQ13 内墙 7E1	地砖地面 05J909 LD15 地 12B	地砖地面 05J909 LD15 楼 12A	黑色理石 05J909 TJ7 踢 4E	乳胶漆顶棚 05J909 DP7 棚 7A	
4	收发值班室 超市 戊类库房	乳胶漆墙面 05J909 NQ13 内墙 7E1	地砖地面 05J909 LD15 地 12B	地砖地面 05J909 LD15 楼 12A	黑色理石 05J909 TJ7 踢 4E	乳胶漆顶棚 05J909 DP7 棚 7A	
5	卫生间 洗漱间 洗衣间 晾衣间	乳胶漆墙面 05J909 NQ13 内墙 7E1 贴面砖防水墙面 05J909 NQ33 内墙 16E	防滑地砖地面（有防水层）05J909 LD16 地 13B	防滑地砖地面（有防水层）05J909 LD15 楼 13B		铝合金扣板吊顶 05J909 DP20 棚 36B	2m 以下为瓷砖墙面 2m 以上为乳胶漆墙面

注 所有内装修构造做法施工时参见国标图集 05J909《工程做法》。

八、外装修工程

1. 外饰面均为防水外墙涂料与陶土面砖，详见立面图标注。

2. 门台阶为花岗岩台阶，详见墙身详图。

3. 散水坡为细石混凝土散水，详见 05J909 SW18 2A。

4. 门窗口及突出墙面的线脚下面均做滴水，做法详见 10J121 H－12 B。

5. 本工程所有装饰材料均应先取样板或色板，会同设计人员及使用单位确定后进行封样，并据此进行验收。

九、无障碍设计

1. 建筑无障碍设计选用图集 03J926。

2. 建筑入口处设置无障碍坡道见第 22 页一节点 3；坡道扶手做法见第 23 页一节点 1。

十、设备、设施

1. 本套图纸中的卫生洁具仅表达位置示意，请建设单位选购成品。

2. 图中  表示 MF/ABC3 为手提式磷酸氨盐灭火器，每处布置两具，该工程投入使用前请按图中标注及《建筑灭火器配置设计规范》(GB 50140—2005) 相关要求配置灭火器。

十一、其他注意事项

1. 施工时请与各专业密切配合，对各专业予留孔洞施工前应与有关专业技术人员核对其数量、位置、尺寸后方可施工、以确保工程质量。

2. 楼板预留洞待设备管道安装完毕后用 C20 细石混凝土封堵密实，其耐火极限应相当一同层楼板。管道竖井待设备管道安装完毕后每层用楼板同标号细石混凝土封堵。管道竖井检修门设 150 高门槛，排风井等竖井随砌随抹平。

3. 本套图选用标准图中如有预埋件、预留洞，请按标准图预留。

4. 预埋木砖做防腐处理、外露铁件均做防锈处理。

5. 施工过程中请严格执行国家现行工程施工及验收规范。

6. 施工过程中请严格执行国家《建设工程安全生产管理条例》及其他生产安全和劳动保护方面的法律法规。

7. 本施工图如需更改，应经设计院认定同意后提出设计变更及修改意见后方可改动。

8. 本套施工图经各相关部门审批后方可按此图纸施工。

哈尔滨职业技术学院		图号	建施一01
		比例	1：100
制图		建筑设计总说明 室内装修表	
审核			

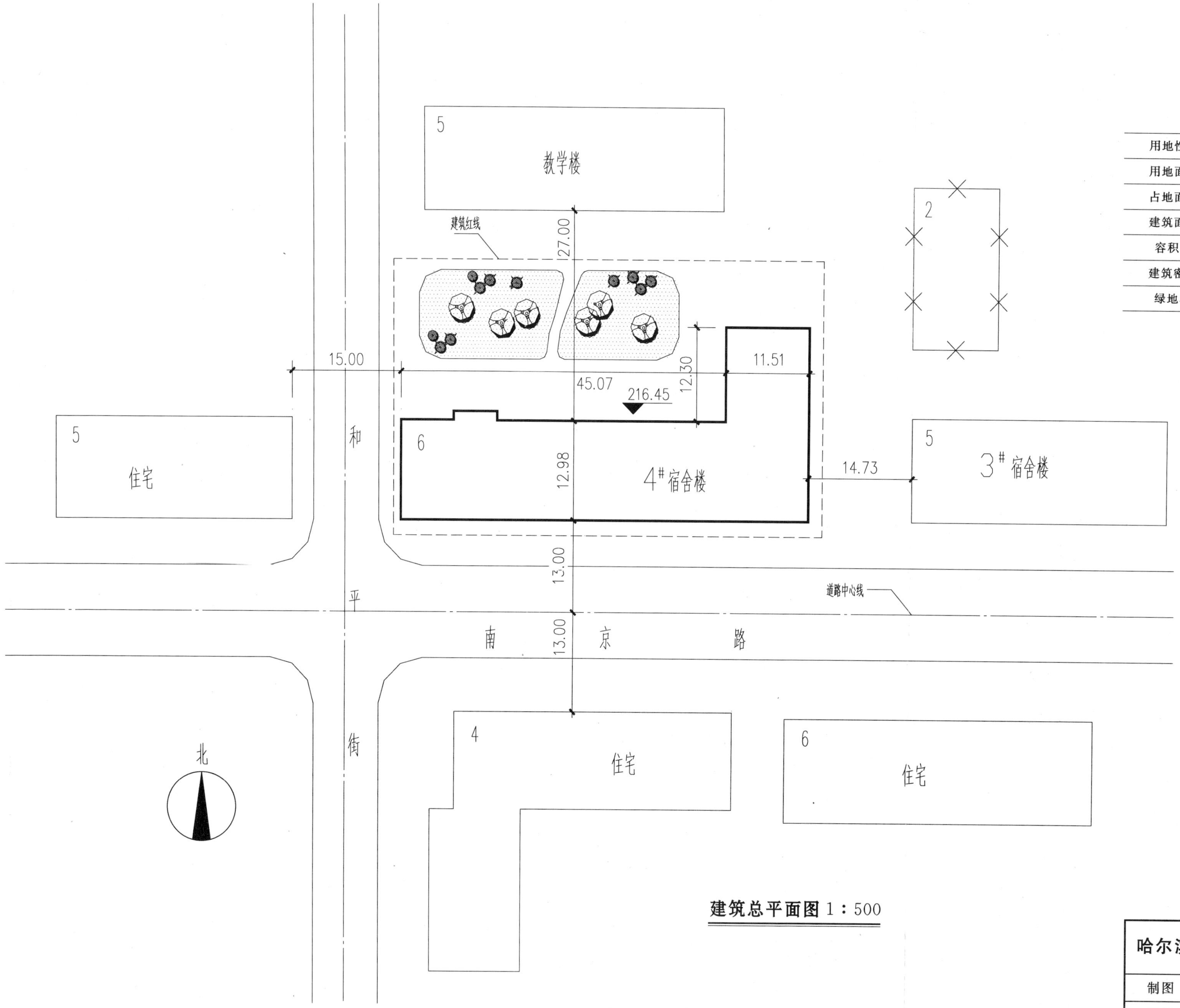

经济技术指标

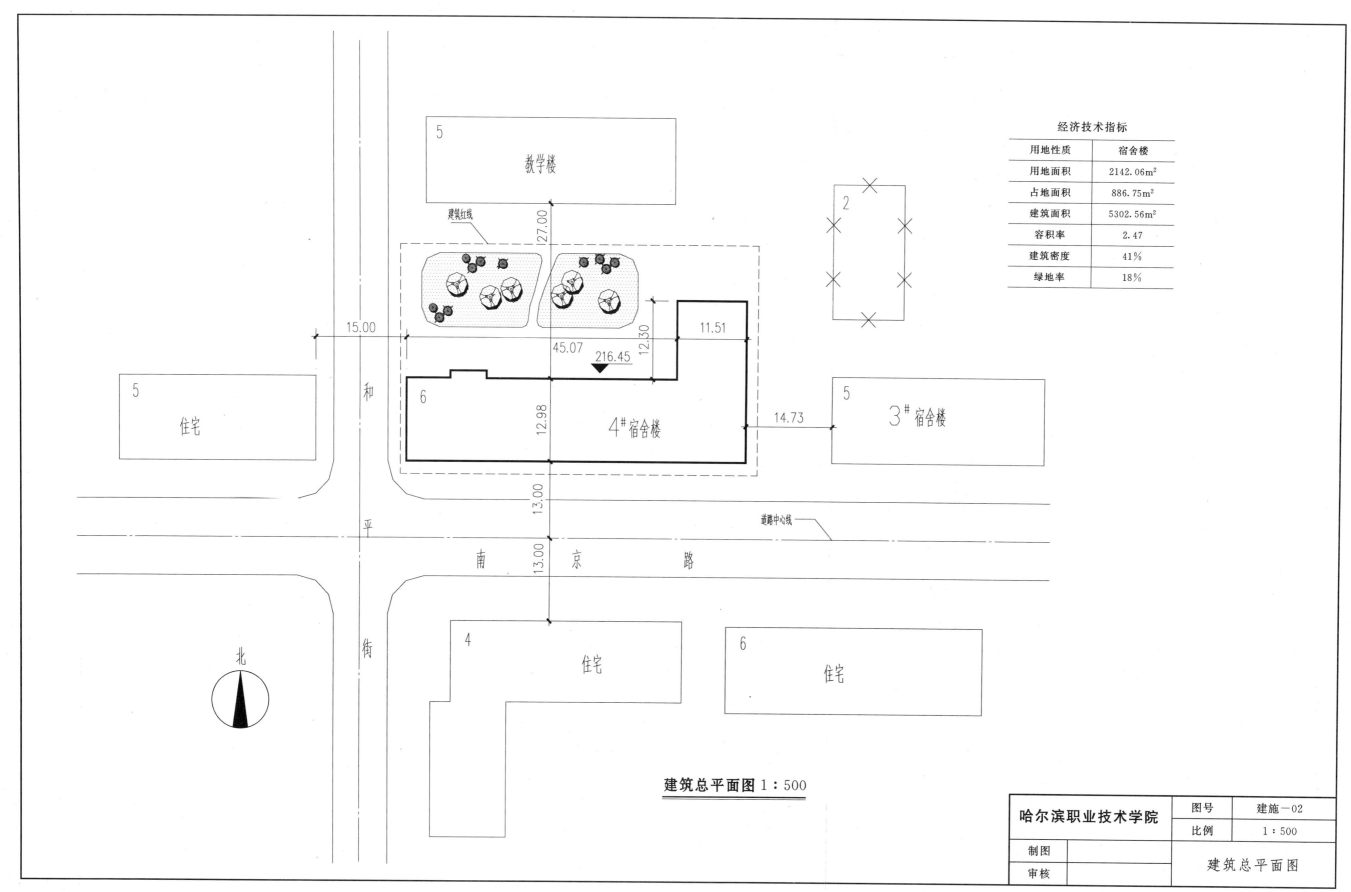

用地性质	宿舍楼
用地面积	2142.06m^2
占地面积	886.75m^2
建筑面积	5302.56m^2
容积率	2.47
建筑密度	41%
绿地率	18%

建筑总平面图 1：500

哈尔滨职业技术学院		图号	建施—02
		比例	1：500
制图		建筑总平面图	
审核			

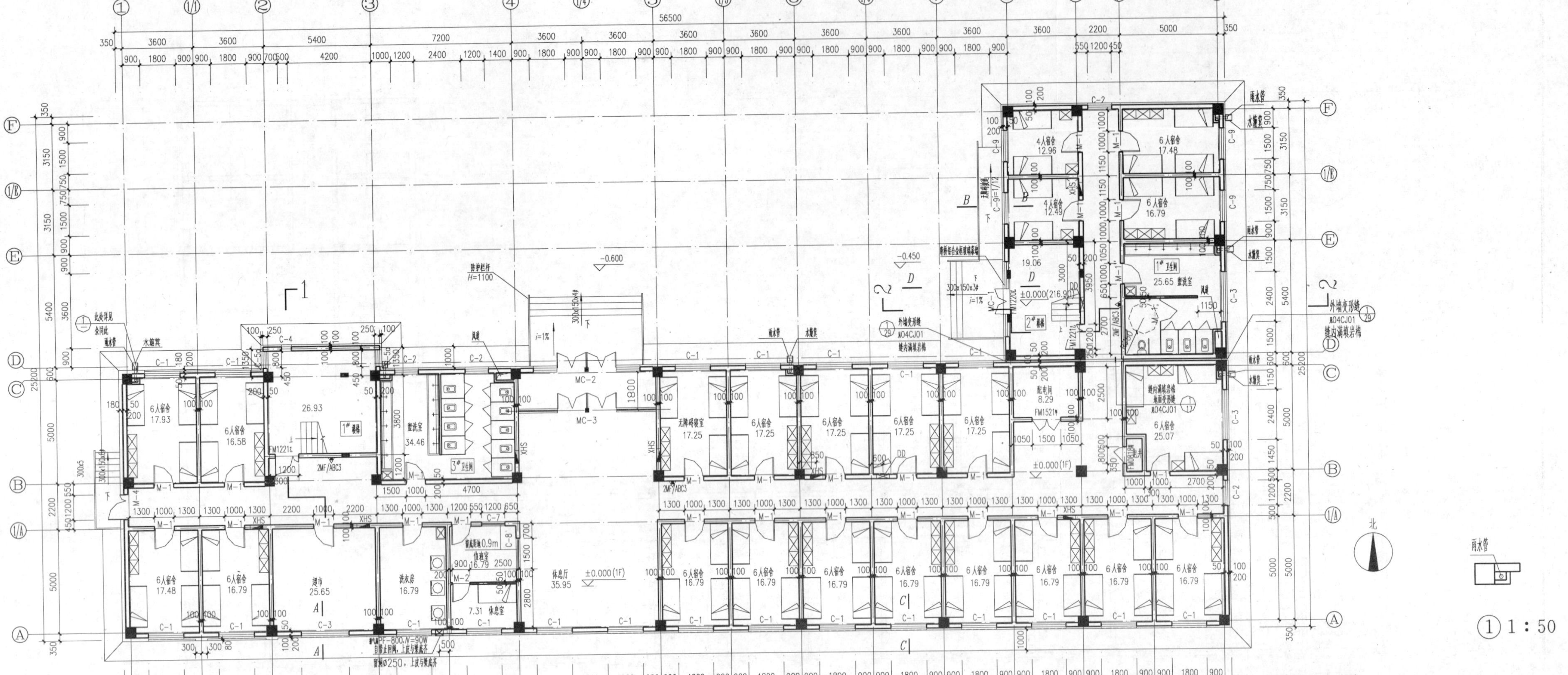

一层平面图　1：100

本层建筑面积为 886.75m²

说明：1. 本层建筑面积为 896.25m²，本层为一个防火分区。

2. 外墙墙体材料：1）200 厚陶粒混凝土砌块，容重 700～800kg/m³＋100（180）厚岩棉板，做法参见 02J121 附录 3。

2）梁柱外为混凝土梁柱＋100（180）厚岩棉板，做法参见02J121 附录 3。

3. 内墙墙体材料：内墙均为普通陶粒混凝土砌块，除特殊标注外，均为 200 厚，轴线居中，详见平面图纸。陶粒混凝土空心砌块干密度为 800kg/m³。

4. 卫生间处降板，详见结施、卫生间大样详见建施—16。

5. 楼梯大样详见建施—17～建施—19。

6. *A*—*A* 墙身详图～*D*—*D* 墙身详图详见建施—13～建施—14。

7. 玻璃隔断均由二次装修设计，耐火极限大于 1h。

8. 无障碍坡道做法详见 03J926 22 页 3；扶手做法详见 03J926 23 页 1B。

9. 散水坡宽度为 1000，详见墙身大样。

10. 落水管等构件做法参见 11J930 第 326 页 2，3。

11. 室外台阶为钢筋混凝土制作见结（施），做法参见国标 05J909。

12. ⚠为手提式磷酸氨盐灭火器，型号，每点具数详见平面图。

13. ▭XHS 表示消火栓，暗装时预留洞口，尺寸 700×850×250（宽×高×深），底距地 0.95m，箱体背后挂防火板达到耐火极限 2h 要求，防火板背挂钢丝网抹灰。

14. ▭DD 为配电箱留洞，尺寸为 500×700×180（宽×高×厚），洞底距地 1.5m，箱体背后挂防火板达到耐火极限 2h 要求，防火板背挂钢丝网抹灰。

哈尔滨职业技术学院		图号	建施—03
		比例	1：100
制图		一层平面图	
审核			

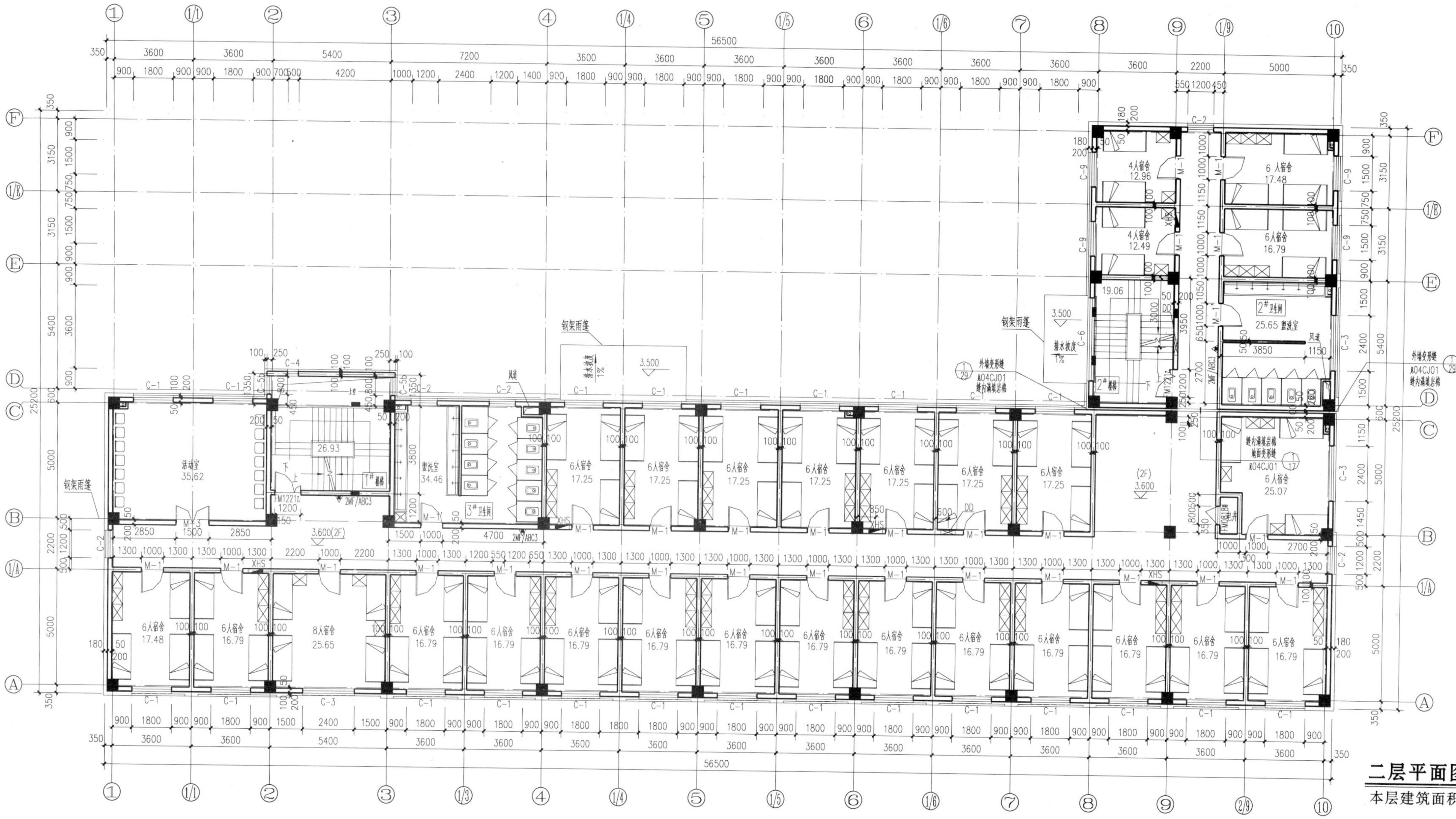

二层平面图 1：100

本层建筑面积为 886.75m^2

说明：1. 本层建筑面积为 886.75m^2，本层为一个防火分区。

2. 外墙墙体材料：1）200 厚陶粒混凝土砌块，容重 700～800kg/m＋100（180）厚岩棉板，做法参见 02J121 附录 3。

   2）梁柱外为混凝土梁柱＋100（180）厚岩棉板，做法参见 02J121 附录 3。

3. 内墙墙体材料：内墙均为普通陶粒混凝土砌块，除特殊标注外，均为 200 厚，轴线居中，详见平面图纸。陶粒混凝土空心砌块干密度为 800kg/m^3。

4. 卫生间处降板，详见结施，卫生间大样详见建施－16。

5. 楼梯大样详见建施－17～建施－19。

6. 玻璃隔断均由二次装修设计，耐火极限大于 1h。

7. 落水管等构件做法参见 11J930 第 326 页 2，3。

8. ⚠ 为手提式磷酸氨盐灭火器，型号、每点具数详见平面图。

9. ▭ XHS 表示消火栓，暗装时预留洞口，尺寸 700×850×250（宽×高×深），底距地 0.95m，箱体背后挂防火板达到耐火极限 2h 要求，防火板背挂钢丝网抹灰。

10. ▭ DD 为配电箱留洞，尺寸为 500×700×180（宽×高×厚），洞底距地 1.5m，箱体背后挂防火板达到耐火极限 2h 要求，防火板背挂钢丝网抹灰。

哈尔滨职业技术学院	图号	建施－04
	比例	1：100
制图		二层平面图
审核		

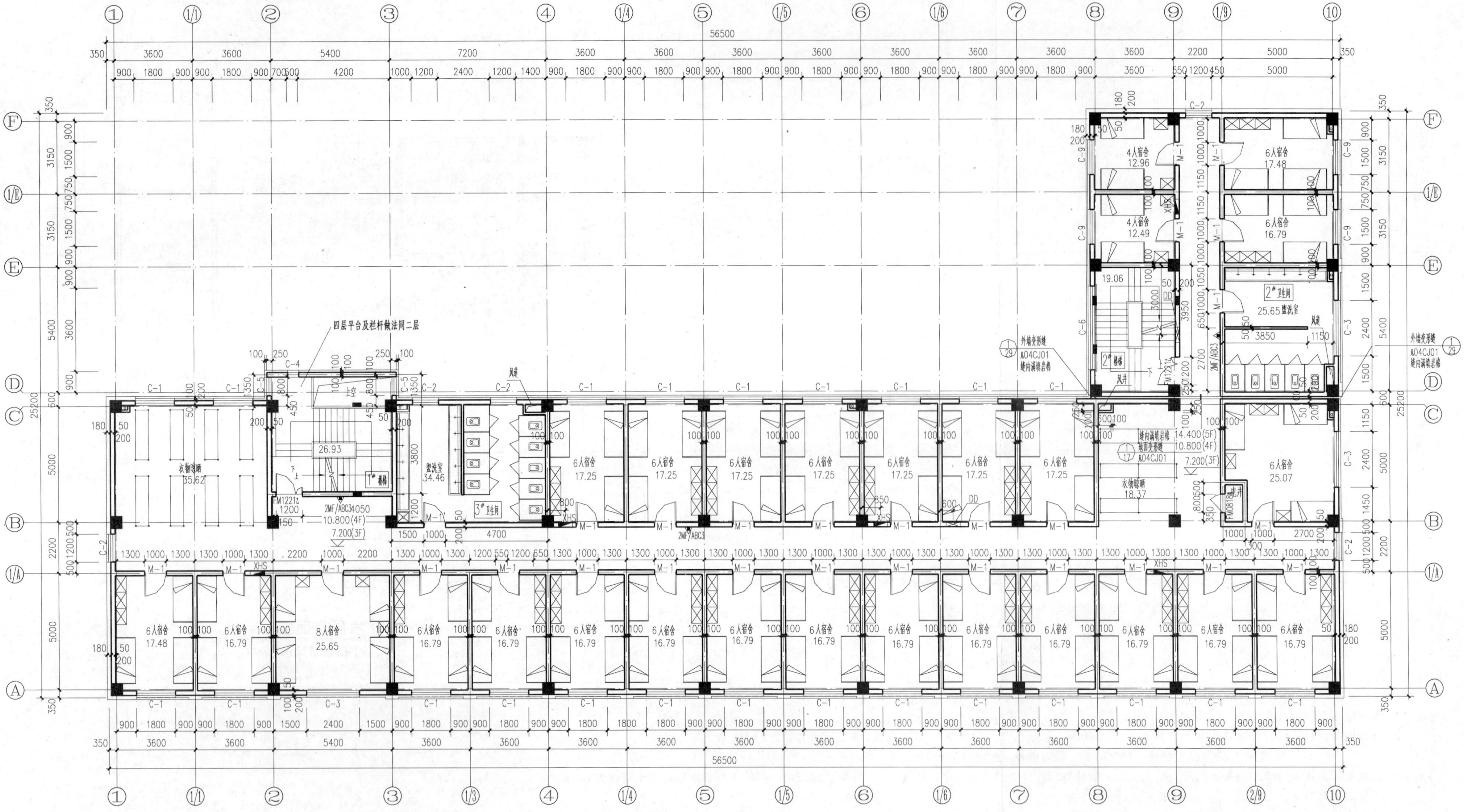

标准层平面图　1：100

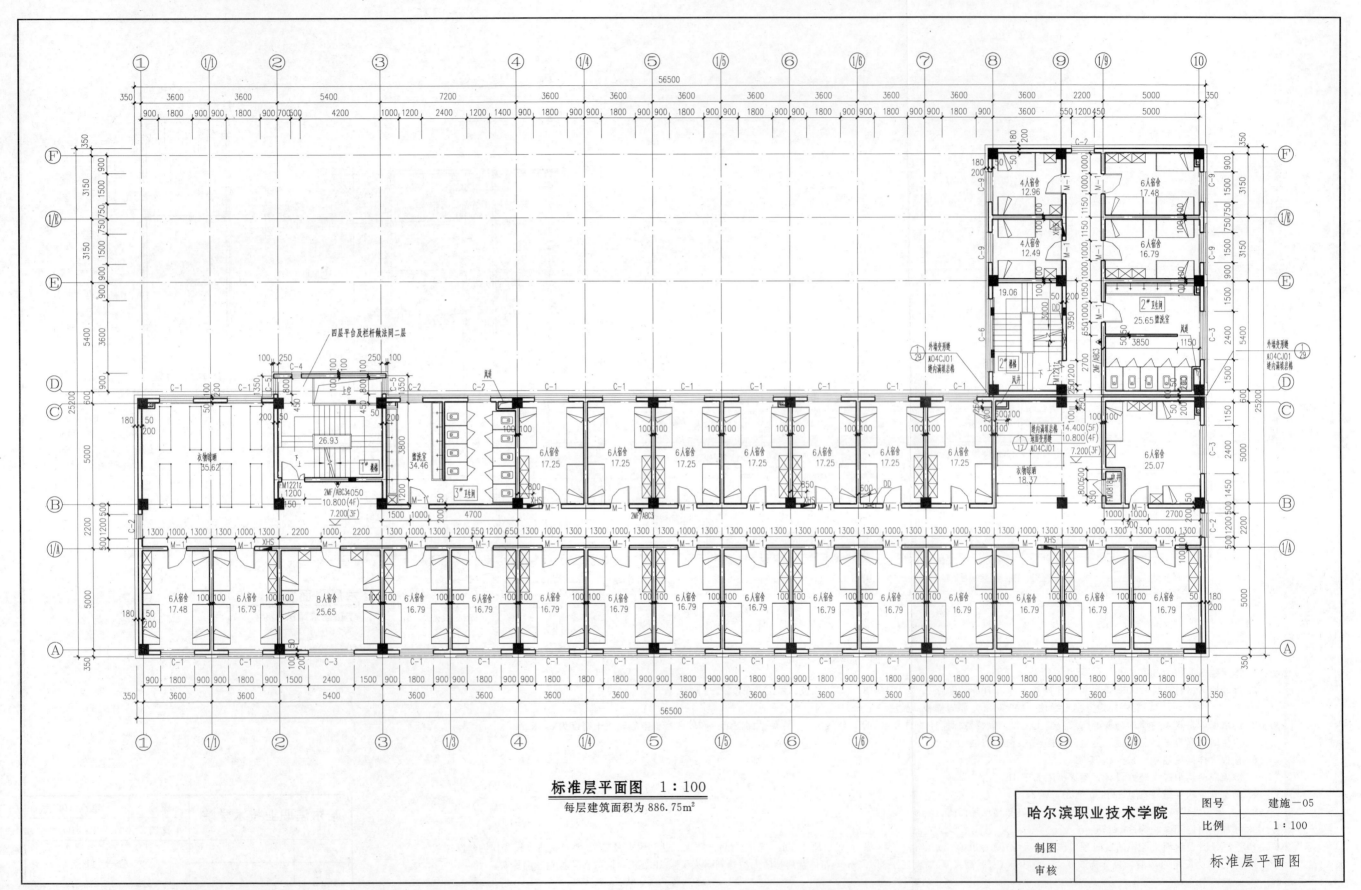

每层建筑面积为 886.75m²

哈尔滨职业技术学院		图号	建施－05
		比例	1：100
制图		标准层平面图	
审核			

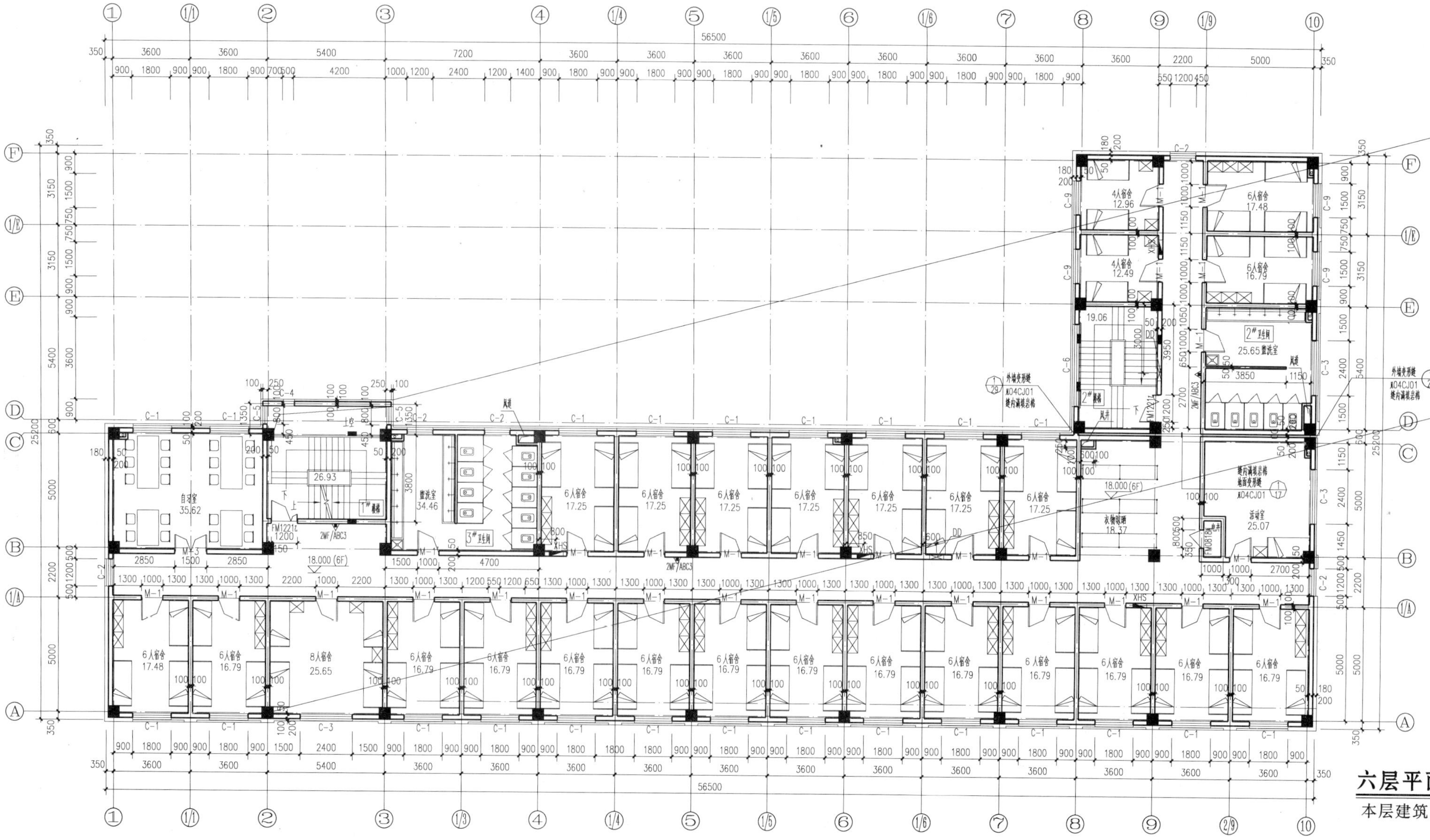

六层平面图　1：100

本层建筑面积为 886.75m²

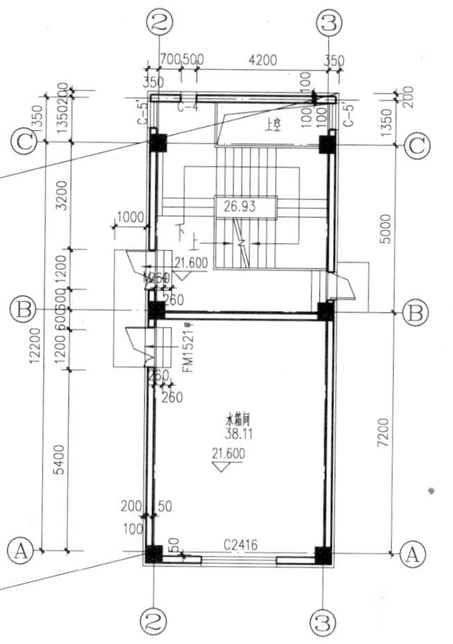

楼梯间出屋平面图　1：100

本层建筑面积为 86.50m²

说明：1. 本层建筑面积为 886.75m²，本层为一个防火分区。

2. 外墙墙体材料：1）200 厚陶粒混凝土砌块，容重 700～800kg/m³＋100（180）厚岩棉板，做法参见 02J121 附录 3。

　　2）梁柱外为混凝土梁柱＋100（180）厚岩棉板，做法参见 02J121 附录 3。

3. 内墙墙体材料：内墙均为普通陶粒混凝土砌块，除特殊标注外，均为 200 厚，轴线居中，详见平面图纸。陶粒混凝土空心砌块干密度为 800kg/m³。

4. 卫生间处降板，详见结施、卫生间大样详见建施－16。

5. 楼梯大样详见建施－17～建施－19。

6. 玻璃隔断均由二次装修设计，耐火极限大于 1h。

7. 落水管等构件做法参见 11J930 第 326 页 2，3。

8. ⚠ 为手提式磷酸氨盐灭火器，型号、每点具数详见平面图。

9. 楼梯间出屋面面积为 36.08m²。

10. ▭ XHS 表示消火栓，暗装时预留洞口，尺寸 700×850×250（宽×高×深），底距地 0.95m，箱体背后挂防火板达到耐火极限 2h 要求，防火板背挂钢丝网抹灰。

11. ▭ DD 为配电箱留洞，尺寸为 500×700×180（宽×高×厚），洞底距地 1.5m，箱体背后挂防火板达到耐火极限 2h 要求，防火板背挂钢丝网抹灰。

哈尔滨职业技术学院	图号	建施－06
	比例	1：100
制图		六层平面图
审核		

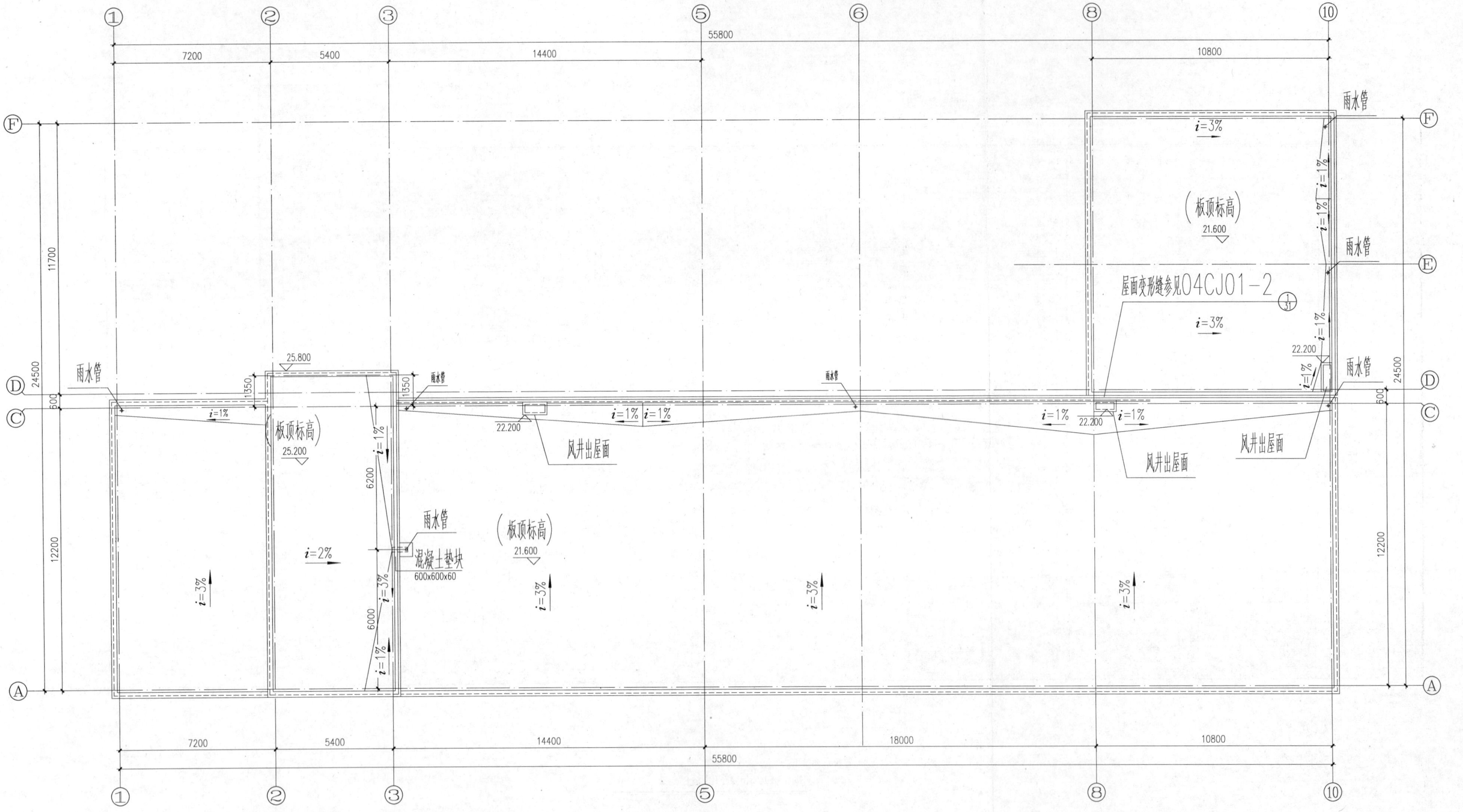

屋顶平面图 1：100

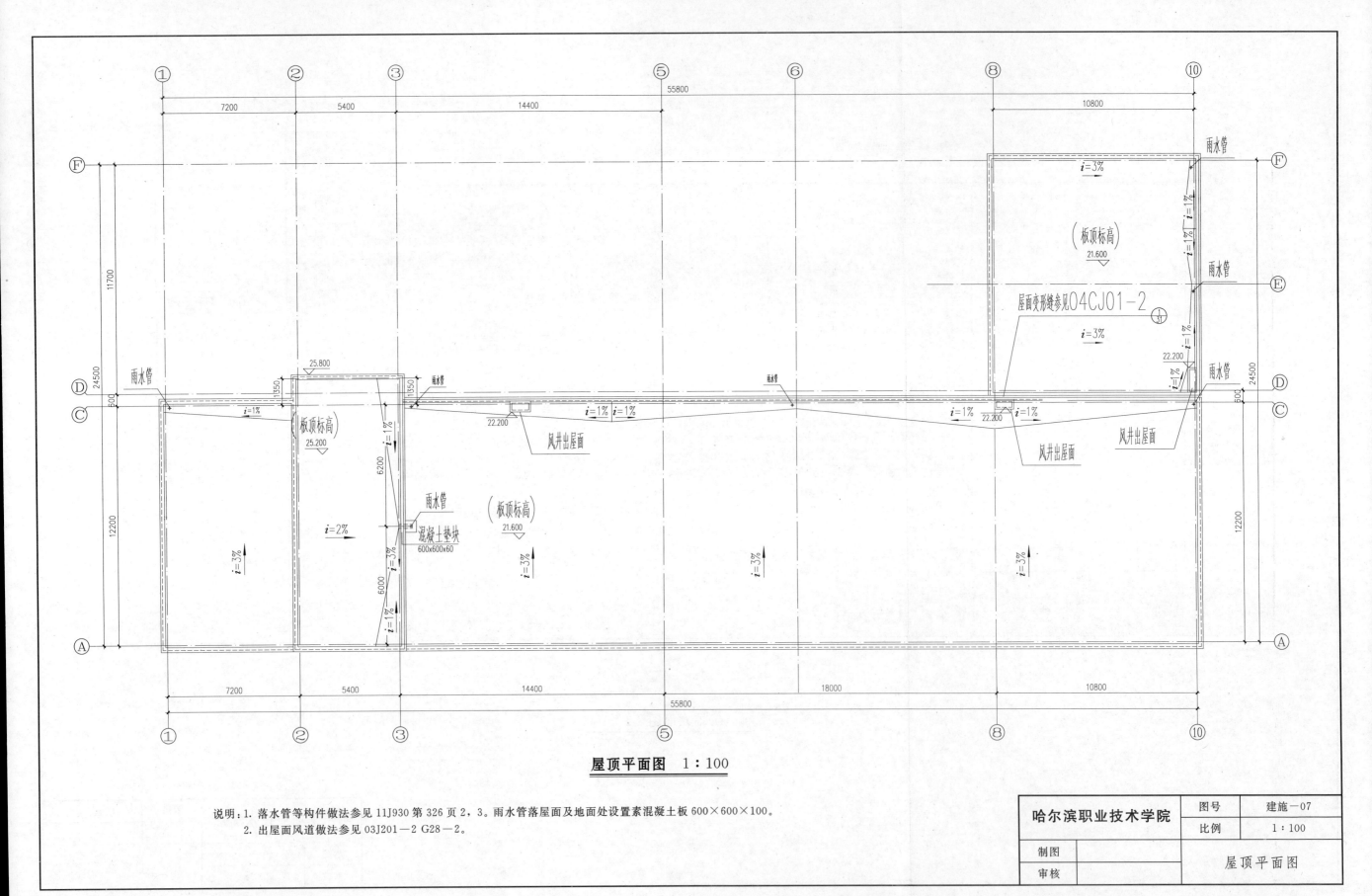

说明：1. 落水管等构件做法参见 11J930 第 326 页 2，3。雨水管落屋面及地面处设置素混凝土板 600×600×100。

2. 出屋面风道做法参见 03J201－2 G28－2。

哈尔滨职业技术学院		图号	建施－07
		比例	1：100
制图		屋顶平面图	
审核			

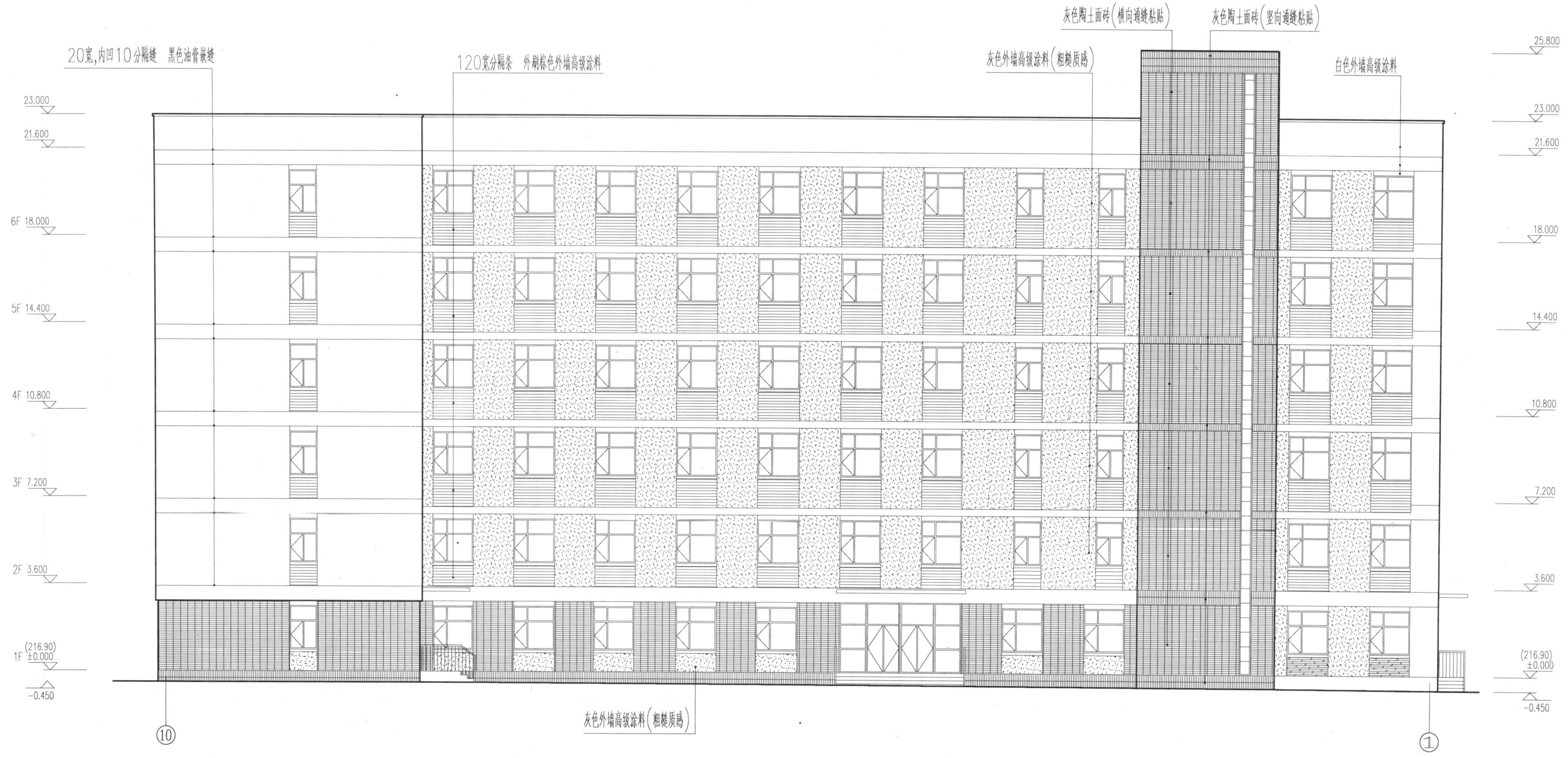

⑩～①轴立面图 1:100

哈尔滨职业技术学院	图号	建施－08
	比例	1:100
制图		⑩～①轴立面图
审核		

Ⓐ～Ⓕ轴立面图 1：100

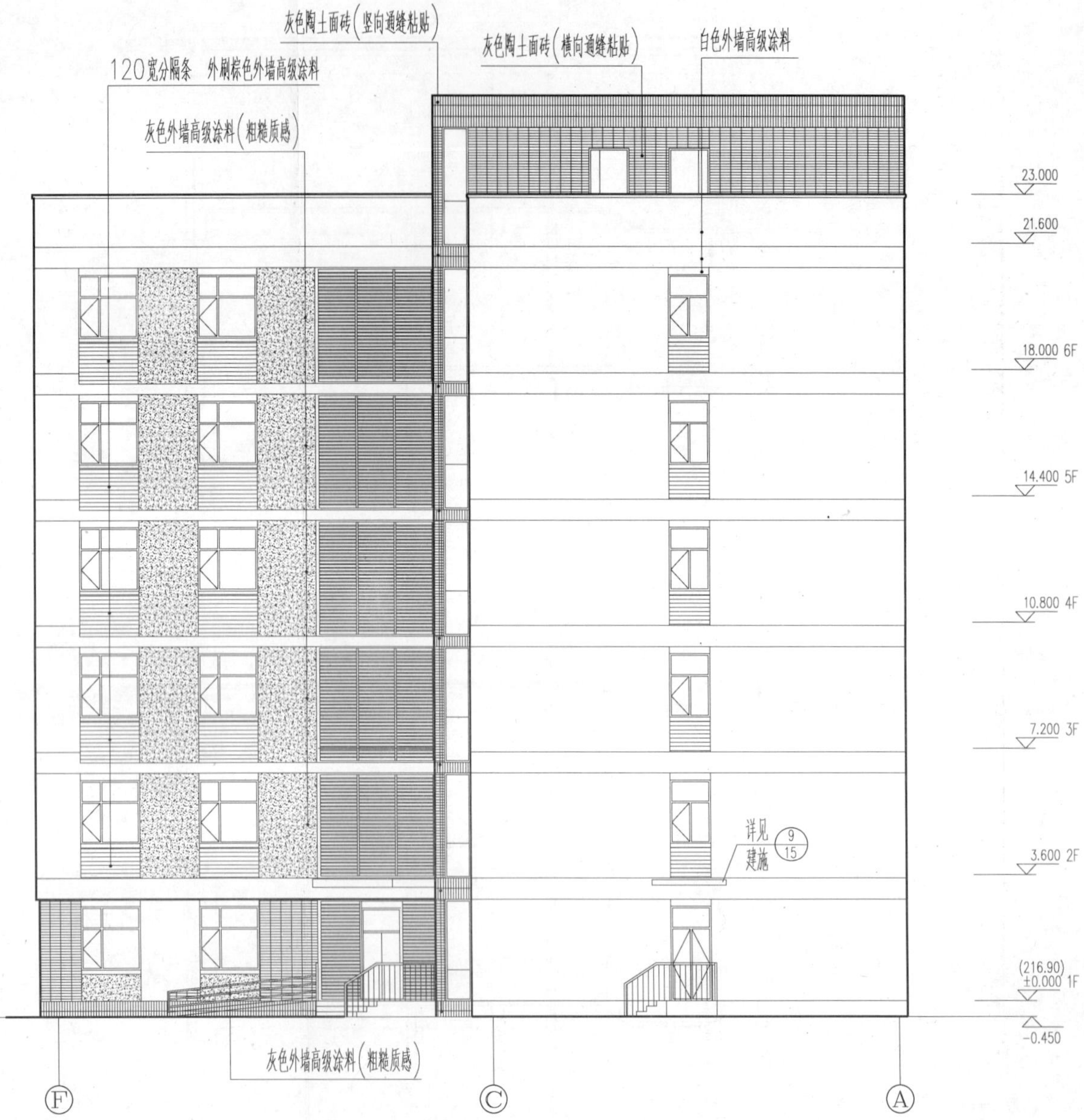

Ⓕ～Ⓐ轴立面图 1：100

哈尔滨职业技术学院	图号	建施－09
	比例	1：100
制图		Ⓐ～Ⓕ 轴立面图
审核		Ⓕ～Ⓐ 轴立面图

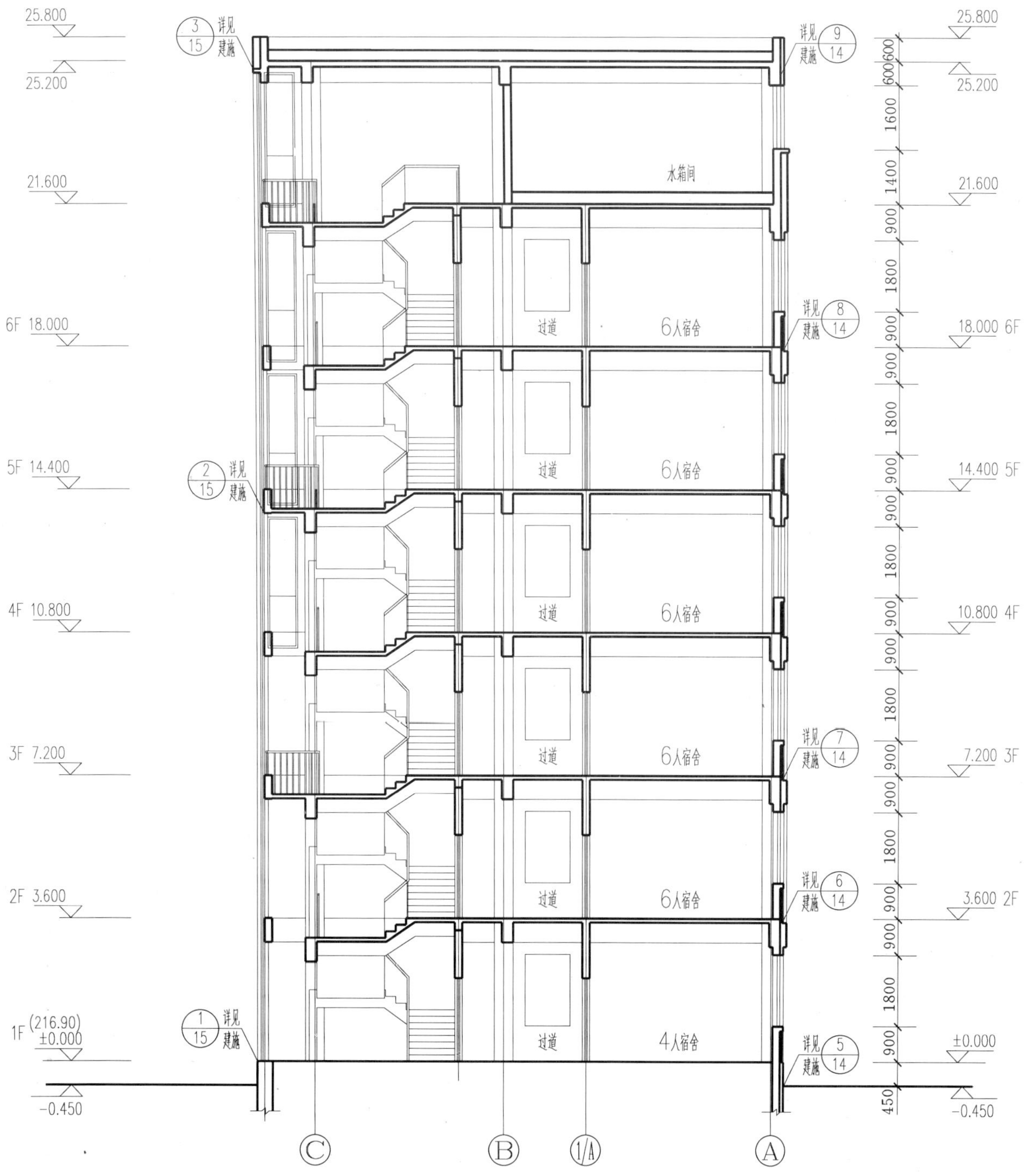

1—1 剖面图 1∶100

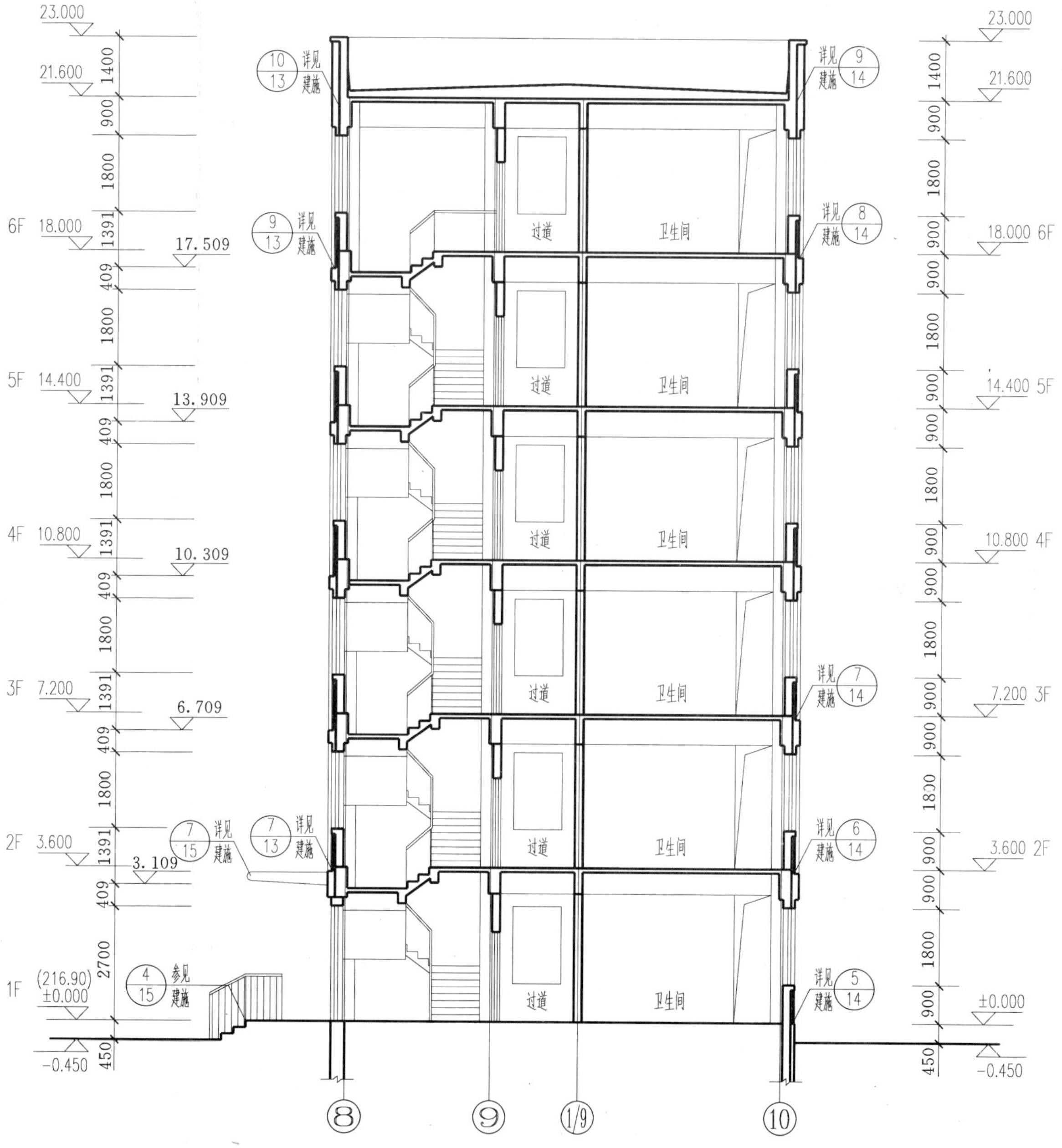

2—2 剖面图 1∶100

哈尔滨职业技术学院		图号	建施—10
		比例	1∶100
制图		1—1、2—2 剖面图	
审核			

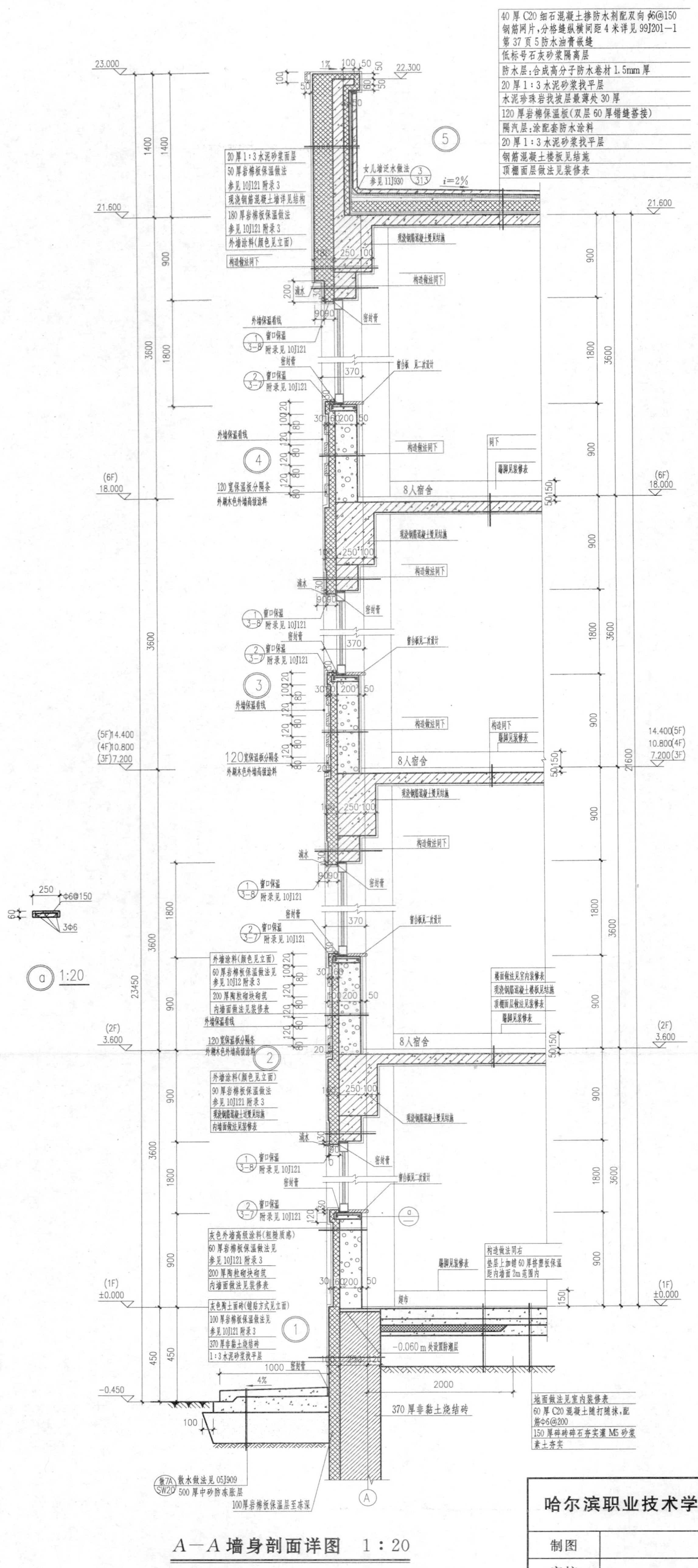

A—A 墙身剖面详图　1：20

哈尔滨职业技术学院	图号	建施—11
	比例	1：20
制图	墙身详图（一）	
审核		

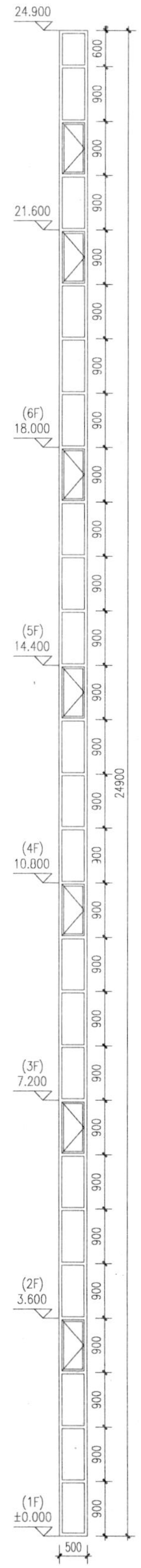

门窗表

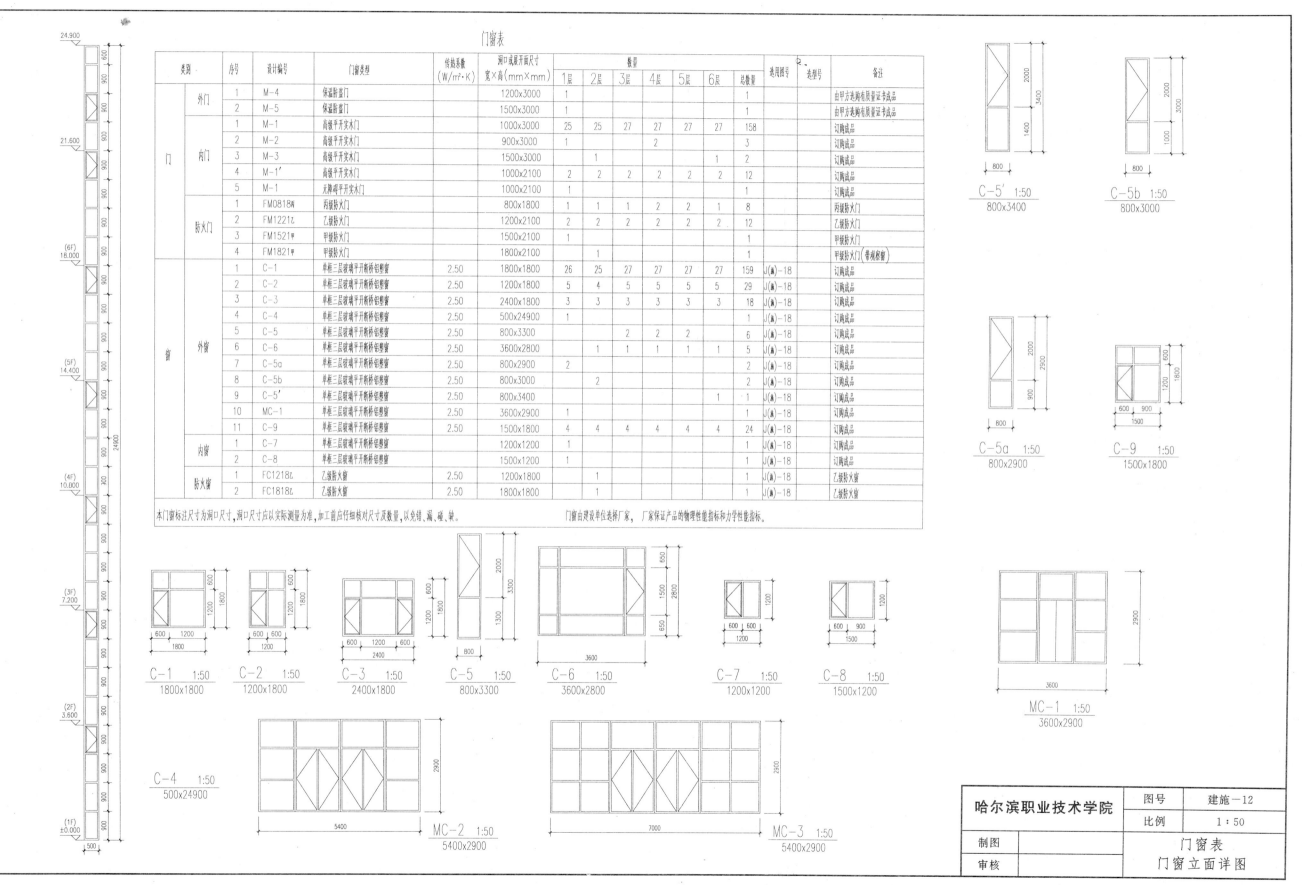

类别		序号	设计编号	门窗类型	传热系数 (W/m²·K)	洞口或展开面尺寸 宽×高(mm×mm)	数量 1层	2层	3层	4层	5层	6层	总数量	选用图号	选型号	备注
门	外门	1	M-4	保温防盗门		1200x3000	1						1			由甲方选购有质量证书成品
		2	M-5	保温防盗门		1500x3000	1						1			由甲方选购有质量证书成品
	内门	1	M-1	高级平开实木门		1000x3000	25	25	27	27	27	27	158			订购成品
		2	M-2	高级平开实木门		900x3000	1			2			3			订购成品
		3	M-3	高级平开实木门		1500x3000		1				1	2			订购成品
		4	M-1′	高级平开实木门		1000x2100	2	2	2	2	2	2	12			订购成品
		5	M-1	无障碍平开实木门		1000x2100	1						1			订购成品
	防火门	1	FM0818丙	丙级防火门		800x1800	1	1	1	2	2	1	8			丙级防火门
		2	FM1221乙	乙级防火门		1200x2100	2	2	2	2	2	2	12			乙级防火门
		3	FM1521甲	甲级防火门		1500x2100	1						1			甲级防火门
		4	FM1821甲	甲级防火门		1800x2100		1					1			甲级防火门(带观察窗)
窗	外窗	1	C-1	单框三层玻璃平开断桥铝塑窗	2.50	1800x1800	26	25	27	27	27	27	159	J(㵘)-18		订购成品
		2	C-2	单框三层玻璃平开断桥铝塑窗	2.50	1200x1800	5	4	5	5	5	5	29	J(㵘)-18		订购成品
		3	C-3	单框三层玻璃平开断桥铝塑窗	2.50	2400x1800	3	3	3	3	3	3	18	J(㵘)-18		订购成品
		4	C-4	单框三层玻璃平开断桥铝塑窗	2.50	500x24900	1						1	J(㵘)-18		订购成品
		5	C-5	单框三层玻璃平开断桥铝塑窗	2.50	800x3300			2	2	2		6	J(㵘)-18		订购成品
		6	C-6	单框三层玻璃平开断桥铝塑窗	2.50	3600x2800		1	1	1	1	1	5	J(㵘)-18		订购成品
		7	C-5a	单框三层玻璃平开断桥铝塑窗	2.50	800x2900	2						2	J(㵘)-18		订购成品
		8	C-5b	单框三层玻璃平开断桥铝塑窗	2.50	800x3000		2					2	J(㵘)-18		订购成品
		9	C-5′	单框三层玻璃平开断桥铝塑窗	2.50	800x3400						1	1	J(㵘)-18		订购成品
		10	MC-1	单框三层玻璃平开断桥铝塑窗	2.50	3600x2900	1						1	J(㵘)-18		订购成品
		11	C-9	单框三层玻璃平开断桥铝塑窗	2.50	1500x1800	4	4	4	4	4	4	24	J(㵘)-18		订购成品
	内窗	1	C-7	单框三层玻璃平开断桥铝塑窗		1200x1200	1						1	J(㵘)-18		订购成品
		2	C-8	单框三层玻璃平开断桥铝塑窗		1500x1200	1						1	J(㵘)-18		订购成品
	防火窗	1	FC1218乙	乙级防火窗	2.50	1200x1800		1					1	J(㵘)-18		乙级防火窗
		2	FC1818乙	乙级防火窗	2.50	1800x1800		1					1	J(㵘)-18		乙级防火窗

本门窗标注尺寸为洞口尺寸，洞口尺寸应以实际测量为准，加工前应仔细核对尺寸及数量，以免错、漏、碰、缺。　　门窗由建设单位选择厂家，厂家保证产品的物理性能指标和力学性能指标。

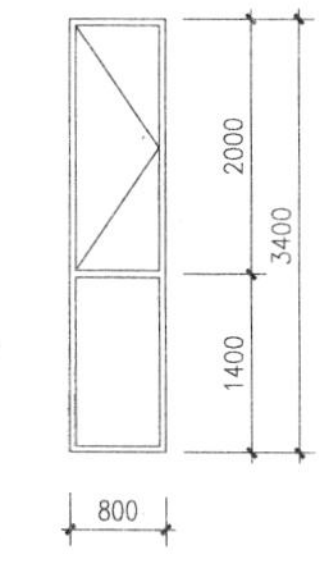

C-5′ 1:50
800x3400

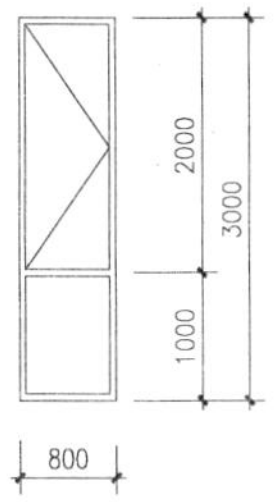

C-5b 1:50
800x3000

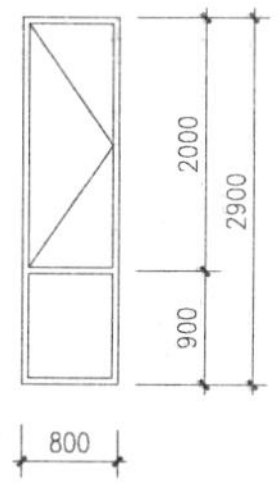

C-5a 1:50
800x2900

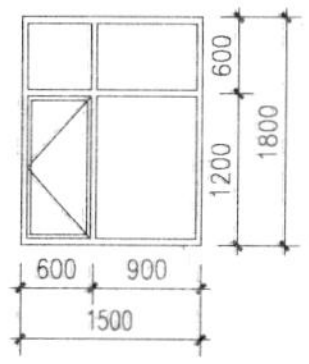

C-9 1:50
1500x1800

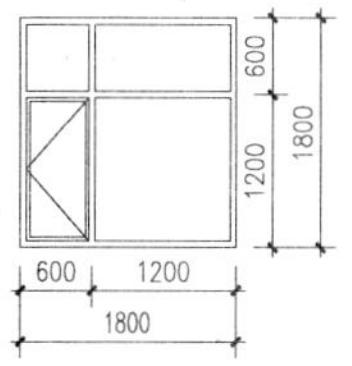

C-1 1:50
1800x1800

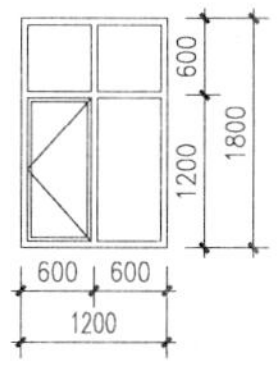

C-2 1:50
1200x1800

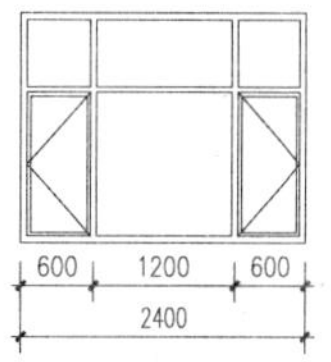

C-3 1:50
2400x1800

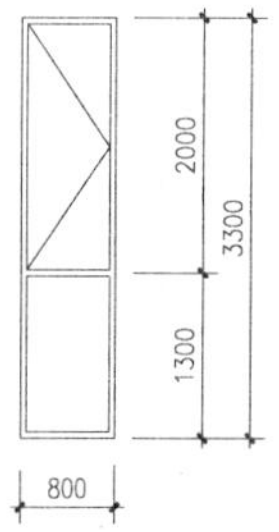

C-5 1:50
800x3300

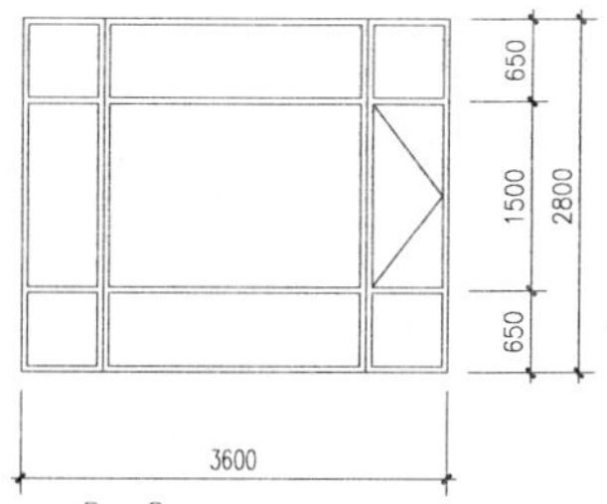

C-6 1:50
3600x2800

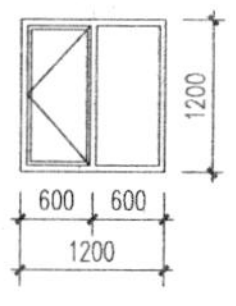

C-7 1:50
1200x1200

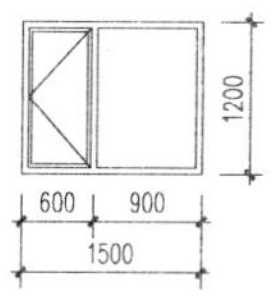

C-8 1:50
1500x1200

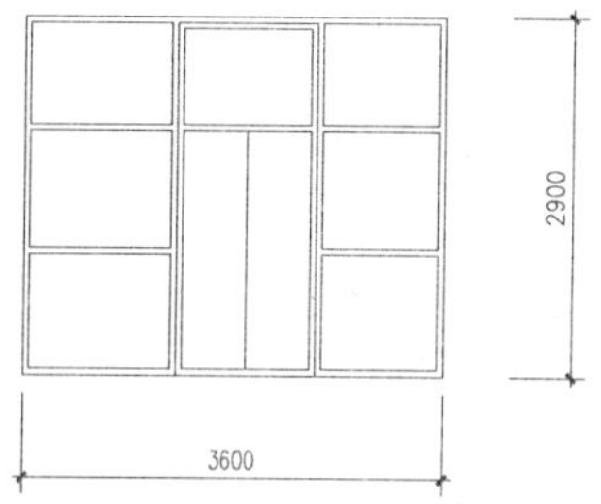

MC-1 1:50
3600x2900

C-4 1:50
500x24900

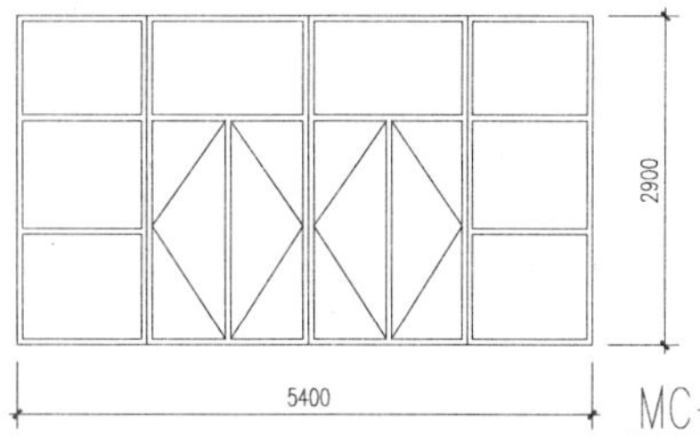

MC-2 1:50
5400x2900

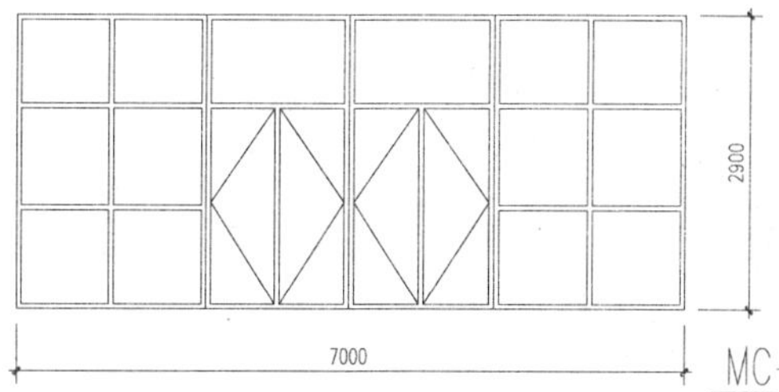

MC-3 1:50
5400x2900

哈尔滨职业技术学院	图号	建施—12
	比例	1：50
制图		门窗表 门窗立面详图
审核		

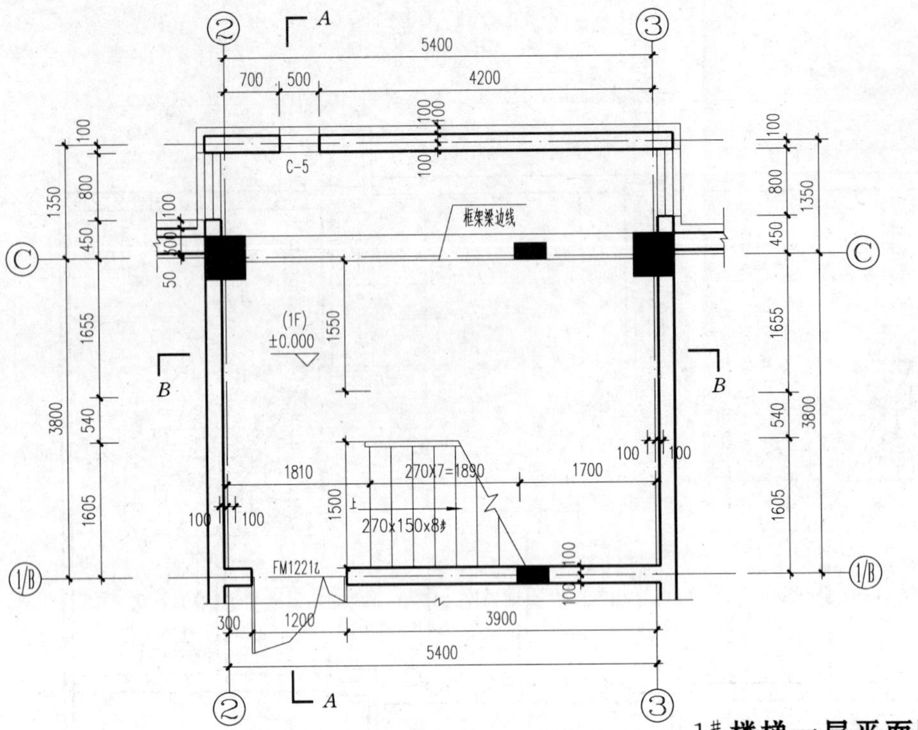

1# 楼梯一层平面图 1：50

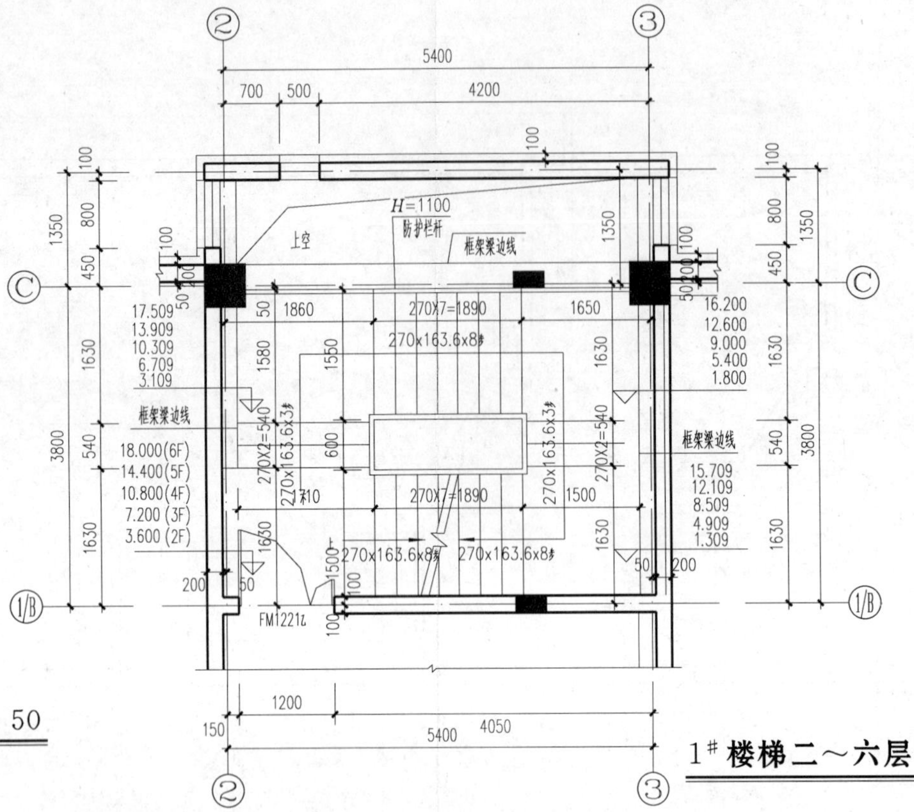

1# 楼梯二～六层平面图 1：50

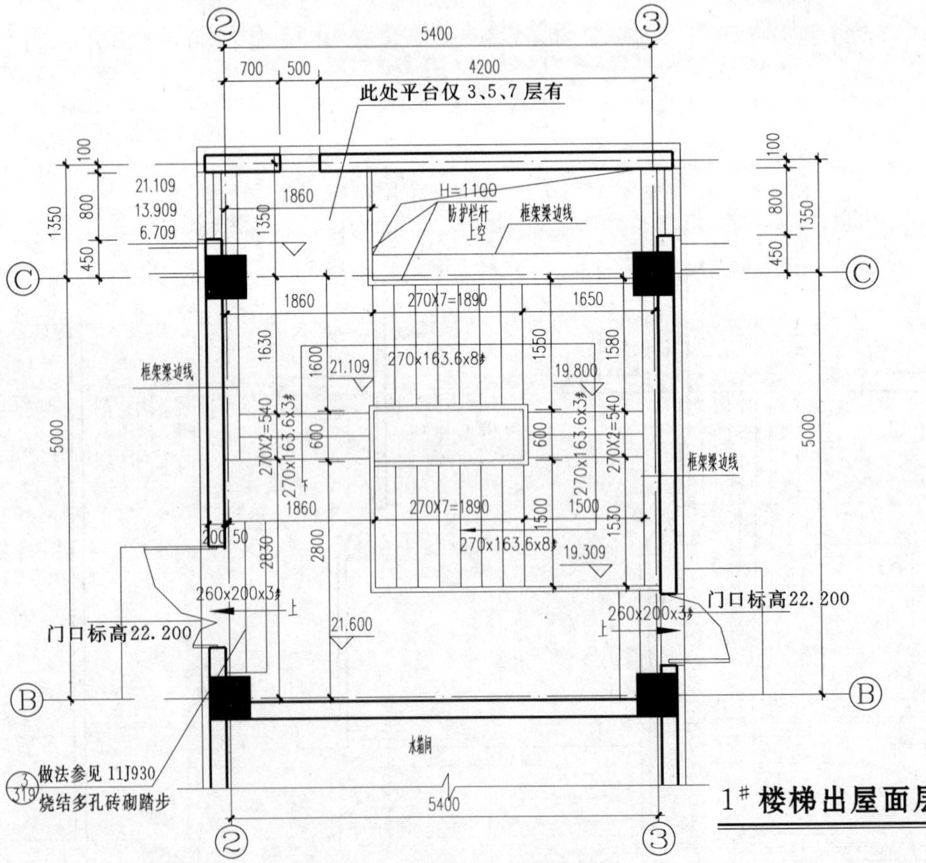

1# 楼梯出屋面层平面图 1：50

说明：1. 楼梯采用大理石饰面，做法见 05J909 楼 17A。

2. 楼梯踏步防滑做法见 06J403—1 P149。

3. 方形钢管扶手，栏杆（刷浅灰色漆）参见 006J403—1P21 A7，B7 型，并应满足《民用建筑设计通则》(GB 50352—2005)第 6.7.7 及 6.7.9 条规定。

4. 防护栏杆参见 006J403—1 P21 A7，B7 型。

哈尔滨职业技术学院	图号	建施—13
	比例	1：50
制图		1# 楼梯平面详图
审核		

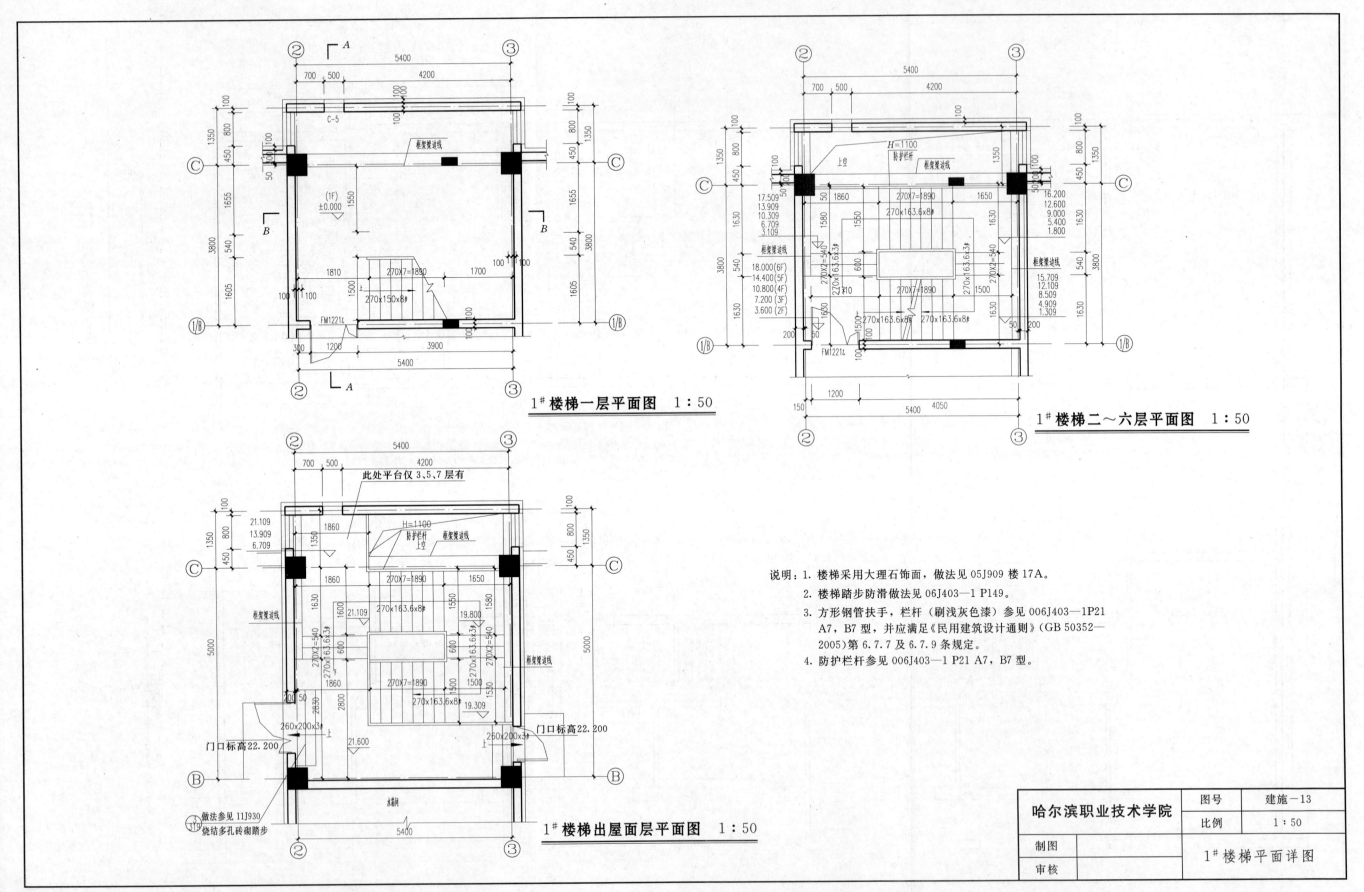

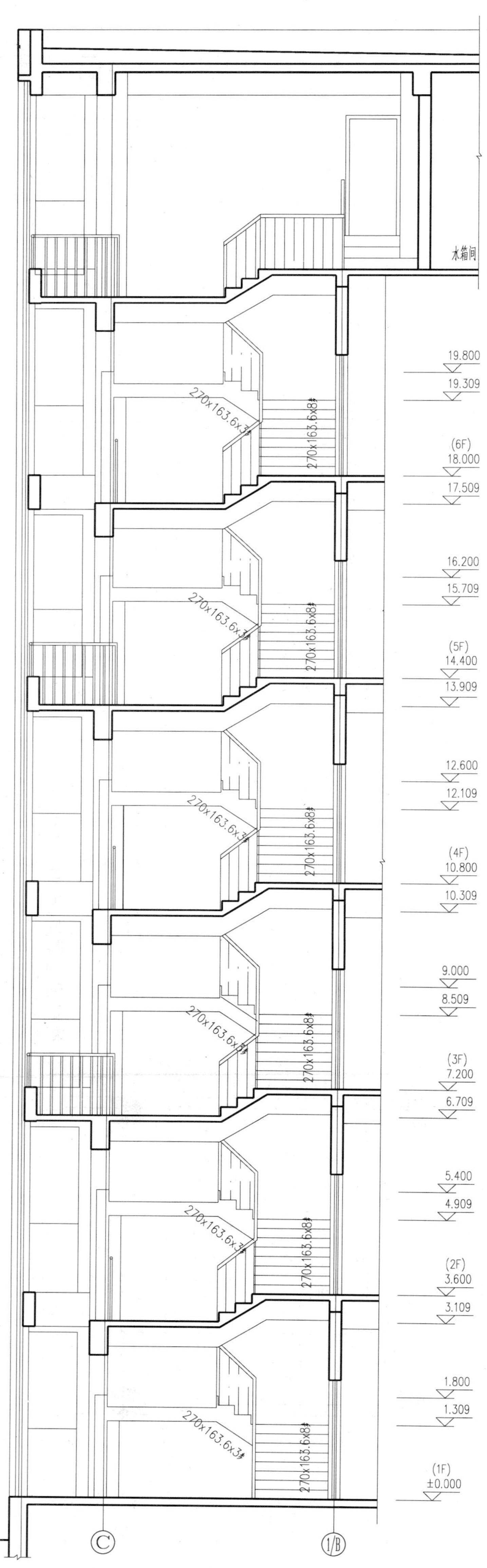

A—A 剖面图　1 : 50

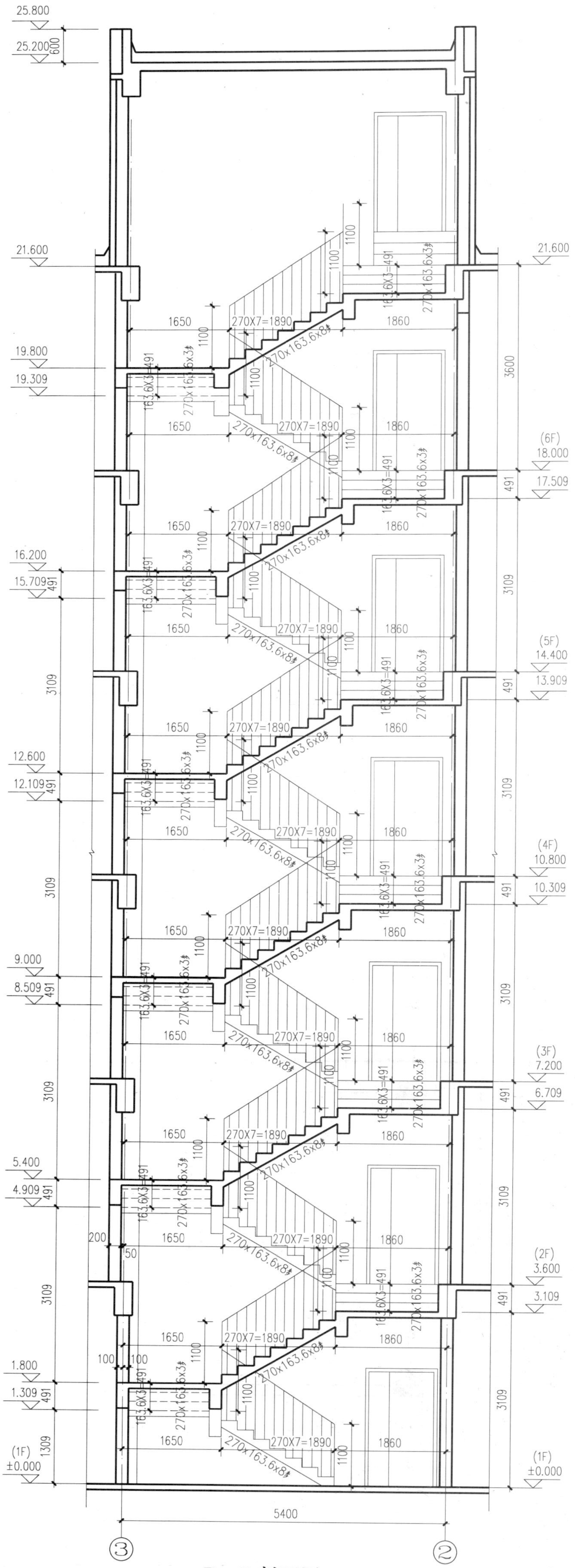

B—B 剖面图　1 : 50

哈尔滨职业技术学院		图号	建施—14
		比例	1 : 100
制图		1# 楼梯剖面详图	
审核			

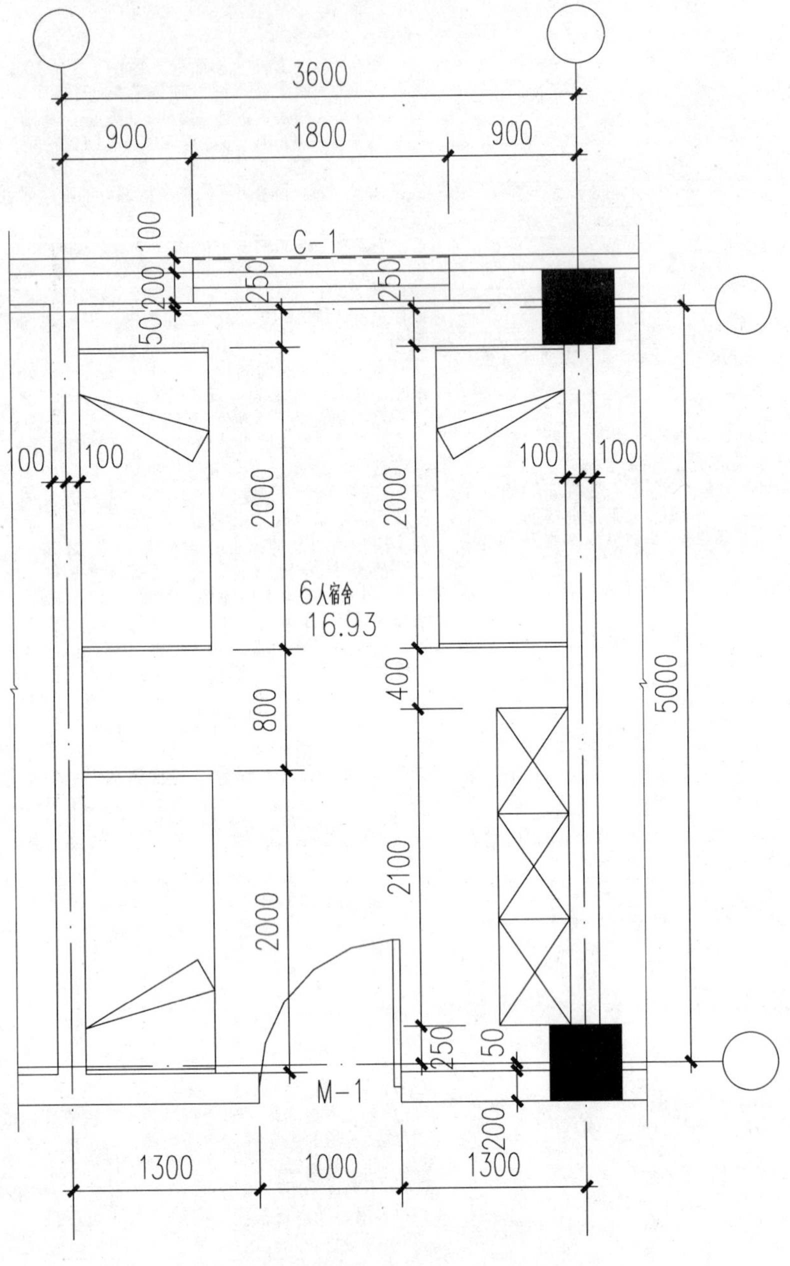

六人间宿舍布置平面图　1：50

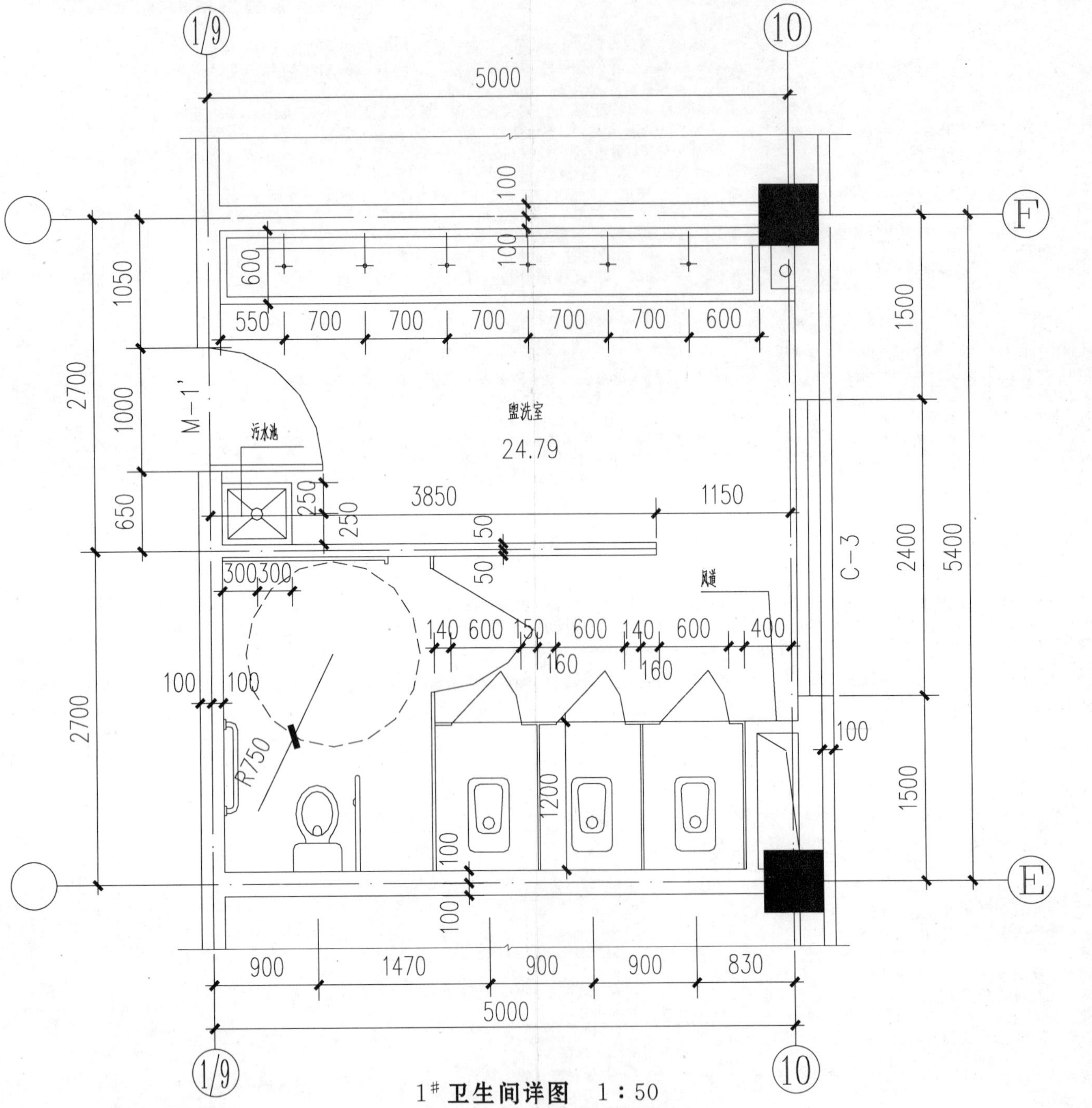

1[#] 卫生间详图　1：50

说明：1. 卫生间蹲便器具由甲方选购，具体做法详见 02J915，70 页一蹲便器详图。

2. 卫生间洗手盆、小便器具由甲方选购，具体做法详见 02J915，69 页一洗手盆，小便器安装图。洗手盆上放置面镜，具体做法详见 02J915，50 页一2。

3. 卫生间地漏及管道穿楼板构造，具体做法详见 02J915，81 页一1。

哈尔滨职业技术学院		图号	建施一15
		比例	1：50
制图		六人间宿舍布置平面图 1[#] 卫生间详图	
审核			

混凝土结构设计总说明

1. 工程概况

1.1 工程地点：吉林省吉林市吉丰西路南侧。

1.2 总建筑面积：5356.13m²。

1.3 工程概述：

1.3.1 最大长度55.80m，最大宽度25.40m。

1.3.2 主楼

檐口高度22.35m（±0.00计）；局部出屋顶高度0m。

±0.00以上层数为6层，±0.00以下层数为0层。

结构体系为框架结构。

基础形式为柱下独立基础，持力层为含角砾黏土层（第三层土），地基承载力标准值为240kPa。

1.3.3 ±0.00绝对标高：本工程设计标高±0.00相当于海拔标高216.90m。

2. 设计依据

2.1 工程设计委托书。

2.2 吉林市勘测设计院编制的《吉林市卫生学校新址搬迁工程9—13号楼岩土工程勘察报告》（详勘阶段）（工程编号：KC—2012—047—1），编制日期2012年9月18日。

2.3 国内现行主要设计规范、规程和规定：

《工程结构可靠性设计统一标准》（GB 50153—2008）；

《建筑结构荷载规范》（GB 50009—2001，2006年版）；

《混凝土结构设计规范》（GB 50010—2010）；

《中国地震烈度表》（GB/T 17742—1999）；

《建筑工程抗震设防分类标准》（GB 50223—2008）；

《建筑抗震设计规范》（GB 50011—2010）；

《岩土工程勘察规范》（GB 50021—2008）；

《建筑地基基础设计规范》（GB 50007—2011）；

《建筑地基处理技术规范》（JGJ 79/J 220—2002）；

《钢筋机械连接通用技术规程》（JGJ 107—2010）；

《钢筋焊接及验收规程》（JGJ 18—2012）；

《建筑设计防火规范》（GB 50016—2006）。

2.4 其他有关专业对结构专业提出的技术要求和配合条件。

2.5 建筑结构的安全等级及设计使用年限：

建筑结构的安全等级：二级，结构重要性系数为$\gamma_0=1.0$。

结构设计使用年限：50年（耐久性）

设计基准期：50年

建筑抗震设防类别：重点设防（乙类）

地基基础设计等级：丙级

结构构件的耐火等级：二级

环境类别：室内正常环境为一类，露天及与无侵蚀的水或土直接接触部分为二类b。

抗震等级：框架：二级。

本建筑物应按建筑图中注明的使用功能，在设计使用年限内，未经技术鉴定及设计许可，不得改变结构用途和使用环境。

2.6 自然条件

2.6.1 主体部分：基本风压0.50kN/m²（50年一遇），风荷载体形系数为1.3，地面粗糙度类别为B类。

2.6.2 雪荷载：基本雪压：0.45kN/m²（50年一遇）。

2.6.3 抗震设防：本地区抗震设防烈度为7度，设计基本地震加速度：0.10g，设计地震分组：第一组，特征周期为0.35s。建筑场地土类别：Ⅲ类。本工程抗震设防烈度为8度，设计基本地震加速度：0.20g。

2.6.4 场地标准冻深：1.70m。

3. 荷载

3.1 楼、屋面活荷载标准值（单位：kN/m²）：

宿舍	2.0	走廊	2.5	卫生间（带蹲便）	6.0
消防楼梯	3.5	活动室	4.0	不上人屋面	0.5

注 1. 水箱、冷却塔等其他设备荷载按实际情况由生产厂家提供荷载数据，并在结构施工前复核确认，任何调整情况及时通知设计院。
2. 施工期间的施工堆载应控制在上述荷载范围内。
3. 改变房间使用用途，应控制在上述使用荷载范围内。
4. 未经技术鉴定或设计许可，不得改变结构的用途和使用环境。

3.2 管道及装修恒荷载标准值（单位：kN/m²）：

3.2.1 吊挂荷载（包括水、暖、电和建筑吊顶）：正常楼层为0.5kN/m²，地下室顶为1.0kN/m²，吊挂荷载超出以上值时，应根据实际情况布置。

3.2.2 外墙外挂金属复合铝板：0.05kN/m²；玻璃窗连框：0.6kN/m²，玻璃幕墙：1.5kN/m²，保温玻璃幕墙：2.5kN/m²

3.3 建筑隔墙恒荷载标准值（单位：kN/m²）：3.08kN/m²（隔墙采用190mm厚的轻骨料混凝土小型空心砌块，包括双面抹灰各20mm厚的混合砂浆，砂浆自重为17kN/m³）。

4. 本工程设计计算所采用的计算程序

使用中国建筑科学研究院PKPMCAD工程部开发研制的结构分析程序《结构空间有限元分析与设计软件——SATWE（2010版9月1日）》进行下部混凝土结构的分析、计算与设计。

5. 图纸说明

5.1 本工程图纸中；标高单位：米（m）；尺寸单位：毫米（mm）；角度单位：度（°）。

5.2 本设计的图例除国标《建筑结构制图标准》GB/T 50105—2010的规定外，再作如下补充：

5.2.1 现浇混凝土框架及剪力墙、梁板结构表示方法，详见《混凝土结构施工图平面整体表示方法制图规则和构造详图11G101—1》（以下简称为11G101—1）。施工图中未注明的梁、板、柱、剪力墙钢筋的构造要求应按照标准图的有关要求执行。

5.2.2 楼梯表示方法，详见《混凝土结构施工图平面整体表示方法制图规则和构造详图11G101—2》。

5.2.3 独立基础、条形基础及桩基承台表示方法，详见《混凝土结构施工图平面整体表示方法制图规则和构造详图11G101—3》（以下简称为11G101—3）。

5.2.4 各类基础及地下室结构的钢筋排布及构造设计见《混凝土结构施工钢筋排布规则与构造详图》（09G901—3）。

6. 材料选用及要求

6.1 设计中采用的各种材料，必须具有出厂质量证明书或试验报告单，并在进场后按现行国家有关标准的规定进行检验和试验，检验和试验合格后方可在工程中使用。

6.2 混凝土

6.2.1 基础和主体结构的混凝土，宜采用商品混凝土。本工程采用的混凝土强度等级见下表：

构件部位	混凝土强度等级	备注
基础垫层	C15	
基础	C30	
基础梁	C30	
框架柱	C30	
梁、板	C30	
楼梯	C30	
圈梁、构造柱、现浇过梁	C25	
标准构件	按标准图要求	
后浇带、加强带	采用比相应构件部位混凝土强度高一级的微膨胀混凝土	

注 防水混凝土：水泥强度等级不宜低于42.5MPa，水泥品种宜采用普通硅酸盐水泥、硅酸盐水泥，采用其他品种水泥时应经实验确定。

6.2.2 柱子混凝土强度等级低于梁板时，梁柱节点处的混凝土同梁板混凝土强度。

6.3 砌体：砌体施工质量控制等级为B级及以上等级。构造要求见04G612及相关设计标准图集。

位置	砖、砌块强度等级及容重	砌块厚度	砂浆强度等级	备注
永久隔墙	MU3.5轻骨料混凝土小型空心砌块砌块干容重≤12kN/m³	190（mm）	Mb5混合砂浆	与土相邻的砌块采用MU5轻骨料混凝土小型空心砌块并用C20微膨胀混凝土灌实空心砌块孔洞
临时隔墙	石膏板等轻质墙体材料，施工构造要求详见建筑专业相关图纸			

7. 钢筋混凝土结构构造

7.1 钢筋的混凝土保护层厚度

混凝土保护层厚度指最外层钢筋外边缘至混凝土表面的距离，应按下表采用，但不应小于受力钢筋的直径d。

混凝土保护层的厚度　　单位：mm

部位 \ 环境类别和耐久年限	一类	二（b）类
	50年	50年
板、墙	15mm	25mm
梁、柱	20mm	35mm
地下室外墙、基础梁、基础侧面及承台侧面靠近土壤一侧		40mm
基础底面（有垫层）		40mm

注 1. 混凝土强度等级不大于C25时，表中保护层厚度数值应加5mm。
2. 纵向受力钢筋的混凝土保护层厚度大于50mm时，应加Φ^b4@150双向钢筋网，距表面25mm。

7.2 钢筋混凝土现浇板

7.2.1 图中凡用 ⊠ 表示的板为后浇板，钢筋不断，待设备安装完毕后，浇注比原混凝土高一级的微膨胀混凝土。

7.2.2 所有楼层上后砌隔墙的位置应严格遵守建筑施工图，不可随意砌筑。对墙下无梁的后砌隔墙，墙底加筋未加特别注明者均应按建筑施工图所示位置在墙下板底内设置2⌀16的纵向加强筋（沿墙通长，两端锚入支座250mm）。

7.2.3 楼板内分布钢筋凡详图未加注明者见下表：

受力钢筋直径	Φ8≤d≤Φ10	⌀12≤d≤⌀14	⌀16≤d≤⌀18
分布钢筋	Φ6@200	Φ8@200	Φ10@200

单向板板厚	≤130	140～160	180～200	250
分布钢筋	Φ6@150	Φ8@200	Φ8@150	Φ10@200

注 单向板分布钢筋不宜小于受力钢筋截面面积的15%，且配筋率不宜小于0.15%。

7.2.4 屋面板上表面未配筋区域配双向Φ8@200（或同板内钢筋间距）温度伸缩钢筋，与受力钢筋或分布筋按35d搭接。

7.2.5 板内预埋管须敷设在板内上、下两层钢筋之间，当预埋管处无上筋时，则需沿管长方向加设Φ8@200钢筋网，如图：

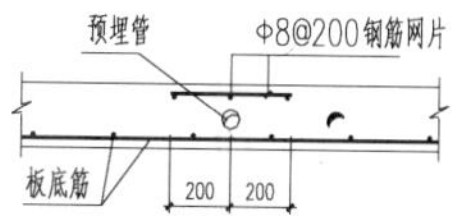

7.3 钢筋混凝土梁

7.3.1 当梁腹板高度h_w≥450mm（h_w=梁高－楼板厚），在梁的两个侧面应沿高度配置纵向构造钢筋，规格为⌀12@200（图中标注者除外）。拉结筋为Φ8@400。

7.3.2 构造柱、梁上起立柱，梁应预留柱插筋。

7.3.3 在梁跨中2/3范围内开不大于ϕ150的洞，洞位于梁高的中间1/3，ϕ≤h/5且≤150，连续开洞净距>3ϕ，在具体设计未说明时，按下图施工。

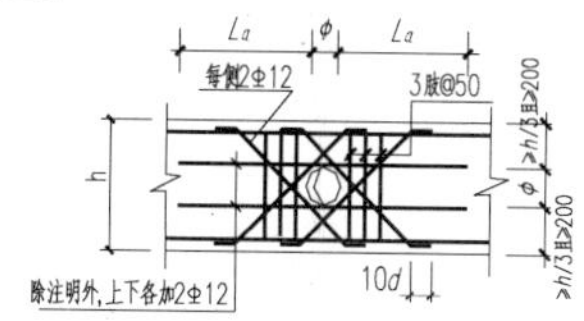

7.4 钢筋混凝土柱

7.4.1 梁、柱节点核心区的箍筋除在图纸中特殊注明外，均与柱身箍筋直径相同，间距同柱身加密区。核心区高度为相交于该节点的最高梁的梁顶与最低梁的梁底范围。

7.4.2 上下柱不变断面，但钢筋直径上柱大下柱小或根数不同，且上下钢筋不能对齐时，参见11G101—1第57页。

上柱钢筋比下柱多时构造见图集图1，上柱钢筋直径比下柱。钢筋直径大时构造见图集图2，下柱钢筋比上柱多时构造见图集图3。

7.4.3 上下柱变断面处，构造见11G101—1第60页。

7.4.4 墙上柱、梁上柱构造见11G101—1第61页。

7.4.5 柱及混凝土墙与基础连接，基础应预留墙、柱子纵向钢筋，构造见09G901—3，第53～56，118～121页。

7.4.6 当按11G101—1第57、58、61、63、66页，纵向钢筋采用绑扎搭接接头时，其超出箍筋加密区部分的箍筋间距按加密区设置。

7.5 填充墙

7.5.1 填充墙与混凝土墙或柱连接处均应设拉结筋，拉结筋2Φ6@500～600沿混凝土墙或柱全高设置，锚入混凝土墙或柱内200mm拉筋伸入墙内的长度：全长贯通。楼梯间和人流通道的填充墙，尚应双侧采用20厚Φ4@200×200的钢丝网砂浆面层加强，砂浆的强度等级为M10。

7.5.2 当隔墙墙高>4m时，墙体半高处宜设置与柱连接的通长水平系梁宽度同墙厚，厚度100mm，纵筋3Φ8，横向设置Φ6@200构造钢筋与纵筋连接形成钢筋网。

7.5.3 砌体填充墙门窗洞口两侧砌块第一个孔洞应采用C20微膨胀混凝土灌实或做素混凝土砌块。以下砌体填充墙门窗洞口应做边框，门窗洞等洞口宽度≥1500且<2100时洞两边设不到顶的边框，与门洞顶圈梁或过梁整体连接。门窗洞等洞口宽度≥2100时边框立柱伸到本层顶。边框的截面厚度不应小于100mm，边框纵筋为2⌀12，拉结筋为Φ6@250，伸入楼地面及相关构件的混凝土内。

7.5.4 条窗下填充墙设置构造柱，间距2800mm左右，构造柱断面为墙厚X180（GZ2）。外墙砌体填充墙于窗口下通长设置钢筋混凝土配筋板带，板带纵筋3Φ8，横向设置Φ6@200构造钢筋与纵筋连接形成钢筋网，配筋板带厚度一般为60mm，板带侧面要固定幕墙钢件时，板带厚度不小于100mm，具体位置宽度见建筑墙身图。

7.5.5 不到顶之内隔墙，顶部设压顶，压顶高180mm，C20混凝土，内配4⌀12钢筋，箍筋Φ6@300，纵筋锚入柱内L_a。

7.5.6 预留表箱洞口的背面宜设与墙面平齐的钢筋网砂浆层，其厚度不少于20mm，砂浆的强度等级为M10。

7.6 水平系梁构造做法

当水平系梁被门洞切断时，应在洞顶设置一道不小于被切断的水平梁截面及配筋的钢筋混凝土附加水平系梁，其配筋应满足过梁的要求，其搭接长度应不小于1000mm，见下图：

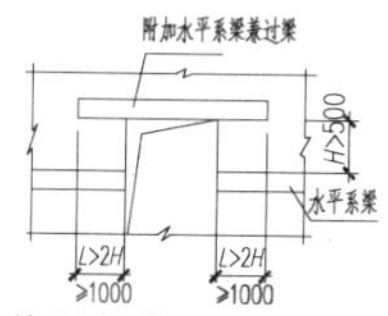

8. 梁、板、墙、柱预埋件

按各工种的要求，如建筑吊顶、门窗安装、楼梯栏杆、轻质隔墙固定管线及管道的吊架等，均需在梁、板、柱、墙内设预埋件。各工种应配合土建工种施工，将本专业需要的埋件留全。尤其是吊顶内设人行马道时，不允许采用后打方式，应配合建筑吊顶图集做法预埋铁件。

9. 相邻现浇板板面有高差时构造见下图。

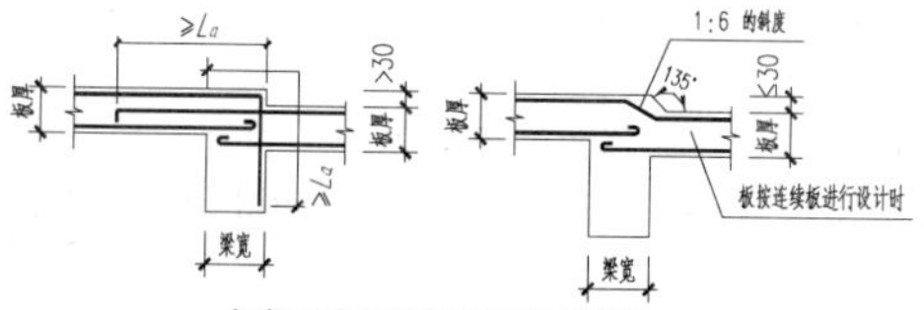

相邻现浇板板面有高差时构造

10. 设计图中未注明或不清楚的部分，应及时通知设计院研究解决。

11. 本套图纸须经规划、卫生、消防、施工图审查等上级主管部门审批通过后方可施工。

哈尔滨职业技术学院		图号	结施—01
		比例	1：20
制图		结构设计总说明	
审核			

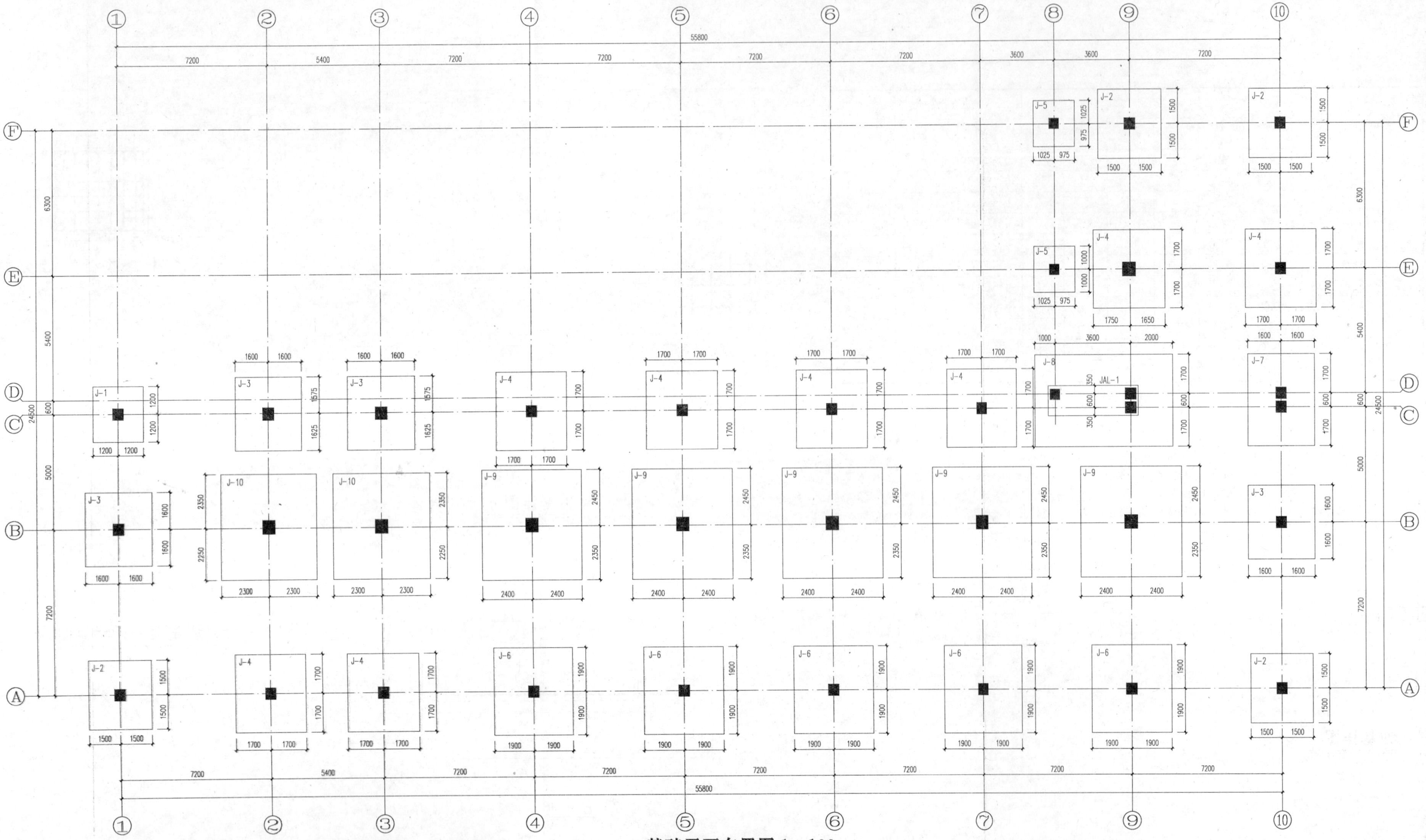

基础平面布置图 1：100

说明：1. 本工程基础以地质报告中第 3 层含角砾黏土层做为基础持力层，地基承载力特征值 $f_{ak}=240$kPa。基槽开挖后应进行验槽，钎探，取土样化验，如设计标高处局部有软弱杂填土层，应将软弱杂填土层清除，挖至承载力满足设计要求的土层，超深部分采用级配砂石[70% 中粗砂，30%砂石（粒径 20～40mm）]分层（每层不应大于 200mm）碾压，振捣，夯实（压实系数 0.95 以上）。经过处理的土层必须进行强度检测达到设计要求后方可作为基础持力层。

2. 本图中基础如落在第 5、6、7 层土层时，基础采用换填垫层法进行换填。换填宽度每边至少大于基础宽度 300mm，换填深度从基础垫层起不应小于 1.0m。换填垫层所采用的粉质黏土中有机质含量不得超过 5%，亦不得含有冻土或膨胀土，含有的碎石粒径不得大于40mm。要分层夯实，压实系数 0.94 以上。

3. 本图中基础混凝土强度等级为 C30，基础垫层混凝土强度等级为 C15，基础底板钢筋保护层厚度为 40mm。

4. ±0.000 以下砖砌体采用 MU15 烧结多孔砖（内用 M10 水泥砂浆灌实），M10 水泥砂浆砌筑，砌体两侧抹 1：2 水泥砂浆加 5%防水粉。

5. 本图中当基础宽度 B 大于或等于 2.5m 时，底板受力钢筋长度可按 0.9B 交错布置。

6. 本图中墙柱偏心尺寸及配筋见墙柱定位图，图中不再另行标注。

7. 本工程±0.00 相当于绝对标高 216.90m。

哈尔滨职业技术学院	图号	结施－02
	比例	1：100
制图		基础平面布置图
审核		

独立基础表

独基编号	类型	基础尺寸						基础配筋		备注
		A	B	A1	A2	H1	H	①	②	
J-1	I	2400	2400			250	500	Φ14@180	Φ14@180	
J-2	I	3000	3000			250	550	Φ14@150	Φ14@150	
J-3	I	3200	3200			250	550	Φ14@130	Φ14@130	
J-4	I	3400	3400			300	600	Φ14@120	Φ14@120	
J-5	I	2000	2000			200	450	Φ12@160	Φ12@160	
J-6	I	3800	3800			300	650	Φ16@130	Φ16@130	
J-7	I	3200	4000			300	650	Φ16@120	Φ14@120	
J-8	I	6600	4000			300	650	Φ16@120	Φ16@120	
J-9	I	4800	4800			300	750	Φ20@150	Φ20@150	
J-10	I	4600	4600			300	750	Φ20@170	Φ20@170	
J-11	I	1200	1200			350	350	Φ10@150	Φ10@150	

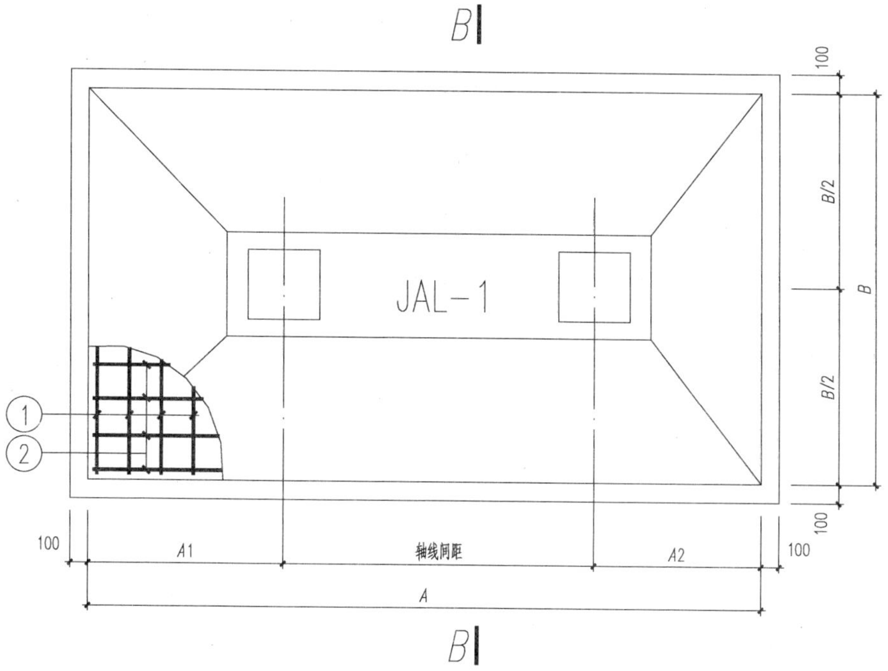

独基详图Ⅱ

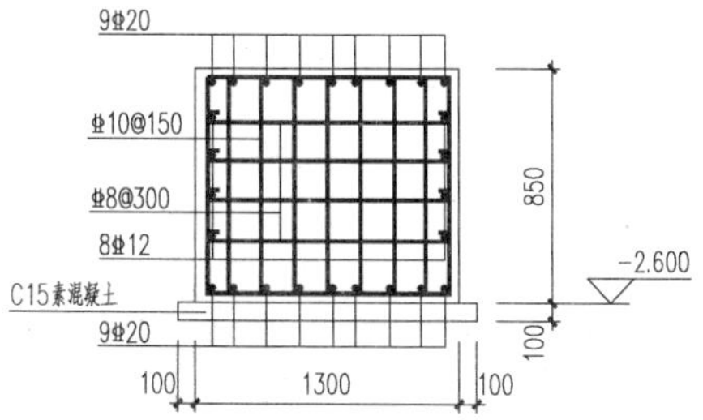

JAL-1

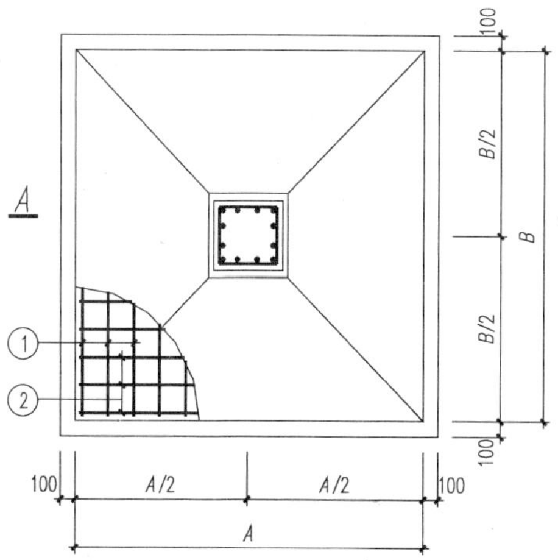

独基详图Ⅰ

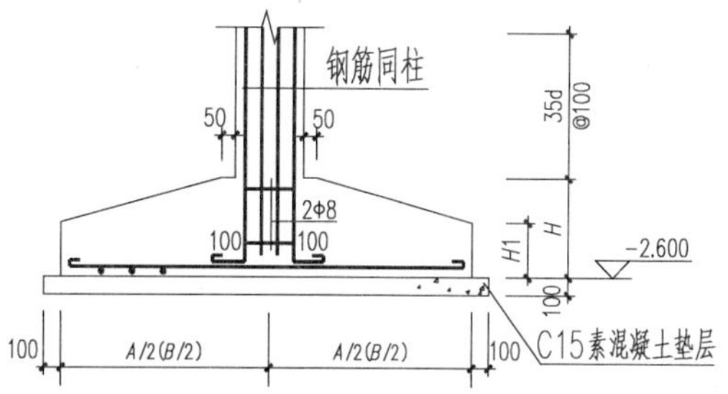

A—A

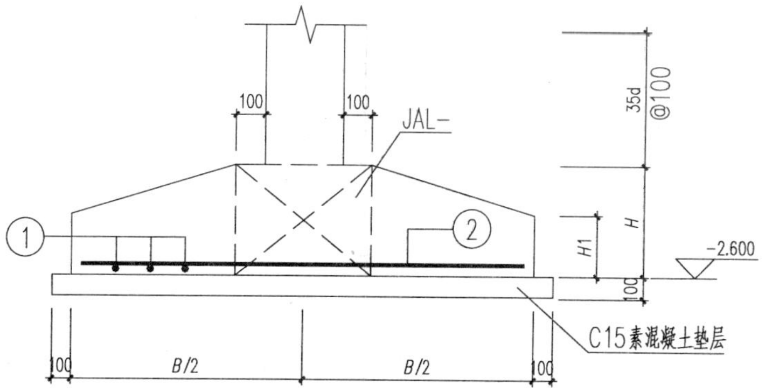

B—B

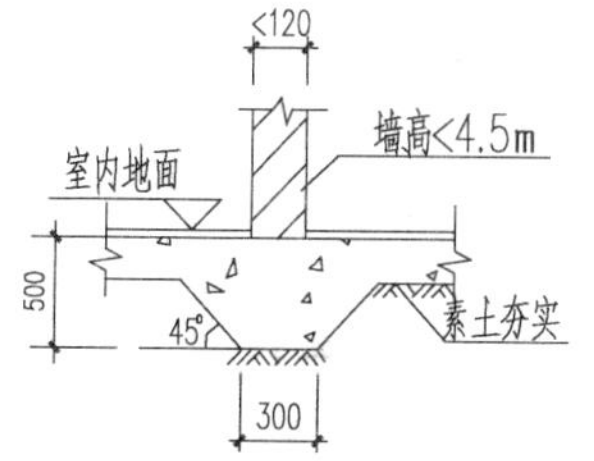

非承重墙基础示意图

哈尔滨职业技术学院	图号	结施—03
	比例	1：20
制图		基础详图
审核		

地垄墙说明：

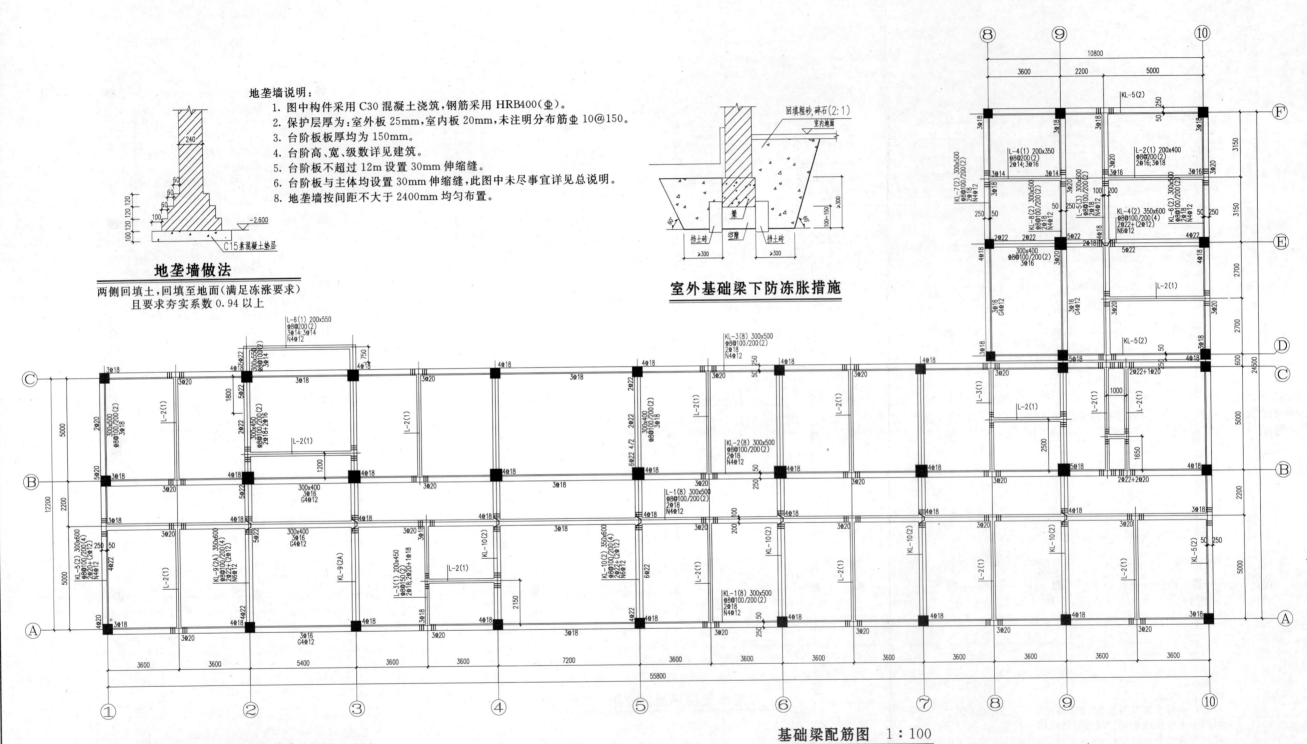

1. 图中构件采用 C30 混凝土浇筑，钢筋采用 HRB400(Φ)。
2. 保护层厚为：室外板 25mm，室内板 20mm，未注明分布筋Φ 10@150。
3. 台阶板板厚均为 150mm。
4. 台阶高、宽、级数详见建筑。
5. 台阶板不超过 12m 设置 30mm 伸缩缝。
6. 台阶板与主体均设置 30mm 伸缩缝，此图中未尽事宜详见总说明。
8. 地垄墙按间距不大于 2400mm 均匀布置。

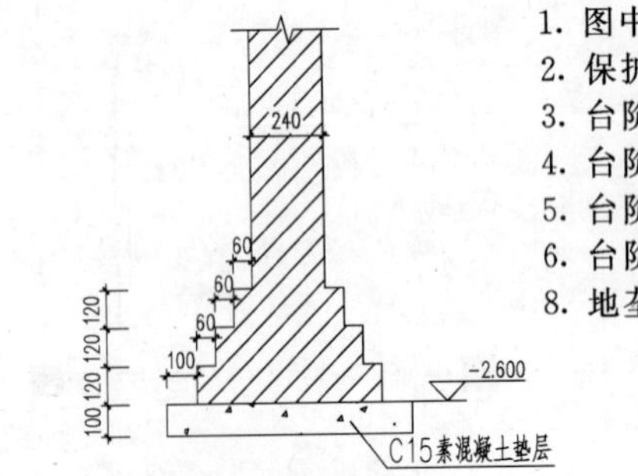

地垄墙做法

两侧回填土，回填至地面（满足冻涨要求）
且要求夯实系数 0.94 以上

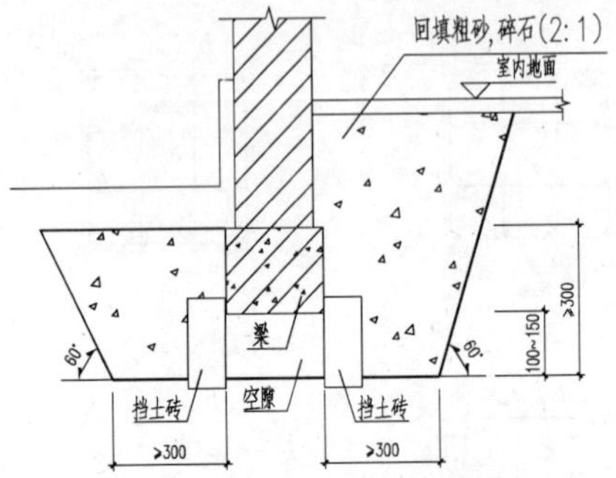

室外基础梁下防冻胀措施

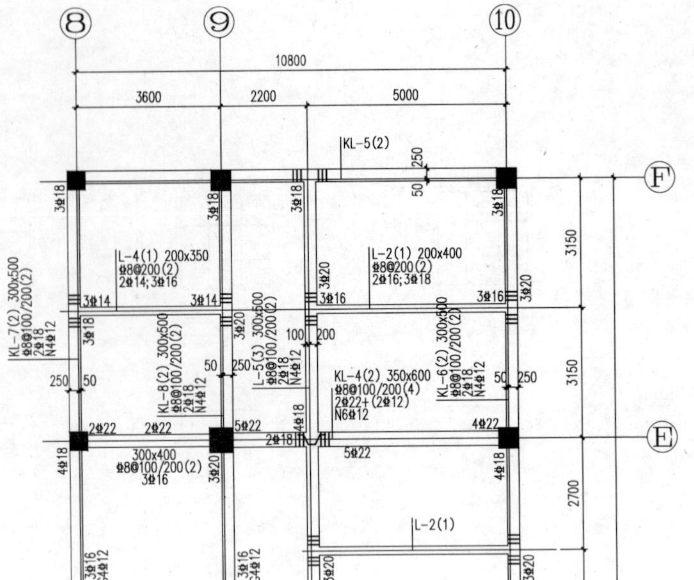

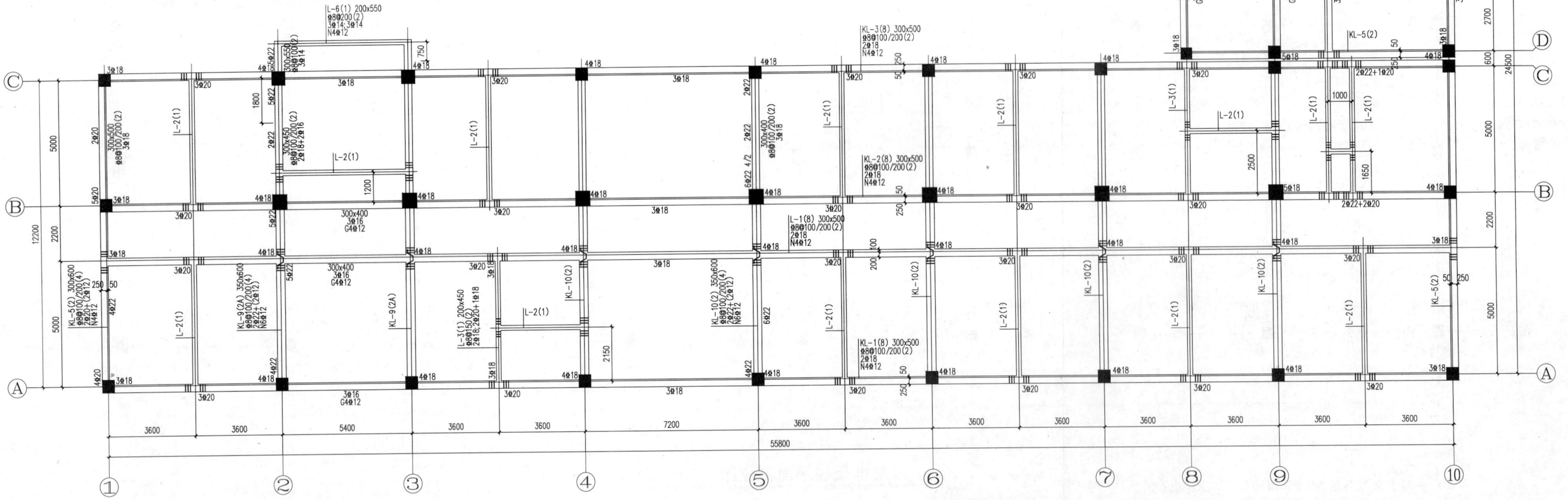

基础梁配筋图　1：100

说明：1. 本图梁采用 C30 混凝土；钢筋采用 HRB400(Φ)。
2. 本图梁顶标高除特殊注明外均为：－1.500m。
3. 本图平面中无定位的梁，轴线均居中或与柱边对齐。
4. 本图梁中钢筋锚固，搭接等构造详图详见《混凝土施工图结构平面整体表示方法制图规则和构造详图》(11G101—1)，抗震等级为四级。
5. 本图中凡是梁上有次梁交汇处（或有集中力作用处）均应在主梁上次梁两侧设置附加箍筋，未注明者为每侧各附加 3 道，直径和肢数同主梁，间距为@50。
6. 本图跨度大于 4m 的梁板支模时底模按 0.3%起拱。
7. 本图中未注明者详见结构设计总说明。

哈尔滨职业技术学院		图号	结施－04
		比例	1：100
制图		基础梁配筋图	
审核			

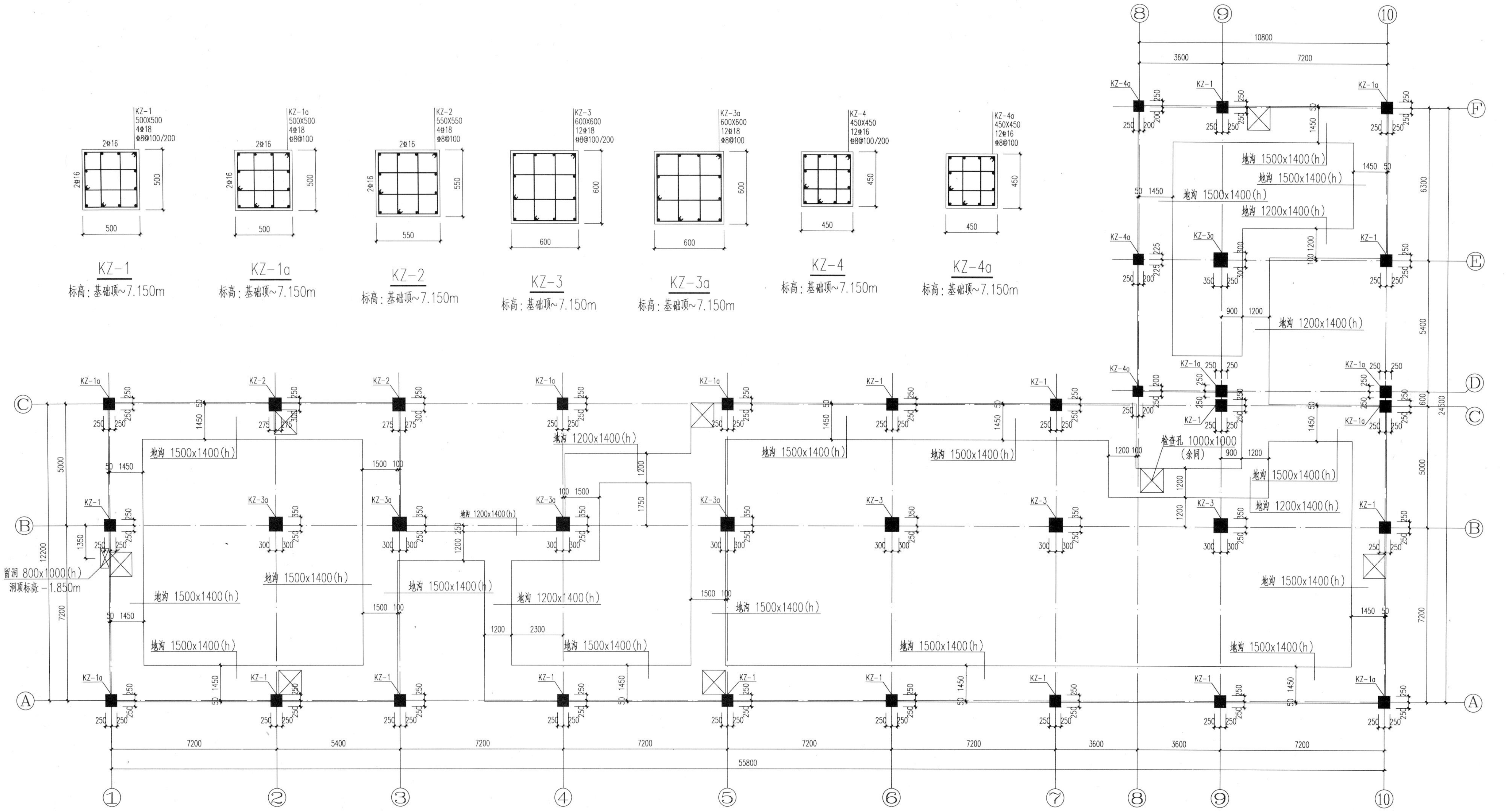

一～二层框架柱平面定位图　1：100

说明：1. 本图中混凝土强度等级为 C35，钢筋采用 HRB400(⌀)。
2. 本图中未定位的框架柱均为沿轴线居中布置。
3. 施工时各专业应密切配合，跟号施工，且要求土建施工前与其他专业核对无误后方可施工。洞口，套管需提前根据建筑，设备专业图纸预留，不得穿过框架柱。
4. 本图中框架柱构造详见国标图集《混凝土结构施工图平面整体表示方法制图规则和构造详图》(11G101—1)。
5. 本图中地沟，地沟盖板选自国标图集 02J331 中的 R1215—1、1515—1(尺寸按 1200×1400、1500×1400)、B12—4、B15—4，地沟穿墙时设过梁选自国标图集《钢筋混凝土过梁》(03G322—1)，荷载等级为 1 级。
6. 本图中地沟侧墙采用 MU10 非黏土类烧结普通砖，M10 水泥砂浆，垫层采用 C15 素混凝土。
7. 本图中±0.000 标高以下砖墙采用 MU10 非黏土类烧结普通砖，M10 水泥砂浆砌筑。
8. 本图中地沟及预留洞口需配合水暖专业图施工。

哈尔滨职业技术学院	图号	结施—05
	比例	1：100
制图		一～二层框架柱平面定位图
审核		

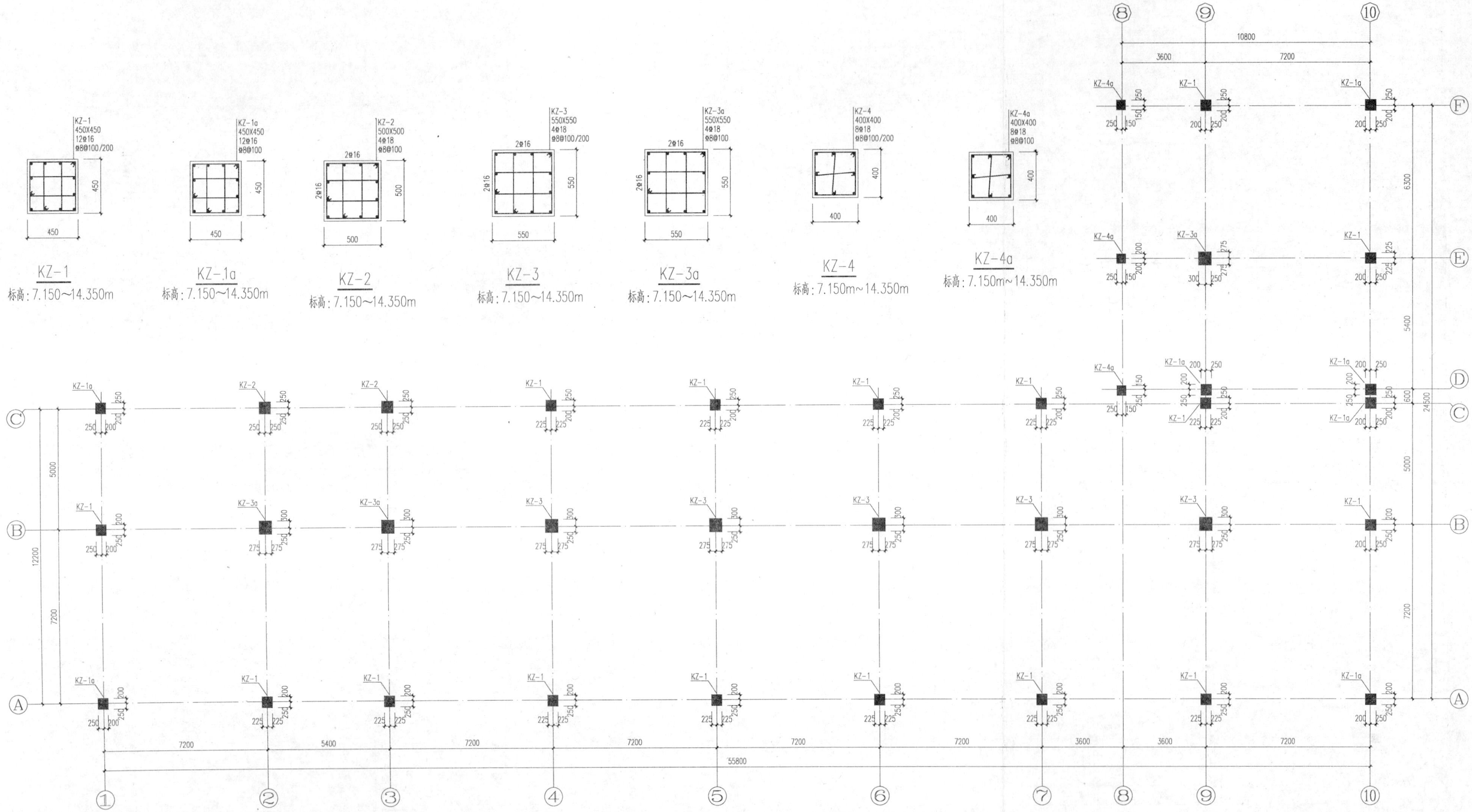

三～四层框架柱平面定位图　1：100

说明：1. 本图中混凝土强度等级为 C30，钢筋采用 HRB400(⌀)。

2. 本图中未定位的框架柱均为沿轴线居中布置。

3. 施工时各专业应密切配合，跟号施工，且要求土建施工前与其他专业核对无误后方可施工。洞口，套管需提前根据建筑，设备专业图纸预留，不得穿过框架柱。

4. 本图中框架柱构造详见国标图集《混凝土结构施工图平面整体表示方法制图规则和构造详图》(11G101—1)。

哈尔滨职业技术学院	图号	结施－06
	比例	1：100
制图		三～四层框架柱平面定位图
审核		

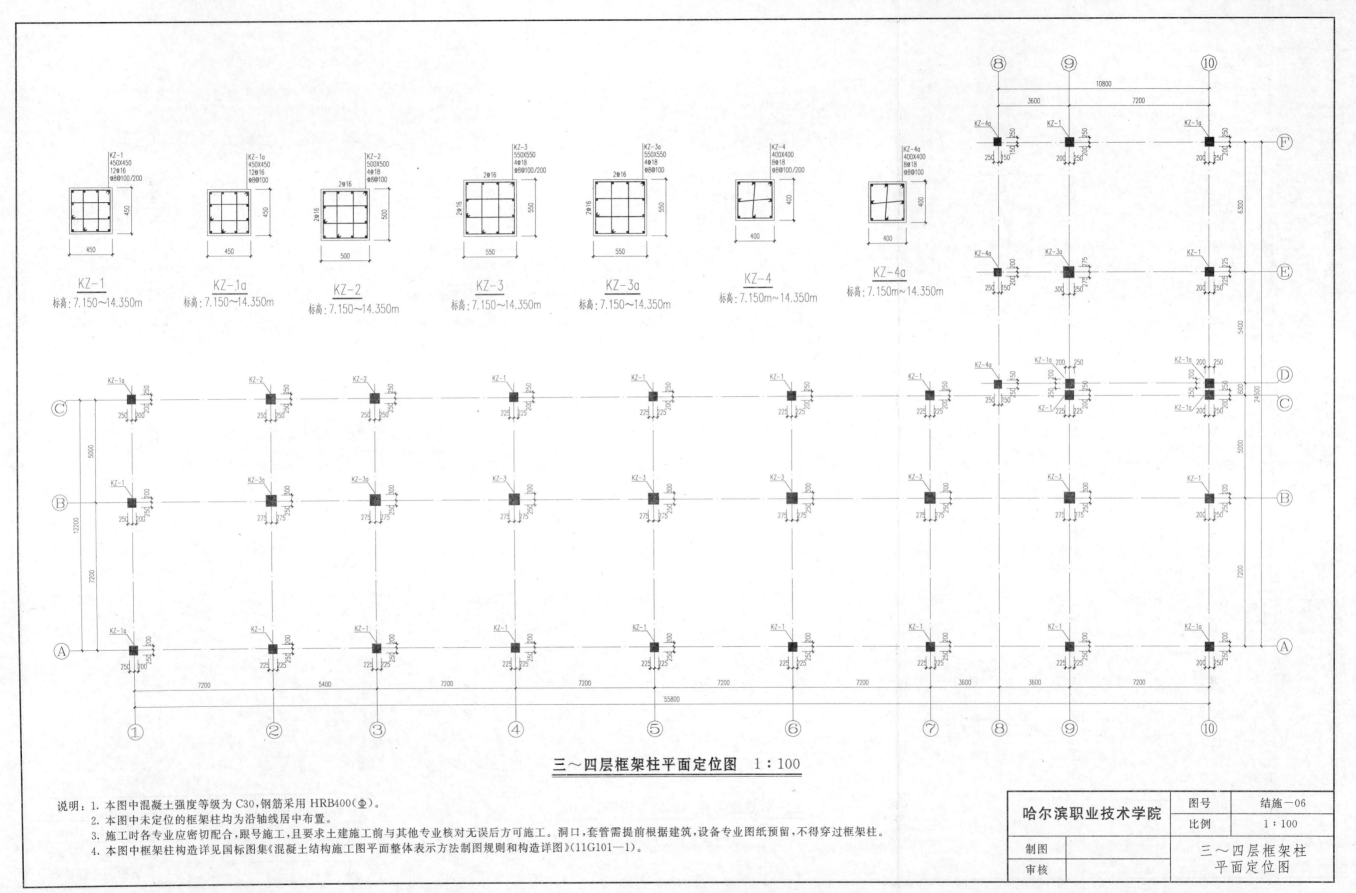

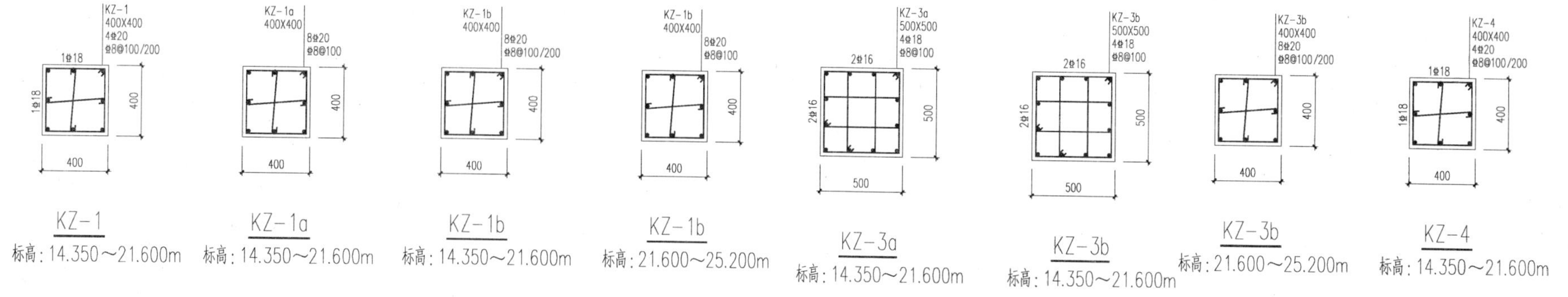

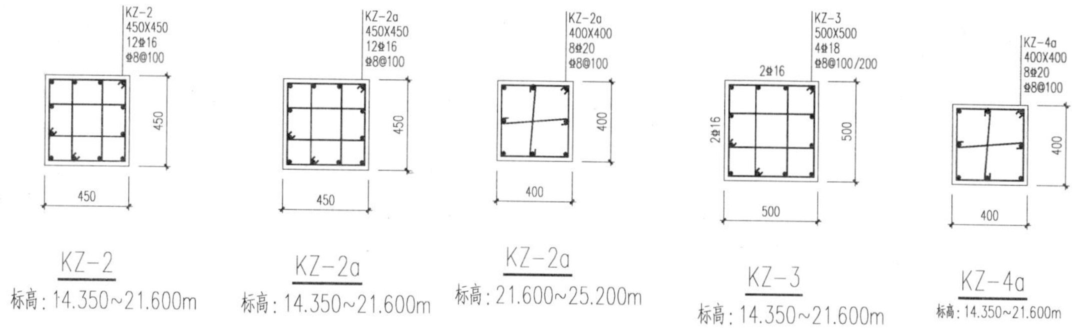

说明：1. 本图中混凝土强度等级为 C30，钢筋采用 HRB400(Φ)。
2. 本图中未定位的框架柱均为沿轴线居中布置。
3. 施工时各专业应密切配合，跟号施工，且要求土建施工前与其他专业核对无误后方可施工。洞口，套管需提前根据建筑，设备专业图纸预留，不得穿过框架柱。
4. 本图中框架柱构造详见国标图集《混凝土结构施工图平面整体表示方法制图规则和构造详图》(11G101—1)。

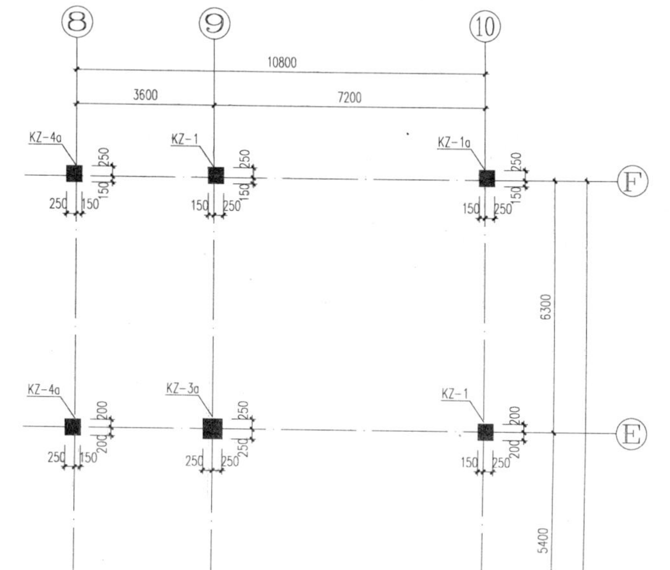
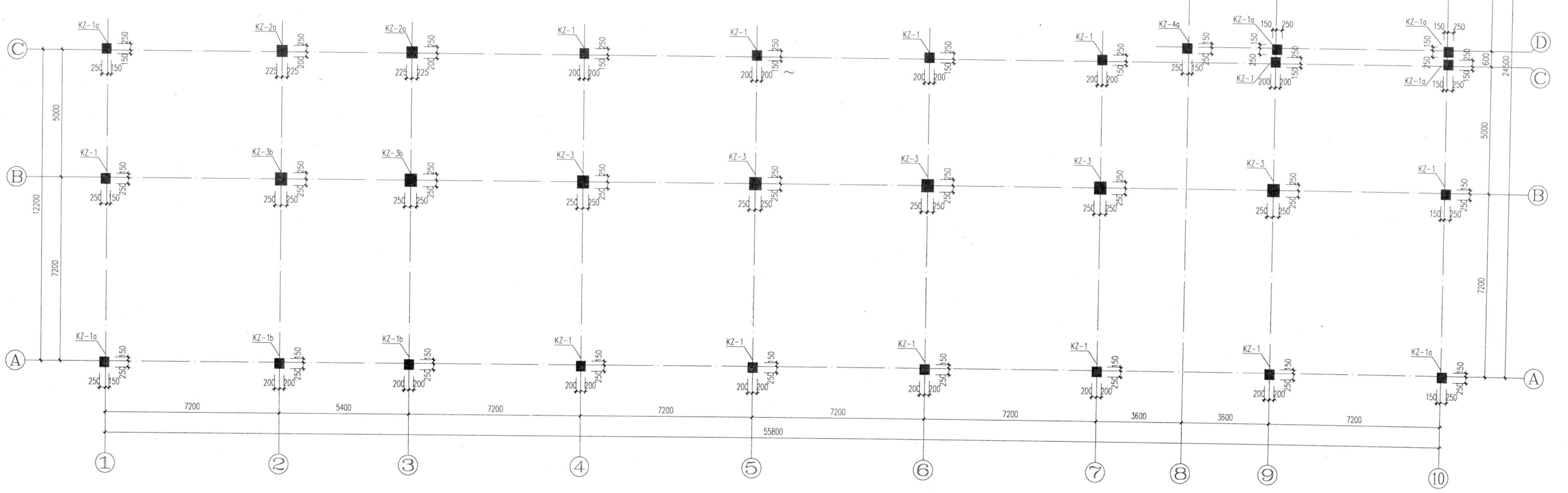

五～六层框架柱平面定位图　1∶100

哈尔滨职业技术学院	图号	结施—07
	比例	1∶100
制图		五～六层框架柱平面定位图
审核		

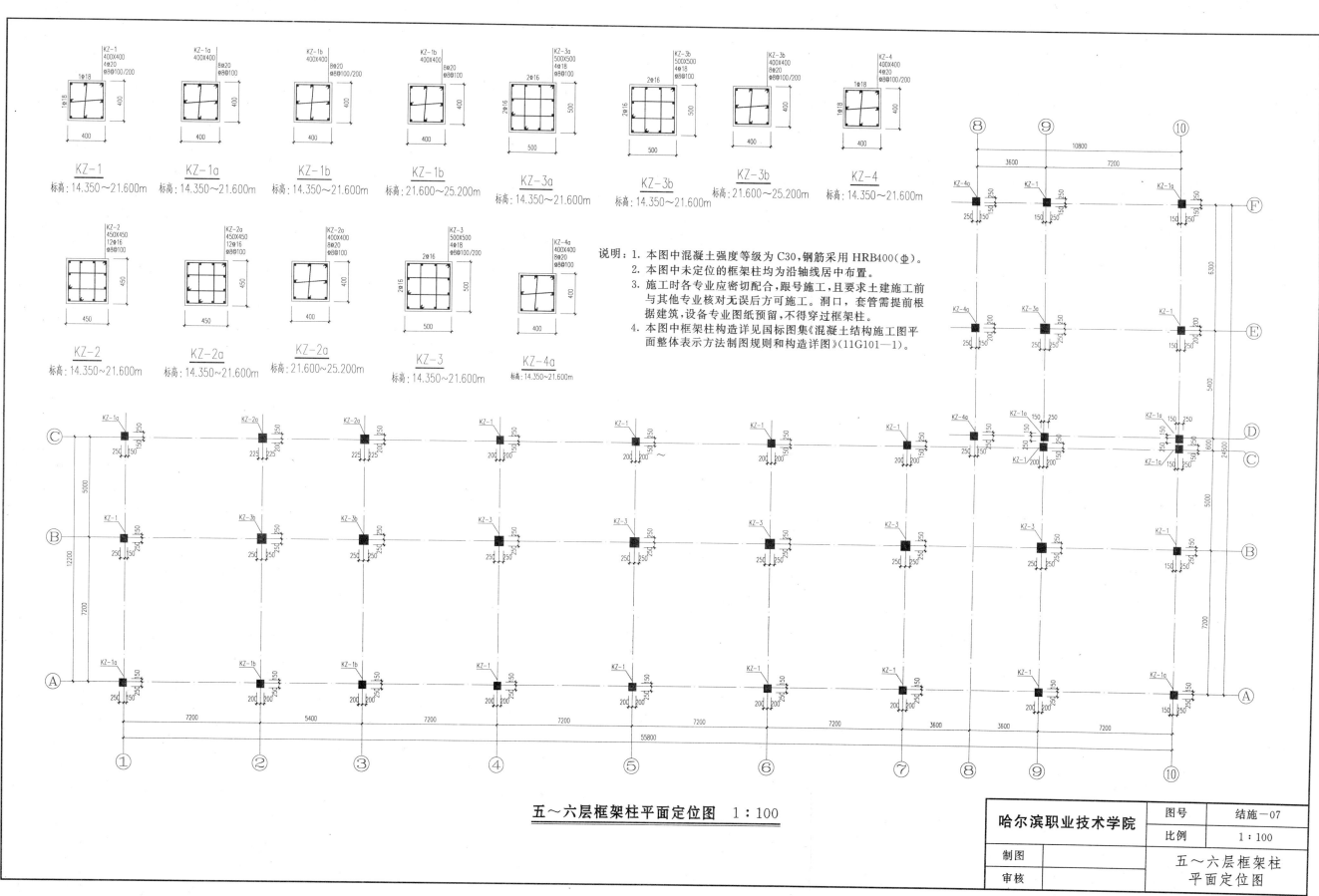

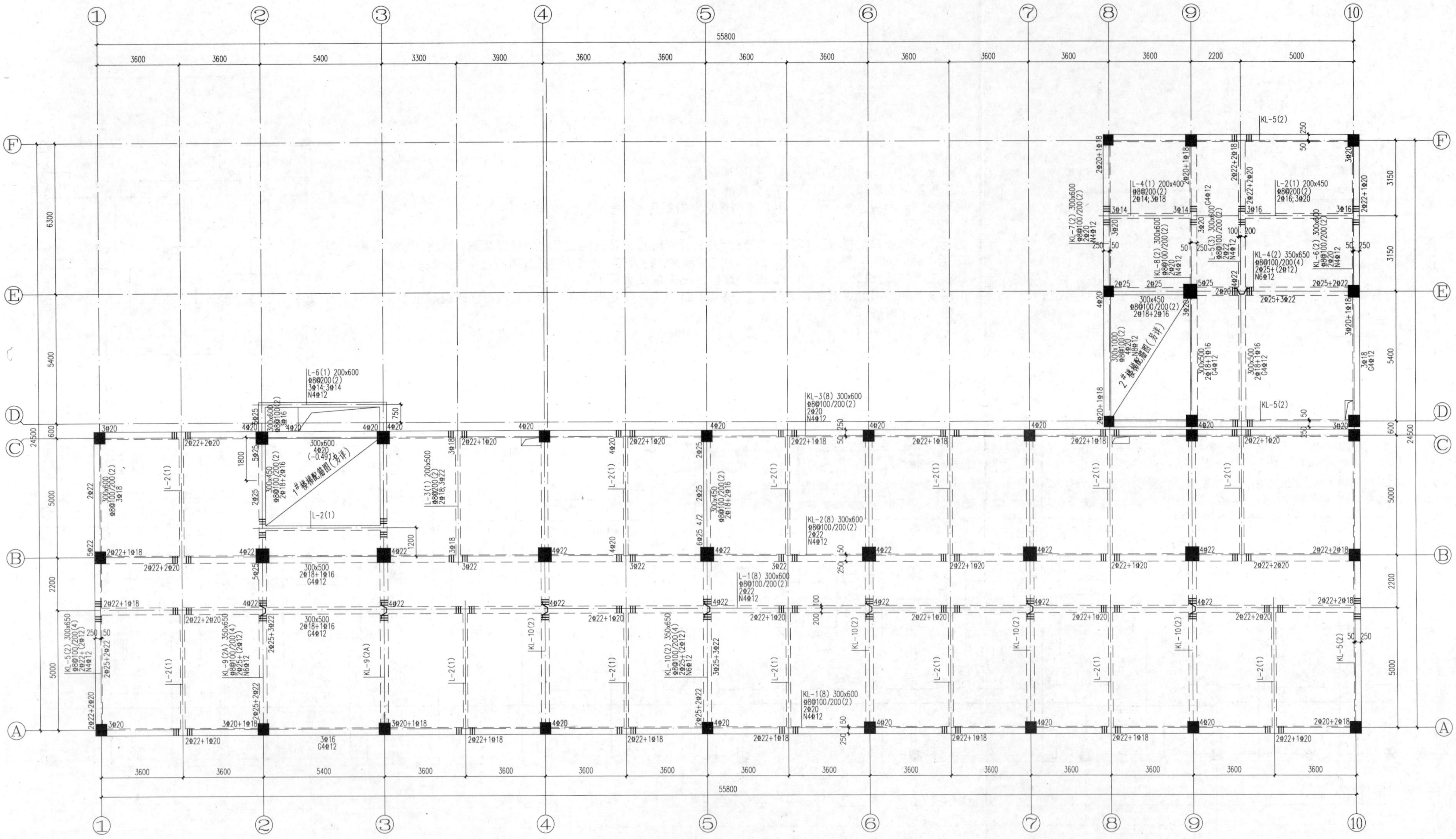

一层顶梁配筋图　1：100

说明：1. 本图梁采用C30混凝土；钢筋采用HRB400(Φ)。
2. 本图梁顶标高除特殊注明外均为：3.550m。
3. 本图平面中无定位的梁，轴线均居中或与柱边对齐。
4. 本图梁中钢筋锚固，搭接等构造详图详见《混凝土施工图结构平面整体表示方法制图规则和构造详图》(11G101—1)。
5. 本图中凡是梁上有次梁交汇处(或有集中力作用处)均应在主梁上次梁两侧设置附加箍筋，未注明者为每侧各附加3道，直径和肢数同主梁，间距为@50。
6. 本图跨度大于4m的梁板支模时底模按0.3%起拱。
7. 本图中未注明者详见结构设计总说明。

哈尔滨职业技术学院		图号	结施—08
		比例	1：100
制图		一层顶梁配筋图	
审核			

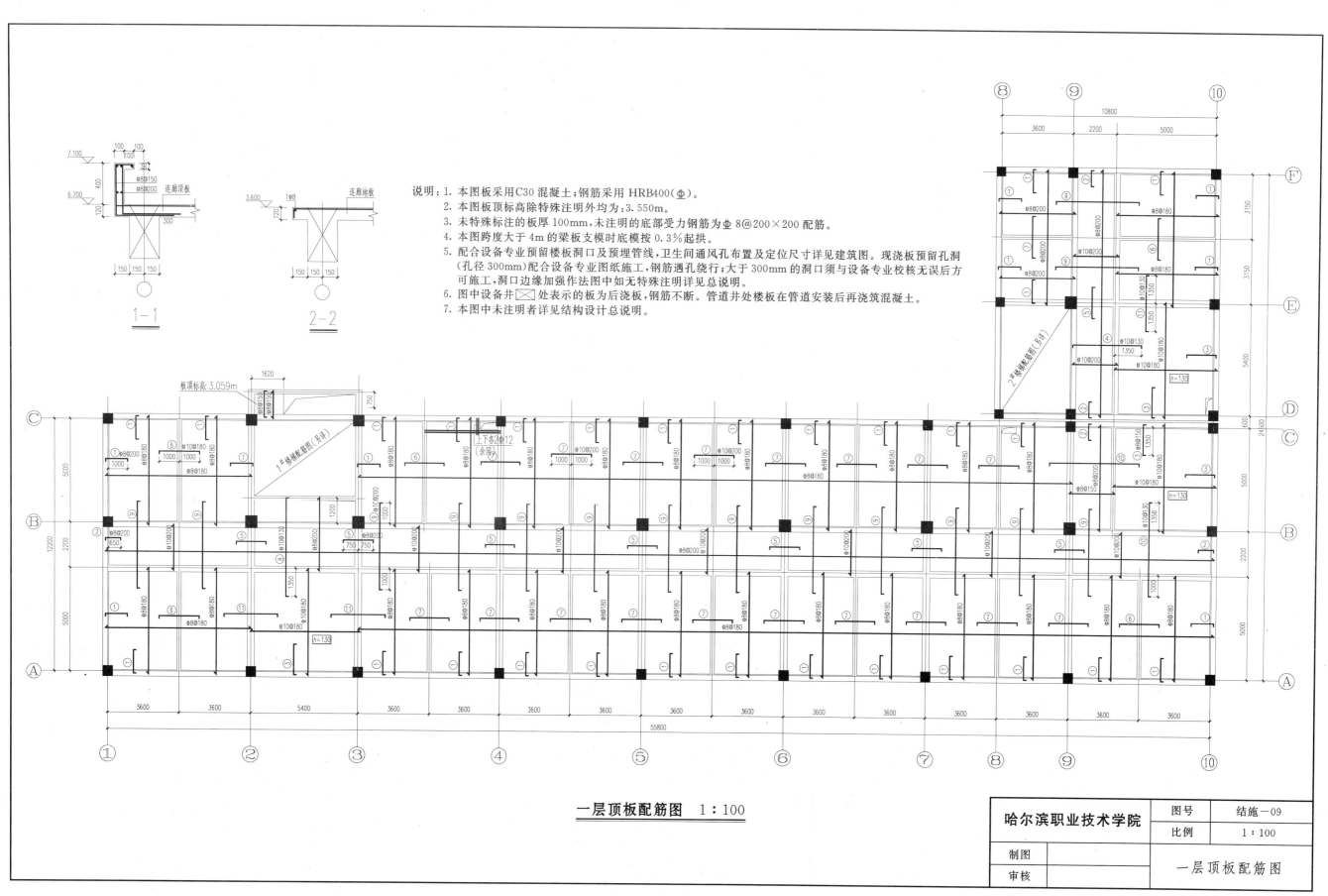

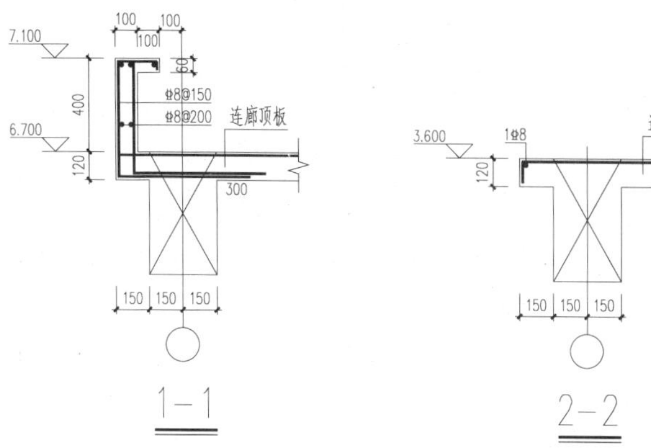

说明：1. 本图板采用C30 混凝土；钢筋采用 HRB400(ф)。
2. 本图板顶标高除特殊注明外均为：3.550m。
3. 未特殊标注的板厚 100mm，未注明的底部受力钢筋为ф 8@200×200 配筋。
4. 本图跨度大于 4m 的梁板支模时底模按 0.3%起拱。
5. 配合设备专业预留楼板洞口及预埋管线，卫生间通风孔布置及定位尺寸详见建筑图。现浇板预留孔洞(孔径 300mm)配合设备专业图纸施工，钢筋遇孔绕行；大于 300mm 的洞口须与设备专业校核无误后方可施工，洞口边缘加强作法图中如无特殊注明详见总说明。
6. 图中设备井☒处表示的板为后浇板，钢筋不断。管道井处楼板在管道安装后再浇筑混凝土。
7. 本图中未注明者详见结构设计总说明。

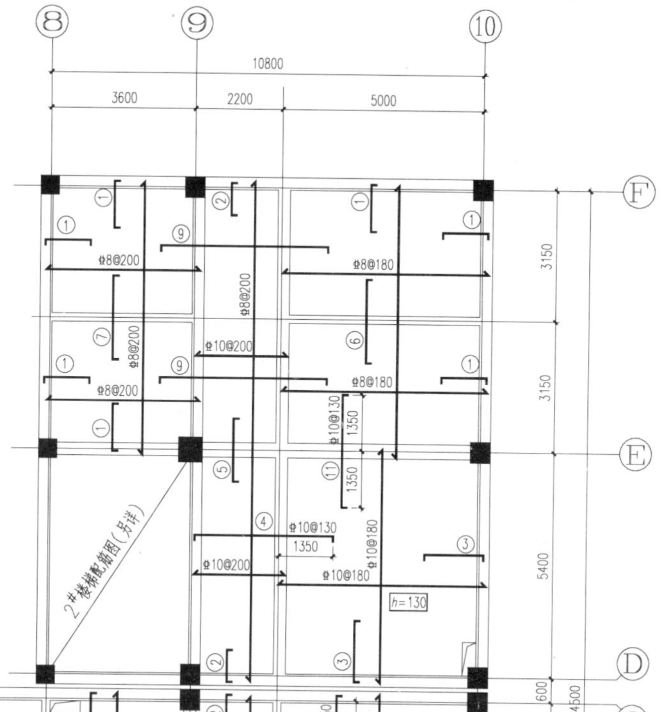

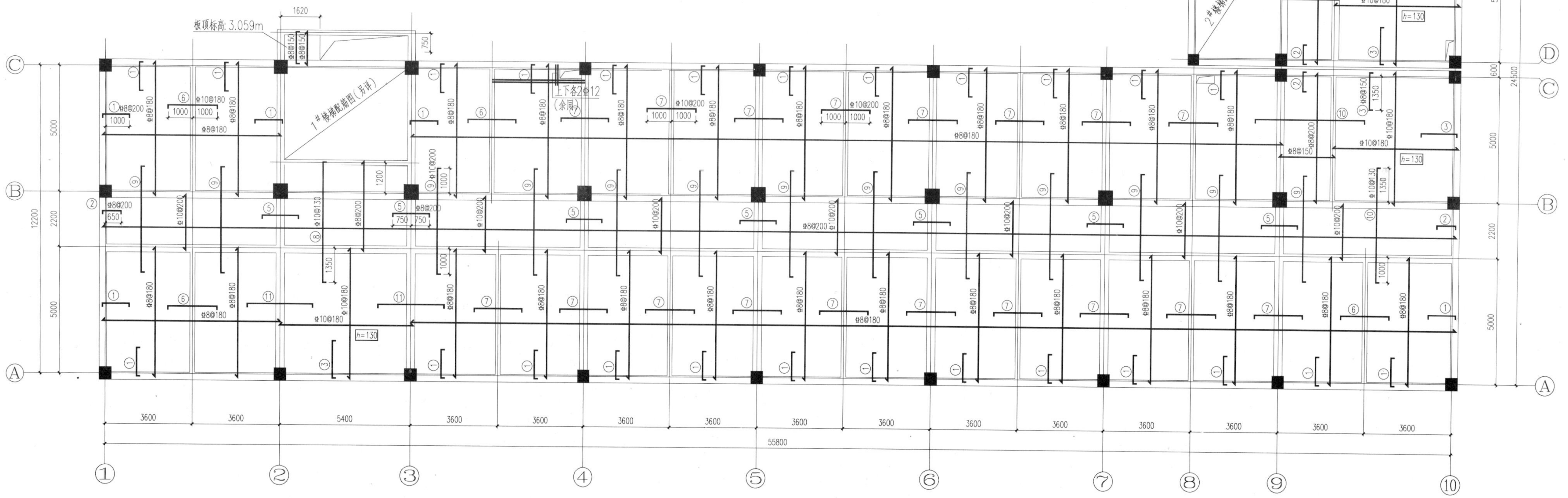

一层顶板配筋图　1：100

哈尔滨职业技术学院	图号	结施－09
	比例	1：100
制图		一层顶板配筋图
审核		

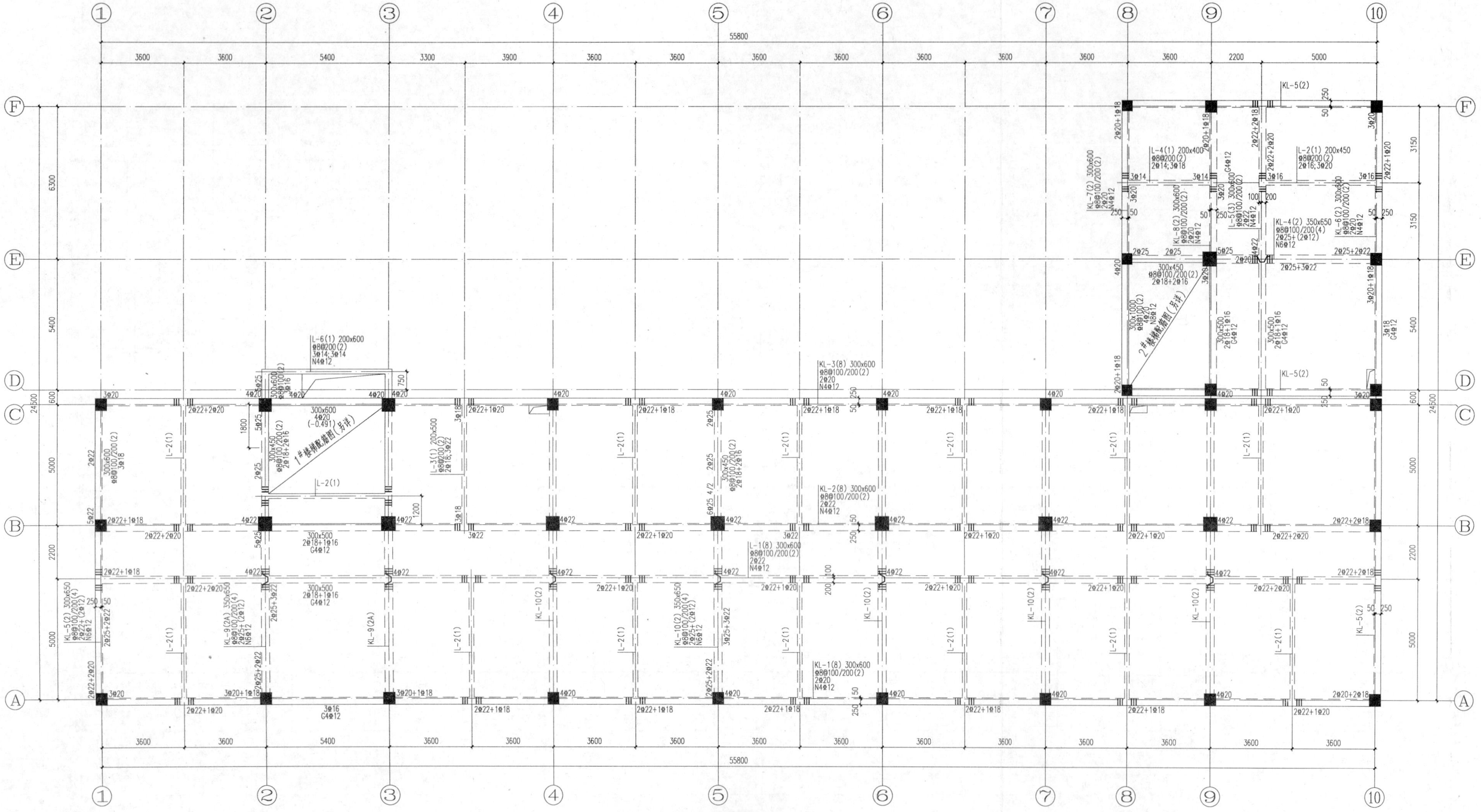

二～五层顶梁配筋图　1∶100

说明：1. 本图梁采用C30混凝土；钢筋采用 HRB400(⌀)。
2. 本图梁顶标高除特殊注明外均为：建筑标高－0.050m。
3. 本图平面中无定位的梁，轴线均居中或与柱边对齐。
4. 本图梁中钢筋锚固，搭接等构造详图详见《混凝土施工图结构平面整体表示方法制图规则和构造详图》(11G101—1)。
5. 本图中凡是梁上有次梁交汇处(或有集中力作用处)均应在主梁上次梁两侧设置附加箍筋，未注明者为每侧各附加 3 道，直径和肢数同主梁，间距为@50。
6. 本图跨度大于 4m 的梁板支模时底模按 0.3%起拱。
7. 本图中未注明者详见结构设计总说明。

哈尔滨职业技术学院	图号	结施－10
	比例	1∶100
制图		二～五层顶梁配筋图
审核		

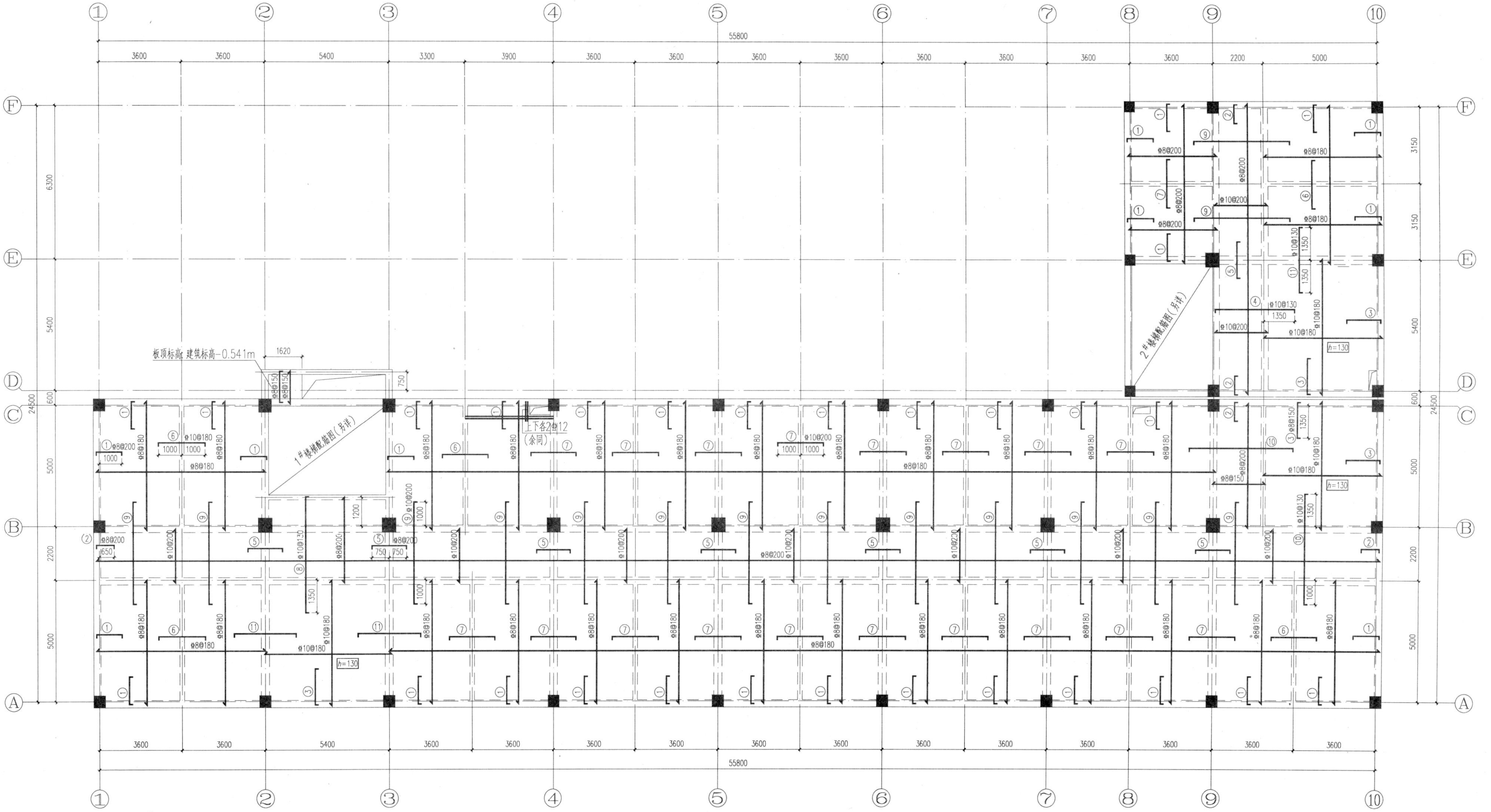

二～五层顶板配筋图 1∶100

说明：1. 本图板采用C30 混凝土；钢筋采用 HRB400(ф)。
2. 本图板顶标高除特殊注明外均为：建筑标高－0.050m。
3. 未特殊标注的板厚 100mm，未注明的底部受力钢筋为ф 8@200×200 配筋。
4. 本图跨度大于 4m 的梁板支模时底模按 0.3%起拱。
5. 配合设备专业预留楼板洞口及预埋管线，卫生间通风孔布置及定位尺寸详见建筑图。现浇板预留孔洞(孔径 300mm)配合设备专业图纸施工，钢筋遇孔绕行；大于 300mm 的洞口须与设备专业校核无误后方可施工，洞口边缘加强作法图中如无特殊注明详见总说明。
6. 图中设备井⊠处表示的板为后浇板，钢筋不断。管道井处楼板在管道安装后再浇筑混凝土。
7. 本图中未注明者详见结构设计总说明。

哈尔滨职业技术学院	图号	结施－11
	比例	1∶100
制图		二～五层顶板配筋图
审核		

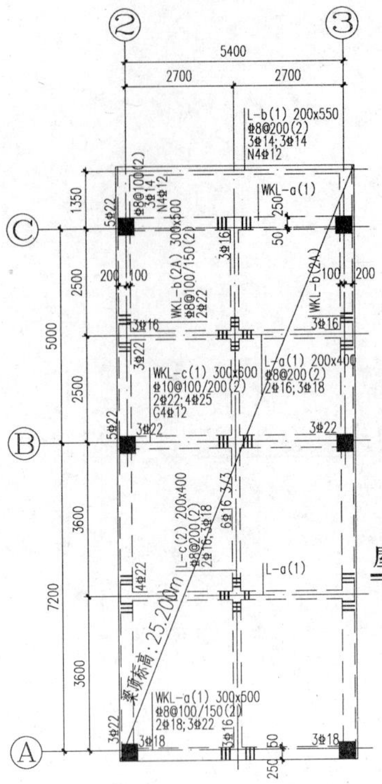

屋面突出楼梯间屋面梁配筋图 1：100

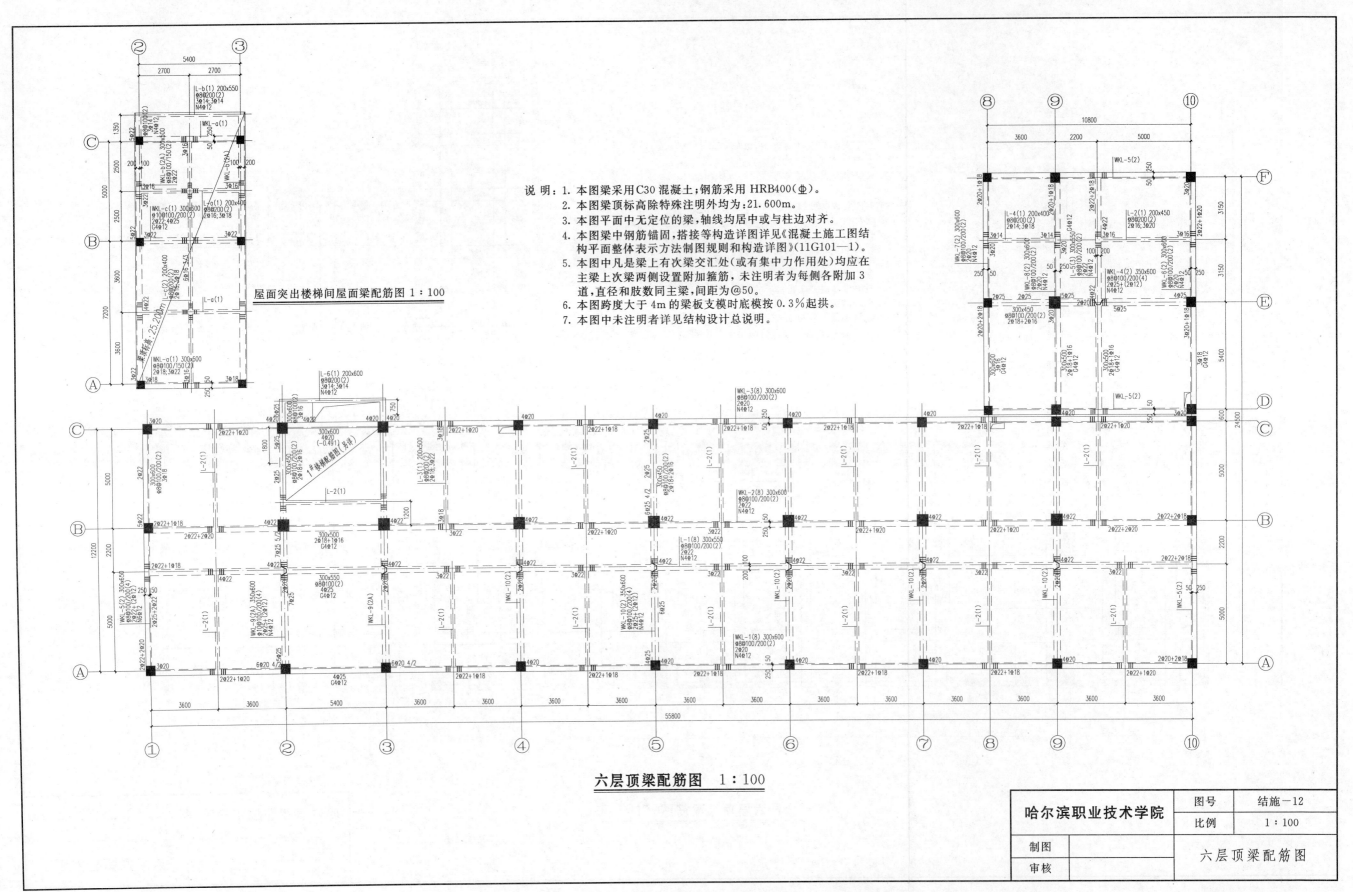

说 明：1. 本图梁采用C30混凝土；钢筋采用HRB400(ф)。
2. 本图梁顶标高除特殊注明外均为：21.600m。
3. 本图平面中无定位的梁，轴线均居中或与柱边对齐。
4. 本图梁中钢筋锚固，搭接等构造详图详见《混凝土施工图结构平面整体表示方法制图规则和构造详图》(11G101—1)。
5. 本图中凡是梁上有次梁交汇处(或有集中力作用处)均应在主梁上次梁两侧设置附加箍筋，未注明者为每侧各附加3道，直径和肢数同主梁，间距为@50。
6. 本图跨度大于4m的梁板支模时底模按0.3%起拱。
7. 本图中未注明者详见结构设计总说明。

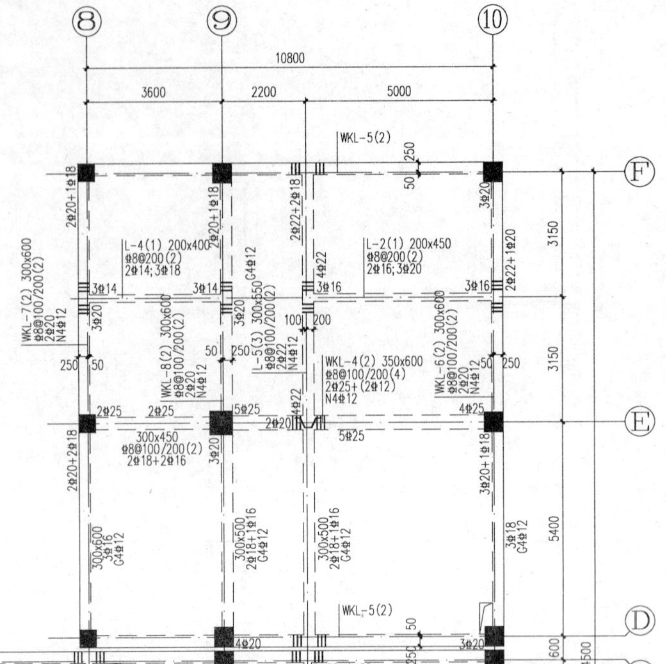

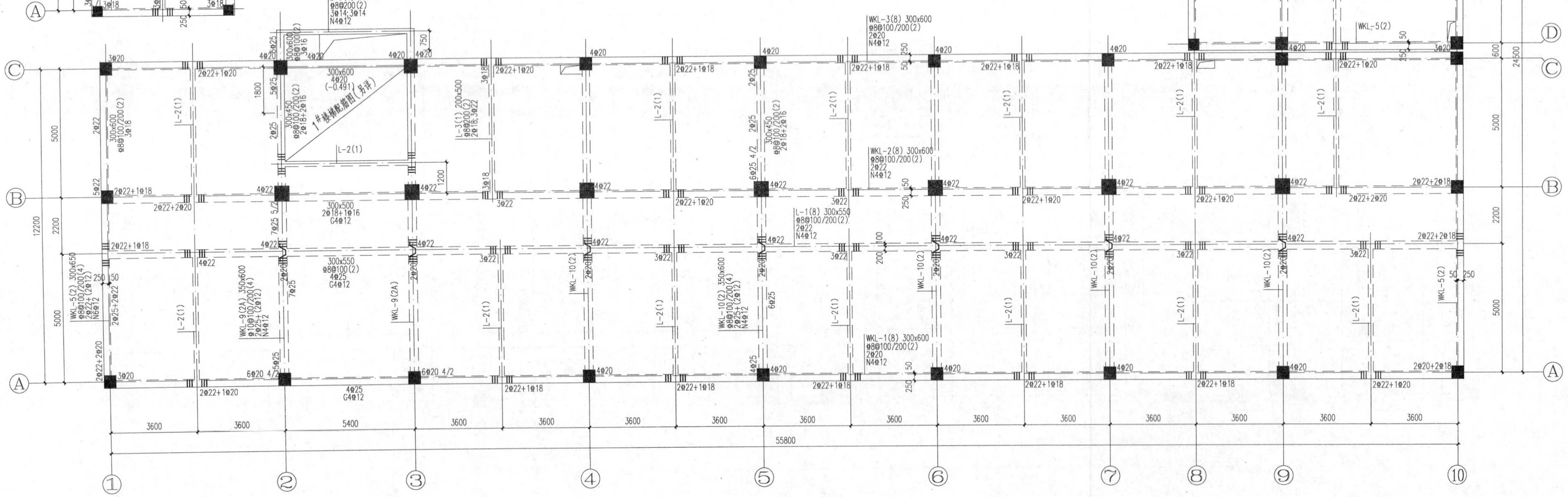

六层顶梁配筋图 1：100

哈尔滨职业技术学院	图号	结施—12
	比例	1：100
制图		六层顶梁配筋图
审核		

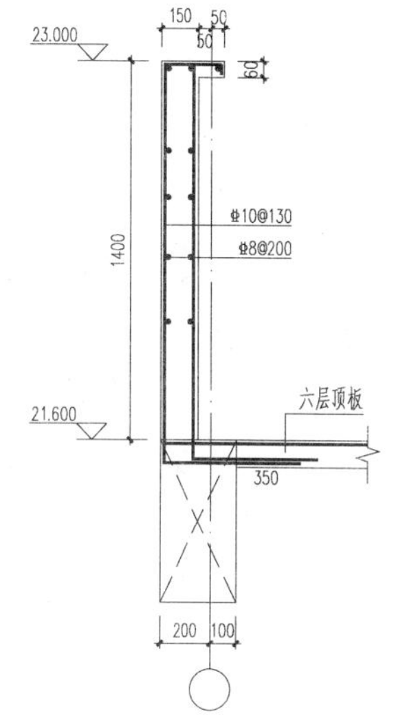

主体屋面女儿墙节点图 1∶20

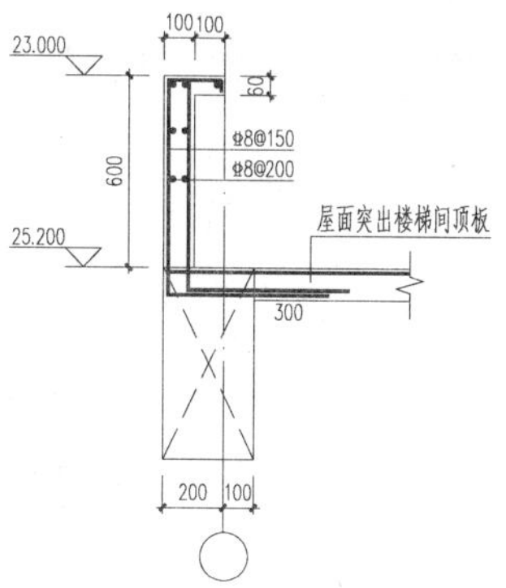

屋面突出楼梯间屋面女儿墙节点图 1∶20

说 明：1. 本图板采用C30 混凝土；钢筋采用 HRB400(ф)。
2. 本图板顶标高除特殊注明外均为：21.600m。
3. 未特殊标注的板厚 100mm，未注明的底部受力钢筋为ф 8@180×180 配筋。
4. 本图跨度大于 4m 的梁板支模时底模按 0.3%起拱。
5. 配合设备专业预留楼板洞口及预埋管线，卫生间通风孔布置及定位尺寸详见建筑图。现浇板预留孔洞(孔径 300mm)配合设备专业图纸施工，钢筋遇孔绕行；大于300mm的洞口须与设备专业校核无误后方可施工，洞口边缘加强作法图中如无特殊注明详见总说明。
6. 图中设备井☒处表示的板为后浇板，钢筋不断。管道井处楼板在管道安装后再浇筑混凝土。
7. 屋面板顶部温度分布钢筋为ф 8@200×200。
8. 本图中未注明者详见结构设计总说明。

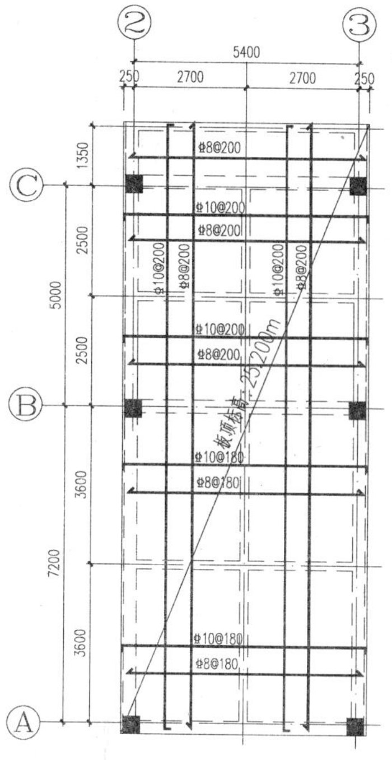

屋面突出楼梯间屋面板配筋图 1∶100

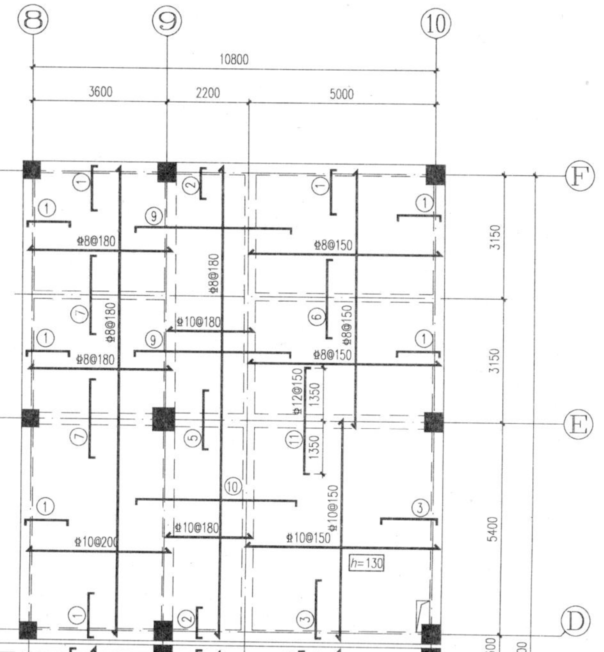

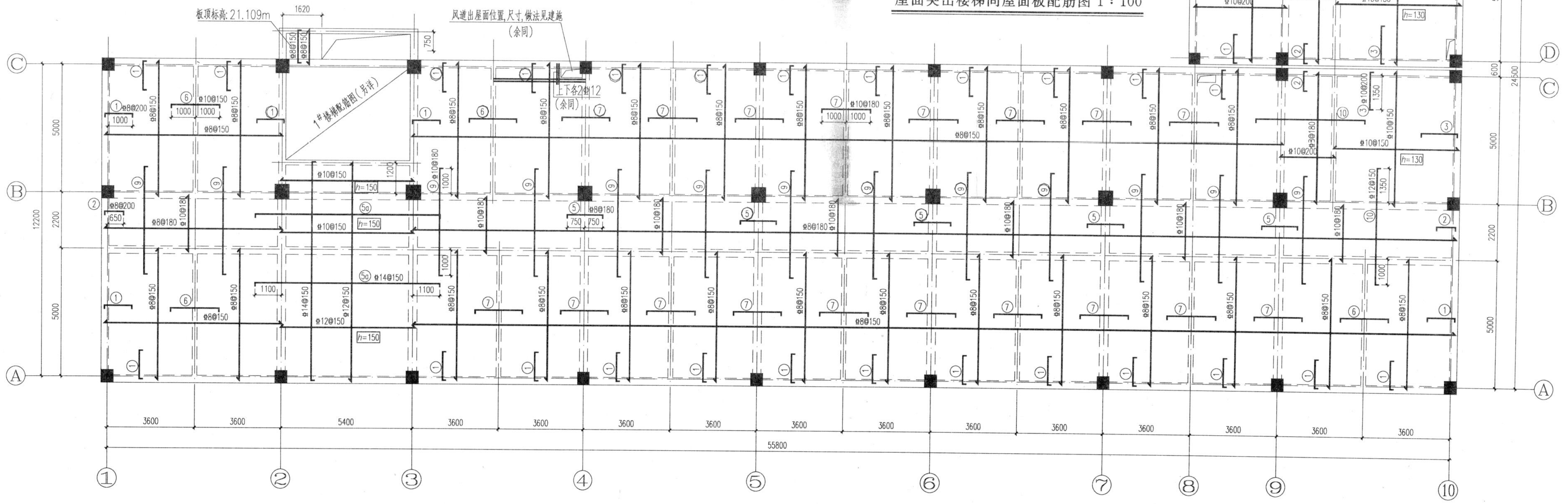

六层顶板配筋图 1∶100

哈尔滨职业技术学院	图号	结施—13
	比例	1∶100
制图		六层顶板配筋图
审核		

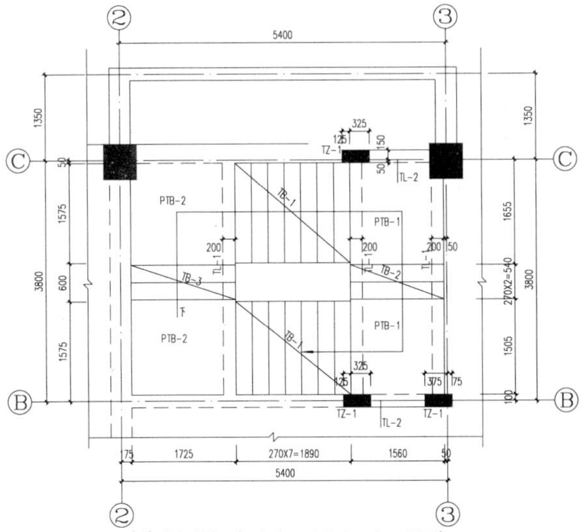

1# 楼梯出屋面层平面图

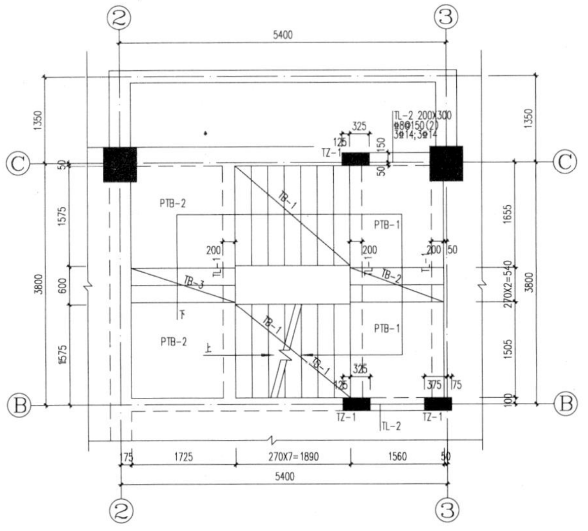

1# 楼梯二～六层平面图

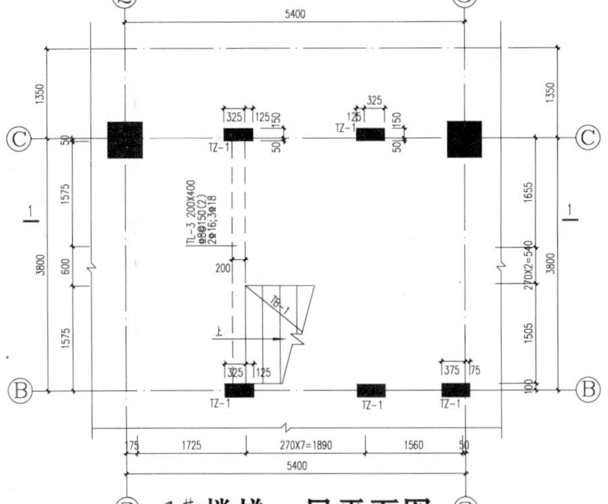

1# 楼梯一层平面图

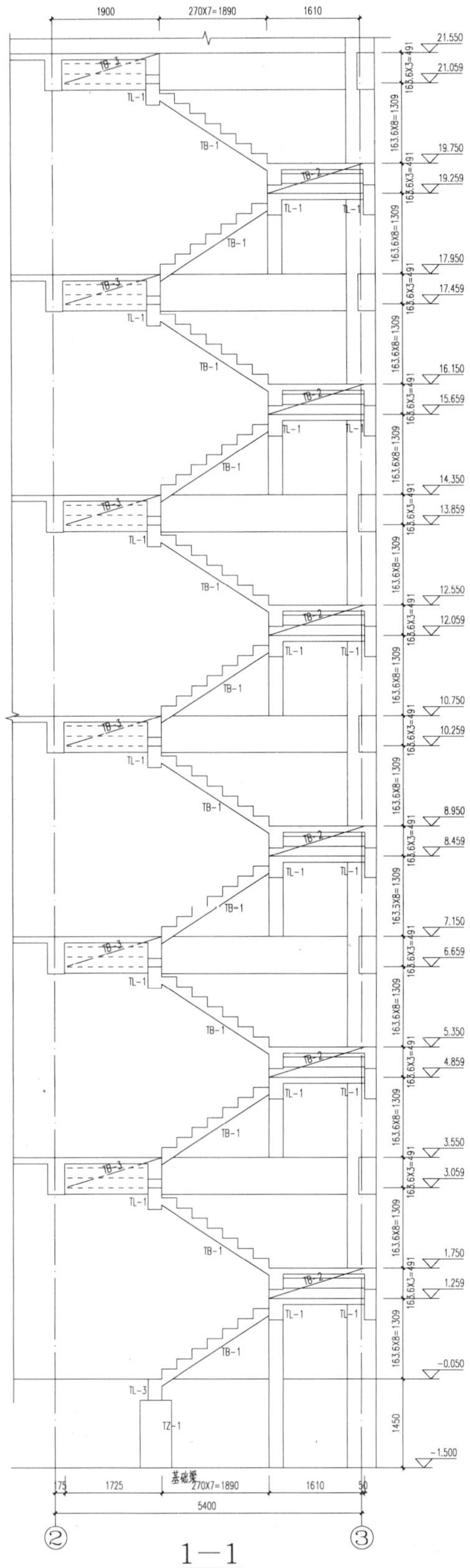

1—1

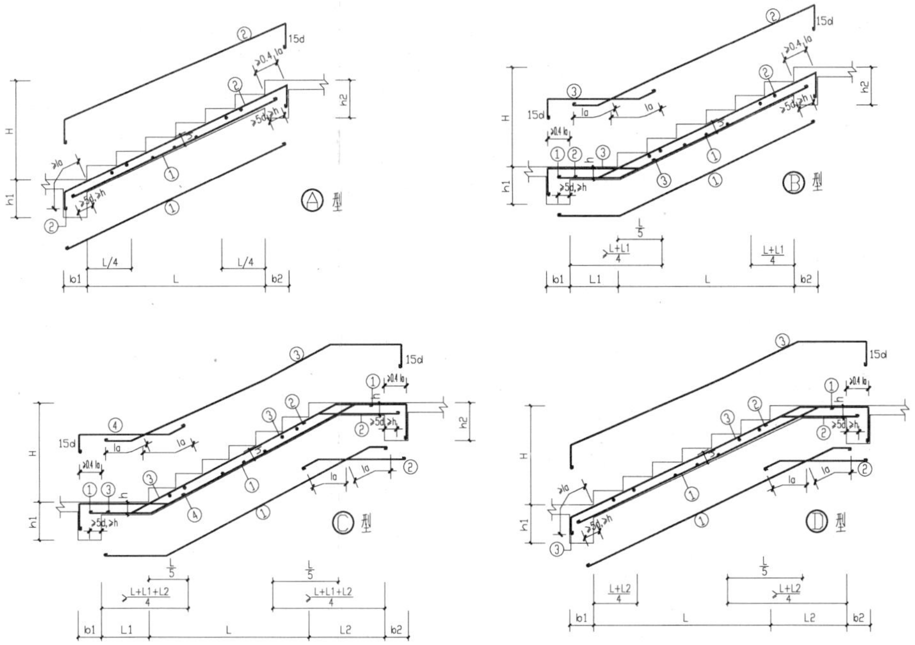

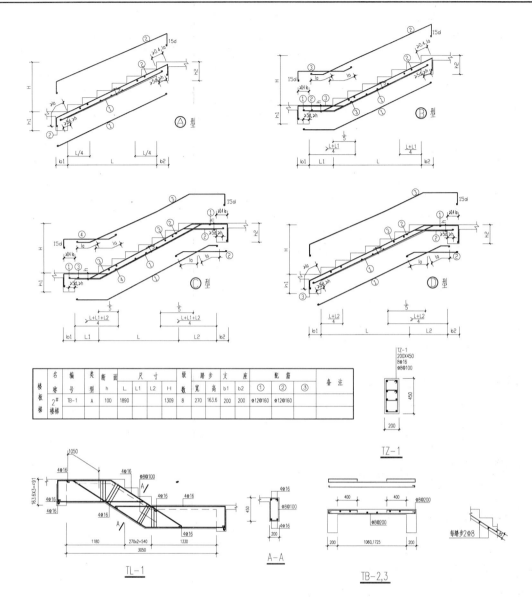

楼板梯	名称	编号	类型	断面	尺寸				级数	踏步		支座		配筋			备注
				h	L	L1	L2	H		宽	高	b1	b2	①	②	③	
	2# 楼梯	TB-1	A	100	1890			1309	8	270	163.6	200	200	⌀12@160	⌀12@160		

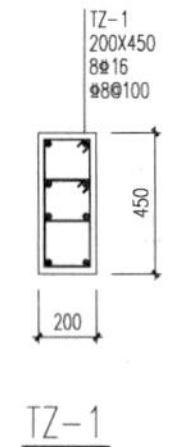

TZ-1

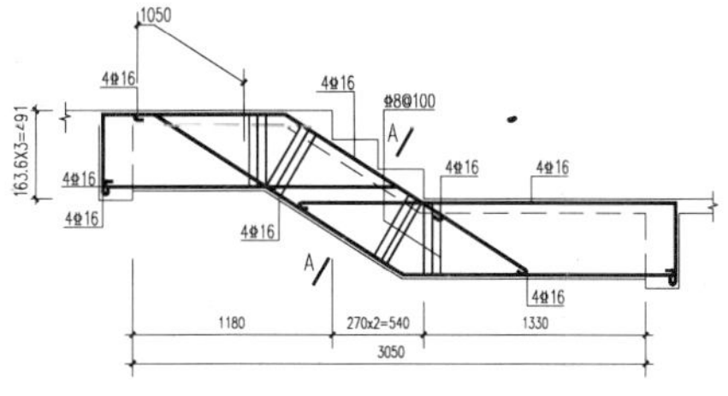

TL-1

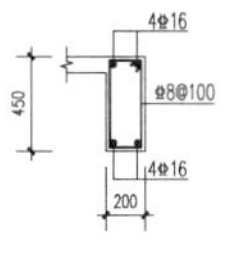

A-A

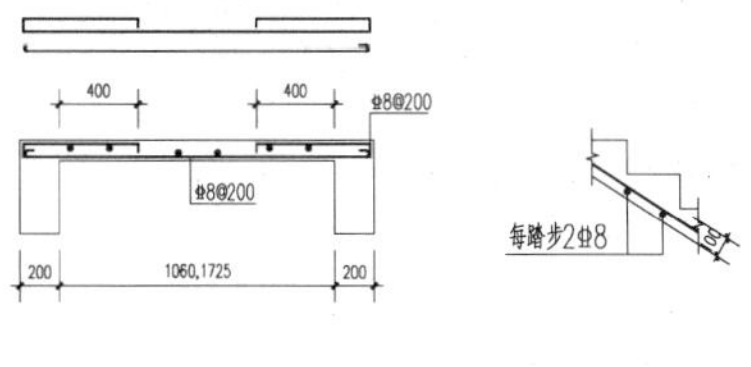

TB-2,3

说明：1. 图中混凝土构件采用 C30 混凝土，钢筋采用 HRB400 级钢筋（⌀）。混凝土保护层厚：室内板为 20mm，室外板为 25mm，室内梁为 25mm，室外梁为 35mm。梁配筋，构造详见标准图集《混凝土结构施工图平面整体表示方法制图规则和构造详图》(11G101—1)。

2. 图中 PB—1、2 板厚为 100mm，采用⌀ 8@150 双层双向钢筋网。
3. 未注明分布筋详见总说明。
4. 钢筋尺寸以实际放样为准。
5. 楼梯扶手栏杆所需留洞或埋件见建施图。
6. 楼梯施工时应详细参照建施图确定梯跑尺寸及上下方向。
7. 次梁与主梁相交处，主梁每侧附加箍筋 3 ⌀ 8@50。
8. 未注明梁、柱与轴线关系者，轴线居中定位或与柱墙平齐。

哈尔滨职业技术学院	图号	结施—14
	比例	1：50
制图		1# 楼梯配筋图
审核		